大数据系列丛书

大数据安全技术

芦天亮 陈光宣 主编　　张　璐 曹金璇 刘　强 王　锋 副主编

清华大学出版社
北京

内 容 简 介

本书在全面梳理和分析国内外在大数据安全保护技术、标准规范及法律政策等资料的基础上,对大数据安全和隐私保护的相关技术、基础理论等进行了全面介绍。本书共12章,内容包括大数据安全相关技术、密码技术及网络安全协议、大数据平台Hadoop的安全机制、身份认证技术、访问控制技术、数据加密技术,并对大数据采集、存储、处理、交换、销毁等生命周期中各阶段的安全框架与防护技术进行了详细介绍,最后介绍了大数据算法基础及其攻击模式、国内外大数据安全与隐私保护相关法律法规等内容。

本书内容丰富、涵盖面广、系统性强,可作为信息安全、数据科学与大数据技术、网络安全与执法、数据警务技术等相关专业本科生、研究生学习大数据安全与隐私保护的教材及参考书,也可作为网络安全、大数据等领域教师和工程技术人员的参考书。

图书在版编目(CIP)数据

大数据安全技术/芦天亮,陈光宣主编. —北京:清华大学出版社,2022.7(2024.8重印)
(大数据系列丛书)
ISBN 978-7-302-60893-6

Ⅰ.①大… Ⅱ.①芦…②陈… Ⅲ.①数据处理—安全技术 Ⅳ.①TP274

中国版本图书馆CIP数据核字(2022)第084931号

责任编辑:张 玥 常建丽
封面设计:常雪影
责任校对:郝美丽
责任印制:沈 露

出版发行:清华大学出版社
  网 址:https://www.tup.com.cn,https://www.wqxuetang.com
  地 址:北京清华大学学研大厦A座   邮 编:100084
  社 总 机:010-83470000   邮 购:010-62786544
  投稿与读者服务:010-62776969,c-service@tup.tsinghua.edu.cn
  质量反馈:010-62772015,zhiliang@tup.tsinghua.edu.cn
  课件下载:https://www.tup.com.cn,010-83470236
印 装 者:河北鹏润印刷有限公司
经 销:全国新华书店
开 本:185mm×260mm 印 张:21.25 字 数:491千字
版 次:2022年9月第1版   印 次:2024年8月第6次印刷
定 价:69.80元

产品编号:092685-01

前 言

PREFACE

　　大数据因其巨大价值和集中化的存储管理模式,成为网络攻击的重点目标。近年来,全球大数据安全事件呈频发态势,数据被窃取、泄露、滥用和损毁的问题日趋严重。2017年,习近平总书记在中共中央政治局就实施国家大数据战略第二次集体学习时强调,要切实保障国家数据安全,要强化国家关键数据资源保护能力,增强数据安全预警和溯源能力。2021年两会上,政务大数据安全也成为了重要的议题。

　　目前,全面系统介绍大数据安全技术的书籍市面上较少,本书结合作者在网络空间安全与大数据技术相关领域的教学和科研实践,在全面梳理和分析国内外在大数据安全保护技术、标准规范及法律政策等资料的基础上,重点对大数据安全和隐私保护的相关技术、基础理论及相关法律政策等进行了全面介绍。本书提供一定量的实验案例,搭配详细操作流程,注重实践操作能力的培养。使用本书,可以提高读者对大数据安全的理解与应用,增强理论与实践、技术与管理相结合的能力,全面掌握大数据安全核心技术和最新进展,也为大数据和网络安全从业者提供数据安全保护技术参考和管理政策指导,为我国大数据产业的健康发展提供有效支撑。

　　本书共 12 章,内容讲解逻辑清晰,前后关联,通俗易懂。第 1 章统领全书,对大数据安全相关技术做概述性描述;第 2 章介绍密码学的基本概念、分组密码、序列密码、公钥密码、Hash 函数、数字签名和密钥管理等内容,以及 IPSec、SSL/TLS 等网络安全协议;第 3 章对大数据处理平台 Hadoop 进行介绍,包括其安全机制、技术架构等内容;第 4 章对常见的几类身份认证技术进行介绍,并重点对 Kerberos 认证体系进行详细说明;第 5 章介绍各类访问控制技术及具体实践操作;第 6 章针对大数据平台的数据加密,从静态与动态两方面展开具体介绍,并加入实验部分,以增强动手实践能力;第 7 章介绍大数据采集阶段的安全技术,包括采集技术、数据分类分级、数据采集安全等内容;第 8 章介绍大数据存储阶段的安全技术,聚焦于大数据存储方法、存储介质安全、逻辑存储安全、数据备份与数据恢复等;第 9 章介绍大数据处理阶段的敏感数据识别与脱敏、同态加密、安全多方计算、联邦学习、私有信息检索、虚拟化技术及安全;第 10 章介绍大数据交换阶段的安全技术,并介绍了隐私保护的技术种类与模型;第 11 章聚焦于各类数据分析算法,重点介绍其算法基础与攻击方式等安全问题;第 12 章介绍国内外大数据安全与隐私保护的相关法律法规。

　　本书由芦天亮(中国人民公安大学)、陈光宣(浙江警察学院)、张璐(山东警察学院)、曹金璇(中国人民公安大学)、刘强(浙江警察学院)、王锋(浙江警察学院)共同编写。其中,曹金璇编写了第 1 章,芦天亮编写了第 2 章、第 5 章和第 6 章,王锋编写了第 3 章和第

11章,陈光宣编写了第4章和第10章,刘强编写了第7章和第12章,张璐编写了第8章和第9章。初稿完成后,先由主编对全书进行了第一次统稿,最后由芦天亮定稿。杨成、王曦锐、陈秋雨、刘亚琳、邓泗波、于兴崭等中国人民公安大学研究生协助完成了部分文档的整理工作。在编写过程中,参阅了中国电子技术标准化研究院、中国信息通信研究院等单位发布的数据安全相关国家标准和研究报告,也吸取了国内外技术书籍、学术论文及相关网络资料的精髓,对这些作者的贡献表示由衷的感谢。本书在章节结构设计及内容撰写过程中,得到中国电子技术标准化研究院信息安全研究中心数据安全部主任胡影的大力帮助。本书在出版过程中得到清华大学出版社的大力支持,在此表示诚挚的谢意!

由于作者水平有限,书中难免有不妥和疏漏之处,恳请各位专家、同仁和读者批评指正。

本书编写组

2022年5月

目 录

CONTENTS

第1章　大数据安全相关技术 ………………………………………………… 1

1.1　大数据 ………………………………………………………………… 1

1.1.1　大数据的定义和特点 ……………………………………… 1

1.1.2　大数据的应用 ……………………………………………… 2

1.2　大数据核心技术与生态圈 …………………………………………… 3

1.2.1　大数据核心技术 …………………………………………… 3

1.2.2　大数据生态圈 ……………………………………………… 7

1.3　大数据面临的安全威胁与挑战 ……………………………………… 13

1.3.1　安全威胁 …………………………………………………… 13

1.3.2　安全挑战 …………………………………………………… 15

1.4　数据的生命周期及安全机制 ………………………………………… 16

1.4.1　数据采集阶段 ……………………………………………… 16

1.4.2　数据传输阶段 ……………………………………………… 18

1.4.3　数据存储阶段 ……………………………………………… 19

1.4.4　数据处理阶段 ……………………………………………… 21

1.4.5　数据交换阶段 ……………………………………………… 22

1.4.6　数据销毁阶段 ……………………………………………… 24

1.5　大数据安全框架及安全技术 ………………………………………… 25

1.5.1　安全框架 …………………………………………………… 25

1.5.2　安全技术 …………………………………………………… 29

1.6　本章小结 ……………………………………………………………… 33

习题 ………………………………………………………………………… 33

第2章　密码技术及网络安全协议 ………………………………………… 34

2.1　概述 …………………………………………………………………… 34

2.1.1　信息安全属性 ……………………………………………… 34

2.1.2　密码学的地位和作用 ……………………………………… 35

2.2　密码学的基本概念 …………………………………………………… 36

2.2.1　基本概念 …………………………………………………… 36

2.2.2　密码算法的分类 …………………………………………… 37

2.3 加密算法 ·· 37

2.3.1 分组密码 ·· 37

2.3.2 序列密码 ·· 40

2.3.3 公钥密码 ·· 42

2.3.4 混合加密 ·· 47

2.4 消息认证与 Hash 函数 ·· 48

2.4.1 消息认证 ·· 48

2.4.2 Hash 函数 ·· 49

2.5 数字签名 ·· 51

2.5.1 数字签名的原理 ·· 51

2.5.2 RSA 数字签名 ·· 52

2.6 密钥管理技术 ·· 53

2.6.1 密钥分配与密钥协商 ·· 53

2.6.2 Diffie-Hellman 密钥协商算法 ······································ 54

2.6.3 公钥基础设施 ·· 55

2.7 网络安全协议 ·· 57

2.7.1 IPSec ·· 58

2.7.2 SSL/TLS ··· 60

2.8 本章小结 ·· 62

习题 ·· 62

第 3 章 大数据平台 Hadoop 的安全机制 ······································ 64

3.1 安全威胁概述 ·· 64

3.2 Hadoop 安全机制 ·· 65

3.2.1 基本安全机制 ·· 65

3.2.2 总体安全机制 ·· 66

3.3 Hadoop 组件的安全机制 ··· 67

3.3.1 RPC 安全机制 ·· 67

3.3.2 HDFS 安全机制 ·· 67

3.3.3 MapReduce 安全机制 ··· 70

3.4 安全技术工具 ·· 71

3.4.1 系统安全工具 ·· 71

3.4.2 Apache Sentry ·· 73

3.4.3 Apache Ranger ··· 75

3.5 Hadoop 的安全性分析 ·· 78

3.5.1 Hadoop 面临的安全问题 ··· 78

3.5.2 Hadoop 生态圈安全风险 ··· 79

3.5.3 Hadoop 安全应对 ·· 80

3.6 Hadoop 安全技术架构 ·· 81

3.6.1 Hadoop 认证授权 ·· 81

3.6.2 Hadoop 网络访问安全 ······································ 82

3.6.3 Hadoop 数据安全 ·· 84

3.6.4 Hadoop 安全审计和监控 ···································· 84

3.7 本章小结 ··· 86

习题 ·· 86

第 4 章 身份认证技术 ·· 88

4.1 概述 ·· 88

4.2 身份认证技术介绍 ·· 89

4.2.1 口令认证 ·· 89

4.2.2 消息认证 ·· 92

4.2.3 基于生物特征的认证 ······································ 94

4.2.4 多因子认证 ·· 96

4.3 基于 Kerberos 的身份认证技术实践 ···························· 96

4.3.1 Kerberos 身份认证方案 ···································· 96

4.3.2 Kerberos 配置过程 ······································· 100

4.4 本章小结 ··· 105

习题 ·· 106

第 5 章 访问控制技术 ·· 107

5.1 概述 ·· 107

5.1.1 访问控制的术语 ·· 109

5.1.2 访问控制的目标 ·· 112

5.1.3 访问控制的过程 ·· 112

5.1.4 访问控制的等级划分标准 ·································· 112

5.1.5 大数据访问控制面临的挑战 ································ 114

5.2 自主访问控制 ··· 115

5.2.1 自主访问控制的定义及特点 ································ 115

5.2.2 自主访问控制策略 ·· 116

5.2.3 自主访问控制模型 ·· 117

5.3 强制访问控制 ··· 118

5.3.1 强制访问控制的定义及特点 ································ 118

5.3.2 强制访问控制策略 ·· 120

5.3.3 强制访问控制模型 ·· 121

5.4 基于零信任的访问控制技术 ···································· 122

5.4.1 零信任网络架构 ·· 123

5.4.2 零信任体系架构的逻辑组件 ……………………………………… 124

5.4.3 零信任架构的核心能力及访问控制模型 ………………………… 126

5.5 基于角色的访问控制 ……………………………………………………… 126

5.5.1 基于角色的访问控制基本概念 …………………………………… 127

5.5.2 基于角色的访问控制模型 ………………………………………… 128

5.6 基于属性的访问控制 ……………………………………………………… 132

5.6.1 基于属性的访问控制基本概念 …………………………………… 132

5.6.2 基于属性的访问控制模型 ………………………………………… 132

5.7 基于数据分析的访问控制技术 …………………………………………… 134

5.7.1 角色挖掘技术 ……………………………………………………… 134

5.7.2 风险自适应的访问控制技术 ……………………………………… 137

5.8 基于 Ranger 的访问控制技术实践 ……………………………………… 139

5.8.1 实验原理 …………………………………………………………… 139

5.8.2 准备工作 …………………………………………………………… 140

5.8.3 Ranger 安装 ……………………………………………………… 143

5.8.4 Ranger 访问控制认证 …………………………………………… 144

5.9 本章小结 …………………………………………………………………… 146

习题 …………………………………………………………………………… 146

第 6 章 数据加密技术 ………………………………………………………… 149

6.1 静态数据加密 ……………………………………………………………… 149

6.1.1 HDFS 透明加密 ………………………………………………… 150

6.1.2 MapReduce 中间数据加密 ……………………………………… 152

6.1.3 Impala 磁盘溢出加密 …………………………………………… 155

6.1.4 磁盘加密 …………………………………………………………… 157

6.1.5 加密文件系统 ……………………………………………………… 157

6.2 动态数据加密 ……………………………………………………………… 158

6.2.1 Hadoop RPC 加密 ……………………………………………… 158

6.2.2 HDFS 数据传输协议加密 ………………………………………… 160

6.2.3 Hadoop HTTPS 加密 …………………………………………… 161

6.2.4 加密 shuffle ……………………………………………………… 162

6.3 静态数据加密技术实践 …………………………………………………… 165

6.3.1 HDFS 透明加密配置 …………………………………………… 165

6.3.2 LUKS 加密配置 ………………………………………………… 169

6.3.3 eCryptfs 加密配置 ……………………………………………… 171

6.4 动态数据加密技术实践 …………………………………………………… 173

6.5 本章小结 …………………………………………………………………… 176

习题 …………………………………………………………………………… 176

第7章　大数据采集及安全 ························· 178

7.1　概述 ······································ 178

7.2　大数据采集 ······························ 179

7.2.1　大数据采集技术 ················ 179

7.2.2　数据的违规采集 ················ 180

7.3　数据分类分级 ···························· 181

7.3.1　基本概念 ······················ 181

7.3.2　基本原则、框架及流程 ·········· 182

7.3.3　数据分类 ······················ 185

7.3.4　数据分级 ······················ 187

7.4　数据采集安全 ···························· 190

7.4.1　数据采集安全管理 ·············· 190

7.4.2　数据源鉴别及记录 ·············· 191

7.4.3　数据质量管理 ·················· 192

7.5　本章小结 ································ 194

习题 ··· 194

第8章　大数据存储及安全 ························· 196

8.1　大数据存储方法 ·························· 196

8.1.1　分布式文件系统 ················ 196

8.1.2　分布式数据库 ·················· 199

8.1.3　云存储 ························· 203

8.2　存储介质安全 ···························· 209

8.2.1　存储介质 ······················ 209

8.2.2　存储介质安全管理 ·············· 209

8.2.3　存储介质监控与审计 ············ 211

8.2.4　存储介质清除技术 ·············· 212

8.3　逻辑存储安全 ···························· 213

8.3.1　逻辑存储安全管理 ·············· 213

8.3.2　技术工具简述 ·················· 215

8.4　数据备份与数据恢复 ······················ 217

8.4.1　数据备份 ······················ 217

8.4.2　数据恢复 ······················ 218

8.5　本章小结 ································ 219

习题 ··· 219

第9章　大数据处理及安全 ························· 221

9.1　敏感数据处理 ···························· 221

9.1.1 敏感数据的定义及分类 ┈┈┈┈┈┈┈┈┈┈┈┈┈┈┈┈┈┈ 221

9.1.2 敏感数据识别 ┈┈┈┈┈┈┈┈┈┈┈┈┈┈┈┈┈┈┈┈┈┈┈┈ 222

9.1.3 敏感数据脱敏 ┈┈┈┈┈┈┈┈┈┈┈┈┈┈┈┈┈┈┈┈┈┈┈┈ 223

9.2 同态加密 ┈┈┈┈┈┈┈┈┈┈┈┈┈┈┈┈┈┈┈┈┈┈┈┈┈┈┈┈┈┈ 225

9.2.1 同态加密的相关概念及理论基础 ┈┈┈┈┈┈┈┈┈┈┈┈ 226

9.2.2 同态加密算法分类 ┈┈┈┈┈┈┈┈┈┈┈┈┈┈┈┈┈┈┈┈┈ 227

9.2.3 同态加密的应用 ┈┈┈┈┈┈┈┈┈┈┈┈┈┈┈┈┈┈┈┈┈┈ 232

9.3 安全多方计算 ┈┈┈┈┈┈┈┈┈┈┈┈┈┈┈┈┈┈┈┈┈┈┈┈┈┈┈ 233

9.3.1 平均工资问题 ┈┈┈┈┈┈┈┈┈┈┈┈┈┈┈┈┈┈┈┈┈┈┈┈ 233

9.3.2 安全多方计算模型及实现方式 ┈┈┈┈┈┈┈┈┈┈┈┈┈ 234

9.4 联邦学习 ┈┈┈┈┈┈┈┈┈┈┈┈┈┈┈┈┈┈┈┈┈┈┈┈┈┈┈┈┈┈ 235

9.4.1 联邦学习的定义 ┈┈┈┈┈┈┈┈┈┈┈┈┈┈┈┈┈┈┈┈┈┈ 235

9.4.2 联邦学习的系统架构 ┈┈┈┈┈┈┈┈┈┈┈┈┈┈┈┈┈┈┈ 236

9.4.3 联邦学习的分类 ┈┈┈┈┈┈┈┈┈┈┈┈┈┈┈┈┈┈┈┈┈┈ 238

9.4.4 联邦学习的应用 ┈┈┈┈┈┈┈┈┈┈┈┈┈┈┈┈┈┈┈┈┈┈ 241

9.5 私有信息检索 ┈┈┈┈┈┈┈┈┈┈┈┈┈┈┈┈┈┈┈┈┈┈┈┈┈┈┈ 244

9.5.1 PIR 概述 ┈┈┈┈┈┈┈┈┈┈┈┈┈┈┈┈┈┈┈┈┈┈┈┈┈┈┈ 244

9.5.2 两种 PIR 协议 ┈┈┈┈┈┈┈┈┈┈┈┈┈┈┈┈┈┈┈┈┈┈┈ 244

9.5.3 PIR 协议的取舍 ┈┈┈┈┈┈┈┈┈┈┈┈┈┈┈┈┈┈┈┈┈┈ 245

9.6 虚拟化技术及安全 ┈┈┈┈┈┈┈┈┈┈┈┈┈┈┈┈┈┈┈┈┈┈┈┈ 246

9.6.1 虚拟化技术 ┈┈┈┈┈┈┈┈┈┈┈┈┈┈┈┈┈┈┈┈┈┈┈┈┈ 246

9.6.2 容器技术和安全 ┈┈┈┈┈┈┈┈┈┈┈┈┈┈┈┈┈┈┈┈┈┈ 247

9.7 基于 HElib 的全同态加密技术实践 ┈┈┈┈┈┈┈┈┈┈┈┈┈ 254

9.7.1 安装配置 ┈┈┈┈┈┈┈┈┈┈┈┈┈┈┈┈┈┈┈┈┈┈┈┈┈┈ 254

9.7.2 HElib 库测试与学习 ┈┈┈┈┈┈┈┈┈┈┈┈┈┈┈┈┈┈┈ 256

9.8 本章小结 ┈┈┈┈┈┈┈┈┈┈┈┈┈┈┈┈┈┈┈┈┈┈┈┈┈┈┈┈┈┈ 259

习题 ┈┈┈┈┈┈┈┈┈┈┈┈┈┈┈┈┈┈┈┈┈┈┈┈┈┈┈┈┈┈┈┈┈┈┈┈┈ 259

第 10 章 大数据交换及安全 ┈┈┈┈┈┈┈┈┈┈┈┈┈┈┈┈┈┈┈┈┈┈┈┈ 261

10.1 概述 ┈┈┈┈┈┈┈┈┈┈┈┈┈┈┈┈┈┈┈┈┈┈┈┈┈┈┈┈┈┈┈┈┈ 261

10.2 隐私的概念 ┈┈┈┈┈┈┈┈┈┈┈┈┈┈┈┈┈┈┈┈┈┈┈┈┈┈┈┈ 262

10.2.1 隐私的定义 ┈┈┈┈┈┈┈┈┈┈┈┈┈┈┈┈┈┈┈┈┈┈┈┈ 262

10.2.2 隐私的分类 ┈┈┈┈┈┈┈┈┈┈┈┈┈┈┈┈┈┈┈┈┈┈┈┈ 262

10.2.3 隐私的度量与量化表示 ┈┈┈┈┈┈┈┈┈┈┈┈┈┈┈┈┈ 263

10.3 数据匿名化技术 ┈┈┈┈┈┈┈┈┈┈┈┈┈┈┈┈┈┈┈┈┈┈┈┈┈ 263

10.3.1 匿名化 ┈┈┈┈┈┈┈┈┈┈┈┈┈┈┈┈┈┈┈┈┈┈┈┈┈┈┈ 263

10.3.2 "发布-遗忘"模型 ┈┈┈┈┈┈┈┈┈┈┈┈┈┈┈┈┈┈┈┈ 265

10.4 隐私保护模型 ┈┈┈┈┈┈┈┈┈┈┈┈┈┈┈┈┈┈┈┈┈┈┈┈┈┈┈ 268

10.4.1　*K*-匿名隐私保护模型 ……………………………… 269

10.4.2　l-多样性隐私保护模型 ……………………………… 273

10.4.3　T-相近隐私保护模型 ……………………………… 274

10.5　差分隐私 ……………………………………………………… 275

10.5.1　差分隐私模型 ………………………………………… 275

10.5.2　差分隐私的原理与应用 ……………………………… 276

10.6　数据交换安全标准 …………………………………………… 279

10.6.1　数据交换共享安全标准 ……………………………… 279

10.6.2　数据出境安全标准 …………………………………… 280

10.7　本章小结 ……………………………………………………… 281

习题 ……………………………………………………………………… 281

第 11 章　大数据算法及安全 ………………………………………… 283

11.1　概述 …………………………………………………………… 283

11.2　大数据算法基础 ……………………………………………… 284

11.2.1　数学模型 ……………………………………………… 284

11.2.2　搜索引擎算法 ………………………………………… 287

11.2.3　推荐算法 ……………………………………………… 289

11.2.4　机器学习算法 ………………………………………… 292

11.3　大数据算法攻击 ……………………………………………… 296

11.3.1　推荐系统托攻击 ……………………………………… 296

11.3.2　搜索引擎优化 ………………………………………… 300

11.3.3　对抗机器学习攻击模式 ……………………………… 302

11.4　本章小结 ……………………………………………………… 306

习题 ……………………………………………………………………… 306

第 12 章　数据安全与隐私保护相关规范 ………………………… 308

12.1　国外数据安全与隐私保护 …………………………………… 308

12.1.1　欧盟《通用数据保护条例》 …………………………… 308

12.1.2　美国《国家安全与个人数据保护法》提案 ………… 310

12.2　我国数据安全与隐私保护 …………………………………… 311

12.2.1　《中华人民共和国网络安全法》 ……………………… 311

12.2.2　《中华人民共和国数据安全法》 ……………………… 312

12.2.3　《中华人民共和国个人信息保护法》 ………………… 314

12.2.4　《网络数据安全管理条例(征求意见稿)》 …………… 315

12.2.5　《网络安全审查办法》 ………………………………… 318

12.3　本章小结 ……………………………………………………… 319

习题 ……………………………………………………………………… 319

参考文献 ……………………………………………………………………… 321

第1章

大数据安全相关技术

本章学习目标
- 掌握大数据的基本概念和常用技术
- 了解大数据面临的主要安全威胁
- 掌握数据的生命周期
- 掌握大数据的安全框架和关键安全技术
- 掌握数据生命周期中的安全机制

截至 2021 年 12 月,我国网民规模达 10.32 亿,互联网普及率达 73.0%,形成了全球规模最大、应用渗透最广的数字社会。大数据正在成为信息时代的核心战略资源,对国家治理能力、经济运行机制、社会生活方式产生了深刻影响。面对形形色色的数据,数据泄露、数据窃听、数据滥用等安全事件屡见不鲜,保护数据资产成为亟待解决的问题。本章围绕大数据的相关概念及安全问题进行介绍。

1.1 大 数 据

1.1.1 大数据的定义和特点

大数据(Big Data)通常被认为是一种规模大到在获取、存储、管理、分析方面大大超出传统数据库软件工具能力范围的数据集合。随着大数据研究的不断深入,我们逐步意识到大数据不仅指数据本身的规模,而且包括数据采集工具、数据存储平台、数据分析系统和数据衍生价值等要素。IBM 提出大数据的 5V 特点:大量(Volume)、高速(Velocity)、多样(Variety)、价值(Value)、真实(Veracity)。

在大数据应用中,数据默认是真实可靠的,所以不讨论数据真实的问题,这正是维克托·迈尔-舍恩伯格及肯尼斯·库克耶提到的大数据的 4V 特点。下面是对 4V 特点进行具体介绍。

1. 大量(Volume)

现有的各种传感器、移动设备、智能终端和网络等无时无刻不在产生数据,数量级别已经突破 TB 级,发展至 PB 乃至 ZB 级,统计数据量呈千倍级别上升。据专业网站

Statista 统计,2020 年受新冠疫情影响,全球数据总量增长高于先前的预期,达 64.2ZB。预计在 2025 年,将增长到 180ZB 以上。

2. 高速(Velocity)

由 Apache 基金会开发的 Hadoop 利用集群的高速运算和存储,实现了一个分布式运行系统,以流的形式提供高传输速率来访问数据,适应了大数据的应用程序。而且,随着数据挖掘、语义引擎、可视化分析等技术的发展,使得可以从海量数据中深度解析和提取信息,实现数据增值。

同时,大数据应用与传统数据挖掘技术的区别就体现在处理速度上,大数据应用要求在秒级范围内给出分析结果,处理时间过长就失去了价值,这也是大数据应用中常说的"1秒定律"。

3. 多样(Variety)

当前大数据包含的数据类型呈现多样化发展趋势。以往数据大多以二维结构呈现,随着互联网、多媒体等技术的快速发展和普及,视频、音频、图片等产生的非结构化数据每年都以 60% 的速度增长。

4. 价值(Value)

数据中的价值是大数据的终极目标,是大数据的核心特征,企业可以通过大数据的融合获得有价值的信息。特别是在竞争激烈的商业领域,数据正成为企业的新型资产,企业追求数据最大价值化。同时,大数据价值也存在低密度性的特性,需要对海量的数据进行挖掘分析,才能得到真正有用的信息,形成用户价值。

现实世界所产生的数据中,有价值的数据所占比例很小。相比于传统的小数据,大数据最大的价值在于通过从大量不相关的各种类型的数据中,挖掘出对未来趋势与模式预测分析有价值的数据,并通过机器学习方法、人工智能方法或数据挖掘方法深度分析,发现新规律和新知识。

1.1.2 大数据的应用

1. 公共安全

在公共安全领域,公安信息化建设发展迅猛。公安机关掌握了社会人口库、机动车辆登记数据库、实名制住宿、乘机记录、卡口机动车采集等,也包含大量的结构化与非结构化数据,蕴含着人、事、物、组织和案件等丰富信息。利用大数据技术进行关联分析在维护社会治安、打击违法犯罪、指挥决策等方面具有重要意义。

基于公安大数据的多样性,结合现在的数据融合技术,公安机关常采用分布式大数据协同技术,实现物理分布、逻辑统一的数据管理,解决数据资源分布在多个区域数据中心,开展数据资源综合应用的问题,合理运用流处理与批处理,提高对不同类型数据的处理效率。同时,基于数据分析挖掘技术,根据人物车辆信息实现卡口缉查布控、车辆落脚点分析、伴随车辆跟踪、以图搜图等案件业务的处理、防范等。

2. 公共卫生

疫情实时大数据报告、新冠肺炎确诊患者相同行程查询工具、湖北籍游客定点酒店、发热门诊地图……在疫情防控中,大数据表现"亮眼",不仅助力政府科学决策、资源优化配置,也能让公众及时了解疫情发展情况,积极科学防疫。

在疫情防控中,一些地方的智慧城市大脑发挥了重要作用。利用智慧城市大脑汇聚的医疗、交通、公安等城市动态管理和实时监控数据,在人员追踪、疫情态势分析、应急资源调度等方面,提供数据支撑、决策支持和联动指挥依据。

一些互联网科技企业和机构也积极利用人工智能、大数据技术,提取有价值的信息,助力疫情防控。疫情发展与人员流动密切相关。百度地图迁徙大数据显示,2020 年 1 月 16 日至 22 日,在湖北省内,孝感和黄冈是接收武汉返乡客流比例最高的两个城市。此外,还可以利用往年数据信息来预测节后返城的人流情况,这样有助于有针对性地加强防控。

3. 金融

大数据技术的应用提升了金融行业的资源配置效率,强化了风险管控能力,有效促进了金融业务的创新发展。金融大数据在银行业、证券行业、保险行业、支付清算行业和互联网金融行业都得到广泛应用。

在传统方法中,银行对企业客户的违约风险评估多基于过往的信贷数据和交易数据等静态数据,这种方式的最大弊端是缺少前瞻性。因为影响企业违约的重要因素并不仅仅只是企业历史的信用情况,还包括行业的整体发展状况和实时的经营情况。而大数据手段的介入使信贷风险评估更趋近于事实。利用大数据技术,银行可以根据企业之间的投资、控股、借贷、担保以及股东和法人之间的关系,形成企业之间的关系图谱,利于关联企业分析及风险控制。

1.2　大数据核心技术与生态圈

1.2.1　大数据核心技术

大数据技术的体系庞大且复杂,基础的技术包含数据采集、数据预处理、分布式存储、NoSQL 数据库、数据仓库、机器学习、并行计算、可视化等各种技术范畴和不同的技术层面。现有较为流行的大数据处理框架主要包含以下核心技术:数据采集与预处理(Data Acquisition and Preparation)、数据存储(Data Storage)、数据分析(Data Analysis)、数据解释(Data Interpretation)、数据传输和虚拟集群(Data Transmission and Virtual Cluster)等。图 1.1 显示了大数据技术架构。

1. 数据采集与预处理

大数据的数据源多样化,包括数据库、文本、图片、视频、网页等各类结构化、非结构化

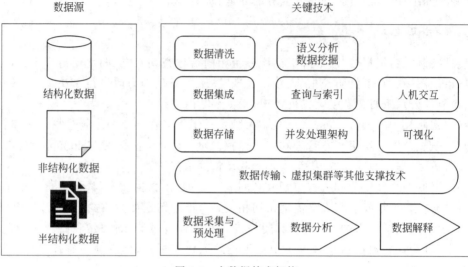

图 1.1　大数据技术架构

及半结构化数据。因此,大数据处理的第一步是从数据源采集数据并进行预处理操作,为后继流程提供统一的高质量的数据集。

1) 数据采集

数据采集是将数据写入数据仓库中,把零散的数据整合在一起,对这些数据综合起来进行分析,包括文件日志的采集、数据库日志的采集、关系型数据库的接入和应用程序的接入等。

(1) 针对数据库采集,流行的有 Sqoop 和 ETL,传统的关系型数据库 MySQL 和 Oracle 依然充当着许多企业的数据存储方式。目前,对于开源的 Kettle 和 Talend 也集成了大数据集成内容,可实现 HDFS、HBase 和主流 NoSQL 数据库之间的数据同步和集成。

(2) 对于网络数据采集,可借助网络爬虫或网站公开 API,从网页获取非结构化或半结构化数据,并将其统一结构化为本地数据。

(3) 对于文件采集,包括实时文件采集和处理技术 Flume、基于 ELK 的日志采集和增量采集等。

2) 数据预处理

数据预处理指的是在进行数据分析之前,先对采集到的原始数据进行诸如"清洗、填补、平滑、合并、规格化、一致性检验"等一系列操作,旨在提高数据质量,为后期分析工作奠定基础。数据预处理主要包括 4 部分:数据清洗、数据集成、数据转换和数据规约。

(1) 数据清洗是指利用 ETL 等清洗工具,对有遗漏数据(缺少感兴趣的属性)、噪声数据(数据中存在着错误或偏离期望值的数据)、不一致数据进行处理。

(2) 数据集成是指将不同数据源中的数据合并存放到统一数据库的存储方法,着重解决 3 个问题:模式匹配、数据冗余、数据值冲突检测与处理。

(3) 数据转换是指对所抽取出来的数据中存在的不一致进行处理的过程。它同时包含了数据清洗的工作,即根据业务规则对异常数据进行清洗,以保证后续分析结果的准确性。

（4）数据规约是指在最大限度保持数据原貌的基础上,最大限度精简数据量,以得到较小数据集的操作,包括维规约、数据压缩、数值规约、概念分层等。

2. 数据存储

大数据存储指用存储器以数据库的形式存储采集到的数据的过程,包含 3 种典型路线。

1）基于大规模并行处理（Massively Parallel Processing,MPP）架构的新型数据库集群

重点面向行业大数据,采用 Shared Nothing 架构,通过列存储、粗粒度索引等多项大数据处理技术,再结合 MPP 架构高效的分布式计算模式,完成对分析类应用的支撑,运行环境多为低成本 PC Server,具有高性能和高扩展性的特点,在企业分析类应用领域获得极其广泛的应用。这类 MPP 产品可以有效支撑 PB 级别的结构化数据分析,这是传统数据库技术无法胜任的。对于企业新一代的数据仓库和结构化数据分析,目前最佳选择是 MPP 数据库。MPP 架构如图 1.2 所示。

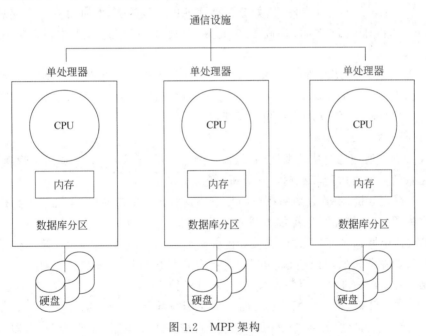

图 1.2 MPP 架构

2）基于 Hadoop 的技术扩展和封装

围绕 Hadoop 衍生出相关的大数据技术,应对传统关系型数据库较难处理的数据和场景,例如针对非结构化数据的存储和计算等,充分利用 Hadoop 开源的优势,伴随相关技术的不断进步,其应用场景也将逐步扩大,目前最为典型的应用场景就是通过扩展和封装 Hadoop 来实现对互联网大数据存储、分析的支撑。这里面有几十种 NoSQL 技术,也

在进一步细分。对于非结构化或半结构化数据、复杂的 ETL 流程、复杂的数据挖掘和计算模型,Hadoop 平台更擅长处理此类问题。

3)大数据一体机

这是一种专为大数据的分析处理而设计的软硬件结合的产品,由一组集成的服务器、存储设备、操作系统、数据库管理系统以及为数据查询、处理、分析等用途而预先安装及优化的软件组成。高性能大数据一体机具有良好的稳定性和纵向扩展性。

3. 数据分析

数据分析是大数据应用的核心流程,根据不同层次大致可分为 3 类:并发处理架构、查询与索引,以及数据分析和处理。在数据分析与处理方面,主要涉及的技术包括语义分析与数据挖掘等。

1)查询与索引

大数据查询大体分为以下 3 类。

(1)基于 HBase 预聚合,比如 OpenTSDB、Kylin、Druid 等,需要指定预聚合的指标,在数据接入时根据指定的指标进行聚合运算,适合相对固定的业务报表类需求,只统计少量维度即可满足业务报表需求。

(2)基于 Parquet 列式存储,比如 Presto、Drill、Impala 等,大部分基于内存的并行计算。Parquet 能降低存储空间,提高 I/O 效率,以离线处理为主,很难提高数据写的实时性。

(3)基于 Lucene 外部索引,比如 Elasticsearch 和 Solr,能够满足的查询场景远多于传统的数据库存储。但对于日志、行为类时序数据,所有的搜索请求必须搜索所有的分片。另外,对聚合分析场景的支持也有不足。

2)数据分析与处理

数据分析与处理是指从数据挖掘算法、预测性分析、语义引擎、数据质量管理等方面,对杂乱无章的数据,进行萃取、提炼和分析的过程。

(1)可视化分析,不管是对数据分析专家还是对普通用户,数据可视化是数据分析工具最基本的要求,可视化可以更加直观地展示数据。

(2)数据挖掘算法,即通过创建数据挖掘模型,对数据进行估计和计算的数据分析手段。它是大数据分析的理论核心,可以让数据分析员更好地理解数据。常见的数据挖掘算法包括 C4.5 算法、k-均值聚类算法、支持向量机算法等。

(3)预测性分析,是大数据分析最重要的应用领域之一,通过结合多种高级分析功能(临时统计分析、预测建模、数据挖掘、文本分析、实体分析、优化、实时评分、机器学习等),达到预测不确定事件的目的,帮助分析用户结构化和非结构化数据中的趋势、模式和关系,并运用这些指标来预测事件,为采取措施提供依据。预测性分析可以让分析员根据可视化分析和数据挖掘的结果做出一些预测性的判断。

(4)语义引擎,指通过为已有数据添加语义的操作,提高用户互联网搜索体验。数据分析需要解决非结构化数据多样性带来的问题,需要一系列的工具去解析、提取、分析数据。语义引擎需要完成从"文档"中智能提取信息的功能。

（5）数据质量管理，是指对数据生命周期的每个阶段中可能引发的各类数据质量问题进行识别、度量、监控、预警等操作，以提高数据质量的一系列管理活动。数据质量和数据管理是管理好一个工程项目的最佳实践。通过标准化的流程和工具对数据进行处理可以保证得到高质量的分析结果。

（6）数据存储和数据仓库。数据仓库是为了便于多维分析和多角度展示数据按特定模式进行存储所建立起来的关系型数据库。在大数据系统的设计中，数据仓库的构建是关键，承担着对业务系统数据整合的任务，为系统提供数据抽取、转换和加载（ETL），并按主题对数据进行查询和访问，为联机数据分析和数据挖掘提供数据平台。

4. 数据解释

数据解释旨在更好地支持用户对数据分析结果的使用，涉及的主要技术为可视化和人机交互。目前已经有一些针对大规模数据的可视化研究，通过数据投影、维度降解或显示墙等方法来解决大规模数据的显示问题。由于人类的视觉敏感度限制了更大屏幕显示的有效性，因此以人为中心的人机交互设计也将是解决大数据分析结果展示的一种重要技术。

可视化分析指借助图形化手段，清晰并有效传达与沟通信息的分析手段，主要应用于海量数据关联分析，即借助可视化数据分析平台，对分散异构数据进行关联分析，并做出完整分析图表的过程，具有简单明了、清晰直观、易于接受的特点。

5. 数据传输和虚拟集群等其他支撑技术

虽然大数据应用强调以数据为中心，将计算推送到数据上执行，但是在整个处理过程中，数据的传输仍然是必不可少的，例如一些科学观测数据从观测点向数据中心的传输等。

此外，由于虚拟集群具有成本低、搭建灵活、便于管理等优点，人们在大数据分析时可以选择更加方便的虚拟集群来完成各项处理任务，因此需要针对大数据应用展开虚拟机集群优化研究。

1.2.2　大数据生态圈

随着大数据平台及各项任务的发展，不同组件与框架相继出现，大数据生态圈不断得到丰富。目前，大数据生态圈结构大致如图 1.3 所示。

接下来简要介绍一些组件与框架。

1. Hadoop

Hadoop 是一种专用于批处理的处理框架，是首个在开源社区获得极大关注的大数据框架。Hadoop 基于谷歌发表的海量数据处理相关的多篇论文，重新实现了相关算法和组件堆栈，使大规模批处理技术变得更容易使用。新版 Hadoop 包含多个组件，通过配合使用可处理批数据。

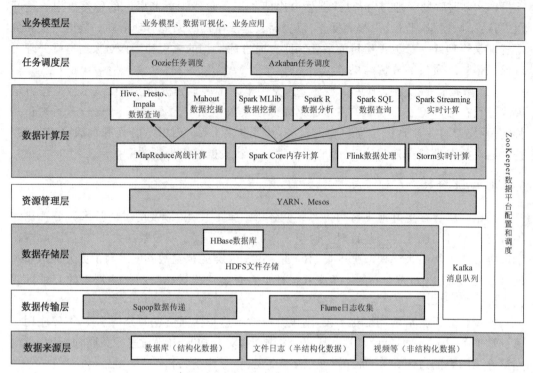

图 1.3　大数据生态圈结构

2. HDFS

HDFS 是一种分布式文件系统层,可对集群节点间的存储和复制进行协调。HDFS 确保了无法避免的节点故障发生后数据依然可用,可将其用做数据来源用于存储中间态的处理结果,并可存储计算的最终结果。HDFS 详细结构可见本书 8.1.1 节。

3. MapReduce

MapReduce 是 Hadoop 的原生批处理器引擎。MapReduce 是一个分布式运算程序的编程框架,是用户开发“基于 Hadoop 的数据分析应用”的核心框架。MapReduce 的核心功能是将用户编写的业务逻辑代码和自带默认组件整合成一个完整的分布式运算程序,并发运行在一个 Hadoop 集群上。MapReduce 详细内容可见本书 6.1.2 节。

4. YARN/Mesos

YARN 是下一代 MapReduce,即 MRv2,是在第一代 MapReduce 基础上演变而来的,主要是为了解决原始 Hadoop 扩展性较差,不支持多计算框架而提出的。

Mesos 诞生于美国加州大学伯克利分校的一个研究项目,现已成为 Apache 项目,当前有一些公司使用 Mesos 管理集群资源,比如 Twitter。与 YARN 类似,Mesos 是一个资源统一管理和调度的平台,同样支持如 MR、Steaming 等多种运算框架。

5. ZooKeeper

ZooKeeper 用于解决分布式环境下的数据管理问题,包括统一命名、状态同步、集群管理和配置同步等。Hadoop 的许多组件都依赖于 ZooKeeper,它运行在计算机集群上面,用于管理 Hadoop 操作。

6. Sqoop

Sqoop 是 SQL-to-Hadoop 的缩写,主要用于在传统数据库和 Hadoop 之间传输数据。数据的导入和导出本质上是 MapReduce 程序,充分利用了 MR 的并行化和容错性。Sqoop 利用数据库技术描述数据架构,用于在关系数据库、数据仓库和 Hadoop 之间转移数据。

7. Hive/Impala

Hive 定义了一种类似 SQL 的查询语言(HQL),将 SQL 转换为 MapReduce 任务在 Hadoop 上执行,通常用于离线分析。HQL 用于运行存储在 Hadoop 上的查询语句,Hive 让不熟悉 MapReduce 的开发人员也能编写数据查询语句,然后这些语句被翻译为 Hadoop 上面的 MapReduce 任务。

Impala 是用于处理存储在 Hadoop 集群中的大量数据的 MPP(大规模并行处理)SQL 查询引擎。它是一个用 C++ 和 Java 编写的开源软件。与 Apache Hive 不同,Impala 不基于 MapReduce 算法。它实现了一个基于守护进程的分布式架构,它负责在同一台机器上运行的查询执行的所有方面,因此执行效率高于 Apache Hive。

8. HBase

HBase 是一个建立在 HDFS 之上,面向列的针对结构化数据的可伸缩、高可靠、高性能、分布式和面向列的动态模式数据库。HBase 采用了 BigTable 的数据模型:增强的稀疏排序映射表(Key/Value)。其中,键由行关键字、列关键字和时间戳构成。HBase 提供了对大规模数据的随机、实时读写访问。同时,HBase 中保存的数据可以使用 MapReduce 来处理,它将数据存储和并行计算完美地结合在一起。

9. Flume

Flume 是一个可扩展、适合复杂环境的海量日志收集系统。它将数据从产生、传输、处理并最终写入目标的路径的过程抽象为数据流,在具体的数据流中,数据源支持在 Flume 中定制数据发送方,从而支持收集各种不同的协议数据。

同时,Flume 数据流提供对日志数据进行简单处理的能力,如过滤、格式转换等。此外,Flume 还具有能够将日志写入各种数据目标(可定制)的功能。

Flume 以 Agent 为最小的独立运行单位,一个 Agent 就是一个 JVM。单个 Agent 由 Source、Sink 和 Channel 三大组件构成。其中,Source 从客户端收集数据,并传递给 Channel;Channel 为缓存区,将 Source 传输的数据暂时存放;Sink 从 Channel 收集数据,并写入指定地址；Event 为日志文件、Avro 对象等源文件。

10. Kafka

Kafka 是一种高吞吐量的分布式发布订阅消息系统，它可以处理消费者规模网站中的所有动作流数据，实现了主题、分区及其队列模式以及生产者、消费者架构模式。

生产者组件和消费者组件均可以连接到 Kafka 集群，而 Kafka 被认为是组件通信之间所使用的一种消息中间件。Kafka 内部分为很多 Topic(一种高度抽象的数据结构)，每个 Topic 又被分为很多 Partition(分区)，每个分区中的数据按队列模式进行编号存储。被编号的日志数据称为此日志数据块在队列中的 Offset(偏移量)，偏移量越大的数据块越新，即越靠近当前时间。生产环境中的最佳实践架构是 Flume ＋ Kafka ＋ Spark Streaming。

11. Oozie

Oozie 是一个可扩展的工作体系，集成于 Hadoop 的堆栈，用于协调多个 MapReduce 作业的执行。它能够管理一个复杂的系统，基于外部事件来执行，外部事件包括数据的定时和数据的出现。

Oozie 工作流是放置在控制依赖有向无环图(Direct Acyclic Graph，DAG)中的一组动作(例如，Hadoop 的 Map/Reduce 作业、Pig 作业等)，其中指定了动作执行的顺序。Oozie 使用 hPDL(一种 XML 流程定义语言)来描述这个图。

12. Spark

Spark 可作为独立集群部署(需要相应存储层配合)，也可与 Hadoop 集成并取代 MapReduce 引擎。与 MapReduce 不同，Spark 的数据处理工作全部在内存中进行，只在一开始将数据读入内存，以及将最终结果持久存储时需要与存储层交互，所有中间态的处理结果均存储在内存中。使用 Spark 而非 MapReduce 的主要原因是速度。在内存计算策略和先进的 DAG 调度等机制的帮助下，Spark 可以用更快的速度处理相同的数据集。Spark 的另一个重要优势在于多样性，可作为独立集群部署，或与现有的 Hadoop 集群集成。Spark 可运行批处理和流处理，运行一个集群即可处理不同类型的任务。除了自身的能力外，围绕 Spark 还建立了包含各种库的生态系统，可为机器学习、交互式查询等任务提供更好的支持。目前，大部分机器学习算法都需要多重数据处理。相比 MapReduce，Spark 任务更易于编写，因此可大幅提高生产力。通常，Spark 可以应用在实时的市场活动、在线产品推荐、网络安全分析、机器日志监控等场景。

通常，当需要处理的数据量超过单机尺度(比如计算机只有 4GB 的内存，而需要处理 100GB 以上的数据)，这时可以选择 Spark 集群进行计算。有时可能需要处理的数据量并不大，但是计算很复杂，需要大量的时间，这时也可以选择利用 Spark 集群强大的计算资源并行化地计算。

Spark 主要包含以下 5 部分，其结构如图 1.4 所示。

(1) Spark Core，包含 Spark 的基本功能，其他 Spark 的库都是构建在弹性分布式数

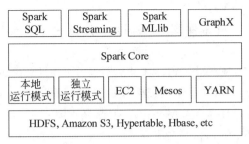

图 1.4　Spark 结构

据集(Resilient Distributed Dataset,RDD)和 Spark Core 之上,RDD 是 Spark 中最基本的数据抽象。

(2) Spark SQL,提供通过 Apache Hive 的 SQL 变体 Hive 查询语言(HiveQL)与 Spark 进行交互的 API。每个数据库的表被当作一个 RDD,Spark SQL 查询被转换为 Spark 操作。

(3) Spark Streaming,对实时数据流进行处理和控制。Spark Streaming 允许程序能够像普通 RDD 一样处理实时数据。

(4) MLlib,一个常用机器学习算法库,算法被实现为对 RDD 的 Spark 操作。这个库包含可扩展的学习算法,比如分类、回归等需要对大量数据集进行迭代的操作。

(5) GraphX,控制图、并行图操作和计算的一组算法和工具的集合。GraphX 扩展了 RDD API,包含控制图、创建子图、访问路径上所有顶点的操作。

13. Storm

Storm 是一种侧重于极低延迟的流处理框架,是要求近实时处理的工作负载的最佳选择。该技术可处理非常大量的数据,提供的处理结果比其他解决方案拥有更低的延迟。Storm 的流处理可对框架中拓扑的 DAG 进行编排,这些拓扑描述了当数据片段进入系统后,需要对每个传入的片段执行的不同转换或步骤。拓扑包含:

(1) Stream,普通的数据流,这是一种会持续抵达系统的无边界数据。

(2) Spout,位于拓扑边缘的数据流来源,可以是 API 或查询等,从这里可以产生待处理的数据。

(3) Bolt,代表需要消耗流数据,对其应用操作,并将结果以流的形式进行输出的处理步骤。Bolt 需要与每个 Spout 建立连接,随后相互连接以组成所有必要的处理。在拓扑的尾部,可以使用最终的 Bolt 输出作为相互连接的其他系统的输入。

14. Apache Flink

Apache Flink 是一个面向分布式数据流处理和批量数据处理的开源计算平台,提供支持流处理和批处理两种类型应用的功能,其针对数据流的分布式计算提供了数据分布、数据通信及容错机制等功能。基于流执行引擎,Flink 提供了很多高抽象层的 API 便于用户编写分布式任务。同样是流处理框架,与 Storm 相比,Flink 的吞吐量更高,延迟更低。

在 Flink 中有 4 个不同的组件，它们共同协作运行流程序。这些组件为 JobManager、ResourceManager、TaskManager 和 Dispatcher。

（1）JobManager，主进程（Master），用于管理单个应用（application）的执行。

（2）ResourceManager，Flink 可以整合多个 ResourceManager。ResourceManager 负责管理 TaskManager slots，TaskManager slots 是 Flink 的一个资源处理单元。

（3）TaskManager，是 Flink 的任务进程（worker）。一般来说，会有多个 TaskManagers 运行在一个配置好的 Flink 集群中。

（4）Dispatcher，提供了一个 REST 接口，用于提交应用的执行。

15. Presto

Presto 是由 Facebook 推出的一个基于 Java 开发的开源分布式 SQL 查询引擎，适用于交互式分析查询，数据量支持 GB 级到 PB 级。Presto 本身并不存储数据，但是可以接入多种数据源，并且支持跨数据源的联表查询。Presto 支持查询的数据源有 Hive、Kafka、Cassandra、Redis、MongoDB、SQL Server 等。

Presto 采用典型的 Master/Slave 模型，具体结构如图 1.5 所示。

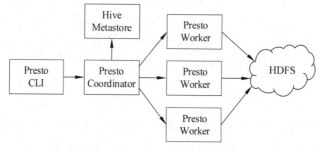

图 1.5　Presto 架构

（1）Coordinator，负责解析 SQL 语句，生成执行计划，分发执行任务给 Worker 节点执行。

（2）Discovery Server，通常内嵌于 Coordinator 节点中，也可以单独部署，用于节点心跳。

（3）Worker 节点，负责实际执行查询任务，并负责与 HDFS 交互读取数据。

Presto 能够处理 PB 级别的海量数据分析，基于内存运算，减少没必要的硬盘 I/O，速度快。另外，Presto 能够连接多个数据源，跨数据源联表查询，如从 Hive 查询大量网站访问记录，然后从 MySQL 中匹配出设备信息。

Presto 虽然能够处理 PB 级别的海量数据分析，但不代表 Presto 把 PB 级别数据都放在内存中计算。而是根据场景（如 count、avg 等聚合运算）边读数据边计算，再清内存，再读数据，再计算，这种方式消耗的内存并不多。但是，联表查询可能产生大量的临时数据，因此速度会变慢。

1.3　大数据面临的安全威胁与挑战

大数据发展过程中,资源、技术、应用相依而生,商业策略、社会治理、国家战略的制定,都越来越重视大数据的决策支撑能力。但是,大数据也是双刃剑,其被攻击及被滥用对社会安全体系所产生的影响力和破坏力,可能也是无法预料和提前防范的。

1.3.1　安全威胁

大数据安全威胁渗透在数据生产、采集、处理和共享等大数据产业链的各个环节,风险成因复杂交织;既有外部攻击,也有内部泄露;既有技术漏洞,也有管理缺陷;既有新技术、新模式触发的新风险,也有传统安全问题。

1. 大数据基础设施安全威胁

大数据基础设施包括存储设备、运算设备、一体机和其他基础软件(如虚拟化软件)等。为了支持大数据的应用,需要创建支持大数据环境的基础设施。例如,需要高速的网络来收集各种数据源,大规模的存储设备对海量数据进行存储,还需要各种服务器和计算设备对数据进行分析与应用,并且这些基础设施带有虚拟化和分布式性质等特点。这些基础设施给用户带来各种大数据新应用的同时,也会遭受到安全威胁。

常见的威胁有:

(1) 非授权访问,即没有预先经过同意,就使用网络或计算机资源。例如,有意避开系统访问控制机制,对网络设备及资源进行非正常使用,或擅自扩大使用权限,越权访问信息。主要形式有假冒、身份攻击、非法用户进入网络系统进行违法操作,以及合法用户以未授权方式进行操作等。

(2) 信息泄露或丢失,包括数据在传输中泄露或丢失(例如,利用电磁泄露或搭线窃听方式截获机密信息,或通过对信息流向、流量、通信频度和长度等参数的分析,窃取有用信息等)、数据在存储介质中丢失或泄露,以及黑客通过建立隐蔽隧道窃取敏感信息等。

(3) 网络基础设施传输过程中破坏数据完整性。大数据采用的分布式和虚拟化架构,意味着比传统的基础设施有更多的数据传输,大量数据在一个共享的系统里被集成和复制,当传输数据加密和认证安全强度不够时,攻击者能实施中间人攻击、重放攻击、篡改数据等。

(4) 拒绝服务攻击,即通过对网络服务系统的不断干扰,改变其正常的作业流程或执行无关程序,导致系统响应迟缓,影响合法用户正常使用,甚至使合法用户遭到排斥,不能得到相应的服务。

(5) 网络病毒传播,即通过网络传播计算机病毒,导致重要数据被窃取或破坏等。

(6) 利用漏洞入侵系统,如针对虚拟化技术的安全漏洞攻击,黑客可利用虚拟机管理系统自身的漏洞,入侵到宿主机或宿主机上的其他虚拟机。

2. 平台安全机制严重不足

现有的大数据应用中多采用开源的大数据管理平台和技术,如基于 Hadoop 生态架构的 HBase/Hive、Cassandra/Spark、MongoDB 等。这些平台和技术在设计之初,大部分考虑是在可信的内部网络中使用,对大数据应用用户的身份鉴别、授权访问以及安全审计等安全功能需求考虑较少。近年来,随着技术的更新和发展,这些软件通过调用外部安全组件、修补安全补丁的方式逐步增加了一些安全措施,如调用外部 Kerberos 身份鉴别组件、扩展访问控制管理能力、允许使用存储加密以及增加安全审计功能等。即便如此,大部分大数据软件仍然是围绕大容量、高速率的数据处理功能开发,而缺乏原生的安全特性,在整体安全规划方面考虑不足,甚至没有良好的安全实现。

同时,大数据系统建设过程中,现有的基础软件和应用多采用第三方开源组件。这些开源系统本身功能复杂、模块众多、复杂性很高,因此对使用人员的技术要求较高,稍有不慎,可能导致系统崩溃或数据丢失。在开源软件开发和维护过程中,由于软件管理松散、开发人员混杂,软件在发布前几乎没有经过权威和严格的安全测试,使得这些软件大都缺乏有效的漏洞管理和恶意后门防范能力。如 2017 年 6 月,Hadoop 的发行版本被发现存在安全漏洞,由于该软件没有对输入进行严格的认证,导致攻击者可以利用该漏洞攻击系统,并获得最高管理员权限。

物联网技术的快速发展,使得当前设备连接和数据规模都达到了前所未有的程度,不仅手机、计算机、电视机等传统信息化设备已连入网络,汽车、家用电器、工厂设备、基础设施等也逐步成为互联网的终端。而在这些新终端的安全防护上,现有的安全防护体系尚不成熟,有效的安全手段还不多,急需研发和应用更好的安全保护机制。

3. 针对大数据的高级可持续威胁攻击

数据挖掘和分析等大数据技术可用于实施网络攻击,黑客可以发起高级可持续威胁(Advanced Persistent Threat,APT)攻击。通过将高级可持续威胁攻击代码嵌入隐藏在大数据中,利用大数据技术发起僵尸网络攻击,能够控制海量傀儡机进而发起更大规模的网络攻击,严重威胁网络信息安全。

4. 其他安全威胁

大数据除了在基础设施、Hadoop 平台安全机制、应对高级可持续威胁攻击等方面面临上述安全威胁外,还包括如下 3 方面。

1) 网络化社会使大数据易成为攻击目标

论坛、博客、微博、社交网络、视频网站为代表的新媒体形式促成网络化社会的形成,在网络化社会中,信息的价值要超过基础设施的价值,极容易吸引黑客的攻击。另外,网络化社会中大数据蕴涵着人与人之间的关系与联系,使得黑客成功攻击一次就能获得更多数据,无形中降低了黑客的进攻成本,增加了攻击收益。近年来,从互联网上发生用户账号的信息失窃等连锁反应可以看出,大数据更容易吸引黑客,而且一旦遭受攻击,造成的损失将十分惊人。

2) 大数据滥用风险

计算机网络技术和人工智能的发展,为大数据自动收集以及智能动态分析提供了方便。但是,大数据技术被滥用也会带来安全风险。一方面,大数据本身的安全防护存在漏洞,对大数据的安全控制力度仍然不够,API 访问权限控制以及密钥生成、存储和管理方面的不足都可能造成数据泄露;另一方面,攻击者也在利用大数据技术进行攻击,例如,黑客能够利用大数据技术最大限度地收集更多用户的敏感信息。

3) 大数据误用风险

大数据的质量、准确性以及对其的使用也存在风险。例如,从社交媒体获取个人信息的准确性,基本的个人资料例如年龄、婚姻状况、教育或者就业情况等通常都是未经认证的,分析结果可信度不高。另一方面是数据的质量,从公众渠道收集到的信息,可能与需求相关度较小。这些数据的价值密度较低,如果对其进行分析和使用,可能产生无效的结果,从而导致错误的决策。

1.3.2　安全挑战

大数据安全虽仍继承传统数据安全的保密性、完整性和可用性 3 个特性,但也有其特殊性,主要表现在以下方面。

1. 个人隐私保护

之前的数据是企业的资产,是在企业内部、局部的环境里使用,流动性不强,所以,数据的个人隐私保护问题并不突出。但是,到了大数据时代,数据无处不在,各种数据积累起来后形成多元数据关联,不法分子和别有用心的人可通过多元数据关联分析等技术获取个人隐私信息。如何有效保护个人隐私是大数据安全面临的第一个重要问题。

2. 跨境数据流动

在现在这个信息爆炸的时代,数据的流动很重要。例如,当电商行业举行全球性购物促销活动时,多个国家的用户都会参与其中,数据的跨境流动是大数据的一个特殊属性。在法律制度、数据服务外包、打击网络犯罪方面保护跨境数据安全很重要。常见的挑战有,数据具有易复制性,发生数据安全事件后,无法进行有效的追溯和审计;大数据有流动、共享的需求,大量数据的汇聚传输加大了数据泄露的风险,一旦敏感数据流向境外,国家安全、社会稳定及人民生活等必然受到影响。

2021 年 7 月,滴滴事件的发酵,让人们认识到数据安全的重要性。滴滴通过收集、分析旗下司机的 GPS 信息以及乘客出行的数据,产生了对用户身份、出行非常翔实的用户档案。虽然互联网产业需要运用大数据对用户精准画像提供令用户更满意的服务,但是这些数据资源的安全性非常重要,一旦数据使用、存储不当,被恶意利用将会带来极大的安全风险。

3. 传统安全措施难以适配

大数据海量、多源、异构、动态的特征,导致大数据系统存储和处理过程更加复杂,同时,我们需要大数据系统做到系统平台开放、分布式计算以及高效精准的服务,这些特殊需求采用传统安全方案不能得到保障。

4. 应用访问控制愈加复杂

在数据库时代，利用访问控制技术可以解决数据的安全访问，对每一个用户进行身份认证，只有通过认证的授权用户才能访问数据库。但是，大数据时代，存在大量未知的用户和大量未知的数据，有很多用户的身份并不清楚，虽然该用户注册了账户，但是并不清楚具体身份，所以设置角色和设置角色的权限方面也存在安全隐患。

1.4 数据的生命周期及安全机制

基于数据在组织机构业务中的流转情况，如图 1.6 所示，定义了数据生命周期的 6 个阶段，具体各阶段的描述如下。

图 1.6 数据的生命周期流程

（1）数据采集：指新的数据产生或现有数据内容发生显著改变或更新的阶段。对于组织机构而言，数据的采集既包含在组织机构内部系统中生成的数据，也包含组织机构从外部采集的数据。

（2）数据传输：指数据在组织机构内部从一个实体通过网络流动到另一个实体的过程。

（3）数据存储：指非动态数据以任何数字格式进行物理存储的阶段。

（4）数据处理：组织机构在内部针对动态数据进行的一系列活动的组合。

（5）数据交换：指数据经由组织机构内部与外部组织机构及个人交互过程中提供数据的阶段。

（6）数据销毁：指对数据及数据的存储介质通过相应的操作手段，使数据彻底丢失且无法通过任何手段恢复的过程。

特定的数据所经历的生命周期由实际的业务场景所决定，并非所有的数据都会完整地经历 6 个阶段。

1.4.1 数据采集阶段

1. 数据采集

数据采集技术是指对数据进行抽取（Extract）、转换（Transform）和加载（Load），最终挖掘数据的潜在价值,也称对数据进行 ETL(Extract Transform Load)操作。ETL 是将业务系统的数据经过抽取、清洗转换之后加载到数据仓库的过程,目的是将分散、零乱、标准不统一的数据整合到一起,为组织机构的决策提供分析依据。

数据采集是数据生命周期的重要一环,通过传感器数据、社交网络数据、互联网数据等不同来源获取结构化、半结构化及非结构化的海量数据,同时也是新的数据产生或现有数据内容发生显著改变或更新的阶段。对于组织机构而言,数据的采集既包含在组织机构内部系统中生成的数据,也包含组织机构从外部采集的数据。数据采集范围的分类可包括语音数据、图片数据、视频数据、用户上网行为、设备地理位置信息、业务或管理系统日志、可穿戴设备等。

2. 数据采集安全威胁

在大数据的数据采集阶段,需要根据不同种类的数据,采取不同的治理方法,综合考虑数据的完整度和隐私性。例如,作为数量最多、经济价值最高的个人数据,需遵循最小数据、目的限制等原则,注重公民个人数据隐私保护,以合法合理的方式进行采集。

数据采集阶段中的安全威胁主要体现在以下 5 方面。

(1) 缺少数据分类分级,采集的数据无序且不区分类别,会影响数据安全防护和管理中策略的制定。

(2) 缺少合规原则和最小化采集等基本要求,使得个人数据被过度采集及重要数据被泄露。

(3) 缺少采集访问控制及可信认证,对数据源未进行身份鉴别和记录,可能会采集到错误的或失真的数据。

(4) 缺少数据质量管理,不能保证数据采集过程中数据的准确性、一致性和完整性。

(5) 数据源服务器存在安全风险,如未及时更新漏洞、未进行主机加固、未进行病毒防护。

3. 数据采集安全机制

数据采集安全包括数据分类分级、数据采集安全管理、数据源鉴别及记录和数据质量管理 4 方面。

1) 数据分类分级

数据分类分级是数据采集阶段的基础工作,也是整个数据安全生命周期中最基础的工作,它是数据安全防护和管理中各种策略制定、制度落实的依据和附着点。基于法律法规以及业务需求确定组织机构内部的数据分类分级方法,对生成或收集的数据进行分类分级标识。

2) 数据采集安全管理

数据采集安全管理指在采集外部客户、合作伙伴等相关方数据的过程中,组织应明确采集数据的目的和用途,确保满足数据源的真实性、有效性等原则要求,并明确数据采集渠道、规范数据格式以及相关的流程和方式,从而保证数据采集的合规性、正当性、一致性。

采集的数据及采集过程应严格按照《网络安全法》《个人信息保护法》《数据安全法》

《信息安全技术 个人信息安全规范》(GB/T 35273—2020)等相关国家法律法规和行业规范执行。组织开展数据采集活动的过程中应遵循合规原则和最小化采集等基本要求,确保采集过程中的个人信息和重要数据不被泄露。

3)数据源鉴别及记录

数据源鉴别及记录指对产生数据的数据源进行身份鉴别和记录,防止数据仿冒和数据伪造。

数据源鉴别是指对收集或产生数据的来源进行身份识别的一种安全机制,防止采集到其他不被认可的或非法数据源产生的数据,避免采集到错误的或失真的数据;数据源记录是指对采集的数据需要进行数据来源标识,以便在必要时对数据源进行追踪和溯源。

4)数据质量管理

数据质量管理指建立组织的数据质量管理体系,保证数据采集过程中收集/产生的数据的准确性、一致性和完整性。数据安全保护的对象是有价值的数据,而有价值的前提是数据质量要有保证,所以必须有数据质量相关的管理体系。

数据采集安全的具体内容将在本书第 7 章详细讨论。

1.4.2 数据传输阶段

1. 数据传输

数据传输是指采集后的数据通过数据通道传输的过程。数据源集中存储的数据发生变化后,也能通过数据通道尽快地通知对数据敏感的相应应用或者系统构件,使得它们能够尽快地捕获数据的变化。

数据传输包含如下相关技术:消息队列、数据同步、数据订阅、序列化。

1)消息队列

消息队列是涉及大规模分布式系统时经常使用的中间件产品,主要解决日志搜集、应用耦合、异步消息等问题,实现高性能、高可用、可伸缩和最终一致性架构。

2)数据同步

在数据仓库建模中,未经任何加工处理的原始业务层数据,称为 ODS(Operational Data Store)数据。在互联网企业中,常见的 ODS 数据有业务日志(Log)数据和业务数据库(Data Base,DB)数据两类。对于业务 DB 数据来说,从 MySQL 等关系型数据库的业务数据进行采集,然后导入数据仓库中是一个重要环节。为了准确、高效地把 MySQL 数据同步到数据仓库中,常用的解决方案是批量获取数据并加载。数据同步解决各个数据源之间稳定高效的数据同步问题。

3)数据订阅

数据订阅的功能旨在帮助用户获取实时增量数据,用户能够根据自身业务需求自由选择增量数据,例如实现缓存更新策略、业务异步解耦、异构数据源数据实时同步及含复杂 ETL 的数据实时同步等多种业务场景。

4)序列化

序列化是将对象的状态信息转换为可以存储或传输的形式的过程。数据序列化用于模块通信时,将对象序列化为通信流,高效地传输到另一个模块,并提供反序列化还原数据。大数据传输场景下,序列化的性能、大小也直接影响了数据传输的性能。

2. 数据传输安全威胁

伴随着大数据传输技术和应用的快速发展,在大数据传输阶段,越来越多的安全隐患逐渐暴露出来。除了存在泄露、篡改等风险外,还可能被数据流攻击者利用,数据在传播中可能逐步失真。

数据传输阶段中的安全威胁主要体现在以下 3 方面。

(1) 未进行加密传输,不能保证数据传输过程中机密性和完整性的要求。

(2) 未对网络可用性进行管理,网络节点、传输链路中都可能存在数据泄露的风险。

(3) 在传输过程中缺少异常行为控制及相关身份认证。

3. 数据传输安全机制

数据传输安全包括数据传输加密和网络可用性管理两方面。

1) 数据传输加密

数据传输加密指根据组织内部和外部的数据传输要求,采用适当的加密保护措施,保证传输通道、传输节点和传输数据的安全,防止传输过程中的数据泄露。

在对数据进行传输时,组织首先应进行风险评估,评估内容包括数据的重要程度、数据的机密性和完整性的要求程度,以及其安全属性破坏后可能导致系统受到的影响程度。根据风险评估结果,采用合理的加密技术。在选择加密技术时,应符合以下规范。

(1) 必须符合国家有关加密技术的法律法规。

(2) 根据风险评估确定保护级别,并以此确定加密算法的类型、属性,以及所用密钥的长度。

(3) 根据实际情况选择能够提供所需保护的合适的工具。

对于传输节点,需要利用身份鉴别技术校验传输节点的身份,防止传输节点被伪造;对于传输通道,需要是加密、可信、可靠的。通过对传输数据、传输节点和传输通道 3 部分的安全防护,达到数据传输的机密性、完整性、可信任性。

2) 网络可用性管理

网络可用性管理指通过网络基础设施及网络层数据防泄露设备的备份建设,实现网络的高可用性,从而保证数据传输过程的稳定性。组织机构在条件允许的情况下应该制定整体的网络可用性管理方案和标准,包括制定可用性的标准数值、故障指标、故障处理方案等,对其网络节点、传输链路进行考察,并部署相应设备保障网络可用性,防止出现数据泄露等风险,同时还应根据其不同的业务环境所提出的各种网络性能需求制定有效可靠的数据安全防护方案等。

1.4.3　数据存储阶段

1. 数据存储

数据存储指非动态数据以任何数字格式进行物理存储的阶段。根据数据重要性的不同,对存储量、时效性、读写查询性能等差异性要求,应当选择合适的存储技术。存储技术分类有传统关系数据库、分布式关系数据库、NoSQL 存储、消息系统、文件系统等。

大数据问题中的数据结构和类型是传统问题不能比拟的,其在存储平台上的数据量是非线性甚至是指数级别增长的。因为结构和类型的不同,在存储时,如果使用传统存储手段,势必会引发多种应用进程并发且频繁无序地进行,极易造成数据存储错位和数据管理混乱,为大数据存储和后期的处理带来安全隐患。

所以,大数据存储主要由大规模数据中心承载。在新基建时代,数据中心将成为促进5G、人工智能、工业互联网、云计算等新一代信息技术发展的数据中枢和算力载体。因此,要加强数据中心组织形态建设,保障海量、多样性数据的安全接入,保证数据存储安全,提高数据处理能力。

在数据存储阶段,需要制定相关安全策略,建立数据基本存储结构,并针对不同类别、等级的数据制定不同的访问权限,采用多样存储加密方式,根据访问控制、用户身份鉴别等策略进行数据管理。对重要、关键的数据信息进行备份,加强对侵入、删除、泄露的防范力度,一旦数据丢失,应具备及时恢复数据的能力。

2. 数据存储安全威胁

在数据存储阶段,收集的数据被存储于大型的数据中心供数据处理阶段使用,由于采集的数据中可能包含敏感信息,因此在存储数据时采取有效的防范措施非常重要。

数据存储阶段中的安全威胁主要体现在以下 6 方面。

(1) 数据池服务器存在安全风险,缺少安全防护策略,存在被黑客利用的风险,如拖库和外部 SQL 注入等。

(2) 数据明文存储或者未进行脱敏处理,有被泄露和利用的风险。

(3) 对存储数据的访问,缺少统一访问控制及相关身份认证。

(4) 缺少数据容灾备份机制,没有定期计划的数据备份和恢复,会对数据可用性产生威胁。

(5) 存储介质使用不当而引发数据泄露,因介质损坏、故障、寿命有限等问题导致数据丢失。

(6) 网络架构设计不合理,未对存储的重要敏感数据进行物理隔离或者逻辑隔离。

3. 数据存储安全机制

数据存储安全包括存储介质安全、逻辑存储安全、数据备份和恢复 3 方面。

1) 存储介质安全

存储介质指存储数据的载体,包括计算机硬盘、U 盘、移动硬盘、存储卡和闪存等。存储介质作为一种物理载体,会有损坏、故障、寿命有限等问题,以及安全性的问题。存储介质安全,是指针对组织内需要对数据存储介质进行访问使用的场景,提供有效的技术和管理手段,防止对介质的不当使用而可能引发的数据泄露风险。存储介质在采购、存放、使用、维修、销毁等各个环节都要遵守安全规范要求。如存储介质应由存储介质安全管理部门进行统一采购,采购中应进行防病毒等安全性检测,在确保安全的情况下方可入账。

2）逻辑存储安全

逻辑存储安全指基于组织内部的业务特性和数据存储安全要求,建立针对数据逻辑存储、存储容器等的有效安全控制。在条件允许的情况下,组织机构应该结合实际情况,依据《网络安全法》《数据安全法》等法律法规中的相关要求,对数据逻辑存储做好管理、保护与合规,制定有效的、整体上的数据逻辑存储管理安全制度,建立数据逻辑存储隔离与授权操作标准等,包含认证授权、账号管理、权限管理、日志管理、加密管理、版本管理、安全配置、数据隔离等要求,搭建整体的数据逻辑存储系统,同时执行并维护数据逻辑存储系统和存储设备。

3）数据备份和恢复

数据备份和恢复指执行定期的数据备份和恢复,实现对存储数据的冗余管理,保护数据的可用性。组织机构在条件允许的情况下应该制定整体的数据备份和恢复制度,建立数据备份和恢复的标准操作流程,定义其内部所覆盖的数据备份和恢复范围,指定日志记录的规范、数据保存的时长等指标,依据数据生命周期和业务要求,建立不同阶段的数据归档存储标准操作流程,同时制定数据存储、使用、分享、清除时的时效性规定和管理策略,并推动以上相关制度确实可靠地落地执行。

数据存储安全的具体内容将在本书第8章详细讨论。

1.4.4　数据处理阶段

1. 数据处理

数据生命周期的核心是数据处理,从数据中挖掘出高价值信息为实际场景所用,是大数据价值的体现。数据处理分为6方面:可视化分析、数据挖掘算法、预测性分析能力、语义引擎、数据质量和数据管理、数据存储和仓库,具体可参见1.2.1节的数据分析部分。

2. 数据处理安全威胁

在该阶段,经常出现数据滥用或伪脱敏。随着数据挖掘、机器学习、人工智能等学科领域技术研究的深入,数据滥用情况加剧,并且很多脱敏数据或者匿名处理的数据,有可能分析出对应的真实明细信息。

数据处理阶段中的安全威胁主要体现在以下4方面。

(1) 未对敏感数据脱敏处理,导致敏感数据泄露。

(2) 数据不当使用,导致国家秘密、商业秘密和个人隐私泄露,数据资源被用于不当目的。

(3) 数据处理过程中缺少控制管理,数据计算、开发平台不统一,易遭受网络攻击。

(4) 数据处理过程中使用的机器学习算法存在安全问题,容易受到对抗样本等攻击。

3. 数据处理安全机制

数据处理安全包括数据脱敏、数据分析安全、数据正当使用、数据处理环境安全和数据导入导出安全5方面。

1）数据脱敏

数据脱敏指根据相关法律法规、标准的要求以及业务需求，给出敏感数据的脱敏需求和规则，对敏感数据进行脱敏处理，保证数据可用性和安全性的平衡。组织机构在条件允许的情况下应该制定整体的数据脱敏原则和制度，并推动相关要求确实可靠地落地执行。除此之外，还需要定义不同等级的敏感数据、脱敏处理情景、标准操作流程、标准方法，建立统一的安全审计机制，用于记录和监督数据脱敏各阶段的操作行为，方便后续的问题排查和事件溯源等，在申请数据权限的阶段中，还应该提供评估使用真实数据必要性的服务支持，并确定在当前业务场景下应该采用的数据脱敏规则和方法。

2）数据分析安全

数据分析安全指通过在数据分析过程采取适当的安全控制措施，防止数据挖掘、分析过程中有价值的信息和个人隐私泄露的安全风险。组织机构在条件允许的情况下应该制定整体的数据分析安全方案和相关制度，并推动相关要求确实可靠地落地执行。除此之外，还需要定义数据的获取方式、授权机制、数据使用等内容，明确应该使用哪些数据分析工具以及相应工具的规范使用方法，还应该建立针对数据分析结果的审核机制，以及针对数据分析过程中的审计机制，确保数据分析的结果可用性和数据分析事件的可追溯性。

3）数据正当使用

数据正当使用指基于国家相关法律法规对数据分析和利用的要求，建立数据使用过程的责任机制、评估机制，保护国家秘密、商业秘密和个人隐私，防止数据资源被用于不正当目的。

4）数据处理环境安全

数据处理环境安全指为组织内部的数据处理环境建立安全保护机制，提供统一的数据计算、开发平台，确保数据处理的过程有完整的安全控制管理和技术支持。

5）数据导入导出安全

数据导入导出安全指通过对数据导入导出过程中对数据的安全性进行管理，防止数据导入导出过程中可能对数据自身的可用性和完整性构成的危害，降低可能存在的数据泄露风险。

数据处理及安全的具体内容将在本书第 9 章详细讨论。

1.4.5 数据交换阶段

1. 数据交换

在信息爆炸的时代，随着信息系统的增加，各自孤立的信息系统将会造成大量的冗余数据和业务人员的重复劳动。企业、机关需要通过建立底层数据集成平台将内部孤立的数据集合成横贯整个集合的异构系统、应用、数据源等，完成在集合内部的数据库、数据仓库，以及在其他重要的内部系统之间无缝地共享和交换数据。

数据交换，是指为满足不同平台或应用数据资源的传送和处理需要，实现不同平台和应用之间数据资源的流动过程。在数据交换的过程中，数据仍然存在结构和类型的差异，甚至会因为数据格式不能转换或数据转换格式后丢失信息,严重阻碍数据在各部门和各应用系统中的流动与共享。

2. 数据交换安全威胁

大数据应用中,频繁的数据流转和交换使得数据泄露不再是一次性的事件,众多非敏感的数据可以通过二次组合形成敏感的数据。通过大数据的聚合分析能形成更有价值的衍生数据,外部攻击者常采取数据挖掘、逆向工程推导(根据算法模型参数梯度分析训练数据的特征)等攻击行为窃取数据。

数据交换阶段中的安全威胁主要体现在以下 4 方面。

(1)共享保护措施不当导致数据丢失、篡改、假冒和泄露。

(2)数据发布过程中,违规对外披露对组织的名誉、资产等造成不良影响。

(3)个人信息和重要数据未经安全评估,被交换共享出境。

(4)通过 API 数据接口获取数据是常见的方式,对数据接口进行攻击,将导致数据通过数据接口泄露。

3. 数据交换安全机制

数据交换安全包括数据共享安全、数据发布安全和数据接口安全 3 方面。

1)数据共享安全

通过业务系统、产品对外部组织提供数据时,以及通过合作的方式与合作伙伴交换数据时,执行共享数据的安全风险控制,以降低数据共享场景下的安全风险。数据共享过程中面临巨大安全风险,数据本身存在敏感性,共享保护措施不当将导致敏感数据和重要数据泄露。因此,需要采取安全保护措施保障数据共享后数据的完整性、保密性和可用性,防止数据丢失、篡改、假冒和泄露。

2)数据发布安全

数据发布指组织内部的数据通过各种途径向外部组织公开的过程,如数据开放、企业宣传、网站内容发布、社交媒体发布、PPT 资料对外宣传等。数据发布安全,是指通过在对外部组织机构进行数据发布的过程中对发布数据的格式、适用范围、发布者与使用者权利和义务执行的必要控制,实现数据发布过程中数据安全可控与合规,防止出现违规对外披露造成组织名誉损害、资产损失等不良影响事件。数据发布安全保障发布内容具有真实性、正确性、实效性和准确性。

3)数据接口安全

在数据共享交换中,通过 API 数据接口获取数据是常见的方式。如果对数据接口进行攻击,将导致数据通过数据接口泄露。数据接口安全,是指通过建立组织机构的对外数据接口的安全管理机制,防范组织机构在数据接口调用过程中的安全风险,包括但不限于以下安全保障措施。

(1)明确数据服务接口安全控制策略,规定使用数据接口的安全限制和安全控制措施,如身份鉴别、访问控制、授权策略、签名、时间戳、安全协议、异常流量管控和熔断控制等。

（2）明确数据接口安全要求，包括接口名称、接口参数等。

（3）与数据接口调用方签署合作协议，明确数据的使用目的、供应方式、保密约定、数据安全责任等。

（4）具备数据接口访问的审计能力，并能为数据安全审计提供可配置的数据服务接口。

（5）对跨安全域间的数据接口调用采用安全通道、加密传输、时间戳等安全措施。

（6）确保负责数据接口安全工作的人员充分理解数据接口调用业务的使用场景，具备充分的数据接口调用的安全意识、技术能力和风险控制能力。

数据交换及安全的具体内容将在本书第 10 章详细讨论。

1.4.6　数据销毁阶段

1. 数据销毁

数据销毁指通过对数据及其存储介质采取相应的操作手段，使数据彻底消失且无法通过任何手段恢复的过程。数据销毁有两个目的：一个是符合国家法律法规要求，使重要数据不被泄露；另一个是符合组织本身的业务发展或管理需要。日常工作过程中，用户往往采取删除、硬盘格式化、文件粉碎等方法销毁数据，但是这些方法并不是完全安全的。

数据销毁可发生在数据各个阶段中，需建立完善的数据销毁的安全管理规范，为数据治理提供行为依据。对于一些冗余或利用价值较低的数据，长期占用资源造成浪费，须采取科学的销毁方式将其销毁。应在存储介质销毁、逻辑销毁等方面建立定期处理模式，对数据保存的时间、处理方式（归档或销毁）、处理周期等制定详细的分类要求。

2. 数据销毁安全威胁

传统的数据物理删除方法是物理介质全覆盖的方法。然而，在云环境下，用户失去了对数据的物理存储介质的控制权，无法保证数据存储的副本同时也被删除。

数据销毁阶段中的安全威胁主要体现在以下两方面。

（1）销毁方法不恰当或未对有效数据备份销毁，导致数据泄露。

（2）销毁过程中，销毁不彻底，攻击者恶意恢复存储介质中的数据而导致数据泄露。

3. 数据销毁安全机制

数据销毁安全包括数据销毁处置和存储介质销毁处置两方面。

1）数据销毁处置

数据销毁处置指通过建立针对数据内容的清除、净化机制，实现对数据的有效销毁，防止因对存储介质中的数据内容进行恶意恢复而导致的数据泄露风险。

2）存储介质销毁处置

存储介质销毁处置指通过建立对存储介质安全销毁的规程和技术手段，防止因存储介质丢失、被窃或未授权的访问而导致存储介质中的数据泄露的安全风险。存储介质销毁应经存储介质安全管理部门审批，不得自行销毁。为防止敏感信息泄露给未经授权的人员,废弃的存储介质应由存储介质安全管理部门统一进行安全销毁。存储介质销毁前,存储介质安全管理部门须对所含信息进行风险评估。

1.5　大数据安全框架及安全技术

1.5.1　安全框架

大数据时代,数据应用场景和参与主体日益多样化,数据安全体系建设必须抛弃传统的单点防御模式,而采用全局治理的体系化建设思路。数据安全体系要在有效保护数据计算环境与实体的同时,精准控制数据的访问使用与流转,实现对数据行级别、列级别,甚至单元级别的精准安全访问。构建综合的数据安全体系显然需要一套能力框架进行指引。

数据伴随着业务和应用,在不同载体间流动和留存,贯穿于信息化和业务系统的各层面、各环节。作为非单点防御技术的安全体系,数据安全建设是一个复杂的过程,既要考虑数据全生命周期的视角,还要考虑业务与数据流转视角,确保安全能力和举措深入应用和业务中,与系统、应用和业务的每个层级全面覆盖和深度结合。

1. Gartner 数据安全治理框架

数据安全治理框架(DSG),强调根据企业的业务战略、监管合规等诉求,制定数据安全治理战略,数据安全治理战略服务于企业数据战略,而数据战略向上服务于业务战略,由此可以确保数据安全治理过程,符合企业业务战略,不是简单的为安全而安全、为合规而合规的孤立行为。由此,从数据安全治理战略出发,进行威胁与风险分析并实施管控措施,支撑企业业务战略落地。

Gartner 提出的数据安全治理框架,试图从组织的高层业务风险分析出发,对组织业务中的各个数据集进行识别、分类和管理,并针对数据集的数据流和数据分析库的机密性、完整性、可用性创建 8 种安全策略。同时,数据管理与信息安全团队,可以针对整合的业务数据生命周期过程进行业务影响分析(Business Impact Analysis,BIA),发现各种数据隐私和数据保护风险,以降低整体的业务风险。

DSG 框架强调业务需求与安全的关系,这和数据的业务属性紧密相连。同时,它需要考虑风险、威胁、合规性之间的平衡,数据安全治理应该由此开始,也就是从数据治理阶段介入,而不是被动地等待技术环节的管控,具体的框架如图 1.7 所示。

2. 数据安全能力成熟度模型

中国电子技术标准化研究院等相关部门正在积极建立数据安全标准体系,对数据的采集、传输、存储、交换和共享、销毁等生命周期提出详细的安全要求。2019 年 8 月 30日,《信息安全技术　数据安全能力成熟度模型》(GB/T 37988—2019)简称 DSMM(Data Security Maturity Model)作为国家标准对外发布,并已于 2020 年 3 月起正式实施。

DSMM 将数据按照其生命周期分阶段采用不同的能力评估等级,分为数据采集安

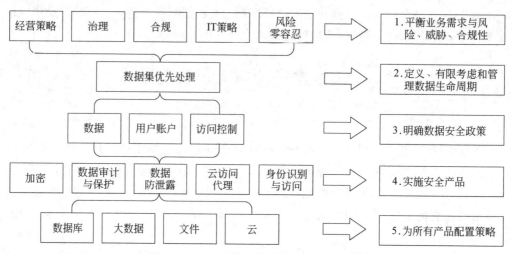

图 1.7　Gartner 提出的数据安全治理框架

全、数据传输安全、数据存储安全、数据处理安全、数据交换安全、数据销毁安全 6 个阶段。
DSMM 从组织建设、制度流程、技术工具、人员能力 4 个安全能力维度的建设进行综合考
量。DSMM 将数据安全成熟度划分成 1～5 等级，依次为非正式执行级、计划跟踪级、充
分定义级、量化控制级、持续优化级，形成一个三维立体模型，全方面对数据安全进行能力
建设，框架如图 1.8 所示。

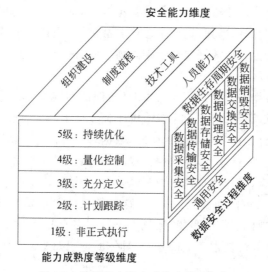

图 1.8　数据安全能力成熟度模型框架

DSMM 由以下 3 部分组成。

1）安全能力维度

安全能力维度明确了组织在数据安全领域应具备的能力。一个完备的系统应该拥有
组织、制度、人员和工具 4 个核心要素，并且 4 个要素是递进关系。组织和制度是企业开
展数据治理工作的前提，人员和工具是落实数据管理工作的手段。

2）能力成熟度等级维度

该部分可划分为 5 级,基于统一的分级标准,级别越高,数据安全能力要求越高,达到第三级的要求是各个企业的基础目标。

3）数据安全过程维度

数据安全过程包括数据安全生存周期过程与通用安全过程。安全过程可分为 30 个过程域,每个过程域由一些基本实践组成,只有满足过程域中所有的基本实践,该过程域才算符合要求。

3. 微软的隐私、保密和合规性框架

微软的隐私、保密和合规性框架(DGPC),以数据生命周期为第一维度,以安全构架、身份认证访问控制、信息保护、审计等安全要求为第二维度,组成一个二维的数据安全防护矩阵,帮助安全人员体系化地梳理数据安全防护需求。

不同于 Gartner 的数据安全治理框架,微软的数据治理框架 DGPC 主要从人员、流程和技术 3 个角度出发,将框架重点放在数据安全的"树状结构"上,以识别和管理与特定数据流相关的安全和隐私风险需要保护的信息。

在人员领域,DGPC 框架把数据安全相关组织分为战略层、战术层和操作层 3 个层次,每一层次都要明确组织中数据安全相关的角色职责、资源配置和操作指南。

在流程领域,DGPC 认为,组织应首先检查数据安全相关的各种法规、标准、政策和程序,明确必须满足的要求,并使其制度化与流程化,以指导数据安全实践。

在技术领域,微软开发了一种工具(数据安全差距分析表)分析与评估数据安全流程控制和技术控制存在的特定风险。

4. 其他安全框架

本节介绍相关企事业单位在大数据实践中应用大数据相关安全标准的情况,包括选用标准、应用场景、应用成效以及发展展望。这些实践为大数据安全标准化工作的开展奠定了坚实的基础。

1）360 企业安全集团大数据安全标准应用实践

为了帮助企业快速实现基于大数据的应用,360 企业安全集团研制了 360 网神安全大数据平台,支持 PB 至 EB 级别大数据的应用。为了保障该平台的大数据安全,公司积极参照各类标准规范开展工作。

360 网神安全大数据平台从系统、网络、数据、应用等各方面采取安全防护措施来综合保障大数据安全,包括行为审计、数据安全、认证授权、操作系统安全、网络安全、技术设施安全等方面。

(1) 行为审计。

所有实体在平台上的行为都会被详尽地记录,作为审计记录,并以加密形式进行保存。对审计数据进行分析能够实现实体行为挖掘、异常行为发现等安全功能。这些工作参考了《信息技术　开放系统互连　开放系统安全框架　第 7 部分　安全审计和报警框架》(GB/T 18794.7—2003)等标准。

（2）数据安全。

所有保存至本平台的数据均采用加密保存，根据数据类型的不同采用不同的加密方式。加密的数据在本平台内部使用时能够实现透明加解密，不影响数据分析和数据挖掘等工作。这方面的工作遵守国家有关部门的规定和技术要求，如保密管理局颁发的有关标准。

（3）认证授权。

认证授权贯穿于本平台每一个环节，包括但不限于数据的获取、数据存储、数据计算、用户操作等方面。认证授权采用国际通用的 RBAC（基于角色的访问控制）模型，实现用户组、用户、角色、权限的细粒度管控。采用 Kerberos 进行账户信息安全认证，提供单点登录功能，能够实现用户的统一管理以及认证。

（4）操作系统安全。

操作系统安全主要包括操作内核安全加固、操作系统补丁更新、操作系统权限控制、操作系统端口管理、操作系统运行程序检测等，参考了《信息安全技术　操作系统安全技术要求》（GB/T 20272—2006）。

（5）网络安全。

在部署之前，根据客户实际情况进行网络规划，使网络具有隔离性、保密性、稳定性等特点。平台的网络可划分成两个层面，包括业务层面与管理层面，两个层面之间采用物理隔离。在运营过程中，对网络安全事件及时进行处置，参考了《网络安全事件描述和交换格式》（GB/T 28517—2012）、《信息安全技术　网络安全预警指南》（GB/T 32924—2016）和《信息技术　安全技术　网络安全》（GB/T 25068—2021）等标准。

（6）基础设施安全。

综合采用防病毒、边界防护、入侵防护、态势感知、威胁情报等手段保障平台各类设备安全。这些工作分别参考了《信息安全技术　防火墙安全技术要求和测试评价方法》（GB/T 20281—2015）、《信息安全技术　主机型防火墙安全技术需求和测试评价方法》（GB/T 31505—2015）、《信息安全技术　网络入侵检测系统技术要求和测试评价方法》（GB/T 20275—2021）等标准。

2）阿里巴巴大数据安全标准应用实践

为了保障整个数据业务链路合规与安全，阿里巴巴提供面向电商行业的大数据平台，从业务、数据和生态 3 个层面来保障和应对其数据在消费者隐私保护、商业秘密保护等方面的安全风险与挑战。

首先，在业务模式设计上，大数据安全平台依据电商自身的业务特性和其数据权属关系的边界，建立了以私域数据为基础的店铺内服务闭环、以公域数据为基础的平台内渠道闭环和价值闭环，从而确保了业务整体对数据的授权边界是合理清晰的、对数据的处理逻辑是基于可用不可见的安全原则并且数据的应用产出是基于数据价值而不是数据本身输出的。

其次，此大数据安全平台基于数据业务链路构建了全面的数据管控体系，包括数据加工前、数据加工中、数据加工后、数据合规等方面的数据安全管控。在数据合规层，参考了《信息安全技术　个人信息安全规范》（GB/T 35273—2017）、《信息安全技术　大数据服务安全能力要求》(GB/T 35274—2017)、《信息安全技术 云计算服务安全能力要求》(GB/T 31168—2014)以及 ISO 27001 系列标准实施。通过遵循这些标准,实现了对个人隐私信息、云服务安全控制、大数据服务安全的保障,同时满足了国家的监管要求。

最后,通过对数据 ISV(独立软件开发商)的准入准出、基于垂直化行业的标签体系,以及数据生态的市场管理机制的建立,确保在业务和安全间找到有效的平衡点。

3)腾讯云大数据安全标准应用实践

用户在互联网产品中产生了海量的行为,每一次行为都蕴含了大量的数据信息,并且每一笔行为涉及的主体(如账号、IP、设备等)也拥有非常多的属性信息。就腾讯的业务来说,目前每天用户会产生数万亿条即时通信消息、数十亿条社区消息、数亿张上传相片。应对这种量级数据的接入、存储、管理,并通过数据的有效挖掘,生成业务风控模型以保障业务的安全至关重要。

腾讯云大数据安全方面的标准应用积累了丰富的实践经验,凭借在安全领域的丰富经验,腾讯云搭建了多层次全方位的纵深安全防御系统,积极应用多种国内外安全标准提升和展示安全能力。腾讯云的安全保护和控制流程,例如数据分类标准、访问控制策略、虚拟化安全策略、运维安全控制等安全内控标准,均已通过多个权威第三方独立安全评估的认证。

1.5.2 安全技术

1. Hadoop 的安全机制

以 Hadoop 为基础的大数据开源生态圈应用非常广泛。最早,Hadoop 考虑只在可信环境内部署使用,而随着越来越多部门和用户加入进来,任何用户都可以访问和删除数据,从而使数据面临巨大的安全风险。另外,对于内部网络环境和数据销毁过程管控的疏漏,在大数据背景下,如不采取相应的安全控制措施,极易出现重大的数据泄露事故。

为了应对上述安全挑战,2009 年开始,Hadoop 开源社区开始注重保护大数据安全,相继加入了身份认证、访问控制、数据加密和日志审计等重要安全功能,如图 1.9 所示。

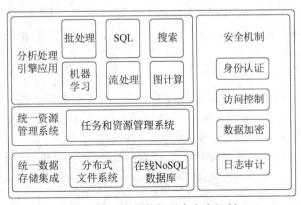

图 1.9 开源大数据平台安全机制

（1）身份认证：是确认访问者身份的过程，是数据访问控制的基础。在身份认证方面，Hadoop 大数据开源软件将 Kerberos 作为目前唯一可选的强安全的认证方式，并以此为基础构建安全的大数据访问控制环境。

（2）访问控制：基于身份认证的结果，Hadoop 使用各种访问控制机制在不同的系统层次对数据访问进行控制。HDFS（Hadoop 分布式文件系统）提供了 POSIX 权限和访问控制列表两种方式，Hive（数据仓库）则提供了基于角色的访问控制，HBase（分布式数据库）提供了访问控制列表和基于标签的访问控制。

（3）数据加密：作为保护数据安全、避免数据泄露的主要手段在大数据应用系统中广泛采用，有效地防止通过网络嗅探或物理存储介质销毁不当而导致数据泄密。对于数据传输，Hadoop 对各种数据传输提供了加密选项，包括对客户端和服务进程之间以及各服务进程之间的数据传输进行加密。同时，Hadoop 也提供了数据在存储层落盘加密，保证数据以加密形式存储在硬盘上。

（4）日志审计：Hadoop 生态系统各组件都提供日志和审计文件记录数据访问，为追踪数据流向，优化数据过程，以及发现违规数据操作而提供原始依据。

基于上述系列安全机制，Hadoop 基本构建起了满足基本安全功能需求的大数据开源环境，但也存在一些挑战和不足。

（1）身份认证方面，Kerberos 作为强安全认证方式被业界广泛采用。但由于 Kerberos 采用对称密钥算法来实现双向认证，在大规模部署基于 Kerberos 的分布式认证系统时，可能会带来部署和管理上的挑战。普遍解决方案是采用第三方提供的工具简化部署和管理流程。

（2）访问控制方面，大数据环境访问控制的复杂性不仅在于访问控制的形式多样，另一方面还在于大数据系统允许在不同系统层面广泛共享数据，需要实现一种集中统一的访问控制，从而简化控制策略和部署。

（3）数据加密方面，通过基于硬件的加密方案，可以大幅提高数据加解密的性能，实现最低性能损耗的端到端和存储层加密。然而，加密的有效使用需要安全灵活的密钥管理，这方面开源方案还比较薄弱，需要借助商业化的密钥管理产品。

（4）日志审计方面，日志审计作为数据管理，数据溯源以及攻击检测的重要措施不可或缺。然而，Hadoop 等开源系统只提供基本的日志和审计记录，存储在各个集群节点上。如果要对日志和审计记录做集中管理和分析，仍然需要依靠第三方工具。

2. 身份认证

身份认证是在网络中确认用户身份的有效方法，作为信息安全领域的一种重要手段，能保护信息系统中的数据、服务不被未授权的用户所访问。计算机只能识别用户的数字身份，所有对用户的授权也是针对用户数字身份的授权。

身份认证的目的是确保通信实体就是它所声称的那个实体，常用的身份认证方式有以下 5 种。

1）口令认证技术

基于口令的认证方式是较常用的一种技术。在最初阶段，用户首先在系统中注册自己的用户名和登录口令。系统将用户名和口令存储在内部数据库中,这个口令一般是长期有效的,因此也称为静态口令。为克服静态口令带来的安全隐患,动态口令认证逐渐成为口令认证的主流技术。

2) 消息认证技术

消息认证就是认证消息的完整性,当接收方收到发送方的报文(发送者、报文的内容、发送时间、序列等)时,接收方能够认证收到的报文是真实的和未被篡改的。它包含两层含义:一是消息源认证,认证信息的发送者是真正的而不是冒充的,即身份认证;二是认证信息在传送过程中未被篡改、重放或延迟等,即消息完整性认证。

3) 基于生物特征的认证

生物特征识别技术是指通过计算机与光学、声学、生物传感器和生物统计学原理等技术手段密切结合,利用人体固有的生理特性和行为特征来进行个人身份的鉴定。生物特征识别技术是利用人体生物特征进行身份认证的一种技术,常用的生物特征包括指纹、人脸、虹膜、声纹等。

4) 多因子认证

多因子认证是指用户要通过两种及两种以上的认证机制才能得到授权。例如,用户要插入银行卡,输入登录口令,最后再经指纹比对,通过这 3 种认证方式,才能获得授权,这种认证方式可以提高安全性。

5) Kerberos 认证体系

大数据环境下,常使用 Kerberos 认证体系为系统提供身份认证技术。Kerberos 是一种计算机网络认证协议,它允许某实体在非安全网络环境下通信,向另一个实体以一种安全的方式证明自己的身份,可以避免网络实体的身份仿冒。

身份认证的具体内容将在本书第 4 章详细讨论。

3. 访问控制

访问控制是数据安全的一个基本组成部分,它规定了哪些人可以访问和使用大数据中海量的信息与资源。通过访问控制策略,可以确保用户的真实身份,并且确定其相应权限。

访问控制通过认证多种登录凭据以识别用户身份,认证用户身份后,访问控制就会授予其相应级别的访问权限,以及与该用户凭据和 IP 地址相关的允许的操作。

访问控制主要有以下 4 种类型,通常会根据独特的安全和合规要求,选择行之有效的方法。

1) 自主访问控制

采用自主访问控制,受保护系统、数据或资源的所有者或管理员可以设置相关策略,规定可以访问的成员。

2) 强制访问控制

强制访问控制是非自主模型,会根据信息放行来授予访问权限。管理者根据不同的安全级别来管理访问权限,应用于军事等安全要求较高的系统。

3) 基于角色的访问控制

基于角色的访问控制根据定义的业务功能而非个人用户的身份来授予访问权限。这种方法的目标是为用户提供适当的访问权限,使其只能访问对其在组织内的角色而言有必要的数据。这种方法是基于角色分配、授权和权限的复杂组合,使用非常广泛。

4)基于属性的访问控制

通过使用由共同工作的属性组成的策略来授予访问权限。使用属性作为构建块来定义访问控制规则和访问请求,这是通过可扩展访问控制标记语言(XACML)的结构化语言实现,该语言与自然语言一样容易读取或编写。

除上述介绍的内容外,包含角色挖掘与风险自适应的基于数据分析的访问控制技术也是常用的访问控制手段。访问控制具体内容将在本书第 5 章详细讨论。

4. 数据加密

密码技术是保障数据安全的核心技术之一,主要实现数据的加密和认证功能。常用的密码算法包括:分组密码算法(如 DES、AES、SM4 等),公钥密码算法(如 RSA、ElGamal、SM2 等),哈希函数(如 MD5、SHA 等)。根据加密数据的不同,可以分为静态数据和动态数据。

1)静态数据

静态数据指即使机器关闭后依旧可以存储的数据,包括硬盘、闪存盘、USB 记忆棒、内存卡、CD、DVD,甚至储藏箱中一些老式软盘或磁带中的数据。

2)动态数据

动态数据指网络通信中的数据,例如在互联网、WiFi、USB 线、手机与基站之间,以及卫星与地面接收器之间传输的数据。

加密算法及数据加密技术的具体内容将分别在本书第 2 章及第 6 章详细讨论。

5. 日志审计

审计是追踪集群中用户和服务行为的机制,是安全问题中的一个关键部分。如果没有审计,那么任何人都可能察觉不到安全被破坏。审计功能对发生的事情均会详细记录,以完善安全模型,常分为 3 类。

1)主动审计

主动审计与其他警报机制一起使用。例如,若一个用户试图访问集群中的资源并被拒,主动审计能够生成一封邮件发送给安全管理员,警告他们这件事情的发生。

2)被动审计

被动审计是指那些不会产生某些警报的审计,通常是业务的最低要求,因此,指定的审计员和安全管理员可以通过查询审计寻找某些事件。例如,集群中存在一个安全漏洞,安全管理员能够通过查询审计日志找到漏洞被利用期间访问的那些数据。

3)安全合规

如果数据涉及敏感信息,如个人身份信息、信用卡号、银行账户等财务信息,需要被审计后,才能满足内部合规性或法律合规性。

Hadoop 的组件处理审计的方法各有不同,这取决于组件的功能。HDFS 和 HBase 这类组件是数据存储系统,因此它们的可审计事件集中于读、写和访问数据。与之相反,

MapReduce、Hive 和 Impala 这类组件是查询引擎和处理框架,因此可审计事件集中于终端用户的查询和作业。

1.6　本 章 小 结

　　大数据正在成为信息时代的核心战略资源,对国家治理能力、经济运行机制、社会生活方式产生了深刻影响。面对形形色色的数据,数据泄露、数据窃听、数据滥用等安全事件屡见不鲜,保护数据资产成为亟须解决的问题。本章围绕大数据的相关概念及安全问题,聚焦于大数据特点、技术框架、面临威胁、生命周期、安全框架等内容,进行详细介绍。同时,作为统领全书的章节,本章诸多内容将在后续各章节中详细介绍。

习　　题

一、填空题

　　1. 维克托·迈尔-舍恩伯格提出的大数据的 4 个特点是 _____、_____、_____、_____。

　　2. 数据的 6 个生命周期为 _____、_____、_____、_____、_____和_____。

　　3. 数据传输过程中面临的 3 大问题为 _____、_____、_____。

　　4. 数据分析是大数据应用的核心流程,根据不同层次大致分为 _____、_____、_____ 3 类。

　　5. 大数据常用的系统框架有 _____、_____和_____。

　　6. 大数据基础设施中,常见的安全威胁有 _____、_____、_____、_____和_____。

二、简答题

　　1. 简述大数据的概念。

　　2. 针对大数据应用中涉及的相关技术,简要介绍大数据的技术框架。

　　3. 请描述数据的生命周期及面临的主要安全威胁。

　　4. 简要介绍主流的大数据安全框架。

　　5. 常用的大数据安全技术有哪些?

密码技术及网络安全协议

本章学习目标
- 了解密码学的基本概念
- 掌握分组密码、序列密码和公钥密码的原理及主流加密算法
- 掌握 Hash 函数、数字签名等算法及密钥管理技术
- 了解 IPSec、SSL/TLS 等网络安全协议

密码技术是保障数据安全的核心技术之一,本章主要向读者介绍密码技术及网络安全协议相关内容,包括密码学的基本概念、分组密码、序列密码、公钥密码、Hash 函数、数字签名和密钥管理等内容,也包括 IPSec 及 SSL/TLS 等网络安全协议。

2.1 概　　述

密码学(Cryptology)是研究密码编制、密码破译和密钥管理的一门综合性应用科学,在现代特别指对信息以及其传输的数学性研究,常被认为是数学和计算机科学的分支,和信息论也密切相关。研究密码变化的客观规律,应用于编制密码以保守通信秘密的,称为编码学;应用于破译密码以获取通信情报的,称为破译学。密码学作为信息安全的关键技术,在信息安全领域有着广泛的应用。

2.1.1 信息安全属性

国际标准化组织(ISO)对信息安全(Information Security)的定义为:为数据处理系统建立和采用的技术、管理上的安全保护,为的是保护计算机硬件、软件、数据不因偶然和恶意的原因而遭到破坏、更改和泄露。信息安全的主要重点是保护数据的保密性、完整性和可用性。除此之外,信息安全的重要属性还包含认证性、不可抵赖性、可控性和可审计性。

(1) 保密性(Confidentiality),又称机密性,是指信息不泄露给非授权用户、实体或过程,或供其利用的特性。保密性是指网络中的信息不被非授权实体(包括用户和进程等)获取与使用。这些信息不仅包括国家机密,也包括企业和社会团体的商业机密和工作机密,还包括个人信息。人们在应用网络时很自然地要求网络能提供保密性服务,而被保密的信息既包括在网络中传输的信息,也包括存储在计算机系统中的信息。就像电话可以被窃听一样,网络传输信息也可以被窃听,解决的办法就是对传输信息进行加密处理。存储信息的保密性主要通过数据加密和访问控制来实现。

（2）完整性(Integrity),数据未经授权不能进行改变的特性,即信息在存储或传输过程中保持不被偶然或蓄意地删除、修改、伪造、乱序、重放、插入等破坏和丢失的特性。完整性是一种面向信息的安全性,它要求保持信息的原样,即信息的正确生成、正确存储和正确传输。数据的完整性是指保证计算机系统上的数据和信息处于一种完整和未受损害的状态,也就是说,数据不会因为有意或无意的事件而被改变或丢失。影响数据完整性的主要因素是人为的蓄意破坏,也包括设备的故障和自然灾害等因素对数据造成的破坏。

（3）可用性(Availability),是指对信息或资源的期望使用能力。网络信息服务在需要时,允许授权用户或实体使用的特性,或者是网络部分受损或需要降级使用时,仍能为授权用户提供有效服务的特性。可用性是网络信息系统面向用户的安全性能。网络信息系统最基本的功能是向用户提供服务,而用户的需求是随机的、多方面的,有时还有时间要求。可用性一般用系统正常使用时间和整个工作时间之比来度量。简单地说,就是保证信息在需要时能为授权者所用,防止由于主客观因素造成的系统拒绝服务。例如,网络环境下的拒绝服务(Denial of Service,DoS)攻击、破坏网络和有关系统正常运行等都属于对可用性的攻击。Internet 蠕虫就是依靠在网络上大量复制并且传播,导致网络拥塞,用户的正常数据请求不能得到处理。对可用性的破坏,还可能是由软件缺陷造成的,如微软的 Windows 存在的安全漏洞被攻击后导致系统崩溃。

（4）认证性(Authenticity),也称真实性,指的是确保一个消息的来源或消息本身被正确地标识,同时确保该标识没有被伪造,具体分为消息认证和实体认证。消息认证是指能向接收方保证该消息确实来自它所宣称的源。实体认证是指在网络通信发起时能确保这两个实体是可信的,即每个实体的确是它们宣称的那个实体,使得第三方不能假冒这两个合法方中的任何一方。

（5）不可抵赖性(Non-Repudiation),也称不可否认性。在信息交换过程中,确信参与方的真实同一性,即所有参与者都不能否认和抵赖曾经完成的操作和承诺。简单地说,就是信息发送方不能否认发送过信息,信息的接收方不能否认接收过信息。利用信息源证据可以防止发送方否认已发送过信息,利用接收证据可以防止接收方事后否认已经接收到信息。数字签名技术是解决不可否认性的重要手段之一。

（6）可控性(Controllability),是人们对信息的传播路径、范围及其内容所具有的控制能力,即不允许不良内容通过公共网络进行传输,使信息在合法用户的有效掌控之中。

（7）可审计性(Auditability),保证计算机信息系统所处理的信息的保密性、完整性、可用性、认证性、可控性和不可抵赖性,需要对计算机信息系统中的所有网络资源(包括数据库、主机、操作系统、网络设备、安全设备等)进行安全审计,记录所有发生的事件,提供给系统管理员作为系统维护以及安全防范的依据。

2.1.2　密码学的地位和作用

密码学在信息安全领域起着基本的、无可替代的重要作用,信息安全可以看作一座大厦,密码学就是大厦的基础,如图 2.1 所示。

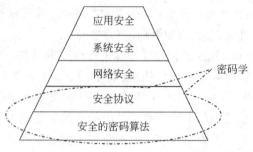

图 2.1　密码学在信息安全领域的地位

密码学是解决网络信息安全的关键技术,是现代信息安全的核心,比如身份识别、信息在存储和传输过程中的加密保护、信息的完整性、数字签名和认证等都要依靠密码技术才能得以实现。

密码学要解决的问题也是信息安全的主要任务,就是解决信息资源的保密性、完整性、认证性、不可否认性和可用性。从信息安全的 5 个属性来看,密码学上的安全机制可以保证信息安全属性的实现,如图 2.2 所示。

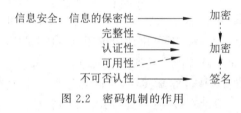

图 2.2　密码机制的作用

2.2　密码学的基本概念

著名的密码学者 Ron Rivest 曾说"密码学是关于如何在敌人存在的环境中通信的学科",简单地说,密码学就是研究信息系统安全保密的科学。

2.2.1　基本概念

一个加密系统由 5 个要素构成:明文、密文、加密算法、解密算法和密钥,如图 2.3 所示。

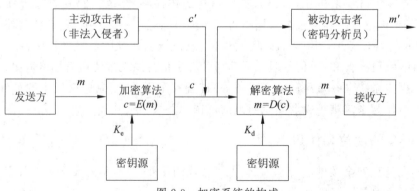

图 2.3　加密系统的构成

（1）明文（Plaintext）：加密前的消息称为明文 m。

（2）密文（Ciphertext）：加密后的消息称为密文 c。

（2）加密算法（Encryption）：用某种方法对消息编码以隐藏明文内容。

（4）解密算法（Decryption）：把密文转变为明文的过程。

（5）密钥（Key）：加密和解密算法的一个秘密输入值。

加密密钥（Encryption Key）：加密算法所使用的密钥 K_e。

解密密钥（Decryption Key）：解密算法所使用的密钥 K_d。

2.2.2　密码算法的分类

古老又年轻的密码学，密码算法丰富多彩。密码算法可以有不同的分类方法。

1. 按照保密的内容分类

受限制（Restricted）的算法：算法的保密性基于对加密算法的保密。

基于密钥（Key-based）的算法：算法的保密性基于对密钥的保密。

受限制的算法具有历史意义，但按现在的标准，密码算法的保密性应该基于对密钥的保密，而不是对算法的保密，即密码所使用的算法应该是可以公开的。

2. 按照密钥的特点分类

对称密码（Symmetric Cipher）算法：加密密钥和解密密钥相同或实质上等同，即从一个易于推导出另一个，又称私钥密码算法或单钥密码算法。

非对称密钥（Asymmetric Cipher）算法：加密密钥和解密密钥不相同，又称公钥密码算法（Public-Key Cipher）或双钥密码算法。加密密钥可以公开，又称公开密钥（Public Key），简称公钥；解密密钥必须保密，又称私人密钥（Private Key），简称私钥。

3. 按照明文的处理方法分类

分组密码（Block Cipher）：将明文分成固定长度的组，用同一密钥和算法对每一组加密，输出也是固定长度的密文。

流密码（Stream Cipher）：也称序列密码，每次加密一位或一字节的明文。

对称密码算法既可以是分组密码，也可以是流密码。非对称密码算法一般都是分组密码，只有概率密码体制属于流密码。

2.3　加密算法

2.3.1　分组密码

分组密码算法是现代密码学中的一个重要研究方向，是保障信息机密性和完整性的重要技术手段。现代分组密码的研究始于 20 世纪 70 年代中期，早期研究基本上是围绕数据加密标准（Data Encryption Standard，DES）进行的，后被高级加密标准（Advanced Encryption Standard，AES）替代。我国也设计和提出了 SM4 分组密码标准。

1. DES 算法

DES 是一种密码学历史上非常经典的对称分组算法。1973 年 5 月，美国国家标准与技术研究院（National Institute of Standards and Technology，NIST）开始征集加密算法标准。IBM 提交了 LUCIFER 算法，这就是 DES 算法的前身。1977 年，NIST 正式公布了 DES 算法。

1）DES 加密过程

DES 使用 56 位密钥，将输入的明文分为 64 位的数据分组，每个 64 位明文分组数据经过初始置换、16 轮迭代和逆初始置换 3 个主要阶段，最后输出得到 64 位密文。

DES 算法的加密过程如图 2.4 所示，$M = m_1 m_2 \cdots m_{64}$ 是待加密的 64 比特明文，其中 $m_i \in \{0, 1\}$，$1 \leqslant i \leqslant 64$。首先，利用初始置换 IP 对 M 进行换位处理；然后，进行 16 轮迭代；最后，经过逆初始置换 IP^{-1} 的处理得到密文 $C = c_1 c_2 \cdots c_{64}$。

2）DES 解密过程

由于 DES 算法是在 Feistel 网络结构的输入和输出阶段分别添加初始置换 IP 和逆初始置换 IP^{-1} 而构成的，所以 DES 的解密和加密过程可以使用同一算法代码，只不过在 16 轮迭代中使用子密钥的次序正好相反。解密时，第 1 轮迭代使用子密钥 K_{16}，第 2 轮迭代使用子密钥 K_{15}，以此类推，第 16 轮迭代使用子密钥 K_1。

3）DES 安全性分析

DES 的密钥长度是 56 位，所以会有 2^{56} 种可能的密钥空间，而这对现代高性能的计算机来说，其抗穷举法搜索攻击能力较弱。

1998 年，电子边境基金会（EFF）曾经动用一台价值 25 万美元的高速计算机，在 56 小时内利用穷举法破解了 DES 的 56 位的密钥。

如前所述，DES 作为加密算法的标准已经 40 多年了，可以说是一个很老的算法，而在更安全的加密算法出现之前，许多 DES 的加固性改进算法仍有实用价值。目前，DES 还在使用，一般使用三重 DES 加密方式，加长了密钥，达到了更高的安全性。

2. AES 算法

高级加密标准（AES）又称 Rijndael 密码算法，是美国联邦政府采用的新的分组加密标准。这个标准被 NIST 设计用来替代原先的 DES 算法，已经被多方分析且被全世界广泛使用。AES 在 2002 年 5 月 26 日成为标准，目前，它已经成为对称密码中最流行的算法之一。该算法是比利时密码学家 Vincent Rijmen 和 Joan Daemen 设计的，并结合两位作者的名字，以 Rijndael 命名。

AES 算法属于对称密码体制，密钥长度支持 128 位、192 位和 256 位，分组长度为 128 位，其基本变换包括字节替代（SubBytes）、行移位（ShiftRows）、列混淆（MixColumns）、轮密钥加（AddRoundKey）以及密钥扩展（KeyExtension）。AES 汇聚了安全性能、效率、可实现性、灵活性等优点。AES 比三重 DES 快，至少与三重 DES 一样安全，AES 算法比较容易用各种硬件和软件实现。

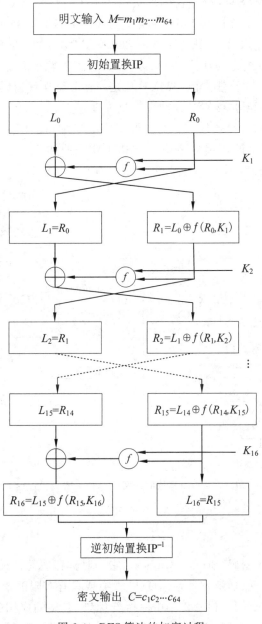

图 2.4 DES 算法的加密过程

3. SM4 算法

在美国 AES 计划和欧洲 NESSIE 计划中，分组密码算法的设计与分析理论得到了深入的研究与发展，同时各国也竞相设计能同时满足安全性及实现效能需求的分组密码算法。为配合我国 WAPI 无线局域网标准的推广应用，SM4 分组密码算法（原名 SMS4）于 2006 年公开发布。随着我国密码算法标准化工作的开展，SM4 算法于 2012 年 3 月发布成为国家密码行业标准《SM4 分组密码算法》(GM/T 0002—2012),并于 2016 年 8 月发布成为国家标准《信息安全技术 SM4 分组密码算法》(GB/T 32907—2016)。2021 年 6 月,SM4 算法作为国际标准 ISO/IEC 18033-3:2010/AMD1:2021《信息技术 安全技术 加密算法 第 3 部分:分组密码补篇 1:SM4》,由 ISO 正式发布。

与 DES 算法和 AES 算法类似,SM4 算法是一种分组迭代密码算法。SM4 算法的明文分组长度为 128 位,经过 32 轮迭代和一次反序变换,得到 128 位的密文。密钥生成器产生 32 个子密钥,分别参与到每一轮的变换中完成轮加密。SM4 算法的加密结构与解密结构相同,只是轮密钥的使用顺序相反。SM4 算法的加密和解密过程如图 2.5 所示。相较于 DES 和 AES,SM4 算法的计算轮数更多,并增加了非线性变化,更加安全。

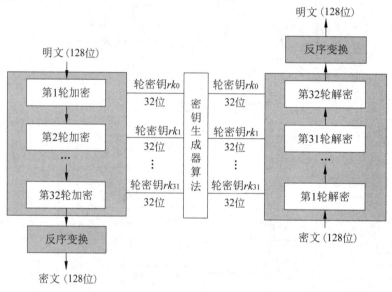

图 2.5 SM4 算法的加密(左)和解密(右)过程

2.3.2 序列密码

序列密码也称为流密码(Stream Cipher),它是对称密码算法的一种。序列密码具有算法简单、便于硬件实现、加解密处理速度快、没有或只有有限的错误传播等特点,因此在实际应用中,特别是在专用或机密机构中保持着优势,典型的应用领域包括无线通信、外交通信。序列密码涉及大量的理论知识,提出了众多的设计原理,也得到了广泛的分析,但许多研究成果并没有完全公开。目前,公开的序列密码算法主要有 RC4、SEAL 等,我国也提出并公开了祖冲之序列密码算法。

序列密码的加密和解密原理非常简单,就是用一个随机密钥序列与明文序列进行异或来产生密文,用同一密钥序列与密文序列进行异或来恢复明文。

设明文序列为 $m = m_1 m_2 \cdots, m_i \in GF(2), i \geqslant 1$。

设密钥序列为 $k = k_1 k_2 \cdots, k_i \in GF(2), i \geqslant 1$。

设密文序列为 $c = c_1 c_2 \cdots, c_i \in GF(2), i \geqslant 1$。

加密变换为

$$c_i = m_i \oplus k_i, \quad i \geqslant 1$$

解密变换为

$$m_i = c_i \oplus k_i, \quad i \geqslant 1$$

其中,$\oplus$ 表示异或,即二元域 GF(2) 中的加法,又称模 2 加法。

序列密码的加密和解密过程如图 2.6 所示。其中 k_1 为密钥序列生成器的初始密钥或称种子密钥。为了密钥管理的方便,k_1 一般较短,它的作用是控制密钥序列生成器生成长的密钥序列 $k = k_1 k_2 \cdots$。

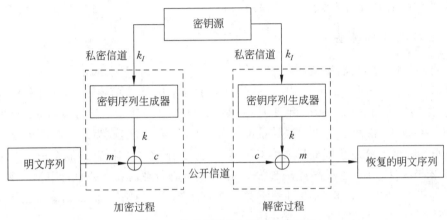

图 2.6　序列密码的加密和解密过程

通常的明文序列都很长,相应的密钥序列至少和明文序列一样长,而很长的密钥序列在存储和分配等方面都有诸多不便,因此需要设计一种方法,利用短的种子密钥 k_1 来产生一个很长的密钥序列 $k = k_1 k_2 \cdots$。设计序列密码体制的关键就是要设计一种产生密钥序列的方法,或者说是设计一个密钥序列生成器,由它生成的密钥序列应该具有良好的随机性。

恢复明文的关键是密钥序列 $k = k_1 k_2 \cdots$,如果攻击者知道了密钥序列,就可以解密出明文序列,因此序列密码加密系统的安全性取决于密钥序列的安全性。当密钥序列是完全随机序列时,该系统便被称为完善保密系统,即不可破的。然而,在实际应用中,一个产生真正随机序列的方法很难重复产生相同的序列,所以在序列密码实际应用中,加密和解密用的密钥序列是满足一些随机特性的一种伪随机序列。

若序列密码所使用的是真正随机产生的、与明文消息流长度相同的密钥流 k,并且加密不同的明文时密钥不重复使用,则此时的序列密码就是一次一密的密码体制。1949年,Shannon 证明只有一次一密码体制是绝对安全的,为序列密码技术的研究提供了强大的支持,一次一密的密码方案是序列密码的雏形。

1. RC4 算法

序列密码算法在当今应用十分广泛,比较著名的有 RC4 算法和 A5 算法。RC4 算法是 1987 年由麻省理工学院的 Ron Rivest 发明的,它可能是世界上使用最广泛的序列密码算法,被应用于 Microsoft Windows、Lotus Notes 等其他软件应用程序中。它还被应用于 SSL(安全套接层)协议以及无线通信中。A5 算法则被应用于 GSM 通信系统中,用来保护语音通信。

RC4 算法是一个面向字节操作、具有密钥长度可变特性的序列密码,是目前为数不多的公开的序列密码算法。RC4 算法的特点是算法简单、运行速度快,而且密钥长度是可变的,可变范围为 1~256 字节(即 8~2048 位)。在如今技术支持的前提下,当密钥长度为 128 位时,用暴力法搜索密钥已经不太可行,所以 RC4 的密钥范围仍然可以在今后相当长的时间内抵御暴力搜索密钥的攻击。实际上,如今也没有找到对 128 位密钥长度的 RC4 算法的有效攻击方法。

2. 祖冲之密码算法

祖冲之密码算法的名字源于我国古代数学家祖冲之,它包括加密算法 128-EEA3 和完整性保护算法 128-EIA3,主要用于移动通信系统空中传输信道的信息加密和身份认证,以确保用户通信安全。2011 年 9 月,在第 53 次第三代合作伙伴计划(3GPP)系统架构组(SA)会议上,祖冲之密码算法被批准成为 LTE 国际标准,成为第一个中国自主研发的国际密码标准。这是我国商用密码算法首次走出国门参与国际标准制定取得的重大突破。2012 年 3 月,祖冲之密码算法被发布为国家密码行业标准《祖冲之序列密码算法》(GM/T 0001—2012)。2016 年 10 月,祖冲之密码算法被发布为国家标准《信息安全技术 祖冲之序列密码算法》(GB/T 33133—2016)。

祖冲之序列密码算法,简称 ZUC 算法,是一个面向字的流密码。它采用 128 位的初始密钥作为输入和一个 128 位的初始向量,并输出关于字的密钥流(从而每 32 位被称为一个密钥字)。密钥流可用于对信息进行加密/解密。

ZUC 算法的执行分为两个阶段:初始化阶段和工作阶段。在第一阶段,密钥和初始向量进行初始化,即不产生输出。第二个阶段是工作阶段,在这个阶段,每一个时钟脉冲产生一个 32 位的密钥输出。ZUC 算法中前 32 步只用来初始化,不会生成密钥,并且丢弃第 33 步的输出,也就是由第 34 步开始输出密钥流,此时每运行一次,ZUC 算法就会得到一个密钥流,将相关明文与之异或即可得到相应密文。为了增强算法的安全性,ZUC 算法一直有不同的更新版本问世,各版本之间在算法的初始化阶段稍有差别。

ZUC 算法是中国第一个成为国际密码标准的密码算法。其标准化的成功,是中国在商用密码算法领域取得的一次重大突破,体现了中国商用密码应用的开放性和商用密码设计的高能力,其必将增大中国在国际通信安全应用领域的影响力,且今后无论是对中国在国际商用密码标准化方面的工作还是商用密码的密码设计来说都具有深远的影响。

2.3.3 公钥密码

1976 年,W.Diffie 和 M.Hellman 在 *IEEE Transactions on Information Theory* 期刊上发表了论文 *New Direction in Cryptography*,提出非对称密码体制,即公钥密码体制的概念,开创了密码学研究的新方向。该论文的发表掀起了公钥密码研究的序幕,受他们思想的启迪,各种公钥密码体制的实现方案不断被提出,所有这些方案的安全性都是基于求解某个数学难题的,按照所基于的数学难题主要分为以下 3 类。

(1) 基于大整数因子分解问题(Integer Factorization Problem,IFP)的公钥密码体制,如 RSA 算法。

(2) 基于有限域上离散对数问题(Discrete Logarithm Problem,DLP)的公钥密码体制,如 ElGamal 算法。

(3) 基于椭圆曲线上的离散对数问题(Elliptic Curve Discrete Logarithm Problem, ECDLP)的公钥密码体制,如 ECC 算法和 SM2 算法。

公钥密码体制中,密钥分为加密密钥和解密密钥两种。发送者用加密密钥对消息进行加密,接收者用解密密钥进行解密。加密密钥一般是公开的,正是由于加密密钥可以任意公开,因此该密钥被称为公钥。公钥可以通过邮件直接发送给接收者,或者公开发布到网上,而完全不必担心攻击者窃听。解密密钥是绝对不能公开的,这个密钥只能由自己来使用,因此称为私钥。公钥和私钥是一一对应的,一对公钥和私钥统称为密钥对。由公钥进行加密的密文,必须使用与该公钥配对的私钥才能解密。

在公钥密码体制中,加密密钥(即公钥)PK 是公开的,而解密密钥(即私钥)SK 是需要保密的。加密算法和解密算法也都是公开的。虽然私钥 SK 是由公钥 PK 决定的,但却不能根据 PK 计算出 SK。

公钥密码的加密和解密过程如图 2.7 所示。

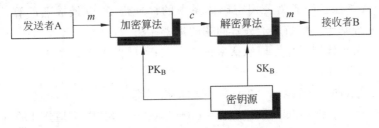

图 2.7　公钥密码的加密和解密过程

(1) 接收消息的用户 B,生成一对用来加密和解密的密钥(PK_B,SK_B),其中 PK_B 是公钥,SK_B 是私钥。

(2) 接收者 B 将公钥 PK_B 予以公开,私钥 SK_B 则被保密。

(3) A 要向 B 发送消息 m,使用 B 的公钥 PK_B 加密,表示为 $c = E_{PK_B}(m)$,其中 c 是密文,E 是加密算法。

(4) B 收到密文 c 后,用自己的私钥 SK_B 解密,表示为 $m = D_{SK_B}(c)$,其中 D 是解密算法。

因为只有 B 知道 SK_B,所以其他人都无法对密文 c 解密。

非对称密码体制的特点:安全性较高、密钥管理方便、可以实现数字签名方案,但是由于计算复杂度较高,加密和解密速度比对称密码慢。

1. RSA 算法

RSA 算法是 1977 年由 Ron Rivest、Adi Shamir 和 Len Adleman 3 人在美国麻省理

工学院开发的,RSA 的取名就来自这 3 位发明者的姓的第一个字母。1982 年,他们创办了以 RSA 命名的公司 RSA Data Security Inc.和 RSA 实验室,该公司和实验室在公开密钥密码系统的研究和商业应用推广方面具有举足轻重的地位。

1) RSA 的数学基础

设 n 是一个正整数,

$$\phi(n) \stackrel{\text{def}}{=} |\{x \mid 0 \leqslant x \leqslant n-1, \gcd(x,n)=1\}|$$

称为欧拉(Euler)函数。欧拉函数是定义在正整数集合上的函数。显然,$\phi(n)$ 为小于 n 并且与 n 互素的非负整数的个数。

由定义可以得出,如果 p 是一个素数,则 $\phi(p)=p-1$。

如果 n_1 和 n_2 互素,则 $\phi(n_1 n_2)=\phi(n_1)\phi(n_2)$。

Euler 定理:设 x 和 n 都是正整数,如果 $\gcd(x,n)=1$,则

$$x^{\phi(n)} \equiv 1 \bmod n$$

由 Euler 定理可以推出,设 x 和 p 都是正整数,如果 p 是素数并且 $\gcd(x,p)=1$,则

$$x^{p-1} \equiv 1 \bmod p$$

Fermat 小定理:设 x 和 p 都是正整数,如果 p 是素数,则

$$x^p \equiv x \bmod p$$

2) RSA 算法描述

目前,RSA 算法已经成为公钥密码体系中的标准规范,是最成熟的算法代表之一。RSA 算法是一种基于大整数因子分解问题的加密算法。

RSA 公钥密码体制工作原理包括密钥产生、加密过程和解密过程。

密钥产生过程如下。

(1) 随机选取两个大素数 p 和 q,且 p 和 q 均保密。

(2) 计算 $n=pq$ 和 Euler 函数 $\phi(n)=(p-1)(q-1)$,其中 n 是公开的,而 $\phi(n)$ 是保密的。

(3) 随机选取一个正整数 $e,1<e<\phi(n)$,满足 e 与 $\phi(n)$ 互素,即 $\gcd(e,\phi(n))=1$。

(4) 计算 d,满足 $de \equiv 1 \bmod \phi(n)$,即 d 是 e 在模 $\phi(n)$ 下的乘法逆元。

以 (n,e) 作为公开的加密密钥,(n,d) 作为保密的解密密钥。

加密过程,将明文位串分组,使得每个分组对应的十进制数小于 n,即分组长度小于 $\log_2 n$。然后,对每个明文分组 m,作如下加密运算,得到密文 c:

$$c=m^e \bmod n$$

解密过程,对密文 c 的解密运算为

$$m=c^d \bmod n$$

3) RSA 算法安全分析

RSA 算法的安全性取决于从公钥 (n,e) 计算出私钥 (n,d) 的困难程度。

512 位的 n 已不够安全,目前基本要用 1024 位的 n,极其重要的场合应该用 2048 位的 n。1977 年,《科学美国人》杂志悬赏征求分解一个 129 位的十进制数,直至 1994 年 3 月,Atkins 等人在因特网上动用了 1600 台计算机,前后花了 8 个月的时间才找出答案。2009 年,RSA-768(768 位)也被成功分解,因此改变密钥长度增加 RSA 算法破解的难度,

同时使用更大的素数使得模数 n 的因子分解变得困难,是非常有必要的。然而,这种"困难性"在理论上至今未能严格证明,但又无法否定。对于许多密码研究分析人员和数学家而言,因数分解问题的"困难性"仍是一种信念,一种有一定根据的合理的信念。

2. ElGamal 算法

ElGamal 公钥密码是一种国际公认的较安全的公钥密码体制,由 Taher ElGamal 于 1985 年提出。ElGamal 密码系统可作为加解密、数字签名等之用,其安全性建立于有限域上的离散对数问题。

设 p 是一个素数,$\alpha \in Z_p^*$ 是一个本原元,$\beta \in Z_p^*$。已知 α 和 β,求满足

$$\alpha^n = \beta \bmod p$$

的唯一整数 n,$1 \leqslant n \leqslant p-2$,称为有限域上的离散对数问题,记为

$$n = \log_\alpha \beta \bmod p$$

ElGamal 所依据的原理是:求解有限域上的离散对数问题是困难的,而其逆运算——指数运算可以应用平方和乘方的方法有效地计算。也就是说,在适当的群 G 中,指数函数是单向函数。

ElGamal 公钥密码算法描述如下。

(1) 选取大素数 p,$\alpha \in Z_p^*$ 是一个本原元,p 和 α 公开。

(2) 随机选取整数 d,$1 \leqslant d \leqslant p-2$,计算

$$\beta = \alpha^d \bmod p$$

其中,β 是公开的加密密钥(公钥);d 是保密的解密密钥(私钥)。

(3) 明文空间为 Z_p^*,密文空间为 $Z_p^* \times Z_p^*$。

(4) 加密变换:对任意明文 $m \in Z_p^*$,秘密选取一个随机整数 k,$1 \leqslant k \leqslant p-2$,密文为 $c = (c_1, c_2)$,其中

$$c_1 = \alpha^k \bmod p$$

$$c_2 = m\beta^k \bmod p$$

(5) 解密变换:对任意密文 $c = (c_1, c_2) \in Z_p^* \times Z_p^*$,明文为

$$m = c_2 (c_1^d)^{-1} \bmod p$$

下面证明解密变换能正确地从密文恢复相应的明文。

因为

$$c_1 = \alpha^k \bmod p$$

$$c_2 = m\beta^k \bmod p$$

$$\beta = \alpha^d \bmod p$$

所以

$$c_2 (c_1^d)^{-1} \equiv m\beta^k (\alpha^{dk})^{-1} \bmod p$$

$$\equiv m\alpha^{dk} (\alpha^{dk})^{-1} \bmod p$$

$$\equiv m \bmod p$$

因此,解密变换能正确地从密文恢复出相应的明文。

ElGamal 加密过程中,生成的密文长度是明文的两倍。密文依赖于明文 m 和秘密选

取的随机整数 k，因此，明文空间的一个明文对应密文空间中的许多不同的密文，并且解密过程中在未知 k 的情况下，可以将这些密文还原成同一明文。

3. ECC 算法

公钥密码的数学理论早在一百年前就已经很完备了，只是现代计算机技术的进步将其应用引发出来，RSA、ElGamal 等密码算法都是如此。椭圆曲线在代数学与几何学上广泛的研究已超出百年之久，已有丰富的理论基础，而椭圆曲线第一次应用于密码学是在1985 年，是由 Miller 和 Koblitz 各自独立提出的。

椭圆曲线密码(Elliptic Curve Cryptography，ECC)是一种公钥密码算法，被公认为在给定密钥长度下最安全的加密算法。比特币中的公私钥生成以及签名算法 ECDSA 都是基于 ECC 的。两个较著名的椭圆曲线密码算法：利用 ElGamal 的加密法(明文属于椭圆曲线上的点空间)和 Menezes-Vanstone(明文不限于椭圆曲线上的点空间)的加密法。

椭圆曲线公钥密码算法的数学基础是基于椭圆曲线上的点构成的加法交换群中的离散对数计算的困难性，它比有限域上的离散对数问题和大整数因子分解问题更加困难。自从椭圆曲线的理论被应用到密码学体系以来，在其基础之上建立起来的椭圆曲线密码体制已逐步成为迄今最流行的公钥密码体制，这一方面是由于椭圆曲线密码体制在安全性较好的条件下，可以使用长度更短的密钥；另一方面是由于椭圆曲线的资源非常丰富，在相同的一个有限域内存在大量不同的椭圆曲线，选择好的安全椭圆曲线不仅为生成一个安全强度高的椭圆曲线密码体制增加了额外的安全保障，而且也为椭圆曲线密码算法在软硬件的实现等方面带来更大的方便。

RSA 密码算法要求的密钥长度为 1024 位时才能够达到安全需要，而对于 ECC 密码体制，160 位就已经足够满足安全需要。因此，相对于 RSA 等其他公钥密码算法，椭圆曲线密码算法具有安全强度高、运算量小、密钥长度短、运算速度快、所需带宽少等优点，这使得 ECC 密码算法逐步成为公钥密码系统的主流加密技术。

4. SM2 算法

密码安全对国家安全至关重要，为了防止国际非对称密码算法存在后门等安全隐患，我国通过运用国际密码学界公认的公钥密码算法设计及安全性分析理论和方法，在吸收国内外已有 ECC 研究成果的基础上，于 2004 年研制完成了 SM2 算法。SM2 算法于2010 年 12 月首次公开发布，国家密码管理局规定从 2011 年 7 月 1 日起，新研制的含有公钥密码算法的商用密码产品必须支持 SM2 算法。2012 年 3 月，SM2 算法成为国家密码行业标准《SM2 椭圆曲线公钥密码算法》(GM/T 0003—2012)，2016 年 8 月，SM2 算法成为国家标准《信息安全技术　SM2 椭圆曲线公钥密码算法》(GB/T 32918—2016)。

SM2 算法正在我国商用密码行业进行大规模应用和推广，2011 年 3 月，中国人民银行发布了《中国金融集成电路(IC)卡规范》(简称 PBOC 3.0)。PBOC 3.0 采用了 SM2 算法，以增强金融 IC 卡应用的安全性，以 PBOC 3.0 为参考规范的非金融类应用也基本采用 SM2 算法。2016 年 10 月，ISO/IEC SC27 会议通过了 SM2 算法标准草案，SM2 算法进入 ISO 14888-3 正式文本阶段。SM2 算法成为国际标准后，将进一步促进 SM2 算法的应用和推广。

SM2 算法与 ECC 算法具有相同的加密原理,但对 ECC 算法进行了优化,采取了更为安全的机制,同时 SM2 算法不像 ECC 算法那样对密钥长度和明文长度有严格要求,具有更优的灵活性、效率和安全性。

随着密码技术和计算机技术的发展,目前常用的 1024 位 RSA 算法面临严重的安全威胁,我们国家密码管理部门经过研究,决定采用 SM2 椭圆曲线算法替换 RSA 算法。表 2.1 所示为 SM2 和 RSA 的具体对比,相较于 RSA 算法,SM2 算法的性能更优、更安全:密码复杂度高、处理速度快、性能消耗更小。

表 2.1　SM2 算法和 RSA 算法的具体对比

比 较 内 容	SM2 算法	RSA 算法
算法结构	基于椭圆曲线密码(ECC)	基于特殊的可逆模幂运算
计算复杂度	完全指数级	亚指数级
存储空间	192～256 位	2048～4096 位
私钥生成速度	较 RSA 算法快百倍以上	慢
解密加密速度	较快	一般

2.3.4　混合加密

对称密码算法和公钥密码算法各有优点,也各有缺点。对称密码算法加密速度快、安全性较高,但密钥分发困难;而公钥密码算法加密速度慢,但密钥分发简单。混合加密是将两种算法组合到一起,融合了对称密码算法和公钥密码算法的优点,使用对称密码加密大量数据速度较快,利用公钥密码算法安全便捷地传输对称密码的密钥。

1. 混合加密实现原理

所谓混合加密,就是用对称密码来加密明文,用公钥密码来加密对称密码中所使用的密钥。通过使用混合密码系统,就能够在通信中将对称密码与公钥密码的优势结合起来。混合加密的工作流程如图 2.8 所示,具体包括如下步骤。

(1) 发送方 Alice 建立与接收方 Bob 的网络连接,Bob 发送公钥给 Alice。

(2) Alice 用 Bob 的公钥加密对称密钥。

(3) Alice 将对称密钥的密文发送给 Bob。

(4) Bob 用自己的私钥从密文中解密出对称密钥。

(5) Alice 用对称密钥加密要传输的数据。

(6) Alice 通过网络把加密数据发送给 Bob。

(7) Bob 用对称密钥解密 Alice 发送过来的加密数据。

通过这种混合方式解决了两个问题:一是对称密钥的分发问题;二是公钥密码加密速度慢的问题。

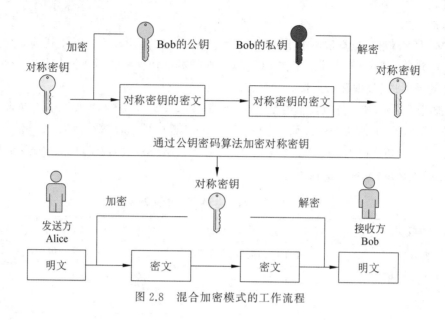

图 2.8　混合加密模式的工作流程

2. 混合加密的应用

混合加密算法利用对称加密算法的快速和公钥密码算法的安全等优点,弥补了两种算法的不足,从而保证了网络传输数据的安全,在网络应用程序开发中有很强的借鉴意义。混合加密的典型应用场景包括 SSL/TLS、S/MIME、PGP 等。

2.4　消息认证与 Hash 函数

2.4.1　消息认证

消息认证(Message Authentication)就是认证消息的完整性,当接收方收到发送方的消息时,接收方能够认证收到的消息是真实的和未被篡改的。它包含两层含义:一是消息源认证,认证信息的发送者是真正的,而不是冒充的,即身份认证;二是认证信息在传送过程中未被篡改、重放或延迟等,即消息完整性认证。

消息认证所用的摘要算法与一般的对称或非对称密码算法不同,它并不用于防止信息被窃取,而是用于证明消息的完整性和准确性,也就是说,消息认证主要用于防止信息被篡改。

消息认证中常见的攻击和对策包括:

(1) 重放攻击,截获以前协议执行时传输的信息,然后在某个时候再次使用。为了避免这种攻击,可以在认证消息中加入一个非重复值,如序列号、时间戳、随机数或嵌入目标身份的标志符等。

(2) 仿冒攻击,攻击者冒充合法用户发布虚假消息。为了避免这种攻击,可采用身份认证技术。

(3) 重组攻击,把以前协议执行时一次或多次传输的信息重新组合进行攻击。为了避免这种攻击,把协议运行中的所有消息都连接在一起。

(4)篡改攻击,修改、删除、添加或替换真实的消息。为了避免这种攻击,可采用消息认证码 MAC 或 Hash 函数等技术。基于 MAC 的消息认证技术详见本书 4.2.2 节相关内容,本章主要对 Hash 函数进行详细介绍。

2.4.2 Hash 函数

Hash 函数也称散列函数、哈希函数、杂凑函数等,是指把任意长度的输入变换成固定长度的输出,其输出就是哈希值或散列值,也称信息摘要。Hash 函数在数学上是多对一的映射,不同的输入可能具有相同的输出。

1. Hash 函数的概念

密码学上的 Hash 函数也称杂凑函数或报文摘要函数等,是一种将任意长度的消息 m 压缩(或映射)到某一固定长度的消息摘要 $H(m)$ 的函数。$H(m)$ 也称消息 m 的指纹。一个 Hash 函数是一个多对一的映射。

Hash 函数按是否需要密钥可分为以下两类。

(1)不带密钥的 Hash 函数,它只有一个被通常称为消息的输入参数。此类一般可以用作消息完整性。

(2)带密钥的 Hash 函数,它有两个不同的输入,分别称为消息和密钥。此类一般可以用作消息认证。

按设计结构,散列算法可以分为三大类:标准 Hash、基于分组密码的 Hash、基于模数运算的 Hash。

标准 Hash 函数有两大类:MD 系列的 MD4、MD5、HAVAL、RIPEMD、RIPEMD-160 等;SHA 系列的 SHA-1、SHA-256、SHA-384、SHA-512 等,这些 Hash 函数体现了目前主要的 Hash 函数设计技术。

2. Hash 函数的性质

从应用需求上来说,Hash 函数 $H(x)$ 必须满足以下性质。

(1) $H(x)$ 能够应用到任何大小的数据块上。

(2) $H(x)$ 能够生成大小固定的输出。

(3)对任意给定的 x,$H(x)$ 的计算相对简单,使得硬件和软件的实现可行。

从安全意义上来说,Hash 函数 H 应满足以下特性。

(1)对任意给定的散列值 h,找到满足 $H(x)=h$ 的 x 在计算上是不可行的。

(2)对任意给定的 x,找到满足 $H(x)=H(y)$ 而 $x \neq y$ 的 y,在计算上是不可行的。

(3)要找到满足 $H(x)=H(y)$ 而 $x \neq y$ 的 (x,y) 是计算上不可行的。

满足以上前两个性质的杂凑函数叫弱 Hash 函数,或称杂凑函数 $H(x)$ 为弱无碰撞的;如果还满足第 3 个性质,就叫强 Hash 函数,或称杂凑函数 $H(x)$ 为强无碰撞的。

第 1 个特性是单向性的要求,通常也称为抗原像性。第 2 个特性是弱无碰撞性,也称抗第二原像性,目的是防止伪造,即将一份报文的指纹伪造成另一份报文的指纹在计算上是不可行的。第 3 个特性是强无碰撞性,也称抗碰撞性,它防止对杂凑函数实施自由起始碰撞攻击或称生日攻击。

3. 主流的 Hash 函数

下面对主流的 Hash 算法作简单介绍。

1) MD4

MD4 是麻省理工学院教授 Rivest 于 1990 年设计的一种 Hash 算法。其消息摘要长度为 128 位,一般 128 位长的 MD4 散列被表示为 32 位的十六进制数。这个算法影响了后来的算法,如 MD5、SHA 家族和 RIPEMD 等。MD4 由于被发现存在严重的算法漏洞,之后被 1991 年完善的 MD5 所取代。

2) MD5

MD5(RFC 1321)是 Rivest 于 1991 年对 MD4 的改进版本。它的输入仍以 512 位分组,其输出是 128 位(32 个十六进制数),与 MD4 相同。它在 MD4 的基础上增加了"安全-带子"(safety-belts)的概念。虽然 MD5 比 MD4 复杂度大一些,但却更为安全,在抗分析和抗差分攻击方面表现更好。

3) SHA-1

SHA 由美国国家安全局(NSA)所设计 Hash 函数,并由 NIST 发布,它是美国的政府标准,有时称为 SHA-1。它在许多安全协议中广为使用,包括 SSL/TLS、PGP、SSH、S/MIME 和 IPSec 等。SHA-1 可以对长度小于 2^{64} 位的输入数据,生成长度为 160 位的散列值,因此抗穷举性更好。SHA-1 设计时基于和 MD4 相同的原理,并且模仿了该算法。

MD5、SHA-1 是当前国际通用的两大 Hash 算法,也是国际电子签名及许多密码应用领域的关键技术,广泛应用于金融、证券等电子商务领域。由于世界上没有两个完全相同的指纹,因此指纹成为识别人们身份的唯一标志。在网络安全协议中,使用 Hash 函数来处理数字签名,能够产生电子文件独一无二的"指纹",形成"数字指纹"。

破解 SHA-1 密码算法,运算量达到 2 的 80 次方。即使采用现在最快的大型计算机,也要运算 100 万年以上才能找到两个相同的"数字指纹",因此能够保证数字签名无法被伪造。中国王小云院士带领的研究小组于 2004 年、2005 年先后破解了被广泛应用于计算机安全系统的 MD5 和 SHA-1 两大密码算法,用普通的个人计算机,几分钟内就可以找到有效结果。密码学领域最权威的两大刊物 *Eurocrypto* 与 *Crypto* 将 2005 年度最佳论文奖授予了这位中国女性,其研究成果引起国际同行的广泛关注。美国国家标准与技术研究院宣布,美国政府 5 年内将不再使用 SHA-1,取而代之的是更为先进的新算法,微软等知名公司也纷纷发表各自的应对之策。

4. Hash 函数的应用

哈希算法在信息安全方面的应用,主要体现在以下 3 方面。

1) 文件校验

MD5 等哈希算法的"数字指纹"特性,使它成为目前应用最广泛的一种文件完整性校验和(Checksum)算法,不少 UNIX 系统有提供计算 MD5 检验和的命令。

2)数字签名

由于非对称密码算法的运算速度较慢,所以在数字签名协议中,哈希函数扮演了一个重要的角色。对待签名的消息先计算哈希摘要,然后对该哈希摘要再进行数字签名,由于 Hash 函数的单向性,因此可以认为其与对文件本身进行数字签名是等效的。

3)鉴权协议

鉴权协议又被称作"挑战—认证"模式:在传输信道是可被监听,但不可被篡改的情况下,这是一种简单而安全的方法。

2.5　数　字　签　名

数字签名(又称公钥数字签名、电子签章)是一种类似写在纸上的普通的物理签名,但是使用了公钥加密领域的技术实现,用于鉴别数字信息的方法。数字签名,就是只有信息的发送者才能产生的别人无法伪造的一段数字串,这段数字串同时也是对信息的发送者真实性的一个有效证明。数字签名是非对称密钥加密技术与数字摘要技术的应用。一套数字签名通常定义两种互补的运算:一个用于签名(发送方);另一个用于认证(接收方)。

假定 A 发送一个对消息 m 的数字签名给 B,A 的数字签名应该满足下述 3 个条件。

(1) B 能够证实 A 对消息 m 的签名;(可认证性)

(2) 任何人都不能伪造 A 的签名;(不可伪造性)

(3) 如果 A 否认对消息 m 的签名,可通过仲裁解决 A 与 B 之间的争议。(不可否认性、可仲裁性)

基于对称密码体制和非对称密码体制都可以获得数字签名,应用最多的主要是基于非对称密码体制的数字签名,包括普通数字签名和特殊数字签名。普通数字签名算法有 RSA、ElGamal 等数字签名算法。特殊数字签名有盲签名、代理签名、群签名、不可否认签名、公平盲签名、门限签名、具有消息恢复功能的签名等,它与具体的应用环境密切相关。显然,数字签名的应用涉及法律问题,美国联邦政府基于有限域上的离散对数问题制定了自己的数字签名标准(Digital Signature Standard,DSS)。

公钥密码体制不但可解决传统密码技术的密钥存储和密钥分配问题,而且还可解决数字签名和身份认证问题。公钥密码体制的产生主要有两方面原因:一方面是由于对称密码体制的密钥分配问题;另一方面是由于对数字签名的需求。

2.5.1　数字签名的原理

公钥加密算法不仅能用于加解密,还能用于对发送者 A 发送的消息 m 提供认证(数字签名)。公钥密码的签名认证原理如图 2.9 所示。

(1)签名过程:发送者 A 用自己的私钥 SK_A 对消息 m 进行解密运算(实际为签名),表示为 $s = D_{SK_A}(m)$,其中 s 为签名结果,将 s 发送给 B。

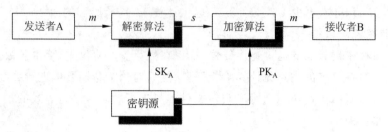

图 2.9　公钥密码的签名认证原理

（2）认证过程：接收者 B 用 A 的公钥 PK_A 对 s 进行加密运算（实际为认证），表示为 $m = E_{PK_A}(s)$。

因为从 m 得到签名 s 使用的是 A 的私钥 SK_A，只有 A 才能做到。因此，s 可当作用户 A 对 m 的数字签字。另一方面，任何人只要得不到 A 的私钥 SK_A，就不能伪造或篡改 m，所以以上过程获得了对消息来源和消息完整性的认证。

由于公钥密码算法的运算速度较慢，在实际应用中，通常是对待签名的消息先计算哈希摘要，然后对该哈希摘要再进行数字签名。数字签名和认证过程如图 2.10 所示。

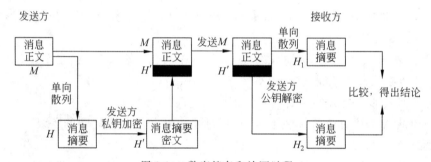

图 2.10　数字签名和认证过程

（1）发送方数字签名的过程。

① 发送方用单向散列函数对消息正文 M 进行计算，产生消息摘要 H。

② 发送方用其私钥对消息摘要 H 进行加密，把加密后的摘要 H' 和消息正文 M 一起发送出去。

（2）接收方认证签名的过程。

① 接收方用单向散列函数对接收到的消息正文 M 进行计算，产生消息摘要 H_1。

② 接收方用发送方的公钥对接收到的加密摘要 H' 进行解密，还原得到消息摘要 H_2。

③ 比较消息摘要 H_1 和消息摘要 H_2 是否一致。如果 $H_1 = H_2$，则通过认证，证明消息的确由发送方发出，并且在传输过程中没有被篡改。

2.5.2　RSA 数字签名

公钥密码与数字签名的结构非常相似，实际上，数字签名与公钥密码有着非常紧密的联系，简而言之，数字签名就是通过将公钥密码"反过来用"而实现的，见表 2.2。

表 2.2 公钥密码与数字签名的对比

对 比 内 容	私　　　钥	公　　　钥
加密	接收者解密时使用	发送者加密时使用
数字签名	签名者签名使用	认证者认证使用
密钥拥有者	个人持有	根据需要任何人都可以使用

下面描述利用 RSA 公钥密码算法实现数字签名与认证的过程。

(1) 算法参数：令 $n=pq$，p 和 q 是大素数，选取正整数 e，$1<e<\phi(n)$，满足 e 与 $\phi(n)$ 互素，并计算出 d，使 $de\equiv 1\bmod \phi(n)$，公开 n 和 e，将 p、q 和 d 保密。私钥 (n,d) 用于数字签名，公钥 (n,e) 用于签名认证。

(2) 数字签名：对消息 $M\in Z_n$，定义 $S=\mathrm{Sig}(M)=M^d\bmod n$ 为对 M 的签名。

(3) 签名认证：对给定的消息 M 和签名 S，可按式 $M'=S^e\bmod n$ 认证，如果 $M=M'$，则签名为真，否则不接受签名。

显然，由于只有签名者知道私钥 (n,d)，由 RSA 体制可知，其他人不能伪造签名，但容易证实所给任意 (M,S) 是不是消息 M 和相应的签名 S 所构成的合法对。RSA 体制的安全性依赖于 $n=pq$ 分解的困难性。

2.6 密钥管理技术

密钥管理是保护加密数据安全的关键，具体处理密钥的产生、存储、分配、更新、吊销、控制、销毁的整个过程中的有关问题。密钥管理最主要的过程是密钥的生成和分发。密钥管理的具体要求是：密钥难以被非法窃取；在一定的条件下即使窃取了密钥，也无用；密钥的分配和更换过程对用户是透明的，用户不必掌握密钥。

密钥管理应遵循如下原则：脱离密码设备的密钥数据应绝对保密；密码设备的内部数据绝对不外泄，一旦发现受到攻击，应立即销毁密钥；达到密钥生命期时，应彻底销毁或更换。而管理中涉及的技术则包括密钥生成技术、密钥分配技术、存储保护技术、备份恢复技术、密钥更新技术等，其中密钥生成技术与密钥分配技术是研究的主要内容，也是近几年研究的热点问题。

2.6.1 密钥分配与密钥协商

利用密钥分配和密钥协商协议，可以通过一个不安全的信道在通信双方之间建立一个共享的密钥。密钥分配协议和密钥协商协议的目的是，在协议结束后，通信双方具有一个相同的秘密密钥 K，并且 K 不被其他人知道。由于密钥分配和密钥协商是在公开信道上进行的，因此会面临对手的主动攻击和被动攻击。被动攻击，可在公开信道中对通信双方的消息进行监听；主动攻击，可以对通信双方发送的消息进行篡改、重放和仿冒等操作，威胁性更大。

虽然，密钥分配和密钥协商的目的都是使通信双方在不安全信道中建立共享密钥，但是也存在一定的区别。

密钥分配是一种机制,通信双方中的一方选择一个秘密密钥,然后将其发送给通信的另一方,通常需要一个可信当局(Trusted Authority,TA)。

密钥协商是一种协议,利用这种协议,通信双方可以在一个公开的信道上通过互相传递一些消息共同建立一个共享的秘密密钥。在密钥协商过程中,双方共同建立的秘密密钥通常是双方输入消息的一个函数。

Internet 密钥交换(Internet Key Exchange,IKE)协议属于一种混合型协议,由国际互联网工程任务组(The Internet Engineering Task Force,IETF)定义和完善。IKE 协议沿用了 ISAKMP 的基础、Oakley 的模式,以及 SKEME 的共享和密钥更新技术,从而提供完整的密钥管理方案。Oakley 密钥决定协议采用混合的 Diffie-Hellman 技术建立会话密钥。IKE 技术主要用来确定鉴别协商双方身份、安全共享联合产生的密钥。由于目前广泛应用于 VPN(虚拟专用网)隧道构建的 IKE 密钥交换协议存在潜在的不安全因素,因此这一协议的推广应用有可能暂停,对此不做详细阐述。IKE 协议存在的安全缺陷包括可能导致服务器过载的大量初始安全连接请求及占用服务器处理能力的大量不必要的安全认证等,这类缺陷可能导致严重的 DoS 攻击及敏感信息泄露。

基于 Kerberos 的 Internet 密钥协商(Kerberroized Internet Negotiation of Keys,KINK)协议,是一个新的密钥协商协议,相对于 IKE 而言,它的协商速度更快、计算量更小、更易于实现。KINK 使用 Kerberos 机制实现初期的身份认证和密钥交换,通过 Kerberos 提供对协商过程的加密和认证保护。KINK 将 Kerberos 快速高效的机制结合到密钥协商过程中,加快了身份认证和密钥交换的过程,缩减了协商所需要的时间。

2.6.2 Diffie-Hellman 密钥协商算法

Diffie-Hellman 密钥协商(交换)算法是一种通过公共信道安全交换加密密钥的方法,简称 D-H 算法,是由 Ralph Merkle 构思并以 Whitfield Diffie 和 Martin Hellman 命名的第一个公钥协议之一。D-H 算法是密码学领域内最早实现的公钥交换的实际例子之一,由 Diffie 和 Hellman 于 1976 年发表,这是最早为公众所知的提出私钥和相应公钥思想的著作。

D-H 算法的安全性是基于有限域上求解离散对数的困难性,允许彼此没有先验知识的两方通过不安全的通道共同建立共享密钥,然后,该密钥可作为对称密钥对后续通信进行加密。

1. D-H 密钥协商方案

基于有限域上离散对数难题的 D-H 算法过程如图 2.11 所示。

D-H 算法原理基于单向函数,其逆运算就是求解离散对数问题,所以具有难解性。

当 q、a、Y_A、Y_B 和 K 都足够大时:

(1) 攻击者由 q、a 和截获的公钥 Y_A/Y_B 并不能得到 A/B 的私钥 X_A/X_B。

(2) 攻击者即使截获大量密文破解了本次 K,由 K、q 和截获的公钥 Y_A/Y_B,也不能得到 A/B 的私钥 X_A/X_B。

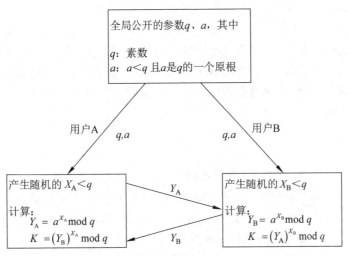

图 2.11　基于有限域上离散对数难题的 D-H 算法过程

2. D-H 算法中间人攻击

D-H 算法本身并没有提供通信双方的身份认证服务,因此它很容易受到中间人攻击,如图 2.12 所示。

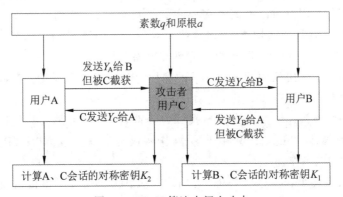

图 2.12　D-H 算法中间人攻击

一个中间人攻击者 C 在信道的中央进行两次 D-H 密钥协商,一次和用户 A,另一次和用户 B,就能够成功向用户 A 假装自己是 B,反之亦然。而攻击者可以解密(读取和存储)任何一个人的信息并重新加密信息,然后传递给另一个人。因此,通常需要一个能够认证通信双方身份的机制来防止这类攻击。有很多种安全身份认证解决方案使用到了D-H 算法。例如,当用户 A 和用户 B 共有一个公钥基础设施时,他们可以将他们的返回密钥进行签名,防止中间人的身份仿冒。

2.6.3　公钥基础设施

公钥基础设施(Public Key Infrastructure,PKI)是一个采用非对称密码算法原理和技术来实现并提供安全服务的、具有通用性的安全基础设施。PKI技术采用证书管理公钥,通过第三方的可信任机构——认证中心(Certificate Authority,CA)把用户的公钥和用户的标识信息捆绑在一起,在Internet上认证用户的身份,提供安全可靠的信息处理。目前,通用的办法是采用建立在PKI基础之上的数字证书,通过把要传输的数字信息进行加密和签名,保证信息传输的保密性、认证性、完整性和不可否认性,从而保证信息安全传输。

1. PKI 的组成

一个典型、完整、有效的PKI应用系统至少包括以下7部分。

(1) CA:证书的签发机构,它是PKI的核心,是PKI应用中权威的、可信任的、公正的第三方机构。认证机构是一个实体,它有权利签发并撤销证书,对证书的真实性负责。在整个系统中,CA由比它高一级的CA控制。

(2) 根CA(Root CA):信任是任何认证系统的关键。因此,CA自己也要被另一些CA认证。每一个PKI都有一个单独的、可信任的根,从根处可取得所有认证证明。

(3) 注册机构(Registration Authority,RA):RA的用途是接受个人申请,核查其中的信息并颁发证书。然而,在许多情况下,把证书的分发与签名过程分开是很有好处的。因为签名过程需要使用CA的签名私钥(私钥只有在离线状态下才能安全使用),但分发的过程要求在线进行。所以,PKI一般使用RA去实现整个过程。

(4) 证书目录:用户可以把证书存放在共享目录中,而不需要在本地硬盘里保存证书。因为证书具有自我核实功能,所以这些目录不一定需要时刻被认证。万一目录被破坏,通过使用CA的证书链功能,证书还能恢复其有效性。

(5) 管理协议:该协议用于管理证书的注册、生效、发布和撤销。PKI管理协议包括证书管理协议PKIX CMP(Certificate Management Protocol)等。

(6) 操作协议:操作协议允许用户找回并修改证书,对目录或其他用户的证书撤销列表(CRL)进行修改。在大多数情况下,操作协议与现有协议(如FTP、HTTP、LDAP和邮件协议等)共同工作。

(7) 个人安全环境:在这个环境下,用户个人的私人信息(如私钥或协议使用的缓存)被妥善保存和保护。为了保护私钥,客户软件要限制对个人安全环境的访问。

2. PKI 框架

PKI是公钥密码系统用于安全机制的基础,通过PKI实现公钥的分发与认证,通信双方通过PKI的数字证书完成信任机制。PKI技术的广泛应用能满足人们对网络交易安全保障的需求。PKI的应用非常广泛,包括在Web服务器和浏览器之间的通信、电子邮件、电子数据交换(Electronic Data Interchange,EDI)、在Internet上的信用卡交易和VPN等。

PKI主要包括4部分:X.509格式的证书和CRL、CA/RA操作协议、CA管理协议、CA政策制定。通过采用PKI框架管理密钥和证书可以建立一个安全的网络环境,如图2.13所示。

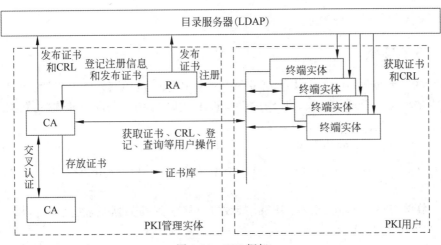

图 2.13　PKI 框架

PKI 是创建、管理、存储、分发和作废证书的软件、硬件、人员、策略和过程的集合,主要功能为

(1) 为需要的用户生成一对密钥。

(2) CA 为用户签发数字证书并分发给需要的用户。

(3) 用户对数字证书的有效性进行认证。

(4) 对用户的数字证书进行管理。

X.509 是 ITU-T 标准化部门基于它们之前的 ASN.1 定义的一套证书标准。X.509 证书已应用在包括 SSL/TLS 在内的众多网络协议中,同时它也用在很多非在线应用场景中,比如电子签名服务。X.509 证书里含有公钥、身份信息(比如网络主机名、组织的名称或个体名称等)和签名信息(可以是证书签发机构 CA 的签名,也可以是自签名)。对于一份经由可信的证书签发机构签名或者可以通过其他方式认证的证书,证书的拥有者就可以用证书及相应的私钥来创建安全的通信,对文档进行数字签名。另外,除了证书本身的功能,X.509 还附带了证书吊销列表和用于从最终对证书进行签名的证书签发机构直到最终可信点为止的证书合法性认证算法。

2.7　网络安全协议

网络自身的缺陷、开放性以及黑客攻击是造成网络不安全的主要原因。网络安全协议是营造网络安全环境的基础,是构建安全网络的关键技术。基于密码学的网络安全协议实现了网络通信各方的保密与认证功能,避免了网络受到黑客攻击而导致的网络数据泄露、篡改及伪造等安全问题,保证了通信协议的安全性。常见的网络安全协议有互联网安全协议(IPSec)、安全套接层(SSL)协议、传输层安全(TLS)协议、安全电子交易(SET)协议等。

2.7.1 IPSec

1. IPSec 简介

互联网安全协议（Internet Protocol Security，IPSec）是 IETF 于 1998 年制定的基于密码技术的网络安全通信协议。IPSec 工作在 IP 层，它为 Internet 上传输的数据提供了高质量的、可互操作的、基于密码学的安全保证。

IPSec 提供了以下的安全服务。

（1）数据机密性（Confidentiality）：IPSec 发送方在通过网络传输前对数据包进行加密。

（2）数据完整性（Integrity）：IPSec 接收方对接收到的数据包进行认证，以确保数据在传输过程中没有被篡改。

（3）数据来源认证（Authentication）：IPSec 在接收端可以认证发送 IPSec 报文的发送端是否合法。

（4）防重放（Anti-replay）：IPSec 接收方可检测并拒绝接收过时或重复的报文。

IPSec 具有以下优点。

（1）支持 IKE，可实现密钥的自动协商功能，减少了密钥协商的开销。可以通过 IKE 建立和维护 SA 的服务，简化 IPSec 的使用和管理。

（2）所有使用 IP 进行数据传输的应用系统和服务都可以使用 IPSec，而不必对这些应用系统和服务本身做任何修改。

（3）对数据的加密是以数据包为单位的，而不是以整个数据流为单位，这不仅灵活，而且有助于进一步提高 IP 数据包的安全性，可以有效防范网络攻击。

2. IPSec 实现

IPSec 不是一个单独的协议，它给出了应用于 IP 层上网络数据安全的一整套体系结构，如图 2.14 所示，包括认证头（Authentication Header，AH）、封装安全载荷（Encapsulating

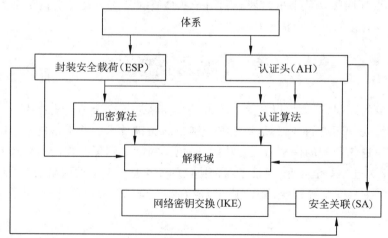

图 2.14　IPSec 安全体系结构

Security Payload,ESP)、网络密钥交换(Internet Key Exchange,IKE)和用于网络认证及加密的一些算法等。其中,AH 协议和 ESP 协议用于提供安全服务,IKE 协议用于密钥交换。

IPSec 提供了两种安全机制:认证和加密。认证机制使 IP 通信的数据接收方能够确认数据发送方的真实身份,以及数据在传输过程中是否遭篡改。加密机制通过对数据进行加密运算来保证数据的机密性,以防数据在传输过程中被窃听。

IPSec 中的 AH 协议定义了认证的应用方法,提供数据源认证和完整性保证;ESP 协议定义了加密和可选认证的应用方法,提供数据安全性保证。

(1) AH 协议(IP 协议号为 51)提供数据源认证、数据完整性校验和防报文重放功能,它能保护通信免受篡改,但不能防止窃听,适合用于传输非机密数据。AH 的工作原理是在每一个数据包上添加一个身份认证报文头,此报文头插在标准 IP 包头后面,对数据提供完整性保护。可选择的认证算法有 MD5、SHA-1 等。

(2) ESP 协议(IP 协议号为 50)提供加密、数据源认证、数据完整性校验和防报文重放功能。ESP 的工作原理是在每一个数据包的标准 IP 包头后面添加一个 ESP 报文头,并在数据包后面追加一个 ESP 尾。与 AH 协议不同的是,ESP 将需要保护的用户数据进行加密后再封装到 IP 包中,以保证数据的机密性。常见的加密算法有 DES、3DES、AES等。同时,作为可选项,用户可以选择 MD5、SHA-1 算法保证报文的完整性和真实性。

在实际进行 IP 通信时,可以根据安全需求同时使用这两种协议或选择使用其中一种。AH 和 ESP 都可以提供认证服务,不过,AH 提供的认证服务要强于 ESP。同时使用 AH 和 ESP 时,设备支持的 AH 和 ESP 联合使用的方式为:先对报文进行 ESP 封装,再对报文进行 AH 封装,封装之后的报文从内到外依次是原始 IP 报文、ESP 头、AH 头和外部 IP 头。

3. 安全关联

IPSec 在两个端点之间提供安全通信,端点被称为 IPSec 对等体。安全关联(Security Association,SA)是 IPSec 的基础,也是 IPSec 的本质。SA 是通信对等体间对某些要素的约定,例如,使用哪种协议(AH、ESP,或两者结合使用)、协议的封装模式(传输模式、隧道模式)、加密算法(DES、3DES、AES)、特定流中保护数据的共享密钥以及密钥的生存周期等。

SA 是单向的,在两个对等体之间的双向通信,最少需要两个 SA 来分别对两个方向的数据流进行安全保护。同时,如果两个对等体希望同时使用 AH 和 ESP 来进行安全通信,则每个对等体都会针对每一种协议来构建一个独立的 SA。

SA 由一个三元组来唯一标识,这个三元组包括安全参数索引(Security Parameter Index,SPI)、目的 IP 地址、安全协议号(AH 或 ESP)。

建立 SA 的方式有手工配置和 IKE 自动协商两种。

(1) 手工(Manual)配置方式比较复杂,创建 SA 所需的全部信息都必须手工配置,而且不支持一些高级特性(例如定时更新密钥),但优点是可以不依赖 IKE 而单独实现IPSec 功能。

(2) IKE 自动协商(ISAKMP)方式相对比较简单,只需要配置好 IKE 协商安全策略的信息,由 IKE 自动协商来创建和维护 SA。

当与之进行通信的对等体设备数量较少时,或是在小型静态环境中,手工配置 SA 是可行的。在中、大型的动态网络环境中,推荐使用 IKE 协商建立 SA。

2.7.2 SSL/TLS

1. SSL 协议

安全套接层(Secure Sockets Layer,SSL)协议是为网络通信提供数据加密、数据完整性和身份认证的一种网络安全协议,于 1994 年由 Netscape 公司发布。SSL 协议在传输层与应用层之间对网络通信进行加密和认证,用以保障在 Internet 上数据传输的安全。它已被广泛地用于 Web 浏览器与服务器之间的身份认证和加密数据传输。

1) SSL 协议的体系结构

SSL 协议运行于 TCP 之上,其体系结构中包含两个协议子层,如图 2.15 所示,其中底层是 SSL 记录协议层(SSL Record Protocol Layer),高层是 SSL 握手协议层(SSL Handshake Protocol Layer)。

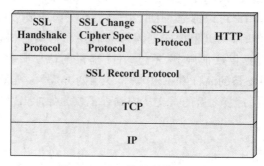

图 2.15 SSL 协议的体系结构

SSL 记录协议层,为高层协议提供基本的安全服务。SSL 记录协议针对超文本传输协议(HTTP)进行了特别的设计,使得 HTTP 能够在 SSL 上运行。记录协议封装了各种高层协议,具体实施压缩/解压缩、加密/解密、计算和校验 MAC 等与安全有关的操作。

SSL 握手协议层,包括 SSL 握手协议(SSL Handshake Protocol)、SSL 密码参数修改协议(SSL Change Cipher Spec Protocol)、SSL 告警协议(SSL Alert Protocol)和应用数据协议(如 HTTP 等)。握手协议层的这些协议用于 SSL 管理信息的交换,允许应用协议传送数据之间相互认证,协商加密算法和生成密钥等。SSL 握手协议的作用是协调客户和服务器的状态,使双方的状态同步。

2) SSL 协议的安全功能

SSL 协议可以保证应用数据传输的保密性、完整性,以及传输双方身份认证。

(1) 保密性:握手协议定义会话密钥后,所有传输的报文被加密,防止数据泄露。

(2) 完整性:传输的报文中增加消息认证码(Message Authentication Code,MAC),用于检测数据是否被篡改。

(3) 身份认证:可选的客户端认证和强制的服务端认证。

2. TLS 协议

传输层安全(Transport Layer Security, TLS)协议是 IETF 制定的一种新的协议,它建立在 SSL 3.0 协议规范之上,是 SSL 3.0 的后续版本。TLS 与 SSL 3.0 之间存在着显著的差别,主要是它们所支持的加密算法不同,所以 TLS 与 SSL 3.0 不能互操作。

同 SSL 协议相同,TLS 协议也包括两部分:TLS 记录协议和 TLS 握手协议。记录协议用于封装各种高层协议;握手协议允许服务器与客户机在进行字节传输之前完成彼此之间的相互认证,协商加密算法和加密密钥等。

TLS 的主要目标是使 SSL 更安全,其对安全性的改进包括以下内容。

(1) 对消息认证使用密钥散列法:TLS 使用散列消息认证码(HMAC),当记录在开放的网络(如因特网)上传送时,该代码确保记录不会被变更。SSL 3.0 还提供了键控消息认证,但 HMAC 较 SSL 3.0 使用的消息认证码(MAC)的功能更安全。

(2) 增强的伪随机功能(PRF):PRF 生成密钥数据。在 TLS 中,PRF 使用两种散列算法保证其安全性,如果任一算法暴露了,只要第二种算法未暴露,则数据仍然是安全的。

(3) 改进的已完成消息认证:TLS 和 SSL 3.0 都对两个端点提供已完成的消息,该消息认证交换的消息没有被变更。然而,TLS 将此已完成消息基于 PRF 和 HMAC 值之上,这也比 SSL 3.0 更安全。

(4) 一致证书处理:与 SSL 3.0 不同,TLS 试图指定必须在 TLS 之间实现交换的证书类型。

(5) 特定警报消息:TLS 提供了更多的特定和附加警报,以指示任一会话端点检测到的问题。TLS 还对何时应该发送某些警报进行了记录。

3. HTTPS

HTTP 的使用虽然极为广泛,但是却存在不小的安全缺陷,主要是其数据的明文传送、消息完整性检测和身份认证的缺乏,而这三点恰好是网络支付、在线交易等新兴应用中安全方面最需要关注的。

安全超文本传输协议(HTTP Secure 或 HTTP over SSL/TLS, HTTPS)是 HTTP 的扩展。在 HTTPS 中,通信协议使用 TLS 或 SSL 进行加密和认证。因此,HTTPS 也称为基于 SSL/TLS 的 HTTP。HTTPS 可以看成身披 SSL/TLS 外壳的 HTTP,因此 HTTPS 能够提供的安全服务包括身份认证、传输数据的机密性和完整性保护,同时它还能防止重传攻击。

4. SSL VPN

SSL VPN 是指采用 SSL 协议来实现远程接入的一种新型 VPN 技术,包括服务器认证、客户认证、SSL 链路上的数据完整性和 SSL 链路上的数据保密性。SSL VPN 是解决远程用户访问单位敏感数据最简单、最安全的技术,采用标准的 SSL 对传输中的数据包进行加密,从而在应用层保护数据的安全性。与复杂的 IPSec VPN 相比,SSL 通过相对简易的方法实现信息远程连通。任何安装浏览器的计算机都可以使用 SSL VPN,不需要像 IPSec VPN 一样必须为每一台计算机安装客户端软件。

SSL VPN 网关在企业网的边缘,介于企业服务器与远程用户并对二者的通信加以控制。在不断扩展的互联网 Web 站点之间、无线热点和客户端间、远程办公室、酒店、传统交易大厅等场所,SSL VPN 克服了 IPSec VPN 的不足,用户可以轻松实现安全易用、无须客户端安装且配置简单的远程访问。

5. DTLS 协议

TLS 不能保证 UDP(用户数据报协议)上传输的数据安全,因此数据报传输层安全(Datagram Transport Layer Security,DTLS)协议试图在现有的 TLS 协议架构上进行扩展,使之支持 UDP,即成为 TLS 的一个支持数据包传输的版本。DTLS 在设计上尽可能复用 TLS 现有的代码,并做一些小的修改来适配 UDP 传输。DTLS 与 TLS 具备同样的安全机制和防护等级,同样能够防止消息窃听、篡改,以及身份冒充等问题。此外,由于 DTLS 使用的是 UDP,而不是 TCP,因此在用于创建 VPN 隧道时避免了"TCP 崩溃问题"。

2.8 本章小结

密码技术是保障数据安全的核心技术之一,也是保障数据安全的有效途径和技术。随着时代的发展,各种类型的密码技术层出不穷。常见的密码算法包括分组密码、序列密码、公钥密码以及消息认证、Hash 函数、数字签名等完整性和身份认证方法等。

网络安全协议是营造网络安全环境的基础,是构建安全网络的关键技术。基于密码学的网络安全协议实现了网络通信各方的保密与认证功能,避免了网络受到黑客攻击而导致的网络数据泄露、篡改及伪造等安全问题,保证了通信协议的安全性。

本章首先介绍密码学的基本概念,然后对不同类型的加密算法进行详细说明,最后对密码学技术的应用与网络安全协议进行介绍。

习　题

一、单选题

1. 以下不是信息安全基本属性的是(　　　)。

A. 机密性　　　　　　B. 完整性　　　　　　C. 可用性　　　　　　D. 便捷性

2. 以下不属于对称密码算法的是(　　　)。

A. DES　　　　　　B. 3DES　　　　　　C. AES　　　　　　D. RSA

3. 以下哪一个不属于非对称密码算法?(　　　)

A. RSA　　　　　　B. RC4　　　　　　C. ECC　　　　　　D. SM2

4. 关于 Hash 函数,以下说法错误的是(　　　)。

A. Hash 函数能够应用到任何大小的数据块上

B. Hash 函数能够生成大小固定的输出

    C. Hash 函数是一种双向密码体制

    D. 典型的 Hash 函数包括 SHA 和 MD5,其中 SHA 比 MD5 更安全

5. 关于 IKE,以下说法错误的是(　　)。

    A. IKE 是一个为双方获取共享密钥而存在的协议

    B. IKE 通过一系列数据的交换,最终计算出双方共享的密钥

    C. IKE 通过认证保证协商过程中交换的数据没有被篡改,确认建立安全通道的对端身份的真实性

    D. IKE 只负责为 IPSec 建立提供安全密钥,不参与 IPSec SA 协商

6. 关于 SSL 协议,下列说法正确的是(　　)。

    A. SSL 协议在会话过程中采用公开密钥,在建立连接过程中使用私有密钥

    B. SSL 协议提供认证用户和服务器、加密数据、维护数据的完整性等服务

    C. SSL 协议可以保证商家无法获取客户资料

    D. SSL 协议基于网络层实现数据加密

二、填空题

1. 密码学能保护的数据安全属性包括 _____、_____、_____、_____ 和 _____ 等。

2. 加密系统五要素包括 _____、_____、_____、_____ 和 _____。

3. 根据加密密钥和解密密钥是否相同,可将密码体制分为 _____ 和 _____。

4. RSA 安全性是基于 _____。

5. IPSec 的通信协议包括 _____ 和 _____。

6. 常用的 Hash 算法包括 _____、_____ 和 _____。

7. ECC 算法的安全性是基于 _____。

8. HTTPS 的安全性基于 _____ 协议。

9. Diffie-Hellman 无法抵挡 _____ 攻击。

三、简答题

1. 简述密码学的地位和作用。

2. 非对称密码体制和对称密码体制各有何优缺点?

3. 数字签名的应用领域有哪些?

4. Hash 函数具有哪些特点?在信息安全方面的应用主要有什么?

5. SA 的作用是什么?

6. SSL 提供的安全服务有哪些?

第3章

大数据平台 Hadoop 的安全机制

本章学习目标

- 了解 Hadoop 的安全机制
- 理解 Hadoop 组件的安全机制
- 分析 Hadoop 的安全性
- 掌握 Hadoop 的安全架构

Hadoop 是常用的大数据处理平台,其安全性对于业务数据处理尤为重要。本章主要向读者介绍 Hadoop 的安全机制、Hadoop 组件的安全机制、安全技术工具、Hadoop 的安全性分析,并对其安全架构进行阐述。

3.1 安全威胁概述

Hadoop 是 Apache 旗下基于 Java 语言实现的开源大数据计算处理框架,允许使用简单的编程模型在计算机集群上对大型数据集进行分布式处理。正因为 Hadoop 在处理大数据方面具有高效性、高容错性、高可扩展性和低成本等优势,当前许多企业或机关事业单位等都采用 Hadoop 来存储和处理海量数据。Hadoop 由于自身的业务特点,一般都部署在用户内网中,所以在早期设计的时候不是太注重安全方面的设计,而更多的是专注于实现业务的功能。下面是网上报道过的关于其安全漏洞的案例。

Apache 的 Ambari 引用给 Hadoop 带来了很多便利,可以直接通过外部的管理对 Hadoop 的生态组件进行管控,但在这个过程中由于外部技术的引用,导致一些外部应用层的漏洞,主要是 SSRF 伪造请求漏洞。恶意攻击者通过 SSRF 攻击,远程对 Hadoop 服务以及进程进行操纵和读取数据。

MapReduce 信息漏洞主要是由于数据文件、用户产生的数据以及加密密钥都存储在同一个文件和磁盘中,导致恶意用户获取到加密密钥,并读取了数据块中的数据。

Ambari 重定向漏洞是由于 target 的 URI 参数被修改成了黑客指定的任意网址,由此造成钓鱼攻击,甚至结合 Linux 底层的操作系统漏洞以及 Hadoop 的其他漏洞还能实现恶意代码的加载。

2017 年,Hadoop 的一个新的漏洞被曝光,漏洞的主要原因在于 Hadoop 引入了 Docker 组件,但是在 Linux 这层没有输入过程的认证,并且 Docker 命令又是通过 root 身份来执行的。因此,黑客就通过 Docker 命令伪造了 root 身份,然后对 Hadoop 进行了全线账户的提权,实现了整个操作系统的权限控制。

通过上述案例可以发现,这些安全漏洞的产生大部分都是由于 Hadoop 的身份认证授权没有做好。早期 Hadoop 在默认情况下,是没有身份认证和访问控制机制的,基本上是继承了 Linux 的权限控制体系。另外,它在数据传输过程中和静态数据保存过程中都没有有效的加密措施。

3.2　Hadoop 安全机制

3.2.1　基本安全机制

为了增强 Hadoop 的安全机制,从 2009 年起,Apache 专门组织了一个团队,为 Hadoop 增加基于 Kerberos 和 Delegation Token 的安全认证和授权机制。Apache Hadoop 1.0.0 和 Cloudera CDH3 之后的版本添加了安全机制。Hadoop 提供了两种安全机制:Simple 机制和 Kerberos 机制。

1. Simple 机制

Simple 机制是 JAAS(Java Authentication and Authorization Service)协议与 Delegation Token 结合的一种机制,JAAS 提供 Java 认证与授权服务。

(1) 用户提交作业时,JobTracker 端要进行身份核实,先是认证到底是不是这个人,即通过检查执行当前代码的人与 JobConf 中的 user.name 中的用户是否一致。

(2) 然后检查 ACL(Access Control List)配置文件(由管理员配置)确认是否有提交作业的权限。

一旦通过认证,会获取 HDFS 或者 MapReduce 授予的 Delegation Token(访问不同模块有不同的 Delegation Token),之后的任何操作,比如访问文件,均要检查该 Token 是否存在,以及使用者跟之前注册使用该 Token 的用户是否一致。

2. Kerberos 机制

Kerberos 机制是基于认证服务器的一种方式。简单来说,大数据平台 Hadoop 中有一个专门的认证服务器 KDC,可以把它看作户籍派出所,它可事先给所有的平台用户发放户籍证明,即 keytab(密钥表)。之后某个用户要使用大数据平台,就要拿着这个证明先去 KDC 认证,认证无误之后,才能够使用大数据平台服务。Kerberos 机制工作原理示意如图 3.1 所示。

在身份认证方面,在 Hadoop 集群内部,一般使用基于 Kerberos 的身份认证机制。主要原因在于,该机制具有如下优势:①可靠,Hadoop 本身并没有认证功能和创建用户组功能,只是使用依靠外围的认证系统;②高效,Kerberos 使用对称密码操作,比使用 SSL 的公钥密码快;③操作简单,用户可以方便地进行操作,不需要很复杂的指令,比如废除一个用户,只从 Kerberos 的 KDC 数据库中删除即可。

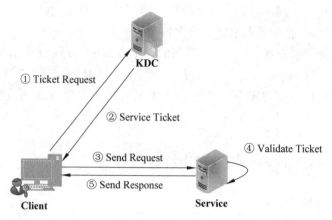

① Ticket Request

② Service Ticket

④ Validate Ticket

③ Send Request

⑤ Send Response

Client

Service

图 3.1　Kerberos 机制工作原理示意

3.2.2　总体安全机制

Hadoop 的安全机制如下所述。

（1）Hadoop 的客户端通过 Hadoop 的 RPC 库访问相应的服务，Hadoop 在 RPC 层中添加了权限认证机制，所有 RPC 都会使用 SASL（Simple Authentication and Security Layer）进行连接。其中，SASL 协商使用 Kerberos 或者 DIGEST MD5 协议。

（2）HDFS 使用的认证可以分成两部分：第一部分是客户端与 NameNode 连接时的认证；第二部分是客户端从 DataNode 获取 Block 时所需要的认证。第一部分使用 Kerberos 协议认证和授权令牌（Delegation Token）认证，这个授权令牌可以作为接下来访问 HDFS 的凭证。第二部分则是客户端从 NameNode 获取一个认证令牌，只有使用这个令牌，才能从相应的 DataNode 获取 Block。

（3）在 MapReduce 中用户的每个 Task 均使用用户的身份运行，这样就防止了恶意用户使用 Task 干扰 TaskTracker 或者其他用户的 Task。

（4）HDFS 在启动时，NameNode 首先进入一个安全模式，此时系统不会写入任何数据。NameNode 在安全模式下会检测数据块的最小副本数，当一定比例的数据块达到最小副本数时（一般为 3），系统就会退出安全模式，否则补全副本，以达到一定的数据块比例。

（5）当从 HDFS 获得数据时，客户端会检测从 DataNode 收到的数据块，通过检测每个数据块的校验和（Checksum）来认证这个数据块是否损坏。如果损坏，则从其他 DataNode 获得这个数据块的副本，以保证数据的完整性和可用性。

（6）MapReduce 和 HDFS 都设计了心跳机制，Task 和 DataNode 都定期向 JobTracker 和 NameNode 发送信条数据。当 JobTracker 不能接收到某个 Task 的心跳数据时，则认为该 Task 已经失败，会在另一个节点上重启该任务，以保证整个 MapReduce 程序的运行。同理，如果 NameNode 收不到某个 DataNode 的心跳消息，也认为该节点已经死掉，不会向该节点发送新的 I/O 任务，并复制那些丢失的数据块。

3.3　Hadoop 组件的安全机制

Hadoop 安全性与其组件安全机制息息相关。本节进一步介绍 Hadoop 中 RPC、HDFS、MapReduce 的安全机制。

3.3.1　RPC 安全机制

RPC 是指远程过程调用，也就是说，两台不同的服务器(不受操作系统限制)，一个应用部署在 A 上，一个应用部署在 B 上，若 A 想要调用 B 上的某个方法，由于不在一个内存空间，不能直接调用，因此需要通过网络来表达调用的语意和传达调用的参数。

Hadoop 集群是 Master/Slave(主/从)结构，Master 包括 NameNode 和 JobTracker，Slave 包括 DataNode 和 TaskTracker。NameNode 可看作分布式文件系统中的管理者，主要负责管理文件系统的命名空间、集群配置信息和存储块的复制等。NameNode 会将文件系统的 MetaData 存储在内存中，这些信息主要包括文件信息、每一个文件对应的文件块的信息和每一个文件块在 DataNode 中的信息等。DataNode 是文件存储的基本单元，它将 Block 存储在本地文件系统中，保存了 Block 的 MetaData，同时周期性地将所有存在的 Block 信息发送给 NameNode。Client 就是需要获取分布式文件系统文件的应用程序。就通信方式而言，Client 与 NameNode、NameNode 与 DataNode 都是在不同进程、不同系统间的通信，因此 Hadoop 要用到 RPC。

RPC 安全机制是在 Hadoop RP 中添加权限认证授权机制。当用户调用 RPC 时，用户的 Login Name 会通过 RPC 头部传递给 RPC，之后 RPC 使用 SASL 确定一个权限协议(支持 Kerberos 和 DIGEST-MD5 两种)，完成 RPC 授权。

3.3.2　HDFS 安全机制

客户端获取 NameNode 初始访问认证(使用 Kerberos)后，获取一个 Delegation Token，该 Token 可以作为接下来访问 HDFS 或者提交作业的凭证。为了读取某个文件，客户端首先要与 NameNode 交互，获取对应数据块的 Block Access Token，然后到相应的 DataNode 上读取各个数据块，而 DataNode 在初始启动后向 NameNode 注册时，已经提前获取了这些 Token，当客户端要从 TaskTracker 上读取数据块时，首先认证 Token，通过后才允许读取。

1. Delegation Token

当用户使用 Kerberos 证书向 NameNode 提交认证后，从 NameNode 获得一个 Delegation Token，之后该用户提交作业时可使用该 Delegation Token 进行身份认证。Delegation Token 是用户和 NameNode 之间的共享密钥，获取 Delegation Token 的任何人都可以假冒该用户。只有当用户再次使用 Kerberos 认证时，才会再次得到一个新的 Delegation Token。

当从 NameNode 获得 Delegation Token 时，用户应该告诉 NameNode 这个 Token

的 renewer(更新者)。在对该用户的 Token 进行更新之前,更新者先向 NameNode 进行认证。Token 的更新将延长该 Token 在 NameNode 上的有效时间,而非产生一个新的 Token。为了让一个 MapReduce 作业使用一个 Delegation Token,用户通常需要将 JobTracker 作为 Dolegation Toben 的更新者。同一个作业下的所有任务使用同一个 Token。在作业完成之前,JobTracker 确保这些 Token 是有效的;在作业完成之后,JobTracker 就可以废除这个 Token。

NameNode 随机选取 masterKey,并用它生成和认证 Delegation Token,保存在 NameNode 的内存中,每个 Delegation Token 都有一个 Token,存在 expiryDate(过期时间)。如果 currentTime > expiryDate,该 Token 将被认为是过期的,任何使用该 Token 的认证请求都将被拒绝。NameNode 将过期的 Delegation Token 从内存中删除,另外,如果 Token 的 owner(拥有者)和 renewer 废除了该 Token,则 NameNode 将这个 Delegation Token 从内容中删除。Sequence Nunber(序列号)随着新的 Delegation Token 的产生不断增大,唯一标识每个 Token。

当客户端(如一个 Task)使用 Delegation Token 认证时,首先向 NameNode 发送 Token。Token ID 代表客户端将要使用的 Delegation Token。NameNode 利用 Token ID 和 masterKey 重新计算出 Delegation Token,然后检查其是否有效。当且仅当该 Token 存在于 NameNode 内存中,并且当前时间小于过期时间时,这个 Token 才算是有效的。如果 Token 是有效的,则客户端和 NameNode 就会使用它们自己的 Token Authenticator 作为密钥、DIGEST MD5 作为协议相互认证。以上双方认证过程中,都未泄露自己的 Toke Authenticator 给另一方。如果双方认证失败,意味着客户端和 NameNode 没有共享同一个 Token Authenticator,那么它们也不会知道对方的 Token Authenticator。

为了保证有效,Delegation Token 需要定时更新。假设 JobTracker 是一个 Token 的更新者,在 JobTacker 向 NameNode 成功认证后,JobTracker 向 NameNode 发送要被更新的 Token。

NameNode 将进行如下认证。

(1) JobTracker 是 Token ID 中指定的更新者。

(2) Token Authenticator 是正确的。

(3) currentTime < maxDate。

认证成功之后,如果该 Token 在 NameNode 内存中,即该 Token 是有效的,则 NameNode 将其新 expiryDate 设置为 min(currentTime + renewPeriod, maxDate),如果这个 Token 不在内存中,说明 NameNode 重启丢失了之前内存中保存的 Token,则 NameNode 将这个 Token 添加到内存中,并且用相同的方法设置其 expiryDate,使得 NameNode 重启后作业依然可以运行。JobTracker 需要在重新运行 Tasks 失败之前,向 NameNode 更新所有的 Delegation Token。

注意:只要 currentTime < maxDate,那么即使这个 Token 已经过期,更新者依然可以更新它。因为 NameNode 无法判断一个 Token 过期与否(或是否被废除),或是由于 NameNode 重启导致其不在内存中。只有被指定的更新者可以使一个过期的 Token 复活,即便攻击者窃取到了这个 Token,也不能更新使其复活。

masterKey 需要定时更新,NameNode 只需要将 masterKey 而不是 Tokens 保存在磁盘上。

2. Block Access Token

早期的 Hadoop 并没有对 Block(数据块)添加访问控制,对于一个未认证的客户端,只要它能获得数据块的 Block ID,就可以读取数据块。除此之外,任何人都可以向 DataNode 写任意数据。

当用户向 NameNode 请求访问文件时,NameNode 进行文件权限检查。NameNode 根据对用户所请求的文件(即相关的数据块)是否具有相应权限来做出授权。然而,对于 DataNode 中的数据块,以上权限授权是无用的,因为 DataNode 没有文件的概念,更不用提文件权限了。

为了在 HDFS 上实施一致的数据访问控制策略,需要一个机制来将 NameNode 上的访问授权实施到 DataNode 上,并且任何未授权的访问将被拒绝。

NameNode 通过使用 Block Access Token 向 DataNode 传递数据访问权限授权信息。Block Access Token 由 NameNode 生成,在 DataNode 上使用,其拥有者能够访问 DataNode 中的特定数据块,而 DataNode 能够认证其授权。

Block Access Token 通过对称密钥机制生成,NameNode 和所有的 DataNode 共享一个密钥。对于每一个 Token,NameNode 使用这个共享密钥计算出一个加密的哈希值(MAC),这个哈希值就是 Token Authenticator。Token Authenticator 是构成 Block Access Token 的必要部分。当 DataNode 收到一个 Token 时,它使用自己的密钥重新计算出 Token Authenticator,并将其与接收到的 Token 中的 Token Authenticator 进行比较,如果匹配,则认为这个 Token 是可信的。因为只有 NameNode 和 DataNode 知道密钥,所以第三方无法伪造 Token。

若使用公钥机制生成 Token,则计算成本较为昂贵。其主要优点是:即使一个 DataNode 被攻陷,攻击者也不会获得能够伪造出有效 Token 的密钥。然而,通常在 HDFS 部署中,所有 DataNode 的保护措施都是相同的(相同的数据中心、相同的防火墙策略)。如果攻击者有能力攻陷一个 DataNode,就能够利用相同的手段攻陷所有的 DataNode,而不必使用密钥。因此,使用公钥机制不会带来根本性的差异。

理想情况下,Block Access Token 是不可转移的,仅其拥有者可以使用它。Token 中包含了其拥有者的 ID,无论谁使用这个 Token,都要认证其是否为拥有者,所以没有必要担心 Token 的丢失。在当前的安全机制中,Block Access Token 中包含其拥有者的 ID,但 DataNode 并不认证其拥有者的 ID,预计以后会添加相关认证。

无须更新或者废除一个 Block Access Token。当一个 Block Access Token 过期时,只需获取一个新的 Token。Block Access Token 保存在内存中,无须写入磁盘中。Block Access Token 的使用场景如下:HDFS 客户端向 NameNode 请求一个文件的 Block ID 和所在位置;NameNode 认证该客户端是否被授权访问这个文件,然后将所需的 Block ID 和对应的 Block Access Token 发送给客户端;当客户端需要访问一个数据块时,将向 DataNode 发送 Block ID 和对应的 Block Access Token;DataNode 认证收到的 Block

Access Token,判断是否客户端允许访问数据块。HDFS 客户端把从 NameNode 获取的 Block Access Token 保存在内存中,当 Token 过期或者访问到未缓存的数据块时,客户端会向 NameNode 请求新的 Token。

无论数据块实际存储在哪里,Block Access Token 在所有的 DataNode 上都是有效的。NameNode 随机选取计算 Token Authenticator 的密钥,当 DataNode 首次向 NameNode 注册时,NameNode 将密钥发送给该 DataNode。NameNode 上有一个密钥滚动生成机制以更新密钥,并定期将新的密钥发送给 DataNode。

3.3.3 MapReduce 安全机制

MapReduce 也是 Hadoop 中的核心组件之一,它为海量的数据提供计算。其安全机制如下。

1. 作业提交

用户提交作业(Job Submission)后,JobClient 需与 NameNode 和 JobTracker 等服务进行通信,以进行身份认证和获取相应令牌。授权用户提交作业时,JobTracker 会为之生成一个 Delegation Token,该 Token 将被作为 Job 的一部分存储到 HDFS 上,并通过 RPC 分发给各个 TaskTracker,一旦作业运行结束,该 Token 失效。

2. 作业控制

用户提交作业时,可通过参数 mapreduce.job.acl-view-job 指定哪些用户或者用户组可以查看作业状态,也可以通过 mapreduce.job.acl-modify-job 指定哪些用户或者用户组可以修改或者关闭作业。

3. 任务启动

TaskTracker 收到 JobTracker 分配的任务后,如果该任务来自某个作业的第一个任务,则会进行作业本地化:将任务运行相关的文件下载到本地目录中,其中,作业令牌文件会被写到 ${mapred.local.dir}/ttprivate/taskTracker/${user}/jobcache/${jobid}/jobToken 目录下。由于只有该作业的拥有者可以访问该目录,因此令牌文件是安全的。此外,任务要使用作业令牌向 TaskTracker 进行安全认证,以请求新的任务或者汇报任务状态。

4. 任务(Task)运行

用户提交作业的每个 Task 均是以用户身份启动的,这样,一个用户的 Task 便不可以向 TaskTracker 或者其他用户的 Task 发送操作系统信号,对其他用户造成干扰。这要求为每个用户在所有 TaskTracker 上建一个账号。

5. Shuffle

当一个 MapTask 运行结束时,它要将计算结果告诉管理它的 TaskTracker,之后每个 ReduceTask 会通过 HTTP 向该 TaskTracker 请求自己要处理的那块数据,Hadoop

应该确保其他用户不可以获取 MapTask 的中间结果,其做法是:ReduceTask 对"请求 URL"和"当前时间"计算 HMAC-SHA1 值,并将该值作为请求的一部分发动给 TaskTracker,TaskTracker 收到后会认证该值的正确性。

3.4 安全技术工具

为保障 Hadoop 生态环境安全,除 Hadoop 自身的安全配置之外,也可以借助外部安全工具。根据侧重点不同,安全技术工具可分为系统安全工具和认证授权工具两类。其中,系统安全工具包括 Ganglia、Nagios、Ambari 等,认证授权工具主要指 Apache Sentry 与 Ranger。本节将主要对以上几类安全工具进行详细介绍。

3.4.1 系统安全工具

1. Ganglia

Ganglia 是 UC Berkeley 发起的一个开源集群监视项目,用于测量数以千计的节点。Ganglia 的核心包含 gmond、gmetad 及一个 Web 前端,主要用来监控系统性能,如 CPU、内存、硬盘利用率、I/O 负载、网络流量情况等。通过曲线可以看到每个节点的工作状态,对合理调整、分配系统资源、提高系统整体性能起到重要作用。

每台计算机都运行一个收集和发送度量数据的 gmond 守护进程。接收所有度量数据的主机可以显示这些数据,并且可以将这些数据的精简表单传递到层次结构中。这种层次结构模式使得 Ganglia 可以实现良好的扩展,同时 gmond 带来的系统负载非常少,使得它成为在集群中各台计算机上运行的一段代码,不会影响用户性能,但所有这些数据多次收集就会影响节点性能。网络中的"抖动"发生在大量小消息同时出现时,可以通过将节点时钟保持一致的方式来解决问题。

gmetad 可以部署在集群内任一节点或者通过网络连接到集群的独立主机,它通过单播路由的方式与 gmond 通信,收集区域内节点的状态信息,并以 XML 数据的形式保存在数据库中。

由 RRDtool 处理数据并生成相应的图形显示,以 Web 方式直观地提供给客户端。

2. Nagios

Nagios 是一个监视系统运行状态和网络信息的监视系统,能够监视所指定的本地或远程主机及服务,同时提供异常通知功能。

它可以运行在 Linux/UNIX 平台上,同时提供一个可选的基于浏览器的 Web 界面,以方便系统管理人员查看网络状态、各种系统问题及日志等。

Nagios 可以监控的功能包括:

(1) 监控网络服务(如 SMTP、POP3、HTTP、NNTP、PING 等)。

(2) 监控主机资源(如处理器负荷、磁盘利用率等)。

(3) 简单的插件设计使得用户可以方便地扩展自己服务的检测方法。

（4）并行服务检查机制。

（5）具备定义网络分层结构的能力，采用 parent 主机定义来表达网络主机之间的关系，这种关系可被用来发现和明晰主机死机或不可达状态。

（6）当服务或主机问题产生与解决时，将告警发送给联系人（通过 E-mail、短信、用户定义方式）。

（7）定义一些处理程序，能够在服务或者主机发生故障时起到预防作用。

（8）自动的日志滚动功能。

（9）支持并实现对主机的冗余监控。

（10）可选的 Web 界面用于查看当前的网络状态、通知、故障历史、日志文件等。

（11）通过手机查看系统监控信息。

（12）指定自定义的事件处理控制器。

3. Ambari

Apache Ambari 是一个基于 Web 的工具，用于配置、管理和监视 Hadoop 集群，支持 HDFS、MapReduce、Hive、HCatalog、HBase、ZooKeeper、Oozie、Pig 和 Sqoop，同时提供了集群状况仪表盘，如 Heatmaps 和查看 MapReduce、Pig、Hive 应用程序的能力，以友好的用户界面对性能特性进行诊断。

Ambari 充分利用了已有的优秀开源软件，巧妙地将它们结合起来，在分布式环境中具有集群式服务管理能力、监控能力、展示能力。相关的开源软件包括：

（1）在 Agent 端，采用 puppet 管理节点。

（2）在 Web 端，采用 ember.js 作为前端 MVC 框架和 NodeJS 相关工具，handlebars.js 作为页面渲染引擎，在 CSS/HTML 方面使用 Bootstrap 框架。

（3）在 Server 端，采用 Jetty、Spring、JAX-RS 等。

（4）同时利用 Ganglia、Nagios 的分布式监控能力。

Ambari 采用 Server/Client 的框架模式，主要由 ambari-agent 和 ambari-server 两部分组成。Ambari 依赖其他已经成熟的工具，如 ambari-server 依赖 python，而 ambari-agent 依赖 ruby、puppet、facter 等工具，也依赖一些监控工具，如 Nagios 和 Ganglia 用于监控集群状况。其中，puppet 是分布式集群配置管理工具，也是典型的 Server/Client 模式，能够集中管理分布式集群的安装配置部署，主要语言是 ruby；facter 是使用 Python 编写的一个节点资源采集库，用于采集节点的系统信息，如操作系统信息。由于 ambari-agent 主要使用 Python 编写，因此使用 facter 可以很好地采集节点信息。

Ambari 项目目录介绍见表 3.1。

表 3.1　Ambari 项目目录介绍

目　　录	描　　述
ambari-server	Ambari 的 Server 程序，主要管理部署在每个节点上的管理监控程序
ambari-agent	部署在监控节点上运行的管理监控程序

目　　录	描　　述
Contrib	自定义第三方库
ambari-web	Ambari 页面 UI 的代码，作为用户与 ambari-server 的交互
ambari-views	用于扩展 ambari-web UI 中的框架
Docs	文档
ambari-common	ambari-server 和 ambari-agent 共用的代码

3.4.2　Apache Sentry

1. Sentry 介绍

Apache Sentry 是 Cloudera 公司发布的一个 Hadoop 开源组件，它提供了细粒度级、基于角色的授权以及多租户的管理模式。它在 Hadoop 生态中扮演着"守门人"的角色，看守着大数据平台的数据安全的访问。它以插件的形式运行于组件中，通过关系型数据库（或本地文件）来存取访问策略，对数据使用者提供细粒度的访问控制。

Sentry 仅支持基于角色的访问控制。无法直接向用户或组授予权限，需要在角色下组合权限。只能将角色授予组，而不能将角色直接授予用户。

Sentry 授权包括以下 4 种角色。

（1）资源。资源是要管理访问权限的对象，可能是 Server、Database、Table 或者 URL（如 HDFS 或本地路径）。Sentry 支持对列进行授权。

（2）权限。权限的本质是授权访问某一个资源的规则。

（3）角色。角色是一系列权限的集合。

（4）用户和组。一个组是一系列用户的集合。Sentry 的组映射是可以扩展的。默认情况下，Sentry 使用 Hadoop 的组映射（可以是操作系统组或 LDAP 中的组）。Sentry 允许将用户和组进行关联，可以将一系列用户放入一个组中。Sentry 不能直接给一个用户或组授权，需要将权限授权给角色，角色可以授权给一个组，而不是一个用户。

2. Sentry 特性

Apache Sentry 为 Hadoop 使用者提供了以下便利。

（1）能够在 Hadoop 中存储更敏感的数据。

（2）使更多的终端用户拥有 Hadoop 数据访问权。

（3）创建更多的 Hadoop 使用案例。

（4）构建多用户应用程序。

（5）符合规范（如 SOX、PCI、HIPAA、EAL3）。

在 Sentry 诞生之前，对于授权，有两种备选解决方案：粗粒度级的 HDFS 授权和咨询授权，但它们并不符合典型的规范和数据安全需求，原因如下。

（1）粗粒度级的 HDFS 授权：安全访问和授权的基本机制被 HDFS 文件模型的粒度所限制。五级授权是粗粒度的，因为没有对文件内数据的访问控制：用户要么可以访问整个文件，要么什么都看不到。另外，HDFS 权限模式不允许多个组对同一数据集有不同级别的访问权限。

（2）咨询授权：咨询授权在 Hive 中是一个很少使用的机制，旨在使用户能够自我监管，以防止意外删除或重写数据。这是一种"自服务"模式，因为用户可以为自己授予任何权限。因此，一旦恶意用户通过认证，它不能阻止其对敏感数据的访问。

通过引进 Sentry，Hadoop 目前可在以下方面满足企业和政府用户的 RBAC（Role-Based Access Control，基于角色的访问控制，将在 5.5 节具体介绍）需求。

（1）在安全授权方面，Sentry 可以控制数据访问，并对已通过认证的用户提供数据访问特权。

（2）在访问控制的粒度方面，Sentry 支持细粒度的 Hadoop 数据和元数据访问控制。Sentry 在服务器、数据库、表和视图范围内提供了不同特权级别的访问控制，包括查找、插入等，允许管理员使用视图限制对行或列的访问。管理员也可以通过 Sentry 和带选择语句的视图，根据需要在文件内屏蔽数据。

（3）Sentry 通过基于角色的授权简化了管理，能够方便地将访问同一数据集的不同特权级别授予多个组。

（4）多租户管理：Sentry 允许为委派给不同管理员的不同数据集设置权限。

（5）统一平台：Sentry 为确保数据安全，提供了一个统一平台，使用现有的 Hadoop Kerberos 实现安全认证。

3. Sentry 体系结构的组件及工作流程

1）融合层（Binding）

Binding 实现了对不同的查询引擎授权，Sentry 将自己的 hook() 函数插入各 SQL 引擎的编译、执行的不同阶段。这些 Hook() 函数起两大作用：一是起过滤器的作用，只放行具有相应数据对象访问权限的 SQL 查询；二是起授权接管的作用，使用 Sentry 之后，Grant/Revoke 管理的权限完全被 Sentry 接管，Grant/Revoke 的执行也完全在 Sentry 中实现；所有引擎的授权信息也存储在由 Sentry 设定的统一的数据库中，这样就实现了对引擎的授权的集中管理。

2）策略引擎（Policy Engine）

这是 Sentry 授权的核心组件。Policy Engine 判定从 Binding 层获取的输入的权限要求与服务提供层已保存的权限描述是否匹配。

3）策略读取（Policy Provider）

Policy Provider 负责从文件或数据库中读取原先设定的访问权限。Policy Engine 以及 Policy Provider 其实对于任何授权体系来说都是必需的，因此是公共模块，后续还可服务于别的查询引擎。

Sentry 权限管理流程如图 3.2 所示。

Apache Sentry 的目标是实现授权管理，它是一个策略引擎，被数据处理工具用来认

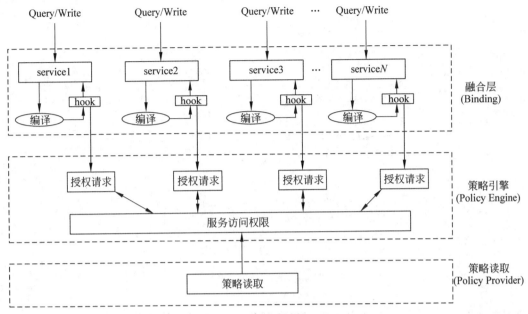

图 3.2 Sentry 权限管理流程图

证访问权限。它具有高度扩展性,可以支持任意的数据模型。例如,它支持 Apache Hive 和 Cloudera Impala 的关系数据模型,以及 Apache 中有继承关系的数据模型。

Sentry 提供定义和持久化访问资源策略的方法。目前,这些策略可以存储在文件里,也可以存储在能使用远程过程调用(Remote Procedure Call,RPC)服务访问的数据库的后端。数据访问工具,如 Hive,以一定的模式辨认用户访问数据的请求,例如从一个表读一行数据或者删除一个表。这个工具请求 Sentry 认证此次访问是否合理。Sentry 构建请求用户被允许的权限映射并判断给定的请求是否合理。请求工具根据 Sentry 的判断结果来允许或禁止用户的访问请求,这就是 Sentry 的工作流程。

3.4.3 Apache Ranger

1. Ranger 概念

Apache Ranger 提供一个集中式安全管理框架,提供统一授权和统一审计的能力。它可以对整个 Hadoop 生态中的组件(如 HDFS、YARN、Hive、HBase、Kafka、Storm 等)进行细粒度的数据访问控制。通过操作 Ranger 控制台,管理员可以轻松地通过配置策略来控制用户访问 HDFS 文件夹、HDFS 文件、数据库、表、字段权限。这些策略可以为不同的用户和组来设置,同时权限可与 Hadoop 无缝对接。

Ranger 由 Ranger Admin、Ranger UserSync、Ranger TagSync 与 Ranger Plugin 组成,架构如图 3.3 所示。

1) Ranger Admin

用户管理策略包含 3 部分:Web 页面、Rest 消息处理服务以及数据库。可以把它看

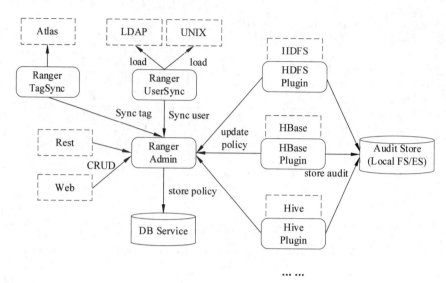

图 3.3　Ranger 的架构

成数据的集中存储中心(所有的数据都集中存在这里,但是其他组件也可单独运行存在),
具体有以下作用。

(1) 接收 UserSync 进程传过来的用户或用户组信息,并将它们保存到 MySQL 数据
库中,在配置权限策略时需要使用这些用户信息。

(2) 提供创建 policy 策略的接口。

(3) 提供外部 Rest 消息的处理接口。

2) Ranger UserSync

Ranger UserSync 用于将 UNIX 系统或 LDAP 用户或用户组同步到 Ranger Admin。

UserSync 是 Ranger 提供的一个用户信息同步接口,可以用来同步 Linux 用户信息
与 LDAP 用户信息。通过配置项 SYNC_SOURCE=LDAP/UNIX 来确认是 LDAP 还
是 UNIX,默认情况是同步 UNIX 信息。

3) Ranger TagSync

同步 Atlas 中的 Tag 信息,基于标签的权限管理,当一个用户的请求涉及多个应用系
统中的多个资源的权限时,可以通过只配置这些资源的 Tag 方便快速地授权。

4) Ranger Plugin

Ranger Plugin 是如 HDFS、Hive、HBase 等一个个大数据组件所提供的插件接口,其
工作主要是从 Ranger Admin 处拉取该组件配置的所有策略,然后缓存到本地,当有用户
请求时提供鉴权服务。

2. Ranger 权限模型

Ranger 权限模型由一条条权限策略组成。Ranger 权限策略主要由 3 方面组成,即
用户、资源、权限,如图 3.4 所示。

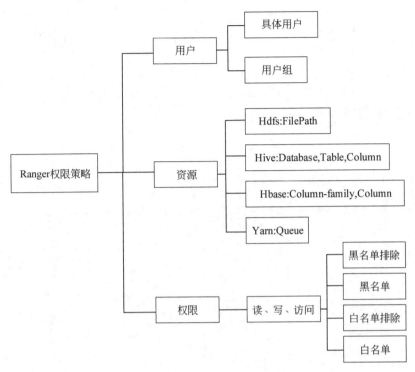

图 3.4　Ranger 权限策略的组成

用户：Ranger 可以对用户进行分组，一个用户可以属于多个分组。Ranger 支持对用户或者用户组配置某资源的相关权限。

资源：对于各个不同的组件，资源的表述都不相同。比如，在 HDFS 中，文件路径就是资源，而在 Hive 中，资源可以指 Database、Table 甚至 Column。

权限：Ranger 可以对各个资源的读、写、访问进行限制，具体可以配置白名单、白名单排除、黑名单、黑名单排除等条目。

Ranger 管理员配置好组件的相关策略后，并且将 Ranger 插件安装到具体的大数据组件中，Ranger 就开始生效了。这时用户访问 Ranger，就会进行权限的校验过程。用户访问资源权限的校验流程图如图 3.5 所示。

当用户要请求某个资源时，会先获取和这个资源有关联的所有配置的策略，之后遍历这些策略，然后根据黑、白名单判断该用户是否有权限访问该资源。从图 3.5 中可以看出，黑名单、黑名单排除、白名单、白名单排除匹配的优先级如下。

（1）黑名单的优先级高于白名单。

（2）黑名单排除的优先级高于黑名单。

（3）白名单排除的优先级高于白名单。

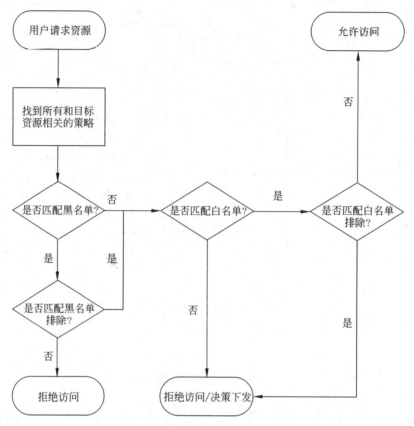

图 3.5　用户访问资源权限的校验流程图

3.5　Hadoop 的安全性分析

Hadoop 的安全问题,其中一方面是 Hadoop 本身的安全能力,另一方面是对 Hadoop 的安全性进行补充的策略。

3.5.1　Hadoop 面临的安全问题

在 1.0 版本之前,Hadoop 基本没有任何安全机制,因此面临着各方面的安全威胁,主要包括以下几方面。

(1) 如何强制所有类型的客户端(比如 Web 控制台和进程)上的用户及应用进行认证?

(2) 如何确保服务不是服务冒充的(比如 TaskTracker 和 Task,未经授权的进程向 DataNode 出示 ID 以访问数据块等)?

(3) 如何根据已有的访问控制策略和用户凭据强制数据的访问控制?

(4) 如何实现基于属性的访问控制(ABAC)或基于角色的访问控制(RBAC)?

(5) 怎么才能将 Hadoop 跟已有的企业安全服务集成到一起?

（6）如何控制谁被授权可以访问、修改和停止 MapReduce 作业？

（7）怎么才能加密传输中的数据？

（8）如何加密静态数据？

（9）如何对事件进行跟踪和审计，如何跟踪数据的出处？

（10）对于架设在网络上的 Hadoop 集群，通过网络途径保护它的最好办法是什么？

上述部分问题可通过 Hadoop 自身的能力解决，但也有很多是 Hadoop 所无能为力的。究其原因，主要是 Hadoop 最初开发时并没有考虑安全因素。

3.5.2　Hadoop 生态圈安全风险

按照 Hadoop 最初的设想，它假定集群总是处于可信的环境中，由可信用户使用的相互协作的可信计算机组成。这就导致整个 Hadoop 生态圈一度被暴露在安全的风险之下。Hadoop 生态圈的安全风险主要有 5 类。

1. 安全认证

任何用户都可以伪装成为其他合法用户，访问其在 HDFS 上的数据，获取 MapReduce 产生的结果，从而存在恶意攻击者假冒身份，篡改 HDFS 上他人的数据，提交恶意作业破坏系统、修改节点服务器的状态等隐患。由于集群缺乏对 Hadoop 服务器的认证，攻击者假冒成为 DataNode 或 TaskTracker 节点，加入集群，接受 NameNode 和 JobTracker。一旦借助代码，任何用户都可以获取 root 权限，并非法访问 HDFS 或者 MapReduce 集群，恶意提交作业、修改 JobTracker 状态、篡改 HDFS 上的数据等。

2. 权限控制

用户得知数据块的 Block ID 后，可以不经过 NameNode 的身份认证和服务授权，直接访问相应的 DataNode，读取 DataNode 节点上的数据或者将文件写入 DataNode 节点，并可以随意启动假的 DataNode 和 TaskTracker。对于 JobTracker，用户可以任意修改或者关闭其他用户的作业，提高自身作业的优先级，JabTracker 对此不作任何控制。其中，无论是粗粒度的文件访问控制，还是细粒度地使用 ACL 进行访问控制，都会或多或少抢占 Hadoop 集群内部的资源。可从外部在行为上进行额外的权限控制，尤其支持有 Hive 的 Hadoop 环境。只需要判别 Hive SQL 语句的对象和当前用户的 Key 是否匹配，就可以通过通信阻断等方式达到权限控制的目的。

3. 关键行为审计

默认情况下，Hadoop 缺乏审计机制，但可以通过 Hadoop 系产品添加日志监控来完成一部分审计功能。通常通过日志的记录来判断整个流程中是否存在问题。这种日志的记录缺乏特征的判断和自动提示功能。完全可以利用进行改进后的审计产品来进行审计，只审计客户端的行为即可追查到恶意操作或误操作行为。

4. 静态加密

默认情况下，Hadoop 对集群 HDFS 系统上的文件没有存储保护，所有数据均是明文存储在 HDFS 中，超级管理员可以不经过用户允许直接查看和修改用户在云端保存的文件，这就很容易造成数据泄露。采用静态加密的方式，对核心敏感数据进行加密处理，使得数据密文存储，可防止泄露风险。具体细节可见本书 6.1 节及 6.3 节相关内容。

5. 动态加密

默认情况下，Hadoop 集群各节点之间，客户端与服务器之间数据明文传输，使得用户隐私数据、系统敏感信息极易在传输的过程被窃取。解决动态加密一般会提供一个附加的安全层。对于动态数据而言，即传输到或从 Hadoop 生态系统传送出来的数据，利用简单认证与安全层（SASL）认证框架进行加密，通过添加一个安全层的方式，保证客户端和服务器传输数据的安全性，确保在中途不会被读。具体细节可见本书 6.2 节及 6.4 节相关内容。

3.5.3　Hadoop 安全应对

当 Hadoop 不具备用户所要求的安全能力，那么它只能转而集成第三方工具，或使用某个厂商提供的安全加强版 Hadoop，或采用其他有创造性的办法。随着 Hadoop 在云上的广泛运用，很多公司都对 Hadoop 提出了安全应对方案，行业内也涌现出很多 Hadoop 安全补充工具，如 Yahoo 提出的 Kerberos 体系解决安全认证问题、ACL 解决访问控制问题。厂商发布安全产品来弥补 Hadoop 的不足，主要基于以下考虑。

（1）没有"静态数据"加密。目前 HDFS 上的静态数据没有加密。那些对 Hadoop 集群中的数据加密有严格安全要求的组织，被迫使用第三方工具实现 HDFS 硬盘层面的加密，或安全性经过加强的 Hadoop 版本。

（2）以 Kerberos 为中心的方式——Hadoop 依靠 Kerberos 做认证。对于采用了其他方式的组织而言，这意味着要单独搭建一套认证系统。

（3）有限的授权能力——尽管 Hadoop 能基于用户及群组许可和访问控制列表（ACL）进行授权，但对于有些组织来说，这样是不够的。很多组织基于 XACML 和基于属性的访问控制使用灵活动态的访问控制策略。尽管肯定可以用 Accumulo 执行这些层面的授权过滤器，但 Hadoop 的授权凭证作用是有限的。

（4）安全模型和配置的复杂性。Hadoop 的认证有几个相关的数据流，用于应用程序和 Hadoop 服务的 Kerberos RPC 认证，用于 Web 控制台的 Http Spnego 认证，以及使用代理令牌、块令牌、作业令牌。对于网络加密，也必须配置 3 种加密机制，用于 SASL 机制的保护质量，用于 Web 控制台的 SSL，HDFS 数据传输加密。所有这些设置都要分别进行配置，并且很容易出错。

总的来说，针对 Hadoop 存在的潜在风险，其自身也在逐步完善中，主要表现在：

（1）HDFS 的命令行不变，但在 Web UI 中添加权限管理。

（2）MapReduce 添加 ACL，包括：管理员可在配置文件中配置允许访问的 user 和 group 列表；用户提交作业时，可知道哪些用户或者用户组可以查看作业状态，使用参数 mapreduce.job.acl-view-job；用户提交作业时，可知道哪些用户或者用户组可以修改或者关闭 Job，使用参数 mapreduce.job.acl-modify-job。

（3）MapReduce 系统目录（即 mapred.system.dir，用户在客户端提交作业时，JobClient 会将作业的 job.jar、job.xml 和 job.split 等信息复制到该目录下）访问权限改为 700。

（4）所有 Task 以作业拥有者身份运行，而不是启动 TaskTracker 的那个角色。

（5）Task 对应的临时目录访问权限改为 700。

（6）DistributedCache 是安全的。DistributedCache 分为两种：shared 可以被所有作业共享；private 只能被该用户的作业共享。

3.6　Hadoop 安全技术架构

基于前面对 Hadoop 安全性的分析，要想实现安全的 Hadoop，可以从以下 8 方面予以考虑。

（1）认证。提供单点的登录，通过这种方式实现用户身份的认证。

（2）授权。要能够确定用户访问权限，比如对数据集的访问、服务请求等。

（3）访问控制。要有一个基于细粒度和角色的访问控制机制。

（4）数据加密。包括数据处理过程中对中间数据的处理，以及在数据传输和数据存储过程中的处理，都需要引入数据加密的技术。

（5）网络安全。是否有一个有效的隔离措施，以及对业务行为的安全控制是否有保障。

（6）系统安全。Hadoop 大部分基于 Linux 操作系统，要有对底层操作系统漏洞的防护。

（7）基础架构安全。物理层面的安全以及基于安全架构逐步完善的安全措施。

（8）审计监控。是否能够对所有的用户行为和授权行为等进行有效监控，并基于这些来识别潜在的危险行为。

3.6.1　Hadoop 认证授权

Hadoop 使用的是 HDFS 分布式存储文件系统。当用户登录到 DataNode 访问数据时，用户的权限可以访问到 DataNode 目录下的所有数据块。这实际上是一个安全风险，因为 Hadoop 没有对用户、用户组和服务进行有效的认证，当执行 Hadoop 命令时只是单单通过 whoami 确定用户身份，这个过程中黑客可以编写 whoami 脚本模拟超级用户。

提高 Hadoop 的安全要从两个层面着手：一是用户层次访问控制；二是服务层次访问控制。其中，用户层次访问控制要有对用户和用户组的认证机制，具体包括：

（1）Hadoop 用户只能访问授权的数据。

（2）只有认证的用户可以向 Hadoop 集群提交作业。

（3）用户可以查看、修改和终止他们的作业。

（4）只有认证的服务可以注册为 DataNode 或 TaskTracker。

（5）DataNode 中数据块的访问需要保证安全，只有认证用户才能访问 Hadoop 集群中存储的数据。

服务层次访问控制，即服务之间的互相认证，具体包括：

（1）可扩展的认证，Hadoop 集群包括大量的节点，认证模型需要能够支持大规模的网络认证。

（2）伪装，Hadoop 可以识别伪装用户，保证正确的用户作业隔离。

（3）自我服务，Hadoop 作业可能执行很长时间，要确保这些作业可以自我进行委托用户认证，保证作业完整执行。

（4）安全的 IPC，Hadoop 服务要可以相互认证，保证它们之间安全通信。

Kerberos 是 Hadoop 的安全基础，未来 Hadoop 的所有安全措施都要基于 Kerberos 认证原理才能实现。Kerberos 是网络的认证协议，可以实现在网络中不传输密码就能完成身份认证，其原理在于通过对称加密算法生成时间敏感的授权票据。Kerberos 具体的认证过程见本书 4.3.1 节相关内容。

3.6.2 Hadoop 网络访问安全

关注安全的企业往往都有一套统一身份认证管理机制，用来管理企业内部的终端、网络设备、上网行为等。Kerberos 则实现了 Hadoop 内部的身份认证管理。Kerberos 如何和企业统一身份认证管理进行有效结合是实现企业网络生态安全的第一步。

向 Hadoop 请求的客户端用户需要在 EIM（统一身份认证管理）系统中注册身份，再由 EIM 向终端用户发放 Kerberos 授权票据，这时客户端会使用该票据向 Hadoop 请求。整个过程中 EIM 系统需要和 Hadoop 的本地 KDC 进行数据同步，建立跨域信任。

如图 3.6 所示，目前主流的 Hadoop 网络安全措施是通过防火墙将客户端和 Hadoop 集群进行逻辑隔离的。防火墙作为网络层面的控制，对恶意端口、无用协议进行有效过滤，之后部署有很多 Hadoop 生态组件工具的网关服务器，客户端用户通过统一登录网关服务器对 Hadoop 集群进行维护以及提交作业。这样就初步实现了网络层的访问控制、用户的认证授权，以及行为的访问控制过滤。

随着 Hadoop 的发展，如图 3.7 所示，它又在网关层上引入了开源项目 HUE，基本的架构和前面类似，只不过多了 HUE 的相关功能。HUE 可以与 EIM 系统的身份认证结合，支持 LDAP 同步用户和用户组信息，采用 HttpFS 代理，通过 SPANWFO-Base 认证协议访问 SSL 加密，实现了细粒度的用户访问控制。

随后，Hadoop 又有了 Knox 网关集群，如图 3.8 所示，它结合了 HUE 和传统的优势，内部还是以网关的形式做代理，实现了防火墙的功能对端口和协议进行过滤，同时对用户进行细粒度的访问控制，不仅如此，它还实现了单点登录。

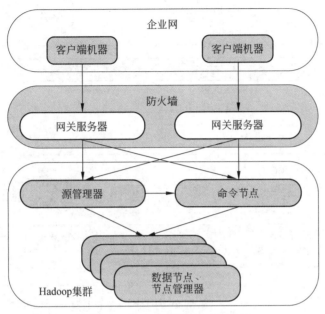

图 3.6　Hadoop 网络访问安全措施

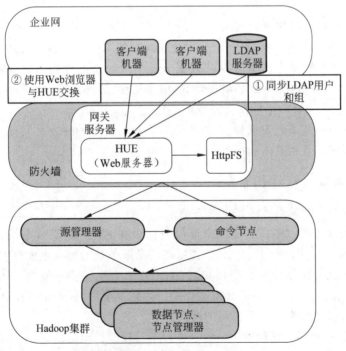

图 3.7　结合 HUE 的 Hadoop 网络访问

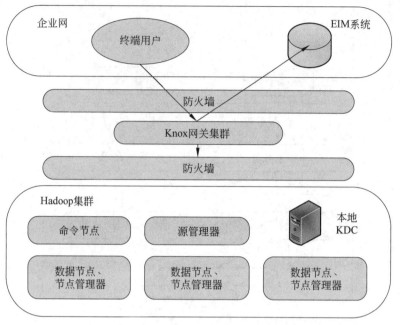

图 3.8　结合 Knox 的 Hadoop 网络访问

3.6.3　Hadoop 数据安全

目前,对于传输数据加密,Hadoop 采用 SASL 框架,它可以实现客户端向服务端请求过程中的数据加密。SASL 分为 SSL 和 Hadoop 的 RPC 协议,SSL 用于 Web 层面的数据通道加密,客户端向命名节点以及数据节点请求时走的则是 RPC 协议或者是基于TCP 的 HTTP。这种情况下就必须封装 SASL 安全框架进行整体加密,同时 SASL 还支持 JDBC 保护,与第三方数据库交互时也能加密。

Hadoop 的静态及动态数据加密,将作为数据加密技术的一部分写于本书第 6 章,详见本书 6.1 节及 6.2 节相关内容。

3.6.4　Hadoop 安全审计和监控

Hadoop 安全监控重点关注以下 8 方面。

(1) 用户登录和授权事件。当用户或服务标识在 KDC 或 EIM 系统进行认证时,会生成用户登录事件。用户向 Hadoop 进程每次请求服务票据都会生成日志。

(2) HDFS 文件操作错误。当用户访问 HDFS,命名节点会认证用户的访问权限。当存在越权访问时,会在 Hadoop 日志文件中产生错误事件,Hive 或 Pig 作业遇到任何访问 HDFS 权限问题时,都会产生相同的错误。

(3) RPC 授权错误。任何对 Hadoop 进程未授权的访问请求,异常会记录到 Hadoop安全日志文件中。监控这些异常可以识别未授权访问。

(4) RPC 认证错误。Hadoop RPC 使用 Java SASL APIS 进行认证。这个交互过程可以设置质量保护,确保客户端可以安全地联机 Hadoop 服务,任何中间人攻击导致的认证失效都可以被记录下来。

（5）HDFS 敏感文件下载。Hadoop 支持记录每一个文件系统操作到 HDFS 审计日志文件。该审计文件可以识别哪些用户访问或下载了敏感文件。

（6）MapReduce 作业事件。Hadoop 支持在日志中记录所有 MapReduce 作业提交和执行事件。审计日志会记录作业的提交、启动、查看和修改行为。因此，该审计文件可以用来识别哪个用户访问和运行了集群上的作业。

（7）Oozie、HUE 和 WebHDFS 的访问。用户访问 Oozie 并进行工作流提交都会记录到 Oozie 的审计日志。所有用户与 Oozie 的交互也会记录到日志，可以用来跟踪执行特定工作流的用户信息。

（8）其他异常。除了用户认证和授权产生的异常，记录 Hadoop 中任何其他类型的异常也很有用。这些异常提供潜在信息发现系统的脆弱性，也可以识别潜在的安全事故。

目前，针对 Hadoop 的安全监控和审计系统，已有相应的开源组件——OSSEC，它是一个基于主机入侵检测系统的开源项目，支持收集 Hadoop 集群中的各种日志和事件。其原理是通过在各个组件内部署日志代理，收集各组件的日志，然后统一汇总到管理端，之后由管理端统一展示，最后通过制定的安全规则做筛查和告警。

图 3.9 是 Hadoop 常见的安全架构：首先是基础设施安全，包括物理安全和 Kerberos。操作系统层面采用主机加护的方式，通过白名单的机制对系统的服务、进程、端口、软件等进行控制，从而抵御非法攻击。应用安全是通过 HUE 在网关之上提供的一些用户细粒度的访问控制。网络边界安全是利用堡垒机和防火墙的技术实现了网络和应用的控制。数据加密一方面使用 SASL 框架实现通道加密；另一方面使用压缩文件的能力对数据块直接加密。

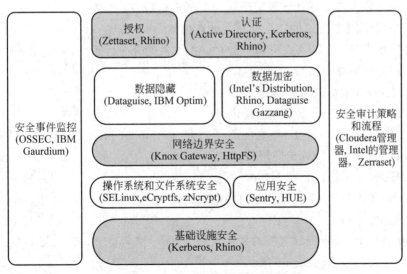

图 3.9　Hadoop 常见的安全架构

3.7 本章小结

Hadoop 是常用的大数据处理平台,其安全性对业务数据处理尤为重要。为了保障 Hadoop 的安全性,Apache 专门于 2009 年为其增加了 Simple 与 Kerberos 机制。Hadoop 的安全性与其组件的安全机制息息相关,RPC、HDFS、MapReduce 均是 Hadoop 的重要组件,采用了加密、认证授权等技术保障其安全性。为保障 Hadoop 生态环境安全,除 Hadoop 自身的安全配置之外,也可以借助外部安全工具,如 Ganglia、Nagios 等安全工具与 Sentry、Ranger 等认证授权工具,进一步保障 Hadoop 的安全性。考虑到整个 Hadoop 生态的安全性,除了认证之外,还需从授权、访问控制、数据加密、网络安全、安全审计和监控等方面统筹考虑。

本章重点介绍 Hadoop 平台的安全机制,首先从基本与总体两方面介绍 Hadoop 的安全机制,然后从组件安全、技术工具等方面进行分析,最后重点从 Hadoop 的安全性分析与安全技术架构的角度进行介绍。

习 题

一、单选题

1. 以下不是 Hadoop 特点的是( )。
   A. 高可靠性　　　　B. 高安全性　　　　　C. 高可扩展性　　　D. 高成本

2. 下面关于 Hadoop 的描述错误的是( )。
   A. 用于在大量高性能计算机组成的集群上运行应用程序
   B. Apache 开源组织的一个分布式计算框架
   C. 旨在构建一个具有高可靠性和良好扩展性的分布式系统,为应用程序提供了一组稳定可靠的接口
   D. Hadoop 主要采用 Simple 安全机制

3. 下面负责 HDFS 数据存储的程序是( )。
   A. NameNode　　　B. DataNode　　　　C. JobTracker　　　D. TaskTracker

4. HBase 依靠( )存储底层数据。
   A. HDFS　　　　　B. Hadoop　　　　　C. Memory　　　　D. MapReduce

5. HBase 依靠( )提供强大的计算能力。
   A. ZooKeeper　　　B. RPC　　　　　　C. Chubby　　　　D. MapReduce

6. 用户访问 Ranger 资源权限的校验过程中,关于黑名单、白名单、黑名单排除、白名单排除的优先级,下列描述错误的是( )。
   A. 黑名单的优先级高于白名单
   B. 白名单的优先级高于黑名单
   C. 黑名单排除的优先级高于黑名单

D. 白名单排除的优先级高于白名单

二、填空题

1. Hadoop 集群是 Master/Slave(主/从)结构,Master 包括_____和 JobTracker,Slave 包括_____和 TaskTracker。

2. Apache Hadoop 1.0.0 和 Cloudera CDH3 之后的版本添加了安全机制。Hadoop 提供了两种安全机制:_____和_____。

3. 在身份认证方面,在 Hadoop 集群内部,一般使用基于_____的身份认证机制。

4. HDFS 是 Hadoop 中的核心组件之一,其安全机制工作时,当 Client 获取 NameNode 初始访问认证(使用 Kerberos)后,会获取一个_____,同时作为接下来访问 HDFS 或者提交作业的凭证。

5. Sentry 授权的角色包括_____、_____、_____和_____。

6. Sentry 体系的重要组件包括_____、_____和_____。

7. Ranger 的权限策略包括_____、_____和_____。

三、简答题

1. Hadoop 的安全机制是怎样的?

2. 现有的 Hadoop 安全存在哪些问题?

3. Hadoop 的安全架构包括哪些方面?

4. Sentry 为 Hadoop 使用者提供了哪些便利?

5. 简述用户访问 Ranger 资源权限的校验过程。

身份认证技术

本章学习目标

- 掌握身份认证的概念和现状
- 掌握身份认证的关键技术
- 了解常见的身份认证类型
- 了解 Kerberos 认证体系结构
- 了解 Kerberos 认证的常用操作

随着云计算、大数据服务的广泛使用,越来越多的业务系统被部署在云端。用户在交互使用这些业务系统的过程中也产生了许多安全问题,如账号劫持等现象屡见不鲜。

安全的身份认证机制是保证大数据平台安全的基础。

本章首先介绍身份认证技术的发展现状,然后介绍常见的身份认证机制,如口令认证、消息认证、基于生物特征的认证、多因子认证等,并对 Kerberos 认证的体系结构、认证方案和常用操作进行详细介绍。

4.1 概　　述

身份认证技术是当前信息系统最重要的应用技术之一,作为信息安全领域的一种重要手段,能保护信息系统中的数据、服务不被未授权的用户所访问。

身份认证技术是在计算机网络中为确认操作者身份而产生的有效解决方案。计算机网络世界中的一切信息(包括用户的身份信息)都是用一组特定的数据来表示,计算机只能识别用户的数字身份,所有对用户的授权也是针对用户数字身份的授权。如何保证以数字身份进行操作的操作者就是这个数字身份合法拥有者,也就是说,保证操作者的物理身份与数字身份相对应,正是身份认证技术需解决的问题。作为防护网络资产的第一道关口,身份认证有着举足轻重的作用。

通俗地讲,身份认证的目的是使通信双方建立信任关系,从而保证后续的各项活动正常进行。身份认证可分为用户与主机间的认证、主机与主机之间的认证。

身份认证的目的是确保通信实体就是它所声称的那个实体。

身份认证的作用包括:认证用户,对抗假冒;依据身份,实施控制;明确责任,便于审计等。

常见的身份认证方式包括基于口令的身份认证、基于消息的身份认证、基于生物特征的身份认证等。

身份认证的分类：根据认证条件的数量可以分为单因子认证、双因子认证、多因子认证；依据认证条件的状态分为静态认证、动态认证。

接下来介绍几类常用的身份认证机制。

4.2 身份认证技术介绍

认证是认证用户的身份来决定访问特定服务的级别的过程。认证的方法主要取决于网络限制的强度以及用户访问的方便程度。认证需要以下选项(或者组合选项)来证明用户的身份。

(1) 用户知道的东西,通常为用户名和口令的组合。

(2) 用户拥有的东西,如智能卡密钥、安全令牌、软件部分中定期变化的计算值等。

(3) 用户具有的特征,如指纹、声纹、视网膜、DNA、笔迹等。

4.2.1 口令认证

基于口令的认证方式是目前最常用也是最方便的一种认证方式,只要拥有一个名称和口令,用户便可以从任何地方进行连接,而不需要额外的硬件、软件或知识。几乎所有需要对数据加以保密的系统中都引入了口令认证机制。

用户登录系统时,按照系统要求输入用户名和口令,登录程序利用用户名查找用户注册表或者口令文件,然后比较用户输入的口令与注册表或者口令文件中用户名对应的口令。如果一致,表示用户通过认证,可以正常访问系统中相关的资源。

1. 如何设置安全的口令

口令通常由字母、数字和特殊字符混合组成,可以由用户自行组合,也可以由系统随机生成。用户自行组合的口令容易记忆,如果组合不恰当,容易被攻击者破解。系统生成的口令不容易记忆,但是相对不容易被猜测破解。为了防止攻击者猜测口令,口令的设置应该满足如下要求。

1) 口令长度适中

太短的口令容易被攻击者猜中。例如,一个由 4 位十进制数组成的口令的搜索空间为 10000,用专门的穷举算法平均只需要 5000 次就可以猜中。假设每一次口令猜测的时间为 0.1ms,则平均猜中一个口令只需要 0.5s。若使用一个 7 位 ASCII 码组成的口令,其搜索空间为 $95^7 \approx 7 \times 10^{13}$,则平均猜中一个口令需要几十年。

2) 屏幕不显示口令

用户在输入口令时,屏幕不显示口令以防止被人窥视,常见的做法是显示"＊"来代替或者什么都不显示。

3) 日志记录功能

日志可以记录所有用户登录进入系统和退出系统的时间,也可以记录攻击者非法猜测口令的行为,以便及时提醒管理员有人对系统发动攻击。

4)有限的尝试次数

只允许用户输入有限次的错误口令,如果输入错误口令的次数超过允许次数,则系统自动断开用户所在终端的连接,这样可以增加攻击者猜中口令的难度。

5)安全性的存储机制

口令的安全存储至关重要,存储不当会导致致命后果。通常,口令存储有两种方式:一种是明文存储,风险很大,一旦攻击者得到存储口令的数据库,则会获取所有人的口令;另一种是哈希函数存储,文件中存储的是口令的哈希值,而非口令的明文,即使攻击者获取了文件,也很难通过哈希值计算出原始口令,这种方式安全性较高。

2. 静态口令认证技术

用户使用固定口令的认证方式称为静态口令认证,其方式为"用户名+静态口令"。静态口令认证通常分为两个阶段:一是身份识别阶段,确认认证对象是谁;二是身份认证阶段,获取身份信息进行认证。

静态口令认证使用简单,方便记忆,但是不适合在安全性要求较高的场合使用,主要原因是以下4点。

1)口令生成不安全

用户通常选择如电话号码、生日、学号、社交账号等简单的便于记忆的口令,安全性不高,容易遭受字典攻击。

2)口令使用不安全

用户在使用静态口令时会存在一系列不安全的行为:为了防止忘记口令,把口令记录在笔记本或者便签纸上;多个不同安全等级的系统使用相同的口令,当安全等级低的系统被攻破时,破解的口令被用来攻击安全等级高的系统;伪造服务器攻击;系统内部人员通过合法授权取得用户口令进行非法使用等。

3)口令传输不安全

用户输入口令后,口令在被传送给系统或者认证服务器过程中存在安全风险。如Telnet、FTP、HTTP等通信协议使用明文传输,攻击者使用协议分析器就能查看认证信息,从而分析出用户口令;部分邮箱系统的口令使用明文进行传输,容易被攻击者截取;攻击者使用重放攻击,在新的登录请求中将截获的信息(即使被加密)提交给系统,从而冒充用户登录。

4)口令存储不安全

在用户端,攻击者可以使用恶意软件窃取用户以明文形式输入的口令;在系统端,攻击者可利用系统的漏洞窃取以文件形式存储在系统上的口令。

静态口令认证虽然具有使用简单、方便、实现成本低等优势,但在口令强度、口令传输、口令认证、口令存储等许多方面都存在严重的安全风险。

3. 动态口令技术

动态口令(One-Time Password,OTP),又称一次性密码、动态密码、动态令牌,有效期为只有一次登录会话或交易,是根据专门算法,引入不确定因素产生随机变化的口令,使得每次登录都使用不同的口令,以提升登录过程的安全性。

动态口令技术是一种非常方便的增强静态口令认证的强认证技术,也是一种重要的双因素认证技术。动态口令认证技术包括客户端用于生成口令产生器的动态令牌(通常是一个硬件设备)和用于管理令牌及口令认证的后台动态口令认证系统。

动态口令的基本认证原理是:在认证双方共享密钥,也称种子密钥,并使用同一个种子密钥对某一个事件计数、时间值或异步挑战数进行加密计算,然后比较计算值是否一致来进行认证。其中使用的加密算法有对称加密算法、HASH、HMAC 等。

当前,国际上的动态口令有两大主流算法:一个是 RSA SecureID;另一个是 OATH 组织的 OTP 算法。前者使用 AES 对称加密算法,后者使用 HMAC 算法。我国使用的是国密 SM1(对称)和 SM3(HASH)算法。

动态令牌从技术方面来分有 3 种形式:时间同步、事件同步、挑战/应答。

1)时间同步

时间同步的原理是基于动态令牌和动态口令认证服务器的时间比对。基于时间同步的令牌,一般每 60s 产生一个新口令,要求服务器能够十分精确地保持正确的时钟,同时对其令牌的晶振频率有严格的要求,这种技术对应的终端是硬件令牌。

2)事件同步

基于事件同步的令牌,其原理是将某一特定的事件次序及相同的种子值作为输入,通过 Hash 算法运算出一致的密码。

3)挑战/应答

挑战/应答常用于网上业务,在网站/应答上输入服务端下发的挑战码,动态令牌输入该挑战码,通过内置的算法生成一个 6/8 位的随机数字,口令一次有效,这种技术应用最为普遍,包括刮刮卡、短信密码等。

目前,主流的动态令牌技术是时间同步和挑战/应答两种形式。

当前,基于以上 3 类动态令牌技术,在实践过程中常用的动态认证方案有以下 5 类。

(1)短信密码,通常也叫短信认证码,是由认证服务生成 6 位随机动态密码,并以短信的方式发送到用户的手机上,用户使用此动态认证码进行身份认证。

(2)硬件令牌,基于时间同步的硬件令牌应用广泛,它 30～60s 变换一次动态口令,无须与服务器通信。

(3)手机令牌,同硬件令牌类似,只是使用手机 App 来生成和显示动态密码。

(4)基于推送的身份认证令牌,一种源自手机令牌和短信认证码的认证令牌,运用安全推送技术进行身份认证。与短信不同,推送消息不含 OTP,而是包含只能被用户手机上特定 App 打开的加密信息。

(5)基于二维码的身份认证令牌,基于二维码的身份认证则可以离线工作,通过二维码本身来提供上下文信息。用户以手机认证 App 扫描屏幕上的二维码,然后输入该 App 根据密钥、时间和上下文信息产生的 OTP。

相对于静态密码,动态口令最重要的优点是不容易受到重放攻击(Reply Attack)。这意味着,管理记录已用于登录到服务或进行交易的动态口令的潜在入侵者将无法滥用它,因为它将不再有效。第二个主要优点是,使用多个系统相同(或类似)密码的用户,如果其中一个密码被攻击者获得,其他所有系统都容易变得脆弱。许多动态口令系统旨在确保会话不能轻易被截获或前一个会话期间没有产生不可预测数据的知识模拟,从而进一步减少攻击面。

4.2.2 消息认证

消息认证(Message Authentication)就是认证消息的完整性,当接收方收到发送方的报文(如发送者、报文的内容、发送时间、序列等)时,接收方能够认证收到的报文是真实的和未被篡改的。它包含两层含义:一是认证信息的发送者是真正的,而不是冒充的,即数据起源认证(身份认证);二是认证信息在传送过程中未被篡改、重放或延迟等(消息完整性认证)。

在实际的网络传输中,存在许多不需要加密的报文,如网络中心发给所有用户的警告信息、通知信息等。如何让报文接收者认证未加密的报文正是消息认证的目的。常见的认证方案介绍如下。

1. 基于 MAC 的消息认证技术

MAC(Message Authentication Code,消息认证码)是一种实现消息认证的方案,其实现形式如下。

$$MAC = C_K(M)$$

这里,M 是变长的消息;K 是仅由收发双方共享的密钥;$C_K(M)$ 是定长的认证码。假设 A 是发送方,B 是接收方,两者共享密钥 K。当 A 要向 B 发送消息 M,确信已知消息正确时,则计算 MAC,然后将 MAC 附加到消息的后面发送给 B;B 使用同样的密钥 K,对收到的 M 执行相同的计算并得到 MAC;如果接收到的 MAC 和 B 计算出来的 MAC 相等,那么可以确信如下 3 种情形。

(1) B 确信消息未被篡改过。

(2) B 确信消息来自发送者 A。

(3) 如果消息包含序列号,那么 B 可以确信该序列号的正确性。

当前,有很多用于产生消息认证码的算法,分组密码算法 DES 就是常用的一种,即运用 DES 加密后的密文的若干位(如 16 位或 32 位)作为消息认证码。这种算法定义为以密文分组链接为操作方式,用 0 作为初始化向量的 DES。被认证的数据被分为连续的 64 位分组:$D_1, D_2, \cdots, D_n$。如果有必要,用 0 填充最后分组的右边,形成满 64 位的分组,算法过程如下。

$$O_1 = E_K(D_1)$$
$$O_2 = E_K(D_2 \oplus O_1)$$
$$\vdots$$
$$O_n = E_K(D_n \oplus O_{n-1})$$

最终结果的若干位作为消息认证码。MAC 类似于加密,但与加密的区别在于,MAC 函数是单向函数,是不可逆的。

消息认证码的应用场景广泛,这里介绍几种采纳消息认证码的情形,具体如下。

(1) 将相同的消息对较多数量的终端进行广播。例如,告知用户网络不通等,这里只用一个源点负责消息的真实性,可靠又经济。如果这样,则消息必须以明文及对应的消息认证码的形式向终端广播,负责认证的系统拥有相应的密钥,并执行认证操作。如果认证错误,其他终端将收到一个一般的告警。

(2) 发送方与接收方中,其中一方负担很大,比如突然有繁重的任务,无法承担对所有的消息进行解密工作,仅进行有选择的认证,对消息进行随机检查。

(3) 某些情况下,一些应用更关心消息的真实性,而非保密性,如 SNMP(简单网络管理协议)版本 3,它将认证函数与保密函数分离。对于这种应用,认证收到的 SNMP 消息的真实性通常比保密性更加重要。

(4) 用户期望在超过接收时间后继续延长保护期限,同时允许处理消息的内容。当消息被解密后,加密保护作用就失效了,因此消息仅能在传输过程中防止欺诈性的篡改,在目标系统中却很难办到。

上述情况也是选择采用独立的消息认证码,而不直接采用对称加密进行认证的原因之一,即使对称加密,也能提供身份认证解决方案。

2. 基于 Hash 函数的消息认证技术

Hash 值(哈希值,也称消息摘要)是消息中所产生的函数值,并有差错检测能力。消息中的任何一位或者若干位发生改变,都将导致哈希值发生改变。哈希值的概念、性质及应用场景等内容详见本书 2.4.2 节。

不同的哈希值可以提供几种不同的消息认证方式,列举如下。

(1) 使用对称加密技术对附加哈希值的消息进行加密。其原理是:因为只有 A 和 B 共享密钥 K,因此消息 M 必定来自 A 且未被篡改。消息摘要提供认证所需要的结构或冗余。因为对包括消息和哈希值的整体进行了加密,因此还提供了保密功能。

(2) 使用对称加密技术仅对哈希值进行加密。这是针对消息无须保密的情形,可以减少由加密而增加的处理负担。由哈希值与加密结果合并成的一个整体函数实际上就是一个消息认证码。

(3) 使用公钥加密技术和发送方的私钥仅对哈希值进行加密。这种方案既能提供认证,又能提供数字签名,因为只有发送方能够生成加密的哈希认证码。

(4) 同时提供保密性和数字签名。可使用一个对称加密密钥对消息和已使用公钥加密的哈希认证码一起进行加密。

(5) 通信各方共享一个公共的秘密值 S 的哈希值。该方法使用哈希值,但不对其加密。假定通信各方共享一个公共秘密值 S,用户 A 对串接的消息 M 和 S 计算出哈希值,并将得到的哈希值附加在消息 M 后。因为秘密值 S 本身并不被发送,攻击者无法更改中途截获的消息,也就无法产生假消息,此方法只提供认证。

(6) 通过对包含消息和哈希值的整体进行加密,就能在方案(5)的基础上增加保密功能。当无须保密时,方案(2)和方案(3)在降低计算量上相对于那些需要对整个消息进行加密的方案有优势。目前,无须加密的方案(5)越来越引起重视。

3. 消息认证中常见的攻击和对策

(1) 重放攻击: 截获以前协议执行时传输的信息,然后在某个时候再次使用。对付这种攻击的一种措施是在认证消息中包含一个非重复值,如序列号、时间戳、随机数或嵌入目标身份的标志符等。

(2) 冒充攻击: 攻击者冒充合法用户发布虚假消息。为避免这种攻击,可采用身份认证技术。

(3) 重组攻击: 把以前协议执行时一次或多次传输的信息重新组合进行攻击。为了避免这类攻击,把协议运行中的所有消息都连接在一起。

(4) 篡改攻击: 修改、删除、添加或替换真实的消息。为避免这种攻击,可采用 MAC 或哈希函数等技术。

4.2.3 基于生物特征的认证

所谓生物特征识别技术,是指通过计算机与光学、声学、生物传感器和生物统计学原理等高科技手段密切结合,利用人体固有的生理特性(如指纹、掌纹、人脸、虹膜、DNA 等)或行为特征(如笔迹、声音、步态、击键习惯等)来进行个人身份鉴定的技术。

人体有很多生物特征,但并不是每一种生物特征都适合用于身份认证。通常来说,能够适合用于身份认证的人体生物特征必须满足以下 7 个基本条件,见表 4.1。

表 4.1　生物特征适合用于身份认证的基本条件

基 本 条 件	描　　　述
普遍性	每个人都具有该特征
唯一性	对于每个人来说,该特征都不相同,任何两个人都可以用该特征区分开
永久性	该特征具备足够的稳定性
可采集性	能够较为方便地对该特征进行采集、量化
可接受性	用户可以普遍接受基于该特征的认证系统
性能要求	该特征可以获得足够的识别精度,且对资源、环境的要求比较合理
安全性	指该特征不容易被复制、伪造、模仿等,具备较高的安全性

由于人体特征具有人体所固有的不可复制的独一性,因此这一生物密钥无法复制、失窃或被遗忘。利用生物识别技术进行身份认定,安全、可靠、准确。常见的口令、IC 卡、条纹码、磁卡或钥匙则存在着丢失、遗忘、复制及被盗用等诸多不利因素。而采用生物特征进行认证具有独特的优势,如针对抵赖的遏制和能够识别某人在不同的名称下是否具有多张身份证件。因此,集成了生物特征识别的应用系统具有更高级别的安全等级。当前,基于生物特征的认证应用比较广泛。

指纹识别(Fingerprint Identification)技术已经成为智能手机必备的基本功能。Synaptics 凭借其 Natural ID 电容式指纹解决方案在该领域处于领先地位。这一方案将安全生物识别技术和高级加密技术结合到一系列指纹识别传感器中,使计算机、汽车、移动终端等应用能够具有最高级别的安全性,在使用时简单方便,并具有成本效益。

人脸识别(Face Recognition)技术能够在图像中快速检测人脸、分析人脸关键点信息、获取人脸属性、实现人脸的精确比对和检索的技术。该服务可应用于身份认证、电子考勤、客流分析等场景。

声纹识别(Voiceprint Recognition)技术是一项提取说话人声音特征和说话内容信息,自动核验说话人身份的技术。与其他生物特征识别相比,声纹识别具有不会遗失和忘记、不需要记忆、使用方便等特点。

虹膜识别(Iris Recognition)技术是基于眼睛中的虹膜进行身份识别,常应用于安防设备(如门禁等),以及有高度保密需求的场所。在包括指纹在内的所有生物识别技术中,虹膜识别是当前应用最为方便和精确的一种。

步态识别(Gait Recognition)技术是一种新兴的生物特征识别技术,旨在通过人们走路的姿态进行身份识别,与其他的生物识别技术相比,步态识别具有非接触远距离和不容易伪装的优点。在智能视频监控领域,步态识别比图像识别更具优势。

在移动支付领域(如支付宝、微信钱包、百度钱包等),基于指纹、声纹和人脸识别技术相结合的认证应用不仅可以提升用户账号的安全性,还可以改善用户业务体验,避免输入复杂、难以记忆的个人密码,目前已经开始取代传统的密码认证。

基于生物特征的认证在各类业务平台、应用系统、智能终端中涌现的同时,其安全问题也逐渐暴露,针对此类技术的安全攻击持续不断。这些攻击手法层出不穷,但大致可分为以下两类。

(1) 运用网络技术截取生物识别信息,以便实现对认证系统的攻击,主要攻击对象是远程人脸认证等。

(2) 运用深度伪造技术,伪造生物识别信息,做出极其逼真的指纹模具、掌纹模具、3D人脸模具等,达到以假乱真的效果。

2017 年,攻击者凭借手机和一张正面照片,加上"换脸"特效就成功攻破了人脸识别系统;2018 年,攻击者使用特定的方法和工具,即可实现手机指纹解锁的破解;2019 年 1月,在德国黑客组织年度大会上,研究员使用照片制成的手绕过了静脉认证;同年 3 月,攻击者利用 AI 技术成功模仿并冒充英国某公司 CEO 的声音,诈骗 22 万欧元;2021 年,清华大学的 RealAI 团队利用人脸识别技术的漏洞,"15 分钟解锁 19 个陌生智能手机"的事件,更是让业界目瞪口呆;此外,使用 3D 打印面具,呈现极度逼真的人脸模型,骗过某些手机终端人脸识别认证系统的案例也常常出现。

由此可见,现有的基于生物特征的认证系统亟须改进或者引入其他技术来提高系统的安全性。当前,比较多的做法是引入活体检测技术。

活体检测是在一些身份认证场景下确定对象真实生理特征的方法,在人脸识别应用中,活体检测能通过眨眼、张嘴、摇头、点头等组合动作,使用人脸关键点定位和人脸追踪等技术,认证用户是否为真实活体本人操作。活体检测可有效抵御照片、换脸、面具、遮挡,以及屏幕翻拍等常见的攻击手段,从而帮助用户甄别欺诈行为,保障用户的利益。

4.2.4　多因子认证

多因子认证(Multi-Factor Authentication,MFA)是用两种及两种以上的条件对用户进行认证的方法。通常将口令和实物(如 U 盾、密码器、手机短消息、指纹等)结合起来,以有效提升安全性,常用于网上银行等应用领域中。多因子认证是当前应对撞库攻击的重要方法之一,可以大大提高账号的安全性。

当前,最常用的多因子认证是结合静态密码和动态密码的认证方式。

静态密码即由用户输入用户名和密码,因为用户设定的密码不会随意改变,相对来说是静止不变的。为保证安全性,设置静态密码需符合一定的安全要求(包括长度要求、复杂度要求、定期更换要求、重用限制要求等)。

动态密码即上文提到的 OTP,是根据一定的算法生成的随机字符组合,通常为 6 位数字。主流的动态密码有短信密码、硬件令牌、手机令牌,是基于用户所拥有的东西来进行认证。动态密码是一种安全便捷的认证方式,用户无须定期修改密码,安全、省心。

当然,还有结合其他因子的多因子认证方法,如使用指纹、人脸识别等技术,基于成本等考虑,这些方法并不适合所有情形。

4.3　基于 Kerberos 的身份认证技术实践

4.3.1　Kerberos 身份认证方案

1. Kerberos 概述

Kerberos 是一种著名的基于票据的网络身份认证协议,用于在非安全的网络环境下对用户通信进行加密认证,即通过密钥系统为客户机/服务器应用程序提供强大的认证服务。该认证过程的实现不依赖于主机操作系统的认证,无须基于主机地址的信任,不要求网络上所有的主机物理安全,并假定网络上传送的数据包可以被任意地读取、修改和插入数据。

Kerberos 协议得名于古希腊神话中守护地狱之门的三头蛇尾神犬 Kerberos。它的设计者主要针对客户端-服务器模型,提供相互身份认证——用户和服务器都认证彼此的身份。Kerberos 协议消息受到保护,可防止遭受窃听和重放攻击。Kerberos 建立在对称密钥加密技术之上,作为一种可信任的第三方认证服务,Kerberos 是通过传统的密码技术执行认证服务的,并且可以选择在身份认证的某些阶段使用公钥加密技术,默认使用 UDP 的 88 号端口。

麻省理工学院(MIT)最初基于早期的 Needham-Schroeder 对称密钥协议,开发了 Kerberos 来保护雅典娜工程(Project Athena)提供的网络服务的安全性。自开发以来,已经存在多个版本的 Kerberos 协议,其中版本 1～3 仅在麻省理工学院内部存在。

发布于 20 世纪 80 年代后期的版本 4 主要由 Steve Miller 和 Clifford Neuman 设计,其目标也是针对雅典娜工程。

Neuman 和 John Kohl 于 1993 年发布了第 5 版,旨在克服现有的限制和安全问题。

第 5 版作为 RFC 1510 出现,然后在 2005 年被 RFC 4120 淘汰。

2005 年,IETF 的 Kerberos 工作小组更新了相关规范,具体包括:

(1) 加密和校验和规范(RFC 3961)。

(2) Kerberos 5(RFC 3962)的高级加密标准 AES 算法加密。

(3) Kerberos 5 规范的新版本:"Kerberos 网络身份认证服务(版本 5)"(RFC 4120),该版本废弃了 RFC 1510,以更详细和更清晰的解释阐明了协议的各方面和预期用途。

(4) 新版通用安全服务应用程序接口(GSS-API)规范:Kerberos 5 通用安全服务应用程序接口(GSS-API)机制 2 版(RFC 4121)。

麻省理工学院制定了 Kerberos 的免费使用许可规则,类似于 BSD 的版权许可。2007 年,麻省理工学院成立了 Kerberos 联盟,以促进 Kerberos 持续发展,创始赞助商包括甲骨文、苹果、谷歌、微软、Centrify、TeamF1 等公司,瑞典皇家理工学院、斯坦福大学、麻省理工学院等学术机构,以及提供商业支持版本的 CyberSafe 等供应商。

2. Kerberos 架构

Kerberos 采用对称密码体制对信息进行加密,并认定能正确对信息进行解密的用户为合法用户。Kerberos 架构由客户机、Kerberos 服务器 KDC 和应用服务器组成。出于实现和安全考虑,Kerberos 认证服务被分配到两个相对独立的服务器,即 KDC 由认证服务器 AS 和许可证颁发服务器 TGS 两部分组成。Kerberos 架构主要包括以下几个组件。

KDC(Key Distribution Center):Kerberos 服务器,也叫认证服务器或者密钥分发中心,是参与用户和服务认证的基本对象,具备密钥分配功能,且可以作为服务接入。KDC 通常是一台单独的服务器,它包含认证服务(Authentication Service,AS)、票据授权服务(Ticket Granting Service,TGS)和数据库(Database)3 部分。

AS:认证服务。AS 是 KDC 中用于回复客户端最初的认证请求的部分。用户如果没有认证过,则需输入密码。在回复认证请求时,AS 会授予一个 TGT(Ticket Granting Ticket,票据授权的票据)。如果用户确实是他所声称的身份,就可以使用 TGS,而无须再次输入密码来获得其他服务器的票据。

TGS:票据授权服务。TGS 可以看作 KDC 中一个提供服务票据功能的应用服务器,它根据用户提交的有效 TGT 来分配服务票据,与此同时,TGS 保证向应用服务器请求资源的身份的真实性。

Database:数据库用于存放用户和服务的记录,使用 Principal 来命名和引用一条记录。

Client:客户机。用户使用安装了 Kerberos 客户端的客户机来获得应用服务器上的各项服务。申请服务时,用户要先向 KDC 进行身份的认证,才能获得相应的服务。

Application Server:安装了 Kerberos 客户端的应用服务器。

Ticket:票据。票据由认证服务器颁发,并使用所需要的服务端密钥加密,客户端将其提交给应用服务器用于证明其身份的真实性。一张票据包含了如下信息。

(1) 请求用户的 Principal(通常是用户名)。

（2）用户所请求的服务 Principal。

（3）票据的生效日期及时间（使用时间戳格式）。

（4）票据的有效时间。

（5）该票据的客户端 IP 地址（可选）。

（6）会话密钥（Session Key）。

ST（Service Ticket）：服务票据，通常为一张数字加密的证书，由 TGS 颁发。任何一个应用都需要一张有效的服务票据才能访问。如果能正确接收服务票据，说明客户机和服务器之间已经建立了信任关系。

TGT：票据授权票据，由 AS 颁发，具有一定的有效期，到期后需要更新来续约。当获得一张 TGT 后，再申请其他应用的服务票据时，无须向 KDC 提交身份认证信息。

3. Kerberos 认证过程

Kerberos 的认证过程如图 4.1 所示，具体描述如下。

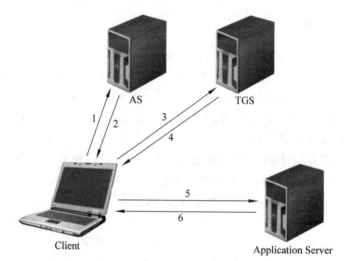

图 4.1　Kerberos 的认证过程

（1）Client 上的用户要想获得访问某一应用服务器的票据时，先以明文方式向 AS 发起请求，要求获得访问 TGS 的票据。

（2）AS 收到 Client 的请求之后，会在用户数据库中核验其身份，并随机生成会话密钥 Session Key。然后 AS 会构建两个 TGT，分别记作 TGT1 和 TGT2。其中，TGT1（Session Key，TGS 服务信息，票据结束时间）以用户密钥加密，TGT2（Session Key，客户信息，票据结束时间）以 KDC 密钥加密。

（3）Client 收到 TGT1 和 TGT2 后，首先解密 TGT1，获得其中的（Session Key，TGS 服务信息，票据结束时间）信息，然后生成一个认证符（客户信息，当前时间，……），并用 Session Key 对认证符加密，最后将客户端信息、服务端信息、认证符与未解密的 TGT2 一同发送给 TGS。

（4）TGS 收到 Client 发来的数据后，首先使用 KDC 密钥将 TGT2 解密，得到其中的

(Session Key,客户信息,票据结束时间)信息;其次使用 Session Key 解密认证因子获得其中的(客户信息,当前时间,……)信息;然后将前两步解密出的客户信息、时间戳信息等进行比对和核验,确认用户身份合法与票据时间有效等;最后,TGS 生成 Server Session Key 与 TGT3、TGT4,并将其发送回 Client。其中 Server Session Key 为随机生成,TGT3(Server Session Key,服务端信息,票据结束时间)使用前几步的 Session Key 加密,TGT4(Server Session Key,客户信息,票据结束时间)使用服务端密钥加密。

(5) Client 收到 TGS 发来的数据之后,首先使用 Session Key 解密 TGT3 获取其中的(Server Session Key,服务端信息,票据结束时间);然后生成认证符(服务端信息,当前时间,……),并使用 Server Session Key 加密;最后将认证符与 TGT4 一同发送给服务端。

(6) 服务端收到 Client 发来的数据后,首先使用自身密钥解密 TGT4 获取其中的(Server Session Key,客户信息,票据结束时间)信息,再用 Server Session Key 解密认证符获取其中的数据,并将两者的数据进行对比认证。接着向用户返回一个认证符,该认证符也带有时间戳,以 Server Session Key 进行加密。这样,用户便可以认证应用服务器的合法性。

这样,双方之间便完成了身份认证,拥有了会话密钥,并以该会话密钥对后续的数据传递进行加密。在一段时间内,用户请求相应的服务不用再次认证,因为其从 TSG 处获得的票据是有时间标记的。

4. Kerberos 的优缺点

Kerberos 能实现非常高效的身份认证,它使用一个认证服务器,提供服务器对用户和用户对服务器的认证,而不是为每一个服务器提供详细的认证协议。通过对实体和服务的统一管理实现单一注册,用户端可以为特定的服务获取一次认证票据,并在一次登录过程中反复使用这个认证票据,也就是说,用户通过在网络中的一个地方登录,就可以使用网络上他可以获得的所有资源。

但是,Kerberos 也存在以下缺陷。

(1) Kerberos 需要中心服务器的持续响应,Kerberos 服务器的损坏或者死机,将使得整个安全系统无法工作。

(2) Kerberos 使用了时间戳,如果 Kerberos 服务器的时钟不同步,认证会失败。默认设置要求时钟的时间相差不超过 10 分钟。在实践中,通常用网络时间协议后台程序来保持主机时钟同步。

(3) AS 在传输用户与 TGS 之间的会话密钥时是以用户密钥加密的,而用户密钥是由用户密码生成的,存在密码猜测攻击的风险。一个危险客户机将危及用户密码,所有用户使用的密钥都存储于中心服务器中,危及服务器的安全的行为将危及所有用户的密钥。

(4) 管理协议并没有标准化,在服务器实现工具中有一些差别。

(5) 应用系统的客户端和服务器端软件都要做相应的修改,才能应用 Kerberos。

4.3.2 Kerberos 配置过程

1. Hadoop 相关组件介绍

1) LDAP

LDAP(Lightweight Directory Access Protocol,轻量级目录访问协议)是一个开放的、中立的、工业标准的应用协议,通过 IP 提供访问控制和维护分布式信息的目录信息。LDAP 目录与普通数据库的主要不同之处在于数据的组织方式,它是一种有层次的树形结构。

LDAP 是开放的 Internet 标准,支持跨平台的 Internet 协议,并且市场上或者开源社区上的大多数产品都加入了对 LDAP 的支持,因此,对于这类系统,无须单独定制,只通过 LDAP 做简单的配置就可以与服务器做认证交互。

2) PAM

PAM(Pluggable Authentication Modules,可插拔认证模块)是由 Sun 提出的一种认证机制。它通过提供一些动态链接库和一套统一的 API,将系统提供的服务和该服务的认证方式分开,使得系统管理员可以灵活地根据需要给不同的服务配置不同的认证方式,而无须更改服务程序,同时也便于向系统中添加新的认证手段。PAM 最初是集成在 Solaris 中的,目前已移植到其他系统中,如 Linux、Sun OS、HP-UX 9.0 等。

3) SSSD

SSSD(System Security Services Daemon,系统安全服务守护进程),能够实现 Linux 的远程命名服务和远程认证功能。该进程可以用来访问多种认证服务器,如 LDAP、Kerberos 等,并提供授权。SSSD 是介于本地用户和数据存储的进程,本地客户端首先连接 SSSD,再由 SSSD 联系外部资源提供者(一台远程服务器)。

在 Hadoop 分布式系统上,通过配置 LDAP、SSSD、PAM 组件,可以实现将 LDAP 中存储的用户账号信息自动映射到系统本地。这样,用户可以在任意一台配置了 PAM-SSSD-LDAP 的节点上,使用 LDAP 中存储的账号作为系统用户登录,即使原本系统中不存在该用户。

在配置实现上述方案后,就可以在 Hadoop 上进行 Kerberos 认证。Kerberos 常用的操作主要分为 KDC 常用操作、Client 常用操作、Kerberos 服务配置、Kerberos 集成环境配置 4 部分。

2. KDC 常用操作

(1) kadmin.local:打开 KDC 控制台,需要 root 权限。

(2) addprinc <principal>:添加 Principal,在 KDC 控制台使用,执行后需要两次输入该 Principal 的密码。

(3) delprinc <principal>:删除 Principal,在 KDC 控制台使用,执行后需要确认是否删除。

(4) xst -k <keytab file path><principal>:在 KDC 控制台使用,导出指定的

Principal 到指定的 Keytab 文件。

如果指定的 Keytab 文件已存在,就把指定的 Principal 信息追加到 Keytab 文件中。

提供服务的每台主机都必须包含称为 Keytab(密钥表)的本地文件。密钥表包含相应服务的主体,称为服务密钥。也就是说,Keytab 包含了一个或者若干个 Principal 及其信息。服务使用服务密钥向 KDC 进行自我认证,并且只有 Kerberos 和服务本身知道服务密钥。例如,如果系统拥有基于 Kerberos 的 NFS 服务器,则该服务器必须具有包含其 NFS 服务主体的密钥表文件。在主 KDC 上,Keytab 的默认位置为/etc/krb5/kadm5.keytab。而在提供基于 Kerberos 的服务的应用程序服务器上,Keytab 的默认位置为 /etc/krb5/krb5.keytab。

可以使用 kadmin 的 ktadd 命令,将相应的服务主体添加至主机的 Keytab 文件。

(5) modprinc -<parameter><parameter value><principal>:在 KDC 控制台使用,针对指定的 Principal 进行某项参数的修改。值得关注的是,在优先级方面,使用 modprinc 命令修改的参数比 kdc.conf 中的高。

(6) getprinc <principal>:在 KDC 控制台使用,用来查看指定 Principal 的信息,如密钥的加密类型、KVNO 标签等。

3. Client 常用操作

(1) klist:列出当前系统用户的 Kerberos 认证情况。

(2) klist -kt <keytab file path>:列出指定 Keytab 文件中包含的 Principal 信息,需要该 Keytab 的读权限。

(3) kinit<principal>:使用输入密码的方式认证指定的 Principal。

(4) kinit -kt <keytab file path> <principal>:使用指定 Keytab 文件中的指定 Principal 进行认证,需要该 Keytab 的读权限。

(5) kdestory:注销当前已经认证的 Principal。

(6) ktutil:进入 Keytab 工具控制台。

(7) list 或 1:列出当前 ktutil 中的密钥表。

(8) clear 或 clear_list:清除当前密钥表。

(9) rkt <keytab file path>:在 ktutil 中使用,读取一个 Keytab 中的所有 Principal 信息到密钥表,需要有该 Keytab 的读权限。

(10) wkt <keytab file path>:在 ktutil 中使用,将密钥表中的所有 Principal 信息写入指定文件中。当指定文件已存在时,信息会追加到该文件末尾。这个过程需要该文件的写权限。

(11) addent -password -p<principal> -k<KVNO> -e<enctype>:手动添加一条 Principal 信息到密钥表,执行后需要输入指定 Principal 的密码。需要注意的是,手动添加的信息 ktutil 不会进行认证,故不推荐使用。

(12) delent <entity number>:在 ktutil 中使用,删除密钥表中指定行号的 Principal 信息,这里可使用 list 或 l 命令查看行号。

(13) lr 或 list_request:在 ktutil 中使用,列出所有 ktutil 中可用的命令。

（14）quit 或 q 或 exit：退出 ktutil 控制台。

4. Kerberos 服务配置

Kerberos 能够运行在 UNIX、Linux 等平台上。本节以 Hadoop 集群为例，基于 CentOS 8.4 操作系统介绍 Kerberos 相关认证服务的配置操作。

1）KDC 安装

本例中，选择一台单独的主机安装 Kerberos 的服务端 KDC。建议 Kerberos 的服务端 KDC 选择一台单独的主机进行安装，这里暂且将其命名为 test-krb。在 CentOS 操作系统上安装 Kerberos 服务端，可以使用 yum 命令：

```
$ sudo yum -y install krb5 krb5-server
```

2）Kerberos 客户端安装

对于 Kerberos 的客户端，则要在所有需要使用 Kerberos 协议进行加密传输的主机上（包括用户所使用的主机）部署安装，安装的命令如下。

```
$ sudo yum -y install krb5-devel
```

3）Kerberos 服务端配置

配置 Kerberos 服务端主要通过修改 kdc.conf 配置文件进行。修改 test-krb 上的 kdc.conf 配置文件可用 vim 工具，具体如下。

```
$ sudo vim/var/kerberos/krb5kde/ kdc.conf
```

kdc.conf 中有很多配置项，这里只列出必须配置的以及较为重要的配置项。在 vim 交互环境中将 kdc.conf 的内容修改成如下内容，其中 TEST. COM 是为集群 Kerberos 协议所起的域名。

kdcdefaults 部分主要控制 KDC 的整体行为，具体包括：

```
kdc_ports = 88
# Kerberos 服务端监听的端口号，默认值为 88 和 750,如果填写多个,就用逗号分隔
kdc_tcp_ports = 88
# Kerberos 服务端监听 TCP 连接的端口号,标准端口号为 88,不建议修改。如果不配置,则
# Kerberos 不会对 TCP 连接进行监听
```

realms 部分包含了 Kerberos 中所有的域及域参数，具体包括：

```
TEST.COM ={
    Master_key_type = aes256-cts
    # 主密钥的密钥类型
    acl_file = /var/kerberos/krb5kdc/kadm5.acl
    # 指定访问控制列表的位置
```

```
    dict_file = /usr/share/dict/words
    # 指定一个包含了不允许被设置为密码的字符串的文件路径
    max_renewable_life = 7d
    # 指定域中的票据更新的最长周期
    max_life = 1d
    # 指定域中的票据最长的有效期
    admin_keytab = /var/kerberos/krb5kdc/kadm5.keytab
    # 指定 Kerberos 管理员用于认证 KDC 数据库的 keytab 文件路径
    supported_enctypes = aes256-cts:normal aes128-cts:normal des3-hmac-
shal:normal
    arcfour-hmac:normal des-hmac-shal:normal des-cbc-md5:normal des-cbc-
crc:normal
    # 指定域中 Principal 使用的密钥/盐值组合形式,以"key:salt"的方式用空格分隔
}
```

4）Kerberos 数据库的创建

需要在 test-krb 上以域名来创建 KDC 中的数据库,其目的是存储后续用到的 Principal,具体如下。

```
$ kdb5_util create -r TEST.COM -s
```

需要注意的是,创建数据库需要 root 权限。

5）启动 Kerberos 服务

开启 Kerberos 服务需要 root 用户,在 test-krb 上运用如下命令。

```
$ chkconfig --level 35 krb5kdc on
$ chkconfig --level 35 kadmin on
$ service krb5kdc start
$ service kadmin start
```

还可以使用 service 命令来查看 Kerberos 服务的启动状态。

6）Kerberos 管理员的创建

在 KDC 上创建 Kerberos 管理员账号的目的是管理 KDC 中存储的 Principal,需要使用 root 账号执行,命令如下。

```
$ kadmin.local -q "addprinc root/admin"
# 输入管理员账号的密码,即 KDC 管理员密码
```

7）Kerberos 服务测试

为了确认 Kerberos 服务端是否配置成功,需要用 root 账户在 KDC 上进行测试,命令如下。

```
$ kadmin.local
# 此时进入 kadmin.local 交互界面
kadmin.local> addprinc testuser
# 提示输入密码,需要输入两次
kadmin.local> list_principals
# 列出 Principal 信息,如果能够正确列出刚创建的 testuser,则说明服务配置成功
kadmin.local> exit
# 退出 kadmin.local 交互界面
```

8) Kerberos 客户端配置

配置 Kerberos 客户端,需要修改 krb5.conf 配置文件,该文件通常在"/etc"目录下面。要在所有安装 Kerberos 客户端的主机上用 root 账户对 krb5.conf 配置文件进行修改。

```
$ vim /etc/krb5.conf
```

配置项内容的修改可以参考如下内容。

① logging 包含有关日志的配置。

```
default = FILE: /var/log/krb5libs.log
kdc = FILE: /var/ log/krb5kdc.log
admin_ server = FILE: /var/1og/ kadmind. log
```

② libdefaults 包含 Kerberos 版本 5 库中的各项参数。

```
default realm = TEST. COM
dns_ lookup_ realm = false
dns_ lookup_ kdc = false
ticket lifetime = 24h
renew lifetime = 7d
forwardable = true
default_ tgs_ enctypes = aes256-cts-hmac-sha1-96
default_tkt_ enctypes = aes256-cts-hmac-sha1-96
permitted_enctypes = aes256-cts-hmac-sha1-96
clockskew = 120
udp_ preference_ limit = 1
```

③ realms 包含各个域的设置参数。

```
TEST.COM = {
    kdc = test-krb
    admin server = test-krb
}
```

④ domain_ realm 包含一组主机域名和 Kerberos 域名的关系,用于让程序判定某个主机所属的域,需要使用全称域名:

```
.example.com = TEST.COM
example.com = TEST.COM
```

上述配置项中,TEST.COM 为域名;test-krb 为 Kerberos 服务端的 hostname,需要在系统的"/etc/hosts"文件中对其他主机的 hostname 做出相应的定义,如未进行 hosts 文件配置,可以使用对应的 IP 地址。

9) Kerberos 认证测试

要进行 Kerberos 测试认证,首先要在 KDC 中建立新的 Principal,将其导出为 Keytab 文件并分发给各个客户端,然后在各个客户端使用该 Keytab 文件进行 Kerberos 认证。

创建 Principal 并导出为 Keytab 需要 root 用户执行,在 test-krb 上的执行过程如下。

```
$ kadmin.local
kadmin.local > addprinc user1@TEST.COM
# 输入 Principal 的密码两次
kadmin.local > xst - k userl.keytab user1@TEST.COM
kadmin.local > exit
```

用户当前目录下将会产生导出的 Keytab 文件,然后将该文件分发至各客户端并执行如下操作进行 Kerberos 认证:

```
$ kinit - kt userl.keytab
$ klist
#如果能列出当前已认证的 Principal,则表明认证成功
```

5. Kerberos 集成环境配置

Hadoop 环境下 Kerberos 集成环境配置指的是 Hadoop 多项组件的 Kerberos 配置,主要组件有 HDFS、YARN、Hive、HBase、Sqoop、ZooKeeper、Spark、Kafka 等。需要在正确配置 Kerberos 服务和组件的情况下进行相应的配置,可以根据实际的组件配置情况进行。

4.4　本章小结

安全的身份认证机制是保证大数据平台安全的基础。身份认证技术是当前信息系统最重要的应用技术之一,作为信息安全领域的一种重要手段,能保护信息系统中的数据、服务不被未授权的用户所访问。

常见的身份认证方式包括基于口令的身份认证、基于消息的身份认证、基于生物特征

的身份认证等。

本章还重点介绍了 Kerberos 认证体系,它作为一种著名的基于票据的网络身份认证协议,能够在非安全的网络环境下对用户通信进行加密认证,即通过密钥系统为客户机/服务器应用程序提供强大的认证服务。

习 题

一、单选题

1. 认证需要以下选项(或者组合选项)来证明用户的身份,但不包括(　　)。

    A. 用户知道的东西　　　　　　　　B. 用户识别的东西

    C. 用户拥有的东西　　　　　　　　D. 用户具有的特征

2. 基于 MAC 的消息认证中,假设 A 是发送方,B 是接收方,如果接收到的 MAC 和 B 计算出来的 MAC 相等,那么可以确信以下情形,除了(　　)。

    A. B 确信消息未被篡改过

    B. B 确信消息来自发送者 A

    C. B 确信消息未被加密过

    D. 如果消息包含序列号,那么 B 可以确信该序列号的正确性

3. Kerberos 的设计目标不包括(　　)。

    A. 认证　　　　　　B. 授权　　　　　　C. 加密　　　　　　D. 记账审计

4. Kerberos 协议主要由 Kerberos 认证服务器 AS 和(　　)两个独立的逻辑部分组成。

    A. TGS　　　　　　B. CA　　　　　　C. RA　　　　　　D. PKI

二、填空题

1. 动态令牌从技术方面来分有 3 种形式:_____、_____和_____。

2. 相对于静态密码,动态口令最重要的优点是不容易受到_____攻击。

3. 消息认证技术中,可以运用 DES 加密后的密文的若干位(如 16 位或 32 位)作为_____。

4. KDC 包含_____、_____和_____ 3 部分。

三、简答题

1. 一个安全的口令应该满足哪些要求?

2. 简述静态口令的缺陷。

3. 动态口令的基本原理是什么?

4. 简述口令认证与消息认证的区别。

5. 简述 Kerberos 认证协议的设计思想和实现方法。

第5章

访问控制技术

本章学习目标

- 了解访问控制的基本概念
- 掌握自主访问控制和强制访问控制的相关知识
- 掌握零信任架构、基于角色的访问控制和基于属性的访问控制的相关知识
- 掌握配置 Ranger 安全组件实现访问控制

随着计算机技术的发展和网络的广泛应用,信息的获取和处理越来越便捷,信息的共享程度越来越高,极大地推动了社会发展,同时也为不法分子非法使用系统资源开启了方便之门。访问控制技术是计算机科学与安全工程的结合体,也是保证网络安全的核心技术之一。

本章首先向读者介绍访问控制的基本概念以及相关术语。然后,针对主流的自主访问控制、强制访问控制,详细介绍其概念、特点、相应的策略以及经典模型,并对零信任的概念、结构及对应的基于属性与基于角色的两种访问控制模型进行具体介绍。最后,在Linux 环境下,对配置 Ranger 安全组件实现大数据访问控制的操作过程进行详细介绍。

5.1 概　　述

访问控制是实现既定安全策略的系统安全技术,它管理所有资源的访问请求,即根据安全策略的要求,对每一个资源访问请求做出是否许可的判断,能有效防止非法用户访问系统资源和合法用户非法使用资源。

在信息化时代,网络化程度不断提高,云计算、物联网等新兴技术不断应用于生活之中,大数据的价值不言而喻。在大数据不断为我们创造经济价值的同时,也需要同时注重大数据面临的安全问题。访问控制技术是保证数据安全的重要技术,通过访问者的权限限制对访问者的操作进行监控,防止访问者的操作破坏系统的安全性。访问控制的主要目的是对访问者的身份进行识别,确定访问者的资格和权限,如果访问者是合法用户,会被授权访问目标系统中的资源,同时访问控制系统会保证访问者不会对目标系统的安全造成影响。对于访问者的越权请求,访问控制系统会拒绝访问者。用户的所有访问行为都是在审计监督下进行的,访问者的每个操作都会被记录,访问者的操作行为记录可以为相应的安全问题解决提供数据支持。访问控制是针对越权使用资源的防御措施,是重要的网络安全防范策略,主要任务是控制用户可否进入系统以及进入系统的用户能够读写的数据集。

访问控制的发展经历了自主访问控制、强制访问控制、基于角色的访问控制、基于属性的访问控制等阶段。其中,自主访问控制是产生最早,也是最基本的一种访问控制技术,至今仍有大量应用;政府、军队等安全性要求较严格的机构则多采用强制访问控制;在商业领域,基于角色的访问控制目前应用最为广泛;基于属性的访问控制则适用于多安全域的互联网应用。自主访问控制、强制访问控制、基于角色的访问控制都需要预先获取用户的身份信息,然后再根据其身份或者该身份所绑定的安全标记、角色等信息进行访问控制判定。后来,提出了基于属性的访问控制,它无须预先知道访问者的身份,而是通过安全属性来定义授权,具有较高的动态性和分散性,能够较好地适应开放式环境。

访问控制策略是主体对客体的访问规则集,它直接定义了主体对客体可以实施的具体行为和客体对主体的访问行为所做的条件约束。访问控制策略的任务是保证网络资源不被非法使用和非法访问。访问控制模型是对访问控制策略及其作用方式的一种形式化表示方法,也是一种从访问控制的角度出发,描述系统安全,建立安全模型的方法。访问控制模型定义了主体、客体和访问是如何表示和操作的,它决定了授权策略的表达能力和灵活性。授权策略是访问控制的关键,用于确定一个主体是否能访问客体的一套规则。本章5.2节、5.3节分别介绍自主访问控制与强制访问控制的相关定义、特点、访问控制策略以及访问控制模型。

随着云计算、大数据、物联网等新兴技术的不断兴起,企业IT架构正在从"有边界"向"无边界"转变,传统的安全边界逐渐瓦解。与此同时,零信任安全逐渐进入人们的视野,成为解决新时代网络安全问题的新理念、新架构。5.4节将对零信任安全理念的内容、网络架构、逻辑组件进行介绍。5.5节和5.6节对两种基于零信任概念引申并发展的访问控制模型——基于角色的访问控制与基于属性的访问控制,从概念、架构等方面进行介绍。

然而,在大数据应用场景下,大数据的规模和增长速度以及应用的开放性,使得安全管理员对访问控制的权限管理越来越困难。同时,数据应用需求的不可预测性也使得管理员无法预先制定恰当的访问控制策略。因此,访问控制技术迫切需要自动化的授权管理和自适应的访问控制,以使其满足大数据场景的需求。为了应对这些问题,提出了基于数据分析的访问控制技术,本章5.7节从中选取角色挖掘技术、风险自适应的访问控制技术进行了详细介绍。

在大数据应用中,系统的规模和复杂性使得管理员自上而下地进行角色定义变得越来越困难,而角色挖掘这种自底向上的自动化角色定义方式就为大数据应用中实施基于角色的访问控制提供了有效途径。不仅基于角色的访问控制中的角色可以从数据中挖掘,其他访问控制技术的权限相关要素(甚至权限本身)也可以从数据中挖掘。

风险自适应的访问控制技术的目的在于解决预先定义的静态访问规则和未来不可预期的访问控制需求之间的矛盾,为访问控制提供权限控制的灵活性。本章将介绍风险要素选取、量化计算方法等风险量化的细节内容。传统访问控制的"允许/拒绝"二值判定并不能很好地体现权限控制的灵活性。因此,本章介绍采用风险带的访问控制判定方法,风险与收益的平衡机制等。最后,针对一些需要实施静态且严格的访问控制规则的应用场景,又介绍了风险访问控制和其他访问控制技术结合的方法。

5.1.1 访问控制的术语

在访问控制研究的历史进程中,逐渐发展出一些用于描述访问控制模型和系统的术语。

1. 用户

用户(User)是指使用计算机系统的人,从另外一个层面上也指计算机中的账号等。在许多系统设计中,一个用户可以拥有和同时使用多个登录账号。授权机制保证了这些账号都能获得与用户相匹配的权限。只有安全管理认可的有效用户才能够登录到系统中,而不同级别和类型的用户拥有不同的访问权限,从而保证信息系统的安全性。

一般情况下,用户大致可以分为以下 4 类。

① 特殊的用户:系统管理员,其具有最高级别的特权,可以访问所有资源,并且具有所有类型的访问操作能力。

② 普通的用户:其访问操作受到一定限制,而且他的权限由系统管理员分配。

③ 作审计的用户:负责整个安全系统范围内的安全控制与资源使用情况的审计。

④ 作废的用户:曾经有权使用系统,但现在遭到系统拒绝的用户。

其中,作为特殊用户的系统管理员在计算机系统中具有极为重要的战略意义,与信息系统的安全密切相关。系统管理员用户具有对计算机系统进行全面更改、在系统中安装程序和访问计算机上的所有文件等功能。拥有系统管理员用户是取得该计算机上其他用户账户的完全访问权的前提。具体来说,系统管理员具有以下权限。

(1) 可以创建和删除计算机上的用户账户。

(2) 可以为计算机上的其他用户账户创建账户密码。

(3) 可以更改其他用户的账户名、密码和账户类型。

计算机系统中至少有一个用户是系统管理员账户,当一个系统内只有唯一一个管理员账户时,则该管理员账号将没办法把自己的账户类型更改为受限制账户类型。要实现前面的操作,计算机系统中至少还有一个其他用户在该计算机上拥有管理员账户类型。

2. 主体

在计算机系统中,主体(Subject)也被称为访问的发起者。主体是一个可以对资源发起访问的主动实体,人、进程或设备等实体都能成为主体,而通常主体一般指代用户执行操作的进程。实际上,用户对计算机的所有行为都是通过运行在计算机上的进程来实现。即使在一个登录或一个会话这样的简单操作中,一个用户也会产生多个主体。主体的主要作用在于它能引起信息在客体之间流动。例如,在对一个文件进行编辑时,编辑进程是存取文件的主体,对文件这一客体进行编辑的相关操作。再如,一个邮件系统可能在后台运行,定时从服务器收取邮件,当用户登录浏览器查看邮件时,用户的每一步行为都是一个主体,进程的每一次访问都会被检查,以确保这些行为是被用户所允许的。一个主体为完成任务,可以创建新的主体,这些新主体可以在不同的计算机上运行,并由创建者主体控制它们。

3. 客体

客体(Object)指需要保护的可访问的资源,又称作目标。其中包括可供访问的各种软硬件资源,同时也指接受其他实体访问的被动实体。在信息社会中,客体可以是信息、记录、文件等的集合体,也可以是网络上的硬件设施,在有些文献中也被称为目标,包括文件外设(如打印机)、数据库、细粒度的实体(如数据库表中的某个字段)等。客体是系统中被动的、主体行为的承担者,对一个客体的访问隐含着对其所含信息的访问。系统中最典型的客体是文件或资源,客体的实体类型有程序、程序块、记录、段、文件、页面、目录树和目录,还有视频显示器、处理器、字、字段、位、时钟、键盘、字节、打印机和网络节点等。虽然在早期的访问控制模型中,计算机程序、打印机或其他的活动实体也可能被当作客体,但更多情况下,客体被视为存储或接收信息的被动实体,系统中需要保护的系统资源都可认为是客体,如磁盘等存储介质、远程终端、信息管理系统的事务处理及其应用、数据库中的数据、应用资源等。

在信息系统中,主体和客体的关系是相对的,并不是绝对的,它们在不同情况下可能相互转化。在实际的操作过程中,并不能把系统中的每个实体明确地分为主体和客体。术语“主体”和“客体”只是为了区分一个访问请求中的主动方和被动方而衍生出的概念而已。根据不同的情况,实体可能是某个访问请求的主体,而又是另一个访问请求的客体。主体和客体给出了关注控制的两个选项,可以规定任意一种,即一个主体被允许做什么,或可以对一个客体做什么。

4. 操作

操作(Operation)指主体调用一个程序的过程,从主客体的层面上则是指主体对客体请求的具体行为,包括读、写等动作或行为。在早期的访问控制模型中,所有运行的程序都被认为是主体,但是在后来的基于角色的访问控制模型中,开始区分主体与操作。

5. 权限

权限(Permission)指为了保证职责的有效履行,任职者必须具备的对某事项进行决策的范围和程度,对计算机系统而言则指对计算机某些资源执行某些操作的许可。一旦设置了权限,用户在系统中进行任何一项操作,对资源进行的任一访问都会受到系统的限制,而特定用户对特定资源进行特定操作的许可则是权限的具体体现。比如授予某个主体对计算机资源有读的许可,则代表了一个权限的存在,这个权限表示:获取了对计算机资源的读许可。一般而言,权限包含对客体的许可和对操作的许可两方面内容。对两个客体的相同操作许可,或对同一个客体的两个不同操作许可,均被认为是两个不同的权限。

6. 最小权限

最小权限(Least Privilege),也称最小特权,是指用户所拥有的权力不能超过他执行工作时所需的权限。在计算机中,主体在执行操作时,按照主体所需权利的最小化原则分配主体权利。从信息系统的安全层面来讲,应该限定每个主体具有完成任务所必需的最小权限集合,最小权限原则的优点是最大限度地限制主体实施授权行为,这样既可以避免来自未授权主体、错误和突发事件的危险,又可以将可能的错误、网络部件、事故的篡改等原因造成的损失减小到最小。最小权限原则,一方面,给予主体"必不可少"的权限,使所有的主体都能在所赋予的权限之下完成所需要完成的任务或操作;另一方面,它只给予主体"必不可少"的权限,这就在一定程度上限制了每个主体所能够实行的操作。实现最小权限原则,需要分清用户的工作职责,确定完成该工作的最小权限集,然后把用户限制在这个权限集合的范围之内。严格遵守最小权限,需要在不同时间根据任务或功能的执行需求,赋予用户不同程度的许可。虽然在一些情况下,这些限制可能让用户觉得不方便,或者给系统管理员增加许多额外的负担,然而,从信息的保密性和完整性等方面考虑,无论在何种情况下,都不能给予用户或主体超越其职能的权限。

7. 引用监控机

引用监控机(Reference Monitor,RM)是 Anderson 在 1972 年引入的抽象概念,是指系统中监控主体和客体之间授权访问关系的部件。早期的访问控制技术都是基于可信引用监控机的,能够对系统中的主体和客体之间的授权访问关系进行监控。在数据存储系统中存在一个所有用户都信任的引用监控机时,就可以用它来执行各种访问控制策略,实现客体资源的受控共享。

引用监控机是负责实施系统安全策略的硬件与软件的结合体,模型如图 5.1 所示。引用监控机查询授权数据库,以决定主体是否有权对客体进行何种操作,同时将相应活动记录在审计数据库中。

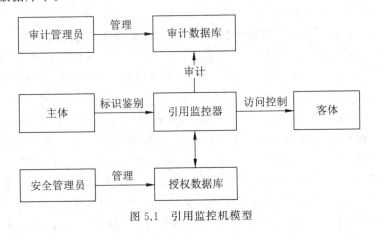

图 5.1　引用监控机模型

8. 引用认证机制

引用认证机制(Reference Validation Mechanism,RVM)是指引用监控机的软硬件实现。引用认证机制是真实系统中访问控制能够被可信实施的基础。

引用认证机制需要同时满足以下 3 个原则。

(1) 必须具有自我保护能力,能够抵抗攻击。

(2) 必须总是处于活跃状态,所有访问行为都受到监控,RVM 不能被绕过。

(3) 必须设计得足够小,以利于分析和测试,从而能够证明它的实现是正确的。

5.1.2 访问控制的目标

访问控制可以实现信息安全的保密性、完整性等目标。

保密性目标:如果主体对客体的所有访问均在访问控制的限制下进行,就可通过对需要进行保密性保护的信息制定相关的访问控制策略,仅允许为了工作需要的主体有权读取相关的客体信息,而未授权者则禁止读取这些客体信息,这样即可达到保密性保护的安全目标。

完整性目标:制定相关的访问控制策略,使得只有授权主体能对确定的客体信息进行修改、插入、删除等写操作,而限制其他主体对这些客体的相应操作权限,即可防止未授权者对客体的篡改、插入、删除等,确保信息的完整性。

访问控制技术必须与其他信息安全技术联动,才能从整体上发挥其应有的安全保护作用。例如,访问控制技术与身份认证技术联动,只有在识别用户真实身份的前提下,访问控制才有意义,用户身份认证的方法可以参看第 4 章的身份认证技术。

5.1.3 访问控制的过程

授权(Authorization)是规定可对该资源执行的动作,包括读、写、执行或拒绝访问,明确是否允许某个用户访问某个系统资源、特定区域或信息的过程,也可以说是资源所有人对他们使用资源的许可。授权是访问控制的重要过程,正确的授权依赖于认证,通过认证来确定你是谁,通过授权来确定你能做什么。

授权过程是确定用户访问权限的机制,通过引用监控机决定访问是否被允许或拒绝。授权是组织运作的核心,它通常以人为对象,将完成某项工作所必需的权力授给部属人员。同时,主管将处理交涉、用钱、用人、做事、协调等决策权移转给部属,不只授予权力,且还托付完成该项工作的必要责任。组织中的不同层级有不同的职权,权限则会在不同的层级间流动,因而产生授权的问题。授权是管理人的重要任务之一,有效的授权是一项重要的管理技巧。若授权得当,所有参与者均可受惠。例如,人力资源的员工通常都被授权允许访问员工档案,在计算机系统中这条策略就会被形式化为一条授权规则。当一个人力资源部员工通过身份认证机制登录到员工档案系统试图修改某人的档案信息时,系统的访问控制机制将检查该用户是否有使用员工档案系统的权限,是否有修改档案信息的权限,并将相关权限赋予该用户。实现授权的方式有很多,访问控制列表(Access Control List,ACL)是其中一种,它将用户与系统资源的访问关系存放在一张表中,可能是给每种系统资源附上一张可访问用户清单,也可能是给每个用户附上一个可访问资源列表。

5.1.4 访问控制的等级划分标准

《信息安全技术 数据安全能力成熟度模型》(GB/T 37988—2019)标准中,基于组织的数据安全需求和合规性要求,建立身份鉴别和访问控制机制,防止对数据的未授权访问风险,具体安全等级划分如下。

1. 等级 1: 非正式执行

该等级的数据安全能力描述如下。

组织建设: 未在任何业务中建立成熟稳定的身份鉴别与访问控制机制,仅根据临时需求或基于个人经验在个别系统中采用了身份鉴别与访问控制手段。

2. 等级 2: 计划跟踪

该等级的数据安全能力要求描述如下。

(1) 组织建设: 应由业务团队相关人员负责管理核心业务系统的用户身份及数据权限管理。

(2) 制度流程: 核心业务应明确重要系统和数据库的身份鉴别、访问控制和权限管理的安全要求。

(3) 技术工具如下所述。

① 核心业务系统应对登录的用户进行身份标识和鉴别,身份标识具有唯一性,鉴别信息具有复杂度要求并定期更换。

② 核心业务系统应提供访问控制功能,对登录的用户分配账户和权限。

③ 核心业务系统应提供并启用登录失败处理功能,多次登录失败后应采取必要的保护措施。

3. 等级 3: 充分定义

该等级的数据安全能力要求描述如下。

(1) 组织建设: 组织应设立统一的岗位和人员,负责制定组织内用户身份鉴别、访问控制和权限管理的策略,提供相关技术能力或进行统一管理。

(2) 制度流程如下所述。

① 应明确组织的身份鉴别、访问控制与权限管理要求,明确对身份标识与鉴别、访问控制及权限的分配、变更、撤销等权限管理的要求。

② 应按最少够用、职权分离等原则,授予不同账户为完成各自承担任务所需的最小权限,并在它们之间形成相互制约的关系。

③ 应明确数据权限授权审批流程,对数据权限申请和变更进行审核。

④ 应定期审核数据访问权限,及时删除或停用多余的、过期的账户和角色,避免共享账户和角色权限冲突的存在。

⑤ 应对外包人员和实习生的数据访问权限进行严格控制。

(3) 技术工具如下所述。

① 应建立组织统一的身份鉴别管理系统,支持组织主要应用接入,实现对人员访问数据资源的统一身份鉴别。

② 应建立组织统一的权限管理系统,支持组织主要应用接入,对人员访问数据资源

进行访问控制和权限管理。

③ 应采用技术手段实现身份鉴别和权限管理的联动控制。

④ 应采用口令、密码技术、生物技术等两种或两种以上组合的鉴别技术对用户进行身份鉴别,且其中一种鉴别技术至少应使用密码技术来实现。

⑤ 访问控制的粒度应达到主体为用户级,客体为系统、文件、数据库表级或字段。

(4)人员能力:负责该项工作的人员应熟悉相关的数据访问控制的技术知识,并能够根据组织数据安全管理制度对数据权限进行审批管理。

4. 等级 4: 量化控制

该等级的数据安全能力要求描述如下。

(1)制度流程:组织应建立数据安全角色清单,明确数据安全角色的安全要求、分配策略、授权机制和权限范围。

(2)技术工具如下所述。

① 应建立面向数据应用的访问控制机制,包括访问控制时效的管理和认证,以及数据应用接入的合法性和安全性取证机制。

② 应建立人力资源管理与身份鉴别管理、权限管理的联动控制,及时删除离岗、转岗人员的权限。

③ 应采用技术手段对系统或应用访问敏感数据进行访问控制。

5. 等级 5: 持续优化

该等级的数据安全能力要求描述如下。

技术工具如下所述。

① 应建立针对数据生存周期各阶段的数据安全主动防御机制或措施,如基于用户行为或设备行为的安全控制机制。

② 应参与国际、国家或行业相关标准制定。在业界分享最佳实践,成为行业标杆。

5.1.5 大数据访问控制面临的挑战

1. 安全管理员的授权管理难度更大

在访问控制系统中,一般安全管理员会定义哪些用户对哪些资源具有访问权限。然而,在大数据应用场景中,安全管理员的授权管理难度会急剧增加。其一,由于大数据的规模极大且增长速度极快,安全管理员进行权限管理的工作量也随之快速增多。其二,安全管理员必须具备更多的领域知识来满足在开放式的大数据应用场景下实施权限管理。例如,在医疗大数据场景中,数据集可能包含医生个人信息、患者个人信息、电子病例、社保信息等,而用户则可能包括医院的医生、护士、后勤人员以及各种社保工作人员,甚至包括一些医学研究机构的人员等。相比于之前单独的医疗系统、社保系统或科研支撑系统,安全管理员需要了解更多的领域知识来完成安全标记定义、角色定义或属性定义等权限管理操作。因此,在大数据应用场景中,安全管理员往往难以准确地进行授权,过度授权和授权不足的现象比较突出。针对这个问题,在大数据应用场景下,安全管理员由于人力和领域知识两方面的限制,迫切需要一些自动化或半自动化的技术来简化其授权管理工作。

2. 严格的访问控制策略难以适用

大数据的一个显著特点是先有数据,后有应用,人们在采集和存储数据时,往往无法预先知道所有的数据应用场景,因此,经常会出现一些新的数据访问需求。若预先定义的访问控制策略过于严格,那么新的访问需求很可能由于不能完全符合允许访问的条件而被拒绝,从而影响大数据系统的可用性。若预先定义的访问控制策略过于宽松,那么虽然系统的可用性得到了保障,但是系统的安全性却大幅降低。因此,在无法预知所有数据访问需求的情况下,严格执行预先定义的访问控制策略是难以实现的,因此,需要一种能够在访问控制过程中自适应地调整权限的技术来解决该问题。

3. 外包存储环境下无法使用

大数据的一种重要存储方式是外包存储,即数据所有者与数据存储服务提供者是不同的,这就产生了数据存储需求与安全需求之间的矛盾:一方面,数据所有者有利用数据存储服务进行数据存储和分享的需求;另一方面,由于不具备在数据存储服务中建立自己信任的引用监控机的能力,也就无法采用上述的早期访问控制技术来确保数据安全。因此,除了采用法律、信誉等手段让数据所有者信任数据存储服务提供者能按照访问控制策略对数据进行保护外,还需要一些技术手段来确保无可信引用监控机场景下的数据安全。密码技术为解决该问题提供了另一条途径,它能够将数据的安全性建立在密钥的安全性基础上,是大数据安全存储研究中的重要方向。

5.2　自主访问控制

5.2.1　自主访问控制的定义及特点

自主访问控制(Discretionary Access Control,DAC),又称为任意访问控制。作为客体的拥有者的个人用户可以设置访问控制属性来允许或拒绝对客体的访问,那么这样的访问控制就称为自主访问控制。自主访问控制最早出现在 20 世纪 70 年代初期的分时系统中,它是在多用户环境下系统最常用的一种访问控制技术。自主访问控制源于这样的理论:客体的主人(即资源所有者)全权管理有关该客体的访问授权,有权泄露、修改该客体的有关信息。自主,即指具有被授予某种访问权力的用户能够自己决定是否将访问控制权限的一部分授予其他用户或从其他用户那里收回他所授予的访问权限。在实现上,首先要对用户的身份进行鉴别,之后根据访问控制列表所赋予用户的权限允许和限制用户使用客体的资源。主体控制权限的修改通常由特权用户或特权用户(管理员)组实现。

自主访问控制允许授权者访问系统控制策略许可的资源,同时阻止非授权者访问资源,某些时候授权者还可以自主把自己拥有的某些权限授予其他授权者,该模型的不足就是人员发生较大变化时,需要大量的授权工作,因此系统容易造成信息泄露。

自主访问控制面临的最大问题是具有某种访问权的主体能够自行决定将其访问权直接或间接地转交给其他主体。自主访问控制允许系统的用户对属于自己的客体按照自己的意愿允许或者禁止其他用户访问。基于自主访问控制的系统中,客体的拥有者负责设置访问权限,主体的拥有者对访问的控制有一定的权利。由于用户可以任意传递权限,因此没访问文件权限的用户能够从拥有访问权限的用户那里得到访问权限或直接得到文件。因此,自主访问控制模型的安全访问相对较低,不能给系统提供充分的数据保护。

5.2.2 自主访问控制策略

如果普通用户能够参与一个安全性策略的策略逻辑定义与安全属性分配,则称此安全性策略为自主安全性策略。自主访问控制策略根据来访主体的身份,以及"谁能访问、谁不能访问、能在哪些资源上执行哪些操作"等事先声明的访问规则,来实施访问控制。

自主访问控制策略作为最早被提出的访问控制策略之一,至今已有多种改进的访问控制策略。下面介绍传统 DAC 策略和几种由 DAC 发展而来的访问控制策略。

1. 传统 DAC 策略

传统 DAC 策略的基本过程已在上文中介绍过,可以看出,访问权限的管理依赖于所有对客体具有访问权限的主体。很明显,传统 DAC 策略主要存在以下 3 点不足。

（1）资源管理比较分散。

（2）用户间的关系不能在系统中体现出来,不易管理。

（3）不能对系统中的信息流进行保护,容易泄露。

其中,第三点不足对信息系统来说带来的安全威胁是最大的。

针对传统 DAC 策略的不足,许多研究者提出了一系列的改进措施。

2. HRU、TAM、ATAM 策略

早在 20 世纪 70 年代末,Harrison、Ruzzo 和 Ullman 就对 DAC 进行了扩充,提出客体主人自主管理该客体的访问和安全管理员限制访问权限随意扩散相结合的半自主式的 HRU 访问控制模型。1992 年,Sandhu 等为了表示主体需要拥有的访问权限,将 HRU 模型发展为 TAM(Typed Access Matrix)模型。随后,为了描述访问权限需要动态变化的系统安全策略,TAM 发展为 ATAM(Augmented TAM)模型。

HRU 与传统 DAC 最大的不同在于,它将访问权限的授予改为半自主式:主体仍然有权利将其具有的访问权限授予给其他客体,这种授予行为也要受到一个调整访问权限分配的安全策略的限制,通常这个安全策略由安全管理员制定在 HRU 中,每次对访问矩阵进行改变时(包括对主体、客体以及权限的改变),先生成一个临时的结果,然后用调整访问权限分配的安全策略来对这个临时结果进行判断。如果这个结果符合此安全策略,才允许此次访问权限的授予。HRU 模型基本不会存在非授权者会"意外"获得某个不应获得的访问权限的问题。但这种设定当主体集和客体集发生改变时,需要依赖安全管理员对访问权限的扩散策略进行更新。

　　TAM 策略对此做出了改进：每当产生新主体时，管理员就需要对新主体的访问权限和它本身所拥有权限的扩散范围进行限定；每当产生新客体时，其所属主体和管理员就需要对其每一种权限的扩散范围进行限定。只要前期系统架构合理，TAM 就能极为方便地控制住访问权限的扩散范围。

　　ATAM 策略则是在 TAM 策略的基础上，为了描述访问权限需要动态变化的系统安全策略而发展出来的安全策略。

3. 基于角色特性的 DAC 策略

　　2000 年，Sylvia Osbom 等提出使用基于角色的访问控制来模拟自主访问控制，提出使用基于角色的访问控制来模拟自主访问控制，讨论了角色和自主访问控制结合方法，设计了文件管理角色和正规角色。管理角色根据 DAC 类型的不同，可包括 OWN_O、PARENT_O 和 PARENTwithGRANT_O。正规角色根据访问方式的不同，可包括 READ_O、WRITE_O 和 EXECUTE_O 角色。OWN_O 角色有权向 PARENT_O 添加或删除用户，PARENTwithGRANT_O 角色有权向 PARENT_O 添加或删除用户。PARENT_O 有权向 READ_O、WRITE_O 或者 EXECUTE_O 添加或删除用户。正规角色中用户具有相应的读、写或执行的权限。

　　对应严格的 DAC，管理角色只有 OWN_O，正规角色可以包括 READ_O、WRITE_O 和 EXECUTE_O，分别表示有权读、写或执行的用户集。

4. 基于时间特性的 DAC 策略

　　在许多基于时间特性的 DAC 策略中，时间点和时间区间的概念被引入 DAC 中，并与访问权限结合，使得访问权限具有时间特性。换句话说，用户只能在某个时间点或者时间区间内对客体进行访问。该方法使主体可以自主地决定其他哪些主体可以在哪个时间访问他所拥有的客体，实现了更细粒度的控制。

　　在一些客体对访问许可有严格时间要求的系统中，如军事信息、情报、新闻等，基于时间特性的 DAC 策略就比较适合。当然，为了更加严格地控制信息流的传递，通常此策略也会和其他访问控制策略相结合。

5.2.3　自主访问控制模型

　　自主访问控制模型是根据自主访问控制策略建立的一种模型，允许合法用户以用户或用户组的身份访问策略规定的客体，同时阻止非授权用户访问客体，某些用户还可以自主地把自己所拥有的客体的访问权限授予其他用户。

　　在 DAC 的系统中，主体的拥有者负责设置访问权限。通常，DAC 通过访问控制列表（Access Control List，ACL）来限定哪些主体针对哪些客体可以执行什么操作，系统安全管理员通过维护 ACL 来控制用户访问有关数据。

　　目前，UNIX、Linux 和 Windows 等主流的操作系统都提供自主访问控制功能。但当用户数量多、管理数据量大时，ACL 就会变得很庞大。当组织内的人员发生变化、工作职能发生变化时，ACL 的维护就变得非常困难。另外，对分布式网络系统而言，DAC 不利于实现统一的全局访问控制。自主访问控制的实现方式往往包括目录式访问控制模式、访问控制列表、访问控制矩阵和面向过程的访问控制等方式,下面简要介绍访问控制列表、访问控制矩阵。

1) ACL

ACL 是 DAC 中通常采用的一种机制,安全管理员通过维护 ACL 控制用户访问客体资源。ACL 是存储在计算机中的一张表,用户对特定系统对象(例如文件目录或单个文件)的存取控制,每个对象拥有一个在访问控制列表中定义的安全属性。这张表对于每一个系统用户都拥有一个访问权限。常见的访问权限包括读文件、写文件和执行文件等。对每个受保护的资源,ACL 对应一个个人用户列表或由个人用户构成的组列表,表中规定了相应的访问模式。DAC 的主要特征体现在,主体可以自主地把自己所拥有客体的访问权限授予其他主体,或者从其他主体收回所授予的权限。采用 ACL 机制管理授权处于一个较低的层次,这种策略也存在不能保证信息传输的安全性等隐患,因为入侵者有很多方法绕过认证来获得资源。

2) 访问控制矩阵

访问控制矩阵(Access Control Matrix,ACM)是一个由主体和客体组成的表,见表 5.1,ACM 中的每行表示一个主体,每列表示一个受保护的客体,矩阵中的元素表示主体可对客体的访问模式。访问控制矩阵的每一列都是一个 ACL,表的每一行都是功能列表(也叫能力表)。目前,主流操作系统中实现的自主访问控制并不是将矩阵整个保存起来,因为那样做效率很低,实际的方法是基于矩阵的行或列来表达访问控制信息。

表 5.1　访问控制矩阵

主体	文档文件	打印机	网络文件共享
Bob	读	不能访问	读、写
Mary	不能访问	打印	不能访问
Amanda	读、写	打印、管理打印队列	读、写、执行
Admin	读、写、更改权限	打印、管理打印队列、更改权限	读、写、执行、更改权限

自主访问控制技术不能有效地抵抗计算机病毒等网络攻击。某一合法用户可任意运行一段程序来修改该用户拥有的文件访问控制信息,而操作系统无法区别这种修改是用户自己的合法操作还是计算机病毒的非法操作,另外,很难阻止计算机病毒将信息通过共享客体从一个进程传送给另一个进程。为此,对安全性要求更高的信息系统,必须采用更强有力的访问控制策略。

5.3　强制访问控制

5.3.1　强制访问控制的定义及特点

为了实现比自主访问控制更为严格的访问控制策略,美国政府和军方开发了各种各样的控制模型,这些方案或模型都有比较完善的和详尽的定义。

强制访问控制(Mandatory Access Control,MAC)是根据客体中信息的敏感标签和访问敏感信息的主体的访问等级,对客体的访问实行限制的一种方法。系统首先给访问主体和资源赋予不同的安全属性,在实现访问控制时,系统先对访问主体和受控制资源的安全级别进行比较,再决定访问主体能否访问客体。MAC 主要用于保护那些处理特别敏感数据(如政府保密信息或企业敏感数据)的系统。在强制访问控制中,用户的权限和客体的安全属性都是固定的,由系统决定一个用户对某个客体能否进行访问。强制,即指安全属性由系统管理员人为设置或由操作系统自动地按照严格的安全策略与规则进行设置,用户和他们的进程不能修改这些属性。

1. 敏感标签

敏感标签(Sensitivity Label),也称为安全许可。强制访问控制根据该用户的敏感等级或者信任等级对系统中所有的客体和所有的主体分配敏感标签,利用敏感标签来确定谁可以访问系统中的特定信息。客体的敏感标签说明了要访问该客体的用户所必须具备的信任等级。贴标签和强制访问控制可以实现多级安全策略。这种策略可以在单个计算机系统中处理不同安全等级的信息。只要系统支持 MAC,那么系统中的每个客体和主体都有一个敏感标签同它相关联。

2. 信息的输入和输出

在 MAC 系统中,控制系统之间的信息输入和输出是非常重要的。MAC 系统有大量的规则用于控制信息的输入和输出。

在 MAC 系统中,所有的访问决策都是由系统做出的,而不像自主访问控制中由用户自行决定。对某个客体是否允许访问的决策将由以下 3 个因素决定。

(1) 主体的敏感标签。

(2) 客体的敏感标签。

(3) 访问请求。

强制访问控制系统根据如下判断准则来确定访问规则:只有当主体的敏感等级高于或等于客体的等级时,访问才是允许的,否则将拒绝访问。

3. 安全标记

强制访问控制对访问主体和客体标识两个安全标记:一个是具有偏序关系的安全等级标记;另一个是非等级分类标记。主体和客体在分属不同的安全级别时,都属于一个固定的安全级别(Security Class,SC),SC 就构成一个偏序关系(比如,代表绝密级的 TS 比代表秘密级的 S 要高)。当主体 s 的安全级别为 TS,而客体 o 的安全级别为 S 时,用偏序关系可以表述为 $SC(s) \geqslant SC(o)$。考虑到偏序关系,根据主体和客体的敏感等级和读写关系,可以有以下 4 种组合。

(1) 下读(Read Down,RD):主体级别高于客体级别的读操作。

(2) 上写(Write Up,WU):主体级别低于客体级别的写操作。

（3）下写（Write Down，WD）：主体级别高于客体级别的写操作。

（4）上读（Read Up，RU）：主体级别低于客体级别的读操作。

这些读写方式保证了信息流的单向性。显然，"上读/下写"方式保证了数据的完整性，但破坏了保密性；而"上写/下读"方式则保证了数据的保密性，但破坏了完整性。

强制访问控制的特点：一是强制性，除管理员外，任何主体、客体都不能直接或间接地改变安全属性；二是限制性，系统通过比较主体和客体的安全属性来决定主体能否以它所希望的模式访问一个客体，对用户施加了严格的限制。强制访问控制的优点是授权形式相对简单，工作量小，但灵活性差，不适合访问策略复杂的系统。

5.3.2 强制访问控制策略

在强制访问控制下，用户（或其他主体）与资源（或其他客体）都被标记了固定的安全标记，在每次访问发生时，系统检查安全属性以便确定一个用户是否有权访问该文件。强制访问控制策略是基于系统权威（如安全管理员）制定的访问规则来对访问进行控制。

强制访问控制模型基于与每个数据项和每个用户关联的安全标记。安全标记被分为若干级别：绝密（Top Secret，TS）、机密（Confidential，C）、秘密（Secret，S）、非保密（Unclassified，U），其中 TS＞C＞S＞U。数据的安全标记称为密级，用户的安全标记称为许可证级别。在计算机系统中，每个运行的程序继承用户的许可证级别，也可以说，用户的许可证级别不仅仅应用于作为人的用户，而且应用于该用户运行的所有程序。当某一用户以某密级进入系统时，在确定该用户能否访问系统上的数据时应遵守如下规则。

（1）当且仅当用户许可证级别高于或等于数据的密级时，该用户才能对该数据进行读操作。

（2）当且仅当用户许可证级别低于或等于数据的密级时，该用户才能对该数据进行写操作。

第二条规则表明用户可以为其写入的数据对象赋予高于自己许可证级别的密级，这样的数据被写入后，用户自己就不能再读该数据对象了。这两种规则的共同点在于，它们禁止了拥有高级许可证级别的主体更新低密级的数据对象，通过"上写/下读"的方式，防止了敏感数据的泄露。

多级安全策略（Multilevel Security Policy）是最为常见的强制访问控制策略，它基于系统中主体与客体的安全级别来决定是否允许访问。多级安全策略指预先定义好用户的许可证级别和资源的密级，当用户提出访问请求时，系统对两者进行比较以确定访问是否合法。在多级访问控制系统中，所有主体和客体都被分配了安全标记，安全标记对其自身的安全等级进行了标识，其作用过程是：主体被分配一个安全等级，客体也被分配一个安全等级，在执行访问控制时，对主体和客体的安全级别进行比较。

在强制访问控制策略中，资源访问授权根据资源和用户的相关属性确定，或者由特定用户（一般为安全管理员）指定。它的特征是强制规定访问用户允许或者不允许访问资源或执行某种操作。

强制访问控制策略目前主要应用于军事系统或是安全级别要求较高的系统之中。强制访问控制一般与自主访问控制结合使用，并且实施一些附加的、更强的访问限制。一个主体只有通过自主与强制性访问限制检查后,才能访问某个客体。用户可以利用自主访问控制来防范其他用户对自己客体的攻击,由于用户不能直接改变强制访问控制属性,所以强制访问控制提供了一个不可逾越的、更强的安全保护层,以防止其他用户偶然或故意地滥用自主访问控制。

5.3.3　强制访问控制模型

由于强制访问控制通过分级的安全标记实现了信息的单向流通,因此它一直被军方采用。其中,最著名的是 Bell-LaPadula 模型和 Biba 模型。Bell-LaPadula 模型具有不允许"上读/下写"的特点,可以有效地防止机密信息向下级泄露;Biba 模型则具有不允许"下读/上写"的特点,可以有效地保护数据的完整性。

下面对强制访问控制模型中的几种主要模型做简单的阐述。

1. Lattice 模型

多级安全系统必然要将信息资源按照安全属性分级考虑。安全级别有两种类型:一种是有层次的安全级别(Hierarchical Classification),如前文中的绝密(TS)、机密(C)、秘密(S)、非保密(U)等安全级别;另一种是无层次的安全级别,不对主体和客体按照安全级别分类,只是给出客体接受访问时可以使用的规则和管理者。

Lattice 模型属于有层次的安全级别,每个资源和用户都服从于一个安全级别。在整个安全模型中,信息资源对应一个安全级别,用户所对应的安全级别必须比可以使用的客体资源高才能进行访问。Lattice 模型是实现安全分级的系统,这种方案非常适用于需要对信息资源进行明显分类的系统。

2. Bell-Lapadula 模型

Bell-Lapadula 模型,简称 BLP 模型,是典型的信息保密性多级安全模型,主要应用于军事系统。BLP 模型通常是处理多级安全信息系统的设计基础,在处理绝密级数据和秘密级数据时,要防止处理绝密级数据的程序把信息泄露给处理秘密级数据的程序。BLP 模型的出发点是维护系统的保密性,有效地防止信息泄露,这与后面要讲的维护信息系统数据完整性的 Biba 模型正好相反。

Lattice 模型没有考虑特洛伊木马等不安全因素的潜在威胁,特洛伊木马可以降低整个系统的安全级别,低安全级别用户有可能复制比较敏感的信息。BLP 模型可以有效抵抗这种攻击,防止低安全级别用户和进程访问安全级别比他们高的信息资源。此外,安全级别高的用户和进程也不能向比他安全级别低的用户和进程写入数据。因此,BLP 模型通过建立"无上读"和"无下写"的访问控制原则,保证了数据的保密性。

BLP 模型的安全策略包括强制访问控制和自主访问控制两部分。强制访问控制的安全特性要求对给定安全级别的主体,仅被允许对同一安全级别和较低安全级别的客体进行"下读";对给定安全级别的主体,仅被允许向相同安全级别或较高安全级别上的客体进行"上写"。自主访问控制允许用户自行定义是否让个人或组织存取数据。

用 SC 表示安全级别,s 表示主体,o 表示客体,则 BLP 模型用偏序关系可以表示为

（1）RD，当且仅当 SC(s)≥SC(o)，允许读操作。

（2）WU，当且仅当 SC(s)≤SC(o)，允许写操作。

BLP 模型有效地防止机密信息向下级泄露，但也有一定的局限性，例如上级对下级发文受到限制、部门之间信息的横向流动被禁止、缺乏灵活安全的授权机制等。

除此之外，BLP 模型为通用的计算机系统定义了安全性属性，即以一组规则表示什么是一个安全的系统，虽然比较容易实现，但是它不能更一般地以语义的形式阐明安全性的含义，因此，这种模型不能解释主客体框架以外的安全性问题。例如，①在远程读的情况下，一个高安全级别主体向一个低安全级别客体发出远程读请求，这种分布式读请求可以被看作从高安全级别向低安全级别的一个消息传递，也就是"向下写"。②可信主体可以是管理员或是提供关键服务的进程，像设备驱动程序和存储管理功能模块，这些可信主体若不违背 BLP 模型规则，就不能正常执行它们的任务，而 BLP 模型对这些可信主体可能引起的泄露问题没有任何处理和避免的方法。

3. Biba 模型

Ken Biba 在研究 BLP 模型的安全特性时发现，BLP 模型只解决了信息的保密性问题，其在完整性保护方面存在一定缺陷。BLP 模型没有采取有效的措施来制约对信息的非授权修改，因此使非法、越权篡改成为可能。Biba 模型定义了信息完整性级别，在信息流向的定义方面不允许从低安全级别的进程到高安全级别的进程，也就是说，用户只能向比自己安全级别低的客体写入信息，从而防止非法用户修改安全级别高的客体信息，避免越权、篡改等行为产生。

Biba 模型的两个主要特征如下。

（1）禁止"上写"，这样使得完整性级别高的文件一定是由完整性级别高的进程所产生的，从而保证了完整性级别高的文件不会被完整性级别低的文件或完整性级别低的进程中的信息所覆盖。

（2）没有"下读"，但允许"上读"，即完整性级别低的进程可以阅读完整性级别高的文件。

Biba 模型用偏序关系可以表示为

（1）RU，当且仅当 SC(s)≤SC(o)，允许读操作。

（2）WD，当且仅当 SC(s)≥SC(o)，允许写操作。

Biba 模型改正了被 BLP 模型所忽略的信息完整性问题，但在一定程度上却忽视了保密性。Biba 模型和 BLP 模型是相对立的模型，两个模型分别关注了安全性的两个不同方面，即完整性和保密性，因而信息流的方向是相反的。实际的信息系统中，不会单独只考虑保密性或完整性，两者都要兼顾，因此实际的系统较 Biba 模型和 BLP 模型更复杂。

5.4 基于零信任的访问控制技术

传统的网络安全是基于防火墙的物理边界防御，也就是大众所熟知的"内网"。防火墙的概念起源于 20 世纪 80 年代，该防御模型的前提假设是企业所有的办公设备和数据资源都在内网,并且内网是完全可信的。然而,随着云计算、大数据、物联网等新兴技术的不断兴起,企业 IT 架构正在从"有边界"向"无边界"转变,传统的安全边界逐渐瓦解。随着以 5G、工业互联网为代表的新基建的不断推进,还会进一步加速"无边界"的进化过程。与此同时,零信任安全逐渐进入人们的视野,成为解决新时代网络安全问题的新理念、新架构。

零信任既不是技术,也不是产品,而是一种安全理念。根据美国国家标准与技术研究院(NIST)《零信任架构标准》中的定义:零信任(Zero Trust,ZT)提供了一系列概念和思想,在假定网络环境已经被攻陷的前提下,当执行信息系统和服务中的每次访问请求时,降低其决策准确度的不确定性。零信任架构(Zero Trust Architecture,ZTA)则是一种企业网络安全的规划,它基于零信任理念,围绕其组件关系、工作流规划与访问策略构建而成。

在《零信任网络》一书中,埃文·吉尔曼(Evan Gilman)和道格·巴斯(Doug Barth)从零信任的安全假设和安全思路维度进行了定义。

(1) 网络无时无刻不处于危险的环境中。

(2) 来自网络内外部的安全威胁始终是网络安全的威胁。

(3) 网络的位置不足以决定网络的可信程度。

(4) 网络中的各类要素(包括用户、设备、资源、网络流量等)都应当经过认证和授权。

(5) 依据实际情况制定的动态安全策略才能保证业务安全,要基于尽可能多的数据源计算来进行信任评估。

各类先进技术的使用导致网络越来越复杂,面对新情况,零信任理念是不区分内外网的,它针对核心业务和数据资产构建一体化的动态访问控制体系。在访问者和被保护资源之间建立动态的信任关系,根据信任的程度持续进行授权和权限调整。

零信任代表了新一代的网络安全防护理念,它的关键在于打破了默认的"信任",用一句通俗的话来概括,就是"持续认证,永不信任"。默认不信任网络内外的任何人、设备和系统,基于身份认证和授权重新构建访问控制的信任基础,从而确保身份可信、设备可信、应用可信和链路可信。基于零信任原则,可以保障办公系统的 3 个"安全":终端安全、链路安全和访问控制安全。

5.4.1　零信任网络架构

零信任体系架构是一种端到端的网络/数据安全方法,包括身份、凭证、访问管理、操作、终端、宿主环境和互联基础设施。零信任是一种侧重于数据保护的架构方法。初始的重点应该是将资源访问限制在那些"需要知道"的人身上。传统上,机构和一般的企业网络专注于边界防御,授权用户可以广泛地访问资源。因此,网络内未经授权的横向移动一直是政府机构面临的最大挑战之一。可信 Internet 连接(TIC)和机构边界防火墙提供了·强大的 Internet 网关。这有助于阻止来自 Internet 的攻击者,但 TIC 和边界防火墙在检测和阻止来自网络内部的攻击方面用处不大。

零信任网络架构如图 5.2 所示,用户或计算机需要访问企业资源。通过策略判定点(PDP)和相应的策略执行点(PEP)授予访问权限。

图 5.2 零信任网络架构

系统必须确保用户"可信"且请求有效。PDP/PEP 会传递恰当的判断,以允许主体访问资源。这意味着零信任适用于两个基本领域:身份认证和授权。系统能否消除对用户真实身份的足够怀疑?用户在访问请求中是否合理?用于请求的设备是否值得信任?总体而言,使用者(企业)需要为资源访问制定基于风险的策略,并建立一个系统来确保正确执行这些策略。这意味着企业不应依赖于隐含的可信性,而隐含可信性是指:如果用户满足基本身份认证级别(即登录到系统),则假定所有资源请求都同样有效。

"隐含信任区"表示一个区域,其中所有实体都至少被信任到最后一个 PDP/PEP 网关的级别。例如,考虑机场的乘客筛选模型,所有乘客通过机场安检点(PDP/PEP)进入登机门,乘客可以在候机区内闲逛,所有乘客都有一个共同的信任级别。在这个模型中,隐含信任区域是候机区。

PDP/PEP 应用一组公共的控制,使得检查点之后的所有通信流量都具有公共信任级别。PDP/PEP 不能在流量中应用超出其位置的策略。为了使 PDP/PEP 尽可能细致,隐含信任区必须尽可能小。零信任架构提供了技术和能力,以允许 PDP/PEP 更接近资源。其思想是:对网络中从参与者(或应用程序)到数据的每个流进行身份认证和授权。

5.4.2　零信任体系架构的逻辑组件

在企业中,构成零信任架构(ZTA)网络部署的逻辑组件有很多。这些组件可以作为场内服务或通过基于云的服务来操作。图 5.3 中的概念框架模型显示了组件及其相互作用的基本关系。注意,这是显示逻辑组件及其相互作用的理想模型。图 5.3 中,PDP 被分解为两个逻辑组件:策略引擎(PE)和策略管理器(PA)。

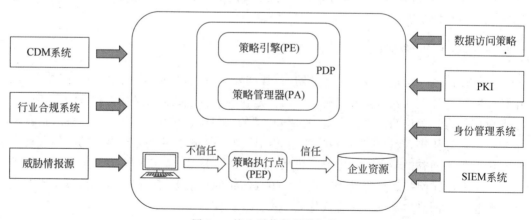

图 5.3　核心零信任逻辑组件

策略引擎(Policy Engine,PE)：该组件负责最终决定是否授予指定访问主体对资源(访问客体)的访问权限。策略引擎使用企业安全策略以及来自外部源(例如 IP 黑名单、威胁情报服务)的输入作为"信任算法"的输入,以决定授予或拒绝对该资源的访问。策略引擎(PE)与策略管理器(PA)组件配对使用。策略引擎做出(并记录)决策,策略管理器执行决策(批准或拒绝)。

策略管理器(Policy Administrator,PA)：该组件负责建立客户端与资源之间的连接(是逻辑职责,而非物理连接)。它将生成客户端用于访问企业资源的任何身份认证令牌或凭证。它与策略引擎紧密相关,并依赖于其决定最终允许或拒绝连接。实现时可以将策略引擎和策略管理器作为单个服务;这里,它被划分为两个逻辑组件。PA 在创建连接时与策略执行点(PEP)通信。这种通信是通过控制平面完成的。

策略执行点(Policy Enforcement Point,PEP)：此系统负责启用、监视并最终终止主体和企业资源之间的连接。这是 ZTA 中的单个逻辑组件,但也可能分为两个不同的组件：客户端(例如,用户便携式计算机上的代理)和资源端(例如,在资源之前控制访问的网关组件)或充当连接门卫的单个门户组件。

除企业中实现 ZTA 策略的核心组件之外,还有几个数据源提供输入和策略规则,以供策略引擎在做出访问决策时使用,包括本地数据源和外部(即非企业控制或创建的)数据源。

持续诊断和缓解(Continuous Diagnostics and Mitigation,CDM)系统：该系统收集关于企业系统当前状态的信息,并对配置和软件组件应用已有的更新。企业 CDM 系统向策略引擎提供关于发出访问请求的系统的信息,例如它是否正在运行适当的打过补丁的操作系统和应用程序,或者系统是否存在任何已知的漏洞。

行业合规系统(Industry Compliance System,ICS)：该系统确保企业遵守其可能归入的任何监管制度(如 FISMA、HIPAA、PCI-DSS 等),包括企业为确保合规性而制定的所有策略规则。

威胁情报源(Threat Intelligence Feed,TIF)：该系统提供外部来源的信息,帮助策略引擎做出访问决策。这些可以是从多个外部源获取数据并提供关于新发现的攻击或漏洞的信息的多个服务,还包括 DNS 黑名单、发现的恶意软件或策略引擎将要拒绝从企业系统访问的命令和控制(C&C)系统。

数据访问策略(Data Access Policies,DAP)：这是一组由企业围绕企业资源而创建的数据访问的属性、规则和策略。这组规则可以在策略引擎中编码,也可以由 PE 动态生成。这些策略是授予对资源的访问权限的起点,因为它们为企业中的参与者和应用程序提供了基本的访问特权。这些角色和访问规则应基于用户角色和组织的任务需求。

公钥基础设施(Public Key Infrastructure,PKI)：此系统负责生成由企业颁发给资源、参与者和应用程序的证书,并将其记录在案。这还包括全球 CA 生态系统和联邦PKI3,它们可能与企业 PKI 集成,也可能未集成。

身份管理系统(ID Management System,IDMS)：该系统负责创建、存储和管理企业用户账户和身份记录。该系统包含必要的用户信息(如姓名、电子邮件地址、证书等)和其他企业特征,如角色、访问属性或分配的系统。该系统通常利用其他系统(如上面的 PKI)

来处理与用户账户相关联的工件。

安全信息和事件管理(Security Information and Event Management,SIEM)系统:聚合系统日志、网络流量、资源授权和其他事件的企业系统,这些事件提供对企业信息系统安全态势的反馈。然后这些数据可用于优化策略并警告可能对企业系统进行的主动攻击。

5.4.3 零信任架构的核心能力及访问控制模型

基于零信任理念构建零信任架构,打破传统安全架构基于网络边界构筑信任域的理念,基于各类主体的身份进行细粒度的风险度量和访问授权,通过持续信任评估实现动态访问控制,避免核心资产直接暴露,最大程度减少被攻击面以及被攻击的风险。身份认证、持续信任评估、动态访问控制、业务安全访问是零信任架构的核心能力。

1. 身份认证

基于身份而不是拓扑位置构建访问控制体系是零信任架构的基础,为网络中的人、设备、业务应用、数据资产等参与网络交互的所有实体要素建立数字身份,采用身份认证系统认证各类要素的身份。基于访问的主体身份信息进行最小范围授权,遵循最小安全授权原则,能够抵御较强的风险。

2. 持续信任评估

持续信任评估的结果是动态访问控制的决策依据,基于各类主体身份信息,采用信任评估模型和算法,通过对各种采集数据源的分析,评估出用户、终端、应用及被保护数据的信任等级,评估结果输出到访问控制模块。信任评估过程持续进行,以实时反映终端环境和应用环境的动态变化。

3. 动态访问控制

访问控制模块持续依据评估结果建立访问主体和被访问资源之间的映射关系,调整并下发执行控制策略,构建对核心业务资产的保护屏障,将核心业务资产的暴露面隐藏。

在以上功能基础上配合其他组件及技术实现业务安全访问。

传统访问控制模型中,访问主体通过角色属性获取相应权限。但是,在零信任架构下,以前相对静态的或者相对封闭的网络环境已经越来越少,逐步向开放式发展,访问主体身份不固定,频繁进行登录和退出操作,对访问控制模型提出了更高的要求。

在零信任理念下,常用的访问控制模型有两种:基于角色的访问控制和基于属性的访问控制。5.5 节和 5.6 节将具体介绍。

5.5 基于角色的访问控制

20 世纪 90 年代以来,随着对在线多用户、多系统研究的不断深入,角色的概念逐渐形成,并产生了以角色为中心的访问控制模型,并广泛应用在各种信息系统中。

基于角色的访问控制(Role-Based Access Control,RBAC)是将访问权限分配给特定角色,授权用户通过扮演不同身份角色取得该角色拥有的访问控制权。基于角色的访问控制模型刚好解决了自主访问控制模型和强制访问控制模型的不足。文件系统的安全策略就是使用基于角色的访问控制模型,对系统管理员和普通用户设置不同的访问权限。

5.5.1 基于角色的访问控制基本概念

基于角色的访问控制,是一种广为使用的访问控制机制,其不同于强制访问控制以及自主访问控制直接赋予使用者权限,而是将权限赋予角色。1996 年,莱威·桑度(Ravi Sandhu)等在前人的理论基础上,提出以角色为基础的访问控制模型,故该模型又被称为 RBAC96。之后,NIST 重新定义了以角色为基础的访问控制模型,并将之纳为一种标准,称为 NIST RBAC。

传统的自主访问控制和强制访问控制都是将用户与访问权限直接联系在一起,或直接对用户授予访问权限,或根据用户的安全级来决定用户对客体的访问权限。在基于角色的访问控制中,引入了角色的概念,将用户与权限在逻辑上进行分离。

基于角色的访问控制是指在访问控制系统中,按照用户所承担的角色的不同而授予不同的操作权限集。RBAC 的核心思想就是将访问权限与角色相联系,通过给用户分配合适的角色,让用户与访问权限相联系。角色是根据系统内为完成各种不同的任务需要而设置的,根据用户在系统中的职权和责任来设定他们的角色。用户可以在角色间进行转换,系统可以添加、删除角色,还可以对角色的权限进行添加、删除。用户与客体无直接联系,只有通过角色才享有该角色所对应的权限,从而访问相应的客体。因此,用户不能自主地将访问权限授予别的用户。通过应用 RBAC,将安全性放在一个接近组织结构的自然层面上进行管理。

RBAC 是一种特殊的强制访问控制,在特定条件下它又可构造出自主访问控制类型的系统。RBAC 根据安全策略可划分出不同的角色,对每个角色分配不同的权限,并为用户指派不同的角色,用户通过角色间接地对数据信息资源进行许可的相应操作。依据系统安全的最小权限原则制定相应的策略,其目的一方面给予主体"必不可少"的权限,保证所有的主体能在所赋予的权限下完成任务或操作;另一方面合理地限制每个主体不必要的访问权限,从而堵截许多攻击与泄露数据信息的途径。

RBAC 支持公认的安全原则:最小权限原则、责任分离原则和数据抽象原则。

(1)最小权限原则(Principle of Least Privilege,PoLP),也称最小特权原则,是指将超级用户的所有特权分解成一组细粒度的权限子集,定义成不同的"角色",分别赋予不同的用户,每个用户仅拥有完成其工作所必需的最小权限,避免了超级用户的误操作或其身份被假冒后而产生的安全隐患。RBAC 支持最小特权原则,在模型中可以通过限制分配给角色权限的多少和大小来实现,分配给与某用户对应角色的权限只要不超过该用户完成其任务的需要就可以了。

(2)责任分离原则,在 RBAC 模型中可以通过在完成敏感任务过程中分配两个责任上互相约束的两个角色来实现。例如,在清查账目时,只需要设置财务管理员和会计两个角色参加就可以了。

（3）数据抽象原则，通过权限的抽象来体现。例如，财务操作中用借款、存款等抽象权限，而不是使用操作系统提供的读、写、执行等具体的权限。RBAC 并不强迫实现这些原则，安全管理员可以允许配置 RBAC 模型使它不支持这些原则。因此，RBAC 支持数据抽象的程度与 RBAC 模型的实现细节有关。

RBAC 是目前国际上流行的、先进的安全管理控制方法，其优缺点如下。

（1）优点：简化了用户和权限的关系，易扩展，易维护。

（2）缺点：RBAC 模型没有提供操作顺序的控制机制，这一缺陷使得 RBAC 模型很难适应那些对操作顺序有严格要求的系统。

5.5.2 基于角色的访问控制模型

RBAC96 是一个模型族，包括 4 个模型：$RBAC_0 \sim RBAC_3$。图 5.4 表示了 RBAC96 内各模型间的关系。

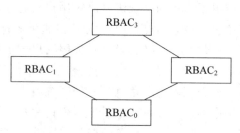

图 5.4　RBAC96 内各模型间的关系

（1）$RBAC_0$ 是核心，定义了完全支持 RBAC 概念的任何系统的最低需求，包括用户、角色、许可权和会话等要素，并形式化地描述了访问权限与角色的关系，用户通过角色间接获得权限的访问控制方式。

（2）$RBAC_1$ 在 $RBAC_0$ 的基础上引入了角色等级的概念，进一步简化了权限管理的复杂度。

（3）$RBAC_2$ 则增加了角色之间的约束条件，例如互斥角色、最小权限等。

（4）$RBAC_3$ 则是 $RBAC_1$ 和 $RBAC_2$ 的综合，探讨了角色继承和约束之间的关系，被称为统一模型。

1. 基本模型 $RBAC_0$（Core RBAC）

$RBAC_0$ 包含用户（User）、角色（Role）、许可权（Permission）3 类实体集合和一个会话（Session）集合。用 U、R、P、S 分别表示用户、角色、许可权和会话的概念。

$RBAC_0$ 模型指明了用户、角色、会话和许可权之间的关系。其中：

（1）用户是指自然人，代表一个组织的职员。

（2）角色表示该组织内部的一项任务的功能或某个工作职务，它也表示该角色成员所拥有的权利和职责。

（3）许可权是用户对系统中各客体访问或操作的权利。许可权因客体不同而不同，例如，对于目录、文件、设备端口等类客体的操作权是读、写、执行等；对应数据库管理系统的客体是关系、元素、属性、记录、库文件、视图等,相应的操作权是 Select、Update、Delete、Insert 等。

（4）会话由用户控制,一个用户可以创建会话并激活多个用户角色,从而获取相应的访问权限,用户可以在会话中更改激活角色,并且用户可以主动结束一个会话。

一个系统中定义并存在着多个用户、角色与许可权,对每个角色可以设置多个授权关系,通常称为许可权分配（Permission Assignment, PA）。PA 表示许可权与角色之间多对多的指派关系。同样,对每个用户可以设置多个角色,通常称为用户分配（User Assignment, UA）。UA 表示用户与角色之间多对多的指派关系。角色是许可权的集合,当用户被赋予一个角色时,用户具有这个角色所包含的所有许可权。在使用 RBAC$_0$ 模型时,要求每个许可权和每个用户至少应该被分配给一个角色。两个角色被分配的许可权完全一样是可能的,但仍是两个完全独立的角色,用户也有类似情况。

会话是在特定环境下一个用户与一组角色的映射,即用户为完成某项任务而激活其所属角色的一个子集,激活的角色权限集合即该用户当前有效的访问权限。RBAC$_0$ 不允许由一个会话去创建另一个会话,会话只能由用户创建,是由单个用户控制的。

在一个 RBAC 模型的系统中,每个用户进入系统时,会得到一个会话。每个会话是动态产生的,从属于一个用户。只要静态定义过这些角色与该用户的关系,会话就会根据用户的要求负责将它所代表的用户映射到多个角色中。一个会话可能激活的角色是用户的全部角色的一个子集,对于用户而言,在一个会话内可获得全部被激活的角色所代表的访问许可权。在模型中设置角色和会话,有利于系统实施最小权限原则,如果用户在一次会话中激活的所有角色的权限超过该用户被允许的权限,将受到最小权限原则的限制。

RBAC$_0$ 中的许可权只能应用于数据和资源类客体,不能应用于模型本身的组件。修改集合 U、R、P 和关系 PA 和 UA 的权限称为管理权限,在 RBAC$_0$ 中假定只有安全管理员才能修改这些组件。

图 5.5 为 RBAC$_0$ 模型,从图 5.5 中可知：每个角色至少具备一个权限,每个用户至少扮演一个角色;可以对两个完全不同的角色分配完全相同的访问权限;会话由用户控制,一个用户可以创建会话并激活多个用户角色,从而获取相应的访问权限,用户可以在会话中更改激活角色,并且用户可以主动结束一个会话;用户和角色是多对多的关系,表示一个用户在不同的场景下可以拥有不同的角色;角色和许可权是多对多的关系,表示角色可以拥有多种权限。

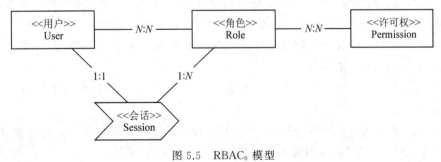

图 5.5　RBAC$_0$ 模型

2. 角色分级模型 RBAC₁(Hierarchal RBAC)

RBAC₁ 又称为层次模型,它是对 RBAC₀ 的扩充,增加了角色等级的概念。在实际组织中客观存在着职权重叠的现象,RBAC₁ 模型中通过实施角色等级来反映这种情况。角色分级是指一个 RBAC 系统中角色与角色之间存在上下级关系,在分级模型中一个角色可以有上级角色和下级角色,权限在分级模型中是向上继承的;相反,角色在分级模型中则是向下继承的。这些继承是偏序的,即具有传递性、自反性和反对称性。

通过角色等级,上级角色可以继承下级角色的访问权限,通常称为角色继承(Role Hierarchical,RH),再被授予自身特有的权限而构成该角色的全部权限,这极大地简化了权限管理,也真实地反映了一个组织或部门的责任权力关系。

RBAC₁ 模型的特色是:模型中的角色是分级的,不同级别的角色有不同的职责与权限,角色的级别形成了偏序关系。角色间的继承关系可分为一般继承关系和受限继承关系。一般继承关系仅要求角色继承关系是一个绝对偏序关系,允许角色间的多继承;而受限继承关系则进一步要求角色继承关系是一个树结构,实现角色间的单继承。RBAC₁ 模型如图 5.6 所示。

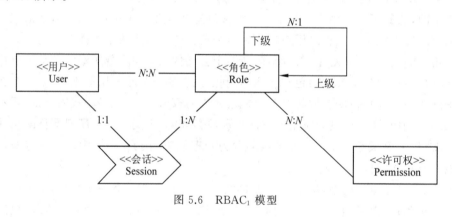

图 5.6　RBAC₁ 模型

3. 角色限制模型 RBAC₂(Constraint RBAC)

RBAC₂ 又称为约束模型,它除了包含 RBAC₀ 的所有基本特性外,还增加了对 RBAC₀ 所有元素的约束检查,引入了约束集合,规定了 RBAC₀ 各元素的操作是否可被接受,只有可接受的操作才被允许。这些约束种类很多,典型的有以下 5 种。

(1)互斥角色。同样的权限在一个互斥集合中至多分配给一个角色,这样尤其有利于对比较重要的权限进行分配。

(2)基数限制。一个用户可拥有的角色数目受限,同样一个角色对应的权限数目也受限。

(3)先决条件约束。可以分配角色给用户,仅当该用户已经是另一角色的成员;对应地,可以分配权限给角色,仅当该角色已经拥有另一种操作权限。

(4)时间频度限制。规定特定角色权限的使用时间及频度。

（5）运行时互斥。例如，允许一个用户具有两个角色的成员资格，但是在运行中不能同时激活这两个角色。

RBAC$_2$ 模型通过增加责任分离，反映了实际组织中利益冲突的一种解决办法，可以有效地防止用户超越权限。从以上几种典型的约束可以看出，这种责任分离可以分为两种：一种是静态责任分离（Static Separation of Duty，SSD），即对用户分配的角色进行约束，当用户被分配给一个角色时，禁止其成为第二个角色，如互斥角色；另一种是动态责任分离（Dynamic Separation of Duty，DSD），它通过对用户会话过程进行约束，来限制一个用户的许可权，如运行时互斥。RBAC$_2$ 模型如图 5.7 所示。

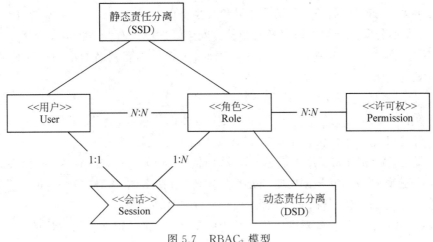

图 5.7 RBAC$_2$ 模型

4. 统一模型 RBAC$_3$（Combines RBAC）

RBAC$_3$ 又称为层次约束模型（Hierarchical Constrained RBAC），也就是最全面级的权限管理，它在基于 RBAC$_2$ 的基础上，将 RBAC$_1$ 和 RBAC$_2$ 进行了整合，是最全面，也是最复杂的。RBAC$_3$ 模型如图 5.8 所示。

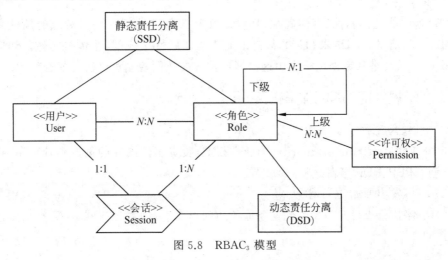

图 5.8 RBAC$_3$ 模型

5.6　基于属性的访问控制

5.6.1　基于属性的访问控制基本概念

基于属性的访问控制(Attribute-Based Access Control,ABAC)通过动态计算一个或一组属性是否满足某种条件来进行授权判断。可以按需实现不同颗粒度的权限控制,但定义权限时不易看出用户和对象间的关系。如果规则复杂,容易给管理者的维护和追查带来麻烦。

基于属性的访问控制是一种适用于开放环境下的访问控制技术。它通过安全属性来定义授权,而不需要预先知道访问者的身份。安全属性可以看作一些与安全相关的特征,可以由不同的属性权威分别定义和维护。因此,ABAC 具有较高的动态性和分散性,能够较好地适应开放环境。

具体地,ABAC 包括如下 3 个重要概念。

(1) 实体(Entity):指系统中存在的主体、客体以及权限和环境。

(2) 环境(Environment):指访问控制发生时的系统环境。

(3) 属性(Attribute):用于描述上述实体的安全相关信息,是 ABAC 的核心概念。

ABAC 进行授权访问控制的基础元素是实体,包括主体、客体、权限、环境等,因此各个实体属性可分为主体属性、客体属性、权限属性和环境属性。

ABAC 中的主体是实施对客体访问行为的实体,其属性定义包括主体的身份、角色、职位、能力、位置、部门以及 CA 证书等,主体可以是用户、服务、终端设备、进程等;客体是被主体访问的实体,如文件、数据服务、设备等,客体属性与主体属性类似,客体属性包括客体的身份、位置、角色、部门、类型、数据结构、所需费用等;权限属性主要用来描述主体对客体的访问类型,如新建、修改、下载、删除、上传等;环境属性是与业务运行处理相关的属性,它通常与主客体的身份没有关系,主要用在授权决策,是当前动作参与各方的一些动态属性。环境属性包括时间、日期、系统状态、安全级别、用户 IP 地址、服务器当前访问量、CPU 利用率等。ABAC 的工作原理如图 5.9 所示。

ABAC 中的主体属性、客体属性、环境属性和权限属性都由一组对应的属性名和属性值构成。所有的访问请求和策略都是由上述实体属性构成的,主体对客体的访问请求由 ABAC 中的策略判定模块根据由这些属性构成的访问控制策略决定能否访问。

5.6.2　基于属性的访问控制模型

ABAC 模型流程示意图如图 5.10 所示。

其中,AA(Attribute Authority)为属性权威,负责实体属性的创建和管理,并提供属性的查询。PEP、PDP 等概念见 5.4.2 节。

(1) 主体发出原始访问请求。

(2) 策略执行点(PEP)接收到这条原始访问请求后,向属性权威(AA)提出属性访问请求(AAR)。

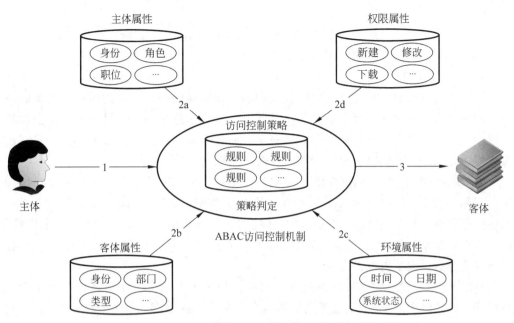

图 5.9 ABAC 的工作原理示意图

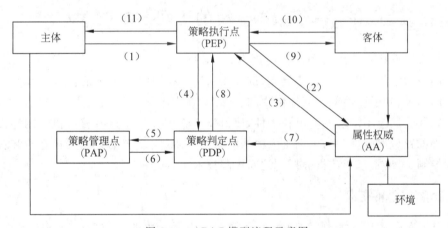

图 5.10 ABAC 模型流程示意图

（3）AA 将相关实体属性信息返回，此时的 AAR 包含主体属性集合、客体属性集合、环境属性集合和权限属性集合。

（4）PEP 将 AAR 发送给 PDP。

（5）PDP 根据返回的属性信息，向策略管理点（PAP）提交访问请求。

（6）PAP 根据所存储的访问策略信息，从中查询适合判定此条 AAR 的策略，并将策略规则传回给 PDP。

（7）若 PAP 中的策略所要求的属性没有被基于属性的访问请求所覆盖，则需要 PDP 从 AA 中再次对这些未覆盖的属性进行查询，从而完成判定。

（8）PDP 根据 PAP 传回的策略规则，对 AAR 进行策略判定，并将判定结果返回给 PEP。

（9）PEP 执行判定结果，向客体发送资源访问许可，决定主体能否访问该资源。

（10）客体对主体发出的访问请求进行响应。

（11）主体完成访问。

ABAC 中的授权是由主体、客体、权限和环境属性共同协商完成访问控制决策的，把与访问控制相关的时间、空间、位置、行为、历史交互等信息作为一种属性进行建模，访问控制中的很多复杂授权和访问控制策略约束都通过不同属性之间的关系、视角和逻辑语义来描述，从而进行细粒度、复杂的访问授权，增强了访问控制的灵活性和可扩展性。

与 RBAC 相比，ABAC 对权限的控制粒度更细，如控制用户的访问速率、访问时间等。实际开发中可以结合 RBAC 角色管理的优点和 ABAC 的灵活性一起使用。然而，与 RBAC 所面临的问题类似，在 ABAC 中，属性的管理和标记对于安全管理员来说仍然是一个劳动密集型工作，而且需要一定的专业领域知识。在大数据场景下，数据规模和应用复杂度使得这一问题更加严重。

总的来说，ABAC 能够完成细粒度访问控制和面向大规模主体动态授权等问题，并将传统访问控制中的角色、安全等级等抽象为属性，能有效实现传统访问控制模型的所有功能，适用于云计算等开放分布式计算环境，应用前景广阔。

5.7　基于数据分析的访问控制技术

随着大数据技术的发展和广泛应用，以数据处理为中心的大型复杂系统纷纷涌现。访问控制技术中都存在一些核心概念，例如强制访问控制中的安全标记、基于角色的访问控制中的角色、基于属性的访问控制中的属性等，在大数据应用场景下，数据的大规模快速增长以及数据应用需求的不可预测性，使得安全管理员对于这些核心概念的定义和权限的管理配置愈加困难。为了满足大数据场景的需求，实现自动化的授权管理和自适应的访问控制，提出了基于数据分析的访问控制技术。

5.7.1　角色挖掘技术

在基于角色的访问控制模型中，安全管理员需要解决两个问题：①创建哪些角色？②角色与用户、角色与权限如何关联？与这两个问题有关的工作也被称为角色工程。角色工程的目标是定义一个完整、正确和高效的角色集合。通常有两种解决方式：自顶向下和自底向上。自顶向下是基于领域知识对业务流程或场景进行分析，归纳安全需求，并在此基础上进行角色的定义，其特点是对人工、领域知识要求较高，同时对业务的熟悉程度也有较强的依赖。因此，自顶向下方式在大型复杂系统中较难实现。

大数据场景下角色定义的工作量较大，且需要熟悉领域知识。安全管理员已经难以自顶向下地分析和归纳安全需求，并基于需求来定义角色。为了解决该问题，自底向上定义角色的方法被提出，即采用数据挖掘技术从系统的访问控制信息等数据中获得角色的定义，也被称为角色挖掘（Role Mining）。早期的角色挖掘主要采用层次聚类算法从已有的用户—权限分配关系中自动地获得角色，并建立用户—角色、角色—权限的映射。近年来,为了进一步提高角色定义的质量,人们开始对用户的权限使用记录等更丰富的数据集进行分析,即考虑了权限使用的频繁程度和用户属性等因素,从而使得角色挖掘的结果更加符合系统中的实际权限情况。

目前主流的角色挖掘方法主要有两类:基于层次聚类的角色挖掘和生成式角色挖掘。

1. 基于层次聚类的角色挖掘

系统在初始情况下往往已经有了简单的访问权限分配,即"哪些用户能够访问哪些数据"。基于层次聚类的角色挖掘方法,是指从这类数据中分析和挖掘潜在的角色概念,并将角色与用户、角色与权限分别进行关联。我们将角色看作大量用户共享的一些权限组合,并假设所有人持有的权限都是有意义的,同时已有的权限分配都是正确的。在该假设下,采用聚类方法来挖掘角色。

1) 凝聚式角色挖掘

凝聚式角色挖掘是将每个对象作为一簇,不断合并成为更大的簇,直到所有的对象合并为一个类簇或满足某个终止条件。具体为:将权限看作聚类的对象,初始时将每个权限作为一个类簇,通过不断合并距离近的类簇完成对权限的层次聚类,聚类结果为候选的角色及它们的继承关系。两个权限类簇之间的距离是由它们之间的共同用户数量以及它们所包含的权限数量决定的。两个类簇的共同用户数量越多,且包含的权限数量越多,两个类簇的距离越近。

2) 分裂式角色挖掘

分裂式层次聚类是将所有对象作为一簇,然后按照一定条件不断细分,直到每个对象作为一个类簇或满足某个终止条件。具体为:分裂式角色挖掘是将初始较大的权限集合不断地细分为更小的权限集合,从而形成由权限类簇构成的树。然而,与一般分裂式层次聚类略微不同的是,它的初始类簇不是所有权限构成的一个集合,而是采用了更有实际意义的多个"由用户持有的权限组合"。权限类簇分裂的方法是:对类簇所包含的权限集合求交集,若新产生的权限类簇没有用户持有,则不作为候选角色,否则将作为候选角色。根据求类簇交集的计算范围的不同,又可以分为完全角色挖掘和快速角色挖掘。完全角色挖掘是针对所有的初始类簇和新产生的类簇求交集,而快速角色挖掘则只对初始类簇求交集,所以后者的效率非常高,但是只能发现部分候选角色。

2. 生成式角色挖掘

基于层次聚类的角色挖掘存在的主要问题:它只对已有的权限分配数据进行角色挖掘,所以挖掘出的角色定义的质量往往过多地依赖于已有权限分配的质量。而对于更加复杂的大数据应用场景来说,已有权限分配的质量往往很难保证,因此提出了生成式角色挖掘,基于权限使用日志进行角色挖掘,其结果能更准确地反映权限的真实使用情况,而不局限于已有权限分配的准确性。下面介绍一种基于权限使用日志的角色挖掘方法。

(1) 基本思路:将角色挖掘问题映射为文本分析问题,采用两类主题模型 LDA (Latent Dirichlet Allocation,潜在狄利克雷分布)和 ATM(Author-Topic Model,作者-主题模型)进行生成式角色挖掘,从权限使用情况的历史数据来获得用户的权限使用模式,进而产生角色,并为它赋予合适的权限,同时根据用户属性数据为用户分配恰当的角色。

(2) 基于 LDA 和 ATM 的角色挖掘。一篇文档是由一组词构成的集合,词与词之间无顺序关系。一篇文档包括多个主题,文档中的每个词都是由其中一个主题产生的,也就存在文档主题概率分布和主题对应单词概率分布。

LDA 模型使用狄利克雷参数来完善文档的生成过程,生成一个文档的步骤如下。

① 按照先验概率 $p(d_i)$,选择一篇文档 d_i。

② 从狄利克雷分布 α 中抽样生成文档 d_i 的主题分布,主题分布 θ_i 由超参数为 α 的狄利克雷分布生成。

③ 从主题的多项式分布 θ_i 中抽样生成文档 d_i 第 j 个词的主题 $z_{i,j}$。

④ 从狄利克雷分布 β 中抽样生成主题 $z_{i,j}$ 对应的词语分布,词语分布 $\phi_{z_{i,j}}$ 由超参数为 β 的狄利克雷分布生成。

⑤ 从词语的多项式分布 $\phi_{z_{i,j}}$ 中采样最终生成词语 $\omega_{i,j}$。

ATM 模型是 LDA 模型的一种扩展,不同作者在选择主题时有不同的偏好,生成一个文档的步骤如下。

① 选择一篇文档 d。

② 针对文档 d 的第 j 个单词,从参与文档撰写工作的作者集合 a_d 中随机选出一个作者 x。

③ 从狄利克雷分布 α 中抽样生成作者 x 的主题分布,主题分布 θ_x 由参数为 α 的狄利克雷分布生成。

④ 从作者 x 的主题分布 θ_x 中抽样生成文档 d 的第 j 个词的主题 $z_{d,j}$。

⑤ 从狄利克雷分布 β 中抽样生成主题 $z_{d,j}$ 对应的词语分布 $\phi_{z_{d,j}}$,词语分布由参数为 β 的狄利克雷分布生成。

⑥ 从主题 $z_{d,j}$ 的词语分布 $\phi_{z_{d,j}}$ 中采样最终生成词语 $\omega_{d,j}$。

按照上述步骤,就能够基于 LDA 或者 ATM 模型生成一篇文档。这两个模型在角色挖掘中可以将访问控制日志看作包含了多个文档的语料库,而日志中用户的权限使用记录可看作单词,则用户对权限的使用次数就可以看作文档中单词的词频;将角色看作主题,则角色挖掘就转化为主题挖掘。ATM 将文档的作者扩展到 LDA 模型中,考虑不同作者对文档的主题选择具有不同的概率分布,将访问控制系统中用户的属性看作文档的作者后,可以利用 ATM 模型在角色挖掘中更为精准地根据用户属性来分配角色。

(3) 生成式角色挖掘的优点。与早期的角色挖掘技术相比,生成式角色挖掘技术更关注权限使用模式。

首先,早期的角色挖掘缺乏对这些组合的合理性的解释,而生成式角色挖掘是对权限使用模式的分析,其挖掘结果能够反映权限的内在联系,所以在可用性和解释性上具有较大优势。其次,生成式角色挖掘能够对一些拥有相同权限集合,却有不同使用模式的用户群体进一步准确划分。最后,生成式角色挖掘的用途广泛,可用于已有权限分配信息中的错误发现和标识,如发现那些从未被用户使用过的权限,还可用于权限使用过程中的异常检测,如发现不符合权限使用模式的用户访问行为。

5.7.2 风险自适应的访问控制技术

在 Gartner 公布的 2014 年度十大信息安全技术中,自适应访问控制(Adaptive Access Control,AAC)排在第二位。自适应访问控制是一种上下文敏感的动态系统安全访问技术,它的安全策略表达和实施围绕风险量化或收益量化来展开。

自适应访问控制技术的主要代表是风险访问控制。从风险管理的角度来看,访问控制是一种平衡风险和收益的机制。它对访问行为进行风险评估,在访问过程中动态地实施风险与收益的权衡,并在此基础上进行访问控制,因此具有较强的自适应性。对于传统访问控制,风险与收益的平衡被静态定义在访问控制策略中,即"满足策略约束条件的访问行为所带来的风险"被视为系统可接受的。

由于大数据具有"先有数据,后有应用"的特点,因此在收集数据时往往无法事先知道所有的数据应用场景,也无法获知访问行为带来的风险和收益的关系,从而也难以预先定义恰当的访问控制策略。基于风险自适应的访问控制技术,风险与收益的平衡是访问过程中动态实施的,而非预先定义在访问控制策略中。

1. 风险量化

风险量化是将访问行为对系统造成的风险进行数值评估,它是基于风险来实施访问控制的前提。常见的风险要素包括以下 5 个。

(1)被访问客体的敏感程度,是客体重要性的体现,敏感程度越高的客体重要性越高。

(2)被访问客体的数量,是指主体在一次访问请求中或一段时间内所访问的客体的规模。数量越大,累加的风险越大。

(3)客体之间的互斥关系,描述了多次访问行为的风险累加是非线性的,即两个客体存在如下关系:对其中一个客体访问后将不能访问另一客体,或者再访问另一客体时带来的风险会急剧增加。

(4)访问主体的安全级别,是实施了强制访问控制的系统中对主体访问敏感客体时所能达到的安全性的评估。

(5)访问目的与被访问客体的相关性,体现了在业务流程中主体对客体的需求程度。两者相关性越高,风险越小。

目前主流的风险量化方法为基于概率论的静态风险量化和基于协同过滤的动态风险量化。

(1)基于概率论的静态风险量化。其核心思想是"风险量化值(Quantified Risk)由危害发生的可能性和危害程度决定",即 Quantified Risk = (Probability of Damage) × (Value of Damage)。其中,危害的值(Value of Damage)是一个对危害程度的量化度量,往往取决于信息资源的价值,只能由企业或组织根据业务背景自行评估。而危害发生的可能性(Probability of Damage)是指引发该危害的事件发生的可能性,通常采用概率论进行计算。

(2)基于协同过滤的动态风险量化。其基本思想是:利用系统中用户的历史访问行为来构建正常用户的访问行为画像,并以此为风险量化的基准,然后计算每次用户访问行为与该基准的偏离程度并将其作为风险量化值,即访问行为偏离基准越大,该访问产生的风险越大。

其特点是通过行为异常的概率来衡量风险值,所以风险量化结果可以随着系统中整体用户的行为变化而动态变化,相比于静态计算方法更加灵活。然而,这种计算往往需要大量的系统历史数据,以确保风险量化的准确性。

2. 访问控制实施方案

对于风险量化结果实施"允许/拒绝"的二值判定,即超过风险阈值的访问行为将被拒绝,反之允许。引入了"部分允许"的概念,即符合部分访问控制条件的请求将获得部分访问权限。

1)判断方法

采用风险带的访问控制模型如图 5.11 所示。其中,弹性拒绝访问边界用于分隔"允许"和"部分允许"区域的风险量化值;严格拒绝访问边界用于分隔"拒绝"和"部分允许"区域的风险量化值。将大于弹性拒绝访问边界且小于严格拒绝访问边界的风险值的取值区间分成若干子区间,每个子区间为一个风险带。每个风险带被赋予部分访问权限,不同的风险带被赋予的权限不同。若访问控制的风险处于该风险带中,则会被授权对应的访问权限。风险取值区间越接近严格拒绝访问边界,则被赋予的部分访问权限越小,反之被赋予的部分访问权限越大,但不能超过允许访问的全部访问权限。

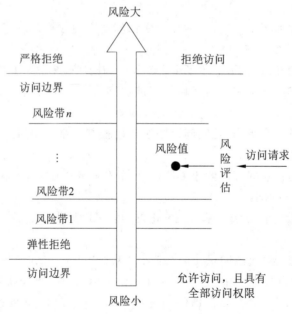

图 5.11 采用风险带的访问控制模型

2)风险与收益的平衡

实现整个系统风险与收益平衡的方法主要为以下两种。

（1）信用卡式：它为每个用户分配风险额度，并让用户在访问资源时根据访问带来的风险消耗额度。当额度不足以支付新的访问时，系统将阻止用户的访问行为。

（2）市场交易式：它将风险视为市场上的商品，而整个系统能够容忍的风险被视为可以交易的商品总量。作为商品的风险流通越充分，越能够实现整体系统的风险与收益的最优化配置。

3）实施框架

风险访问控制的特点在于它对访问行为的约束完全取决于风险与收益的平衡，主要用于确保系统整体的风险在容忍范围内，且收益最大化。

风险访问控制通常采用与传统访问控制相结合的实施框架，如图 5.12 所示。

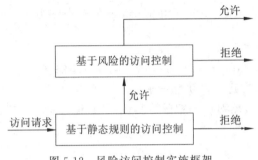

图 5.12　风险访问控制实施框架

访问请求先由基于静态规则的访问控制模块进行判定，然后再由基于风险的访问控制模块在细粒度上进一步判定。只有当两个模块的判定结果都为"允许"时，才能让该访问请求通过，具体有以下两个阶段。

阶段一（粗粒度、严格）：进行传统的基于静态规则的访问控制。这一阶段适合描述和实施粗粒度的或需要严格遵守的访问控制规则。在该阶段被严格禁止的访问不会进入下一阶段。

阶段二（细粒度、宽松）：实施风险访问控制来平衡风险与收益。这一阶段适合描述和实施更细粒度的访问控制规则，能够量化上一阶段允许的访问请求所带来的风险，并做出进一步判定，其判定结果可以是二值判定，也可以包括"部分允许"的模糊式的判定。

大数据场景下应用系统、用户的复杂性以及数据规模的急剧增长，使得安全管理员进行细粒度的策略设计和授权是非常困难的，同时系统仍需要一些严格遵循的访问策略的约束，以确保系统基本的安全性，因此，传统访问控制与风险访问控制结合实施将成为大数据访问控制的一种趋势。

5.8　基于 Ranger 的访问控制技术实践

5.8.1　实验原理

Apache Ranger 可以对整个 Hadoop 生态中的组件（如 HDFS、YARN、Hive、HBase、Kafka、Storm 等）进行细粒度的数据访问控制。通过操作 Ranger 控制台，管理员可以轻松通过配置策略来控制用户访问 HDFS 文件夹、HDFS 文件、数据库、表、字段等权限。

本实验以 HDFS 为例,安装和配置 Ranger 安全组件,通过对目标文件夹设定相应的访问控制策略,展示基于 Ranger 的 HDFS 访问控制的工作原理。HDFS 中使用 Ranger 实现访问控制的过程如图 5.13 所示。

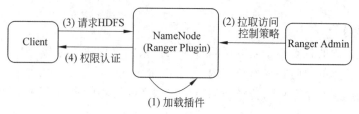

图 5.13　HDFS 中使用 Ranger 实现访问控制的过程

（1） HDFS 启动时加载 Ranger Plugin。

（2） NameNode 从 Ranger Admin 拉取访问控制策略。

（3） 用户向 HDFS 发送文件访问请求。

（4） 基于访问控制策略对用户权限进行认证,并记录审计日志。

5.8.2　准备工作

1. 配置 SSH 连接

推荐使用 MobaXterm 工具建立与 master 节点的 SSH 连接,完成后续的安装配置操作。MobaXterm 可以在官网 https://mobaxterm.mobatek.net/download.html 下载。

在 master 节点虚拟机上使用 ifconfig 命令查询本机 IP 地址,如图 5.14 所示。

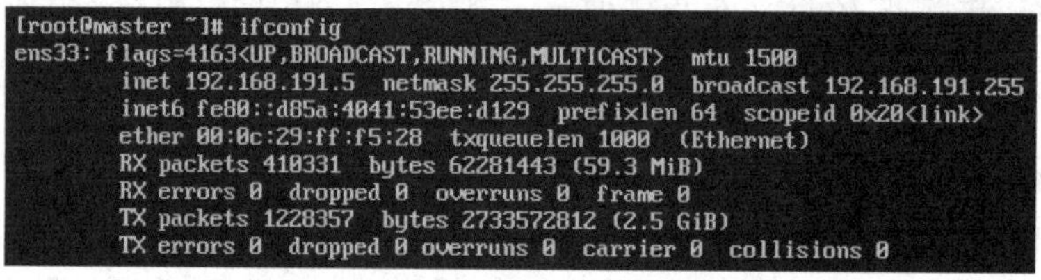

图 5.14　在 master 节点虚拟机上查询本机 IP 地址

MobaXterm 的 SSH 配置信息如图 5.15 所示,将 IP 地址填入 Remote host,Port 选择 22 号端口,就可以实现主机与 master 节点虚拟机的 SSH 连接。

图 5.15　配置 SSH 连接

2. 下载 Ranger 源码

Apache Ranger 官方不提供编译版本,需要自己下载源码进行编译。在官网

https://ranger.apache.org/download.html 下载后,通过 FTP 将 Ranger 源码上传至 master 节点虚拟机。

将下载好的 Apache Ranger 压缩包上传至初始文件夹,使用命令 tar -xvf apache-ranger-2.1.0.tar.gz,对 Ranger 压缩包进行解压,如图 5.16 所示。使用命令 mv apache-ranger-2.1.0 /usr,将 Ranger 文件夹移动到/usr 文件夹,如图 5.17 所示。

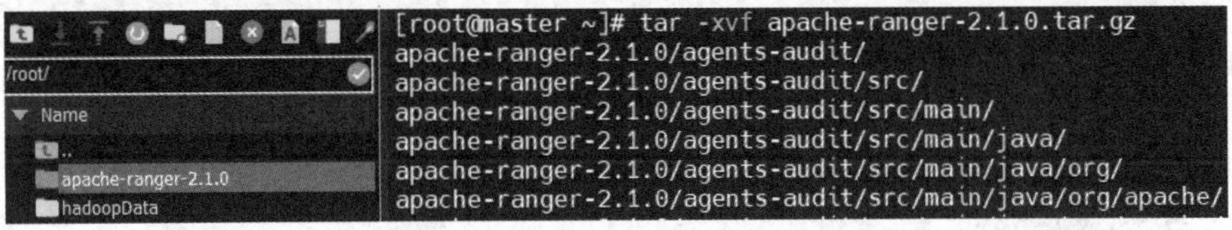

图 5.16　对 Ranger 压缩包解压

图 5.17　移动 Ranger 文件夹的位置

3. 安装 maven 和 gcc

在官网 http://maven.apache.org/download.cgi 下载 maven 压缩包,上传至 master 节点虚拟机中,使用命令 tar -xvf apache-maven-3.8.1-bin.tar.gz 进行解压。

执行命令 vim /etc/profile,配置环境变量,添加以下内容。

```
MAVEN_HOME=/usr/local/maven/apache-maven-3.6.1
export PATH=${MAVEN_HOME}/bin:${PATH}
```

然后,执行命令 source /etc/profile,重载环境变量。

执行命令 mvn -v,查看配置结果。如果出现版本信息,证明配置正确,如图 5.18 所示。

图 5.18　maven 安装配置成功

同时,为了后期考虑,将 maven 的源更换为阿里源,打开 maven 配置文件,执行命令 vim /usr/ apache-maven/conf/settings.xml,找到<mirror></mirror>标签对,添加以下代码。

```
<mirror>
    <id>alimaven</id>
    <name>aliyun maven</name>
    <url>http://maven.aliyun.com/nexus/content/groups/public/</url>
    <mirrorOf>central</mirrorOf>
</mirror>
```

执行命令 yum -y install gcc gcc-c++ kernel-devel 安装 gcc,使用命令 gcc -v 进行安装认证。

4. 安装 MySQL

执行命令 wget -i -c http://dev.mysql.com/get/mysql57-community-release-el7-10.noarch.rpm,从 MySQL 官方网站下载 MySQL 的 yum repository。执行命令 yum -y install mysql57-community-release-el7-10.noarch.rpm,安装 MySQL 的 yum 源。

此时,yum 中就有 MySQL 5.7 版本的安装包了,执行命令 yum -y install mysql-community-server,安装 MySQL。

执行命令 systemctl start mysqld.service,启动 MySQL 后,使用命令 systemctl status mysqld.service 查看 MySQL 运行状态,如图 5.19 所示。

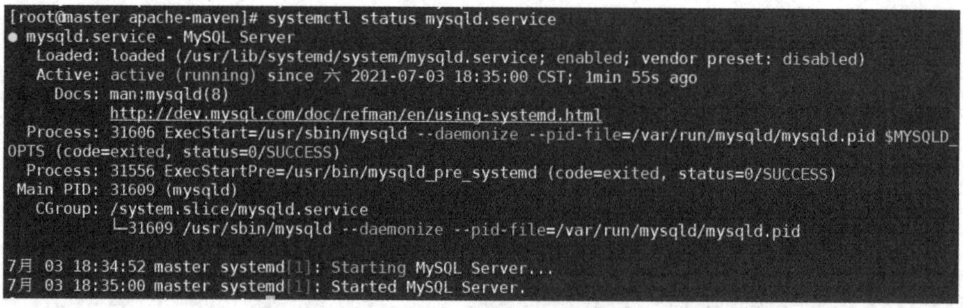

图 5.19　查看 MySQL 运行状态

此时 MySQL 已经开始正常运行,不过,要想进入 MySQL,还得先获得此时 root 用户的密码,通过执行命令 grep "password" /var/log/mysqld.log,可以在日志文件中找到密码,如图 5.20 所示。

图 5.20　获得 MySQL 的 root 用户密码

MySQL 密码为 localhost：后的字符串"WdWrw.rPk97"。执行命令 mysql -uroot -p 进入数据库,执行命令 ALTER USER 'root'@'localhost' IDENTIFIED BY 'new password';更改密码,new password 为要设置的新密码。注意,设置的新密码必须包含大小写字母、数字和特殊符号,不然可能会配置失败。

5. 安装 Python 和 git

CentOS7 自带 Python 2.7,如果没有该版本 Python,可自行下载安装。可以直接使用命令 yum install git 安装版本控制工具 git。

5.8.3 Ranger 安装

安装完上面的组件之后,就可以对 Ranger 进行编译了。进入 Ranger 解压后的目录,执行命令 mvn clean compile package install -DskipTests -Drat.skip=true,运行编译后等待即可(时间稍长)。

安装时,如果遇见如图 5.21 所示的报错信息,则执行命令 vim /etc/profile,编辑环境变量文件,在最后添加代码 export MAVEN_OPTS="-Xms1024m -Xmx1024m -Xss1m"(注意,这里需要使用双引号或者单引号)。

```
[INFO] ------------------------------------------------------------------------
[INFO] BUILD FAILURE
[INFO] ------------------------------------------------------------------------
[INFO] Total time:  33:22 min
[INFO] Finished at: 2021-07-03T20:55:37+08:00
[INFO] ------------------------------------------------------------------------
[ERROR] Java heap space -> [Help 1]
[ERROR]
[ERROR] To see the full stack trace of the errors, re-run Maven with the -e switch.
[ERROR] Re-run Maven using the -X switch to enable full debug logging.
[ERROR]
[ERROR] For more information about the errors and possible solutions, please read the following articl
es:
[ERROR] [Help 1] http://cwiki.apache.org/confluence/display/MAVEN/OutOfMemoryError
```

图 5.21 Java heap space 报错

完成操作后,执行命令 source /etc/profile,使环境变量文件生效。当出现图 5.22 时,说明 Ranger 源码编译成功。

```
[INFO] Presto Security Plugin Shim ........................ SUCCESS [  8.935 s]
[INFO] Elasticsearch Security Plugin Shim ................. SUCCESS [  3.765 s]
[INFO] Elasticsearch Security Plugin ...................... SUCCESS [  9.388 s]
[INFO] Apache Ranger Distribution ......................... SUCCESS [04:44 min]
[INFO] ------------------------------------------------------------------------
[INFO] BUILD SUCCESS
[INFO] ------------------------------------------------------------------------
[INFO] Total time:  01:04 h
[INFO] Finished at: 2021-07-04T09:19:45+08:00
[INFO] ------------------------------------------------------------------------
```

图 5.22 Ranger 源码编译成功

初始化之前,需要对 Ranger Admin 的配置进行修改。跳转到 Ranger 文件夹下的 target 目录后,执行命令 tar -xvf ranger-2.1.0-admin.tar.gz 解压 Ranger Admin,找到 install.properties 文件,对以下内容进行修改。

```
db_root_user=root                //MySQL 数据库的用户名
db_root_password=password        //MySQL 数据库的密码
db_host=master      //设置数据库所在主机,如果和 MySQL 在同一主机,可以使用 localhost
db_name=ranger                   //创建一个名为 ranger 的数据库
```

```
db_user=ranger                  //创建一个名为 ranger 的用户,用来管理 ranger 数据库
db_password=123                 //设置 ranger 用户的密码
audit_store=                    //没有日志仓库,默认为空
hadoop_conf=/home/ranger/software/hadoop-3.3.0/etc/hadoop
                                //填写 Hadoop 配置所在路径
policymgr_external_url=http://xxx:6080 //可视化页面的地址,xxx 代表 IP 地址
```

修改后,执行命令 ./setup.sh 安装服务,再执行命令 ranger-admin start 开启服务。按上面的操作,依次部署 Ranger UserSync 和 Ranger HDFS Plugin。

访问链接 https://部署 Ranger 的主机 IP:6080,使用账号 admin 和密码 admin 登录 Ranger 后台,如图 5.23 所示。

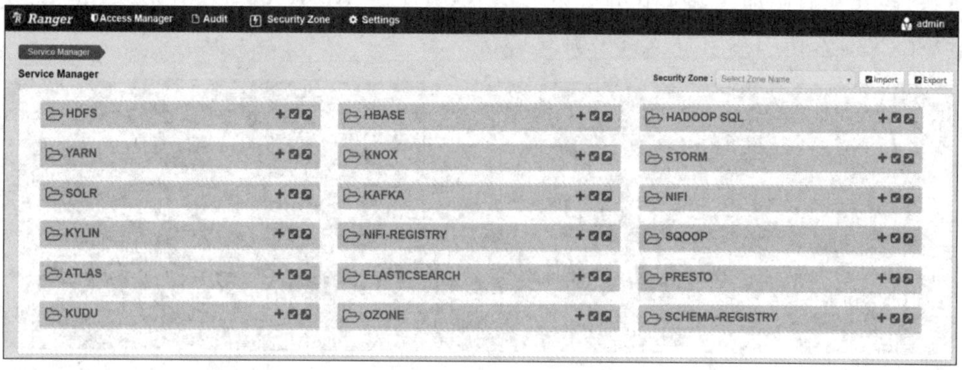

图 5.23　登录 Ranger 后台

在后台中添加 HDFS 服务,具体配置如图 5.24 所示。

5.8.4　Ranger 访问控制认证

Ranger 访问控制认证步骤如下。

(1) 执行命令 useradd xiaoming,在 Linux 环境下添加 xiaoming 用户。

(2) 在 root 用户权限时执行命令 hadoop fs -mkdir /test,使用 HDFS 创建/test 文件夹。执行 echo hahaha > verify.txt,创建 verify.txt 文件。

(3) 登录 Ranger Admin,在 hadoopdev 里添加策略 policy:/test 文件夹仅对 root 用户设置读权限,其他用户均不能读写,如图 5.25 所示。

(4) 执行命令 su xiaoming,切换到 xiaoming 用户,执行 hadoop fs -put/verify.txt /test,以 xiaoming 用户身份尝试写 verify.txt 文件,提示拒绝访问,如图 5.26 所示,说明 xiaoming 用户在/test 文件夹没有写入权限。注意,权限设置好后,需要重启 Hadoop 服务,否则权限不能及时生效。

(5) 修改策略,对 xiaoming 用户在/test 文件夹添加写权限,配置修改内容如图 5.27 所示。

(6) 执行 hadoop fs -put verify.txt /test,并输入 hadoop fs -ls /test 进行认证。可以看见,xiaoming 用户在/test 文件夹下生成了 verify.txt 目标文件,说明 xiaoming 用户具

Service Details :

Service Name *	hadoopdev
Display Name	hadoopdev
Description	
Active Status	◉ Enabled ○ Disabled
Select Tag Service	Select Tag Service ▾

Config Properties :

Username *	root
Password *	•••••
Namenode URL *	hdfs://master:9000　ℹ
Authorization Enabled	No ▾
Authentication Type *	Simple ▾

图 5.24　HDFS 服务配置

Policy Name *	policy　ℹ	enabled			
			nol		
Policy Label	Policy Label				
Resource Path *	✕ /test		recursive		
Description	test				
Audit Logging	YES				

Allow Conditions :　　　　　　　　　　　　　　　　　　　　　　　　　　　　　　　　　　　hide ▲

Select Role	Select Group	Select User	Permissions	Delegate Admin	
Select Roles	✕ public	✕ root	Read ✎	☐	✕

图 5.25　设置 root 用户的读权限

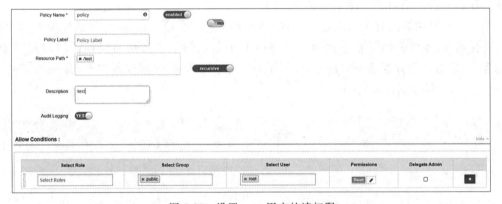

```
[xiaoming@master /]$ cat verify.txt
hahaha
[xiaoming@master /]$ hadoop fs -put /verify.txt /test
put: Permission denied: user=xiaoming, access=EXECUTE, inode="/test"
```

图 5.26　拒绝访问

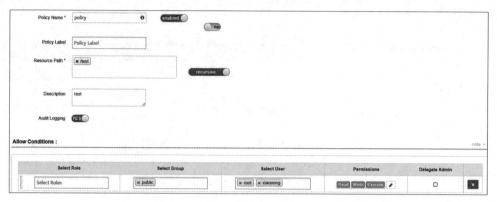

图 5.27　添加 xiaoming 用户的写权限

有写权限,如图 5.28 所示。

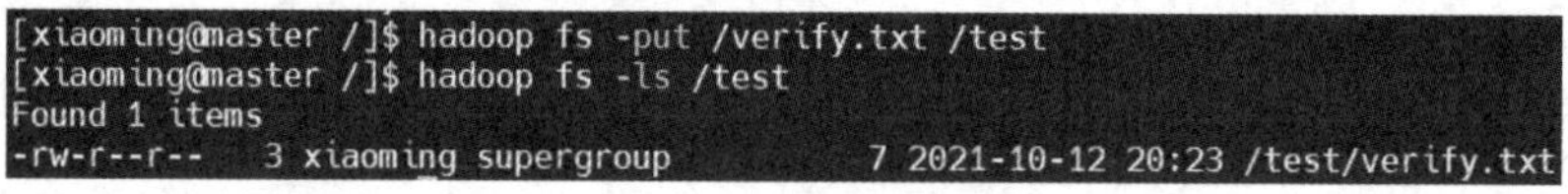

```
[xiaoming@master /]$ hadoop fs -put /verify.txt /test
[xiaoming@master /]$ hadoop fs -ls /test
Found 1 items
-rw-r--r--   3 xiaoming supergroup          7 2021-10-12 20:23 /test/verify.txt
```

图 5.28　写入执行成功

5.9　本章小结

　　访问控制是实现既定安全策略的系统安全技术,它管理所有资源的访问请求,即根据安全策略的要求,对每一个资源访问请求做出是否许可的判断,能有效防止非法用户访问系统资源和合法用户非法使用资源。

　　本章针对主流的自主访问控制、强制访问控制进行介绍。近几年,零信任理念再次成为研究热点,本章介绍了基于此理念发展的基于角色和基于属性的两种访问控制模型。最后,本章结合大数据场景的特点,介绍了基于数据分析的访问控制技术,并进行了基于Ranger 的访问控制技术实践。

习　　题

一、单选题

1. 以下关于访问控制模型错误的是(　　　)。

　　A. 访问控制模型主要有自主访问控制、强制访问控制、基于角色的访问控制和基于属性的访问控制等

　　B. 自主访问控制模型允许主体显示地制定其他主体对该主体所拥有的信息资源是否可以访问

　　C. 基于角色的访问控制 RBAC 中,"角色"通常是根据行政级别来定义的

D. 强制访问控制 MAC 是"强加"给访问主体的,即系统强制主体服从访问控制政策

2. 访问控制是信息安全管理的重要内容之一,以下关于访问控制规则的叙述中,不正确的是( )。

    A. 应确保授权用户对信息系统的正常访问

    B. 防止对操作系统的未授权访问

    C. 防止对外部网络未经授权进行访问,对内部网络的访问则没有限制

    D. 防止对应用系统中的信息未经授权进行访问

3. 在信息系统安全保护中,信息安全策略控制用户对文件、数据库表等客体的访问属于( )安全管理。

    A. 安全审计   B. 入侵检测   C. 访问控制   D. 人员行为

4. 在信息系统安全建设中,( )确立全方位的防御体系,一般会告诉用户应有的责任,组织规定的网络访问、服务访问、本地和远地的用户认证拨入和拨出、磁盘数据加密、病毒防护措施,以及雇员培训等,并保证所有可能受到攻击的地方必须以同样安全级别加以保护。

    A. 安全策略   B. 防火墙   C. 安全体系   D. 系统安全

5. 以下安全措施对于确保信息处理设施中的软件和数据安全最重要的是( )。

    A. 安全意识   B. 翻阅安全策略

    C. 安全委员会   D. 逻辑访问控制

6. 关于网络安全服务的叙述中,错误的是( )。

    A. 应提供访问控制服务以防止用户否认已接收的信息

    B. 应提供认证服务以保证用户身份的真实性

    C. 提供数据完整性服务以防止信息在传输过程中被删除或篡改

    D. 应提供保密性服务以防止传输的数据被截获

二、填空题

1. 访问控制包括 3 个要素:_____、_____和_____。

2. BLP 模型用偏序关系可以表示为_____、_____;Biba 模型用偏序关系可以表示为_____、_____。

3. $RBAC_1$ 在 $RBAC_0$ 的基础上引入了_____的概念,$RBAC_2$ 则增加了_____,例如_____、_____等,$RBAC_3$ 则是_____和_____的综合。

4. 基于属性的访问控制的相关元素有_____、_____、_____和_____。

5. 对于风险自适应的访问控制技术,访问请求先由_____模块进行判定,然后再由_____模块在细粒度上进一步判定。只有当两个模块的判定结果都为_____时,才能让该访问请求通过。

三、简答题

1. 简要说明用户、主体、客体之间的区别和联系。

2.什么是自主访问控制？它有什么特点？

3.什么是强制访问控制？它有什么特点？

4.强制访问控制的不足之处是什么？

5.角色在基于角色的访问控制中起什么作用？

6.RBAC 的安全原则有哪些？

7.NIST 建议的 RBAC 标准有哪几类？请叙述它们的特点。

第6章

数据加密技术

本章学习目标

- 了解静态数据和动态数据的概念和区别
- 掌握静态数据加密的常用方法
- 掌握动态数据加密的常用方法
- 通过实践操作,掌握静态数据和动态数据的加密方案和配置方法

随着网络和科技的不断发展,网络环境日益复杂,网络安全威胁也愈发严重,数据的安全性问题也越来越受到重视。除了第 5 章介绍的通过访问控制对数据进行保护之外,加密技术也是数据保护最常用的方法之一。本章将结合大数据的具体应用场景,利用第 2 章介绍的主流加密算法,从 6.1 节静态数据加密和 6.2 节动态数据加密两方面来介绍数据加密技术,并在 6.3 节和 6.4 节对典型的静态加密技术和动态加密技术的配置过程做详细介绍。静态数据是指保存在持久性存储介质中的数据,例如光盘、U 盘和硬盘等存储介质中的数据;动态数据指的是在网络中传输的数据,例如在互联网、基站之间传输的数据。

6.1　静态数据加密

在非法用户入侵操作系统,以及计算机或硬盘失窃等情况中,静态数据加密能够很大程度上减小数据泄露的可能,保证数据的保密性。

本节主要对以下 5 种常用的静态数据加密方法进行介绍。

1) HDFS 透明加密

分布式文件系统 HDFS 是 Hadoop 的核心组件,在 Hadoop 2.6 版本后,HDFS 提供了端到端的应用层透明加密,使得攻击者即使拿到硬盘设备,也只能获取密文,可防止信息泄露。这种加密方法不需要任何其他的硬件或操作系统软件包,也无须更改用户应用程序代码。

2) MapReduce 中间数据加密

在 MapReduce 执行期间,会产生一些临时数据,当内存缓冲区达到一定阈值时,会把缓冲区中的临时数据写到磁盘中。为了保证这些临时数据的保密性,MapReduce 的中间数据加密功能可以实现对这些临时数据的加密保护。

3）Impala 磁盘溢出加密

当使用 Impala 进行数据查询等内存密集型操作时,会将临时数据写入磁盘即溢出到磁盘,并且 Impala 对这部分数据提供了加密操作。

4）磁盘加密

磁盘加密是指对计算机的硬盘进行加密来防止未被授权的访问,但不能阻止系统中的恶意进程读取数据。该方法有很多种实现方案,有的支持操作系统根分区加密,有的只支持 HDFS 所在的数据分区或者数据卷加密。Windows 中的 BitLocker 是一种全磁盘加密解决方案,可加密整个卷。BitLocker 是基于计算机的可信平台模块(Trusted Platform Module,TPM)硬件实现的,当管理员启用 BitLocker 时,系统中的每个账户的文件都将被加密。

5）加密文件系统

与磁盘加密不同,加密文件系统的对象是具体的文件或文件夹,其建立在已知的文件系统上,而磁盘加密的对象是整块磁盘,使用磁盘加密时内部的文件系统是无法知晓的。加密文件系统工作在操作系统层,不同的操作系统有不同的实现方案,该方法不支持对根分区的文件系统加密。Windows 中加密文件系统(Encrypting File System,EFS)可以用来加密 NTFS 文件系统中的数据,用户可以指定加密的文件和文件夹。

6.1.1 HDFS 透明加密

1. 透明加密概述

加密区域(Encryption Zone)是 HDFS 中的一个抽象概念,此区域中的数据在写时会被透明地加密,同时在读时被透明地解密。HDFS 透明加密,是一种端到端的加密模式,加密和解密过程对于客户端来说是完全透明的。

关于 HDFS 透明加密的细节说明如下。

- 加密区域是 HDFS 中特殊的目录,该目录中的所有文件都以加密形式存储。
- 每个加密区域都有一个与其相关联的加密区域密钥(Encryption Zone Key,EZK),这个 EZK 会在创建加密区域时同时被指定。
- 每个加密区域中的文件会有其唯一的数据加密密钥(Data Encryption Key,DEK)。
- DEK 不会被 HDFS 直接处理,HDFS 只处理经过 EZK 加密过的 DEK,即加密数据加密密钥(Encrypted Data Encryption Key,EDEK)。
- HDFS 允许嵌套创建加密区域,即在某个加密区域目录下使用不同的 EZK 创建新的加密区域。
- 解密时,客户端询问 KMS 服务去解密 EDEK(KMS 利用存储的 EZK 来解密 EDEK 得到 DEK),然后客户端利用得到的 DEK 去读/写加密数据。

加密和解密的问题得到了解决,还有一个问题就是密钥的管理,若密钥保管不善,信息一样会被泄露。Hadoop 中的密钥管理服务器(Key Management Server,KMS)用于解决 HDFS 透明加密中的密钥管理问题,KMS 负责生成加密密钥(EZK 和 DEK)及解密

EDEK 等。密钥以加密形式(即 EDEK)存储在名称节点(NameNode,NN)上,且 KMS 是唯一可以解密密钥的实体。当密钥 DEK 进行传输时,不会通过 NameNode 而是由 KMS 传递给 HDFS 客户端。

2. 创建加密文件

HDFS Client 向 HDFS 加密区中写入一个新文件的过程如图 6.1 所示。

图 6.1 创建加密文件的过程

(1) Client 向 NameNode 请求在 HDFS 某个加密区新建文件。

(2) NameNode 请求 KMS 使用给定的加密区密钥版本"EZK-id/version"创建一个 EDEK。

(3) KMS 生成一个新的 DEK,并向 key server 请求 EZK,KMS 使用 EZK 对 DEK 进行加密生成 EDEK。

(4) KMS 将 EDEK 发送给 NameNode。

(5) NameNode 将 EDEK 保存为文件元数据的扩展属性。

(6) NameNode 将 EDEK 发送给 Client。

(7) Client 发送 EDEK 到 KMS,并请求解密。

(8) KMS 向 key server 请求 EZK,并对 EDEK 解密。

(9) KMS 将解密后的 DEK 发送给 Client。

(10) Client 使用 DEK 加密数据,并向 DataNode 写入加密数据块。

3. 读取加密文件

HDFS Client 读取 HDFS 加密区中加密文件的过程如图 6.2 所示。

(1) 在 Client 打开文件。

(2) NameNode 将 EDEK 发送给 Client。

(3) Client 将 EDEK 和加密区密钥版本"EZK-id/version"发送给 KMS,请求 KMS 对 EDEK 解密。

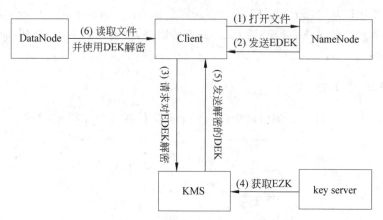

图 6.2　读取加密文件的过程

（4）KMS 向 key server 请求 EZK，并对 EDEK 解密。

（5）KMS 将解密后的 DEK 发送给 Client。

（6）Client 读取 DataNode 中的加密数据，并使用 DEK 解密。

4. KMS 密钥管理

上述在加密区域创建和读取加密文件的过程表明，HDFS 对静态存储数据的加密是一个透明加密的过程，用户向 HDFS 中写入和读取数据时，无须用户做任何程序代码的更改，数据加密和解密由客户端完成。HDFS 不会存储或访问未加密的数据或数据加密密钥 DEK，DEK 由 KMS 管理。

KMS 在 HDFS 加密中扮演了重要的角色，为了职责分离，需要在 HDFS、Client 和 key sever 之间有一个中间层，KMS 就充当了这个中间层。由于通信中涉及加密密钥的传输，为了保证密钥不被泄露，因此通信中使用 TLS 协议。

事实上，KMS 只是 Client 和密钥库之间的一个代理，Cloudera 公司提供了两种企业级密钥管理：Cloudera Navigator Key Trustee Server 和硬件安全模块 HSM，分别提供了自定义 KMS 服务 Key Trustee KMS 和 Navigator HSM KMS。当选择密钥管理服务器 KMS 时，要考虑大数据集群的密钥管理和加密要求。

6.1.2　MapReduce 中间数据加密

1. MapReduce 工作原理

MapReduce 是 Hadoop 系统核心组件之一，是一种用于大数据并行处理的计算模型、框架和平台，MapReduce 是与 HDFS 对应的数据处理部分，主要解决海量数据的计算问题，其设计思想就是"分而治之"。在 YARN 上执行的 MapReduce 常被称为 MapReduce2 或 MR2，人们以此区分基于 YARN 的 MapReduce 和独立的 MapReduce 框架（后者被追加命名为 MR1）。MapReduce 也采用 Master/Slave 架构，主要由 Client、JobTracker、TaskTracker 和 Task 组成。

（1）Client。用户编写的 MapReduce 程序通过 Client 提交到 JobTracker；同时，用户可通过 Client 提供的一些接口查看作业运行状态。在 Hadoop 内部用"作业"（Job）表示 MapReduce 程序。一个 MapReduce 程序可对应若干个作业，而每个作业会被分解成若干个 Map/Reduce 任务（Task）。

（2）JobTracker。Master 节点，只有一个，主要负责作业调度、任务/作业监控、错误处理等，将作业分解成一系列任务，并分派给 TaskTracker。在 Hadoop 中，任务调度器是一个可插拔的模块，用户可以根据自己的需求设计相应的调度器。

（3）TaskTracker。Slave 节点。TaskTracker 会周期性地通过 HeartBeat（心跳机制）将本节点上资源的使用情况和任务的运行进度汇报给 JobTracker，同时接收 JobTracker 发送过来的命令并执行相应的操作（如启动新任务、杀死任务等）。Hadoop 调度器的作用是将各个 TaskTracker 上的空闲 Slot 分配给 Task 使用。Slot 代表计算资源（如 CPU、内存等），分为 Map Slot 和 Reduce Slot 两种，分别供 MapTask 和 ReduceTask 使用。TaskTracker 通过 Slot 数目限定 Task 的并发数。

（4）MapTask。Task 分为 MapTask 和 ReduceTask 两种，均由 TaskTracker 启动。MapTask 负责解析每条数据记录，传递给用户编写的 Map()函数并执行，将输出结果写入本地磁盘（如果为 Map-Only 作业，则直接写入 HDFS）。

（5）ReduceTask。其执行过程分为 3 个阶段：①从远程节点上读取 MapTask 中间结果（称为"Shuffle 阶段"）；②按照 Key 对 Key/Value 进行排序（称为"Sort 阶段"）；③依次读取<key,value list>，调用用户自定义的 Reduce()函数处理，并将最终结果存到 HDFS 上（称为"Reduce 阶段"）。

MapReduce 工作原理如图 6.3 所示。

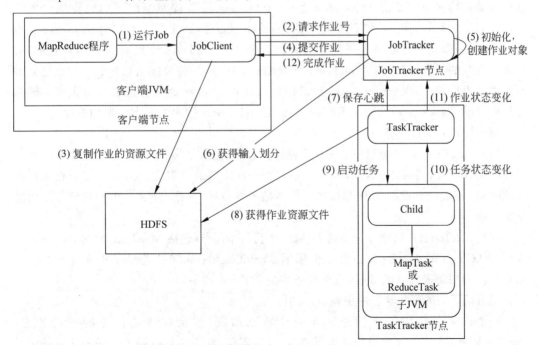

图 6.3　MapReduce 工作原理示意图

下面从作业执行流程的 5 个阶段简述 MapReduce 的工作原理。

第一阶段：提交作业。

客户端节点向 JobTracker 节点提交作业。用户需要将所有应该配置的参数根据需求配置好。作业提交之后,就会进入自动化执行。在这个过程中,用户只能监控程序的执行情况和强制中断作业,但是不能对作业的执行过程进行任何干预。

(1) 客户端启动作业提交过程。

(2) 客户端通过 JobTracker 请求一个新的作业号。

(3) 客户端检查作业的输出说明,计算作业的输入分片等,如果有问题,就抛出异常,如果正常,就将运行作业所需的资源(如作业的 Jar 文件、配置文件计算所得的输入分片等)复制到一个以作业号命名的目录中。

(4) 通过调用 JobTracker 提交作业,并告知作业准备执行。

第二阶段：初始化作业。

在 JobTracker 端开始初始化工作,包括在其内存里建立一系列数据结构,记录这个 Job 的运行情况。

(5) JobTracker 接收到提交作业事件后,就会把提交作业的事件放入一个内部队列中,交由作业调度器进行调度。初始化主要是创建一个表示正在运行作业的对象,以便跟踪任务的状态和进程。

(6) 为了创建任务运行列表,作业调度器首先从 HDFS 中获取 JobClient 已计算好的输入划分信息,然后为每个分片创建一个 MapTask,并且创建 ReduceTask。

第三阶段：分配任务。

(7) JobTracker 会向 HDFS 的 NameNode 询问有关数据在哪些文件里面,这些文件分别存储在哪些数据节点 DataNode 上。JobTracker 需要按照"就近运行"原则分配任务。TaskTracker 定期通过"心跳"与 JobTracker 进行通信,主要是告知 JobTracker 自身是否还存活,以及是否已经准备好运行新的任务等。JobTracker 接收到心跳信息后,如果有待分配的任务,就会为 TaskTracker 分配一个任务,并将分配信息封装在心跳通信的返回值中返回给 TaskTracker。对于 MapTask,JobTracker 通常会选取一个距离其输入分片最近的 TaskTracker,对于 ReduceTask,JobTracker 则无法考虑数据的本地化。

第四阶段：执行任务。

(8) TaskTracker 分配到一个任务后,通过 HDFS 把作业的 Jar 文件复制到 TaskTracker 所在的文件系统,同时,TaskTracker 将应用程序所需要的全部文件从分布式缓存复制到本地磁盘。TaskTracker 为任务新建一个本地工作目录,并把 Jar 文件中的内容解压到这个文件夹中。

(9) TaskTracker 启动一个新的 JVM 来运行每个任务(包括 MapTask 和 ReduceTask),这样,JobClient 的 MapReduce 就不会影响 TaskTracker 的守护进程。任务的子进程每隔几秒便告知父进程它的进度,直到任务完成。

第五阶段：进程和状态的更新。

一个作业和它的每个任务都有一个状态信息,包括作业或任务的运行状态、MapTask 和 ReduceTask 的任务执行进度、计数器值、状态消息或描述。任务在运行时系统对其进度保持追踪。

（10）每个任务的消息、状态发生变化时会由 ChildJVM 通知 TaskTracker。

（11）当作业的消息、状态发生变化，会由 TaskTracker 通知 JobTracker。JobTracker 将产生一个表明所有运行作业及其任务状态的全局视图，用户可以通过 Web UI 进行查看。JobClient 通过每秒查询 JobTracker 来获得最新状态，并且输出到控制台上。

（12）当 JobTracker 接收到的这次作业的最后一个任务已经完成时，它会将 Job 的状态改为 successful。当 JobClient 获取到作业的状态时，就知道该作业已经成功完成，然后 JobClient 打印信息告知用户作业已成功结束。

2. MapReduce 中间数据加密

MapReduce 中有用来写入输出数据的内存缓冲区，当内存值达到最大时，会把缓冲区中的内容写到磁盘中，对这些存储在磁盘中的临时数据的保护也是非常重要的。MapReduce 可以对这些中间数据进行加密，但要注意的是，中间数据加密是基于单个作业的（客户端配置）。

配置 mapred-site.xml 文件中的如下属性，可以启用中间数据加密，见表 6.1。

表 6.1　MapReduce 中间数据加密的配置属性

属　　　性	默认值	描　　　述
mapreduce.job.encrypted-intermediate-data	false	该值为 true 时，开启中间数据加密
mapreduce.job.encrypted-intermediate-data-key-size-bits	128	加密密钥长度
mapreduce.job.encrypted-intermediate-data.buffer.kb	128	缓存大小（以 kb 为单位）

6.1.3　Impala 磁盘溢出加密

1. Impala 的架构

Impala 是用于处理存储在 Hadoop 集群中的大量数据的 MPP（大规模并行处理）SQL 查询引擎，能查询存储在 Hadoop 的 HDFS 和 HBase 中的 PB 级大数据。Impala 没有再使用缓慢的 Hive＋MapReduce 批处理，而是通过使用与商用并行关系数据库中类似的分布式查询引擎（由 Query Planner、Query Coordinator 和 Query Executor 3 部分组成），用户不用移动或转换数据就可以直接从 HDFS 或 HBase 中用 SELECT、JOIN 和统计函数实时查询数据，从而大大降低延迟。

Impala 与 Hadoop 集成，以便使用与 MapReduce、Hive、Apache Pig 和其他 Hadoop 软件相同的文件和数据格式、元数据、安全性和资源管理框架。Impala 提高了 Apache Hadoop 上 SQL 查询性能的标准，同时保留了熟悉的用户体验。此外，Impala 使用与 Apache Hive 相同的元数据、SQL 语法（Hive SQL）、ODBC 驱动程序和用户界面（Hue Beeswax），为面向批处理或实时查询提供熟悉且统一的平台。出于这个原因，Hive 用户可以以很少的设置开销来使用 Impala。Impala 提供给用户查询使用的命令行工具 CLI

（Impala Shell 使用 Python 实现），同时 Impala 还提供了 Hue、JDBC、ODBC 使用接口。

下面从 Impala 执行一次查询过程简述 Impala 的工作原理，如图 6.4 所示。

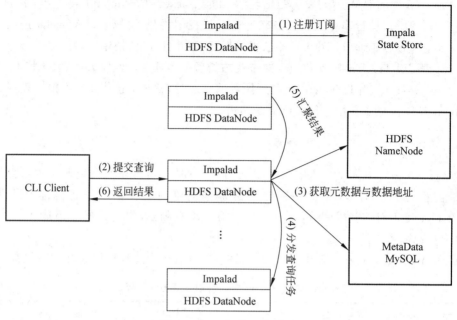

图 6.4　Impala 的工作原理

（1）注册订阅。Impala 向 State Store 提交注册订阅信息。在用户提交查询信息之前，Impala 会先创建一个供客户端提交查询的进程 Impalad，该进程会向 State Store 提交注册订阅信息。然后，State Store 会创建一个 statestored 进程，此进程会创建多个线程来处理 Impalad 的注册订阅信息。

（2）提交查询。用户通过 CLI Client 向 Impalad 进程提交查询。Impalad 进程的 Query Planner 对 SQL 语句生成解析树，并变成若干 PlanFragment（分片），发送到 Query Coordinator。

（3）获取元数据与数据地址。Query Coordinator 通过从 MySQL 元数据库中获取元数据 MetaData 与数据地址，得到存储用户查询的相关数据的数据节点 DataNode。

（4）分发查询任务。Query Coordinator 初始化相应的 Impalad 上的任务执行，即把查询任务分配给所有存储这个查询相关数据的数据节点 DataNode。

（5）汇聚结果并返回。Query Executor 通过流式交换中间输出，并且 Query Coordinator 对各个 Impalad 进程的结果进行汇总。

（6）Query Coordinator 把最终的结果返回给客户端 CLI Client。

2. Impala 磁盘溢出加密

在 Impala 执行某些内存密集型操作过程中，当 Impala 超出其在主机上的内存限制时，会将临时数据写入磁盘，即溢出到磁盘，Impala 可以对这些数据进行加密处理。

配置/etc/default/impala 文件中的如下属性，可以启动 Impala 磁盘溢出加密，见表 6.2。

表 6.2　Impala 磁盘溢出加密的配置属性

属　　　　性	默认值	描　　　　述
disk_spill_encryption	false	该值为 true 时,开启对队伍中溢出到磁盘的所有数据加密
disk_spill_integrity	false	该值为 true 时,开启对队伍中溢出到磁盘的所有数据完整性检查

6.1.4　磁盘加密

本节将对磁盘加密进行介绍,并以 Linux 上的加密软件 LUKS(Linux Unified Key Setup)举例说明。

磁盘加密是通过无法轻易被破译的密码算法来防止数据的未授权访问,使用磁盘加密软件或硬件来加密数据。计算机文件和分区表等信息以扇区块为基本单位,存放在硬盘、U 盘或软盘等存储介质中。利用 AES 等对称加密算法,在数据写入磁盘前,先进行加密处理,然后再写入磁盘的对应扇区中,这样磁盘里的数据就以密文的形式存储。

全盘加密(Full Disk Encryption,FDE)指磁盘上的所有内容都是加密的,但主引导记录(Master Boot Record,MBR)或类似区域是未加密的。但一些基于硬件的全盘加密可以加密整个磁盘,包括 MBR。通常,为了保护计算机和手机中的数据,可以使用全盘加密,这种方法属于透明加密并且效率较高,而且可以较容易地实现数据销毁。但也存在以下缺点,包括:不能只解密指定的文件,以及整个系统使用一个加密密钥使得密钥的安全问题突出。

LUKS 是 Linux 系统下一款全盘加密的开源工具,底层使用 dm-crypt 进行加解密操作,前端使用 cryptsetup 进行命令行控制,两者都是 Linux 系统中自带的。它本身没有实现任何加解密算法,而是调用 dm-crypt 提供的密码算法,它只是自定义了加密后分区格式,这种格式能存储加密与校验的元信息,方便密钥管理与使用。6.3.2 节将对如何使用 LUKS 工具配置全盘加密进行介绍。

6.1.5　加密文件系统

本节将对加密文件系统进行介绍,并以 Linux 上的文件系统加密方案 eCryptfs 举例说明。

为了保护一些敏感文件不被泄露,用户通常使用一些工具手动对文件进行加密和解密,但这种方法不但操作烦琐,还会因为没有和系统紧密结合从而容易受到攻击。加密文件系统是将加密服务集成到文件系统层面来解决数据的保密性。加密文件的内容一般经过算法加密后以密文的形式存储在物理介质上,即使文件丢失或被窃取,只要密钥未泄露,非授权用户几乎无法通过破解密文获得文件的明文,从而保证了高安全性。与此同时,授权用户对加密文件的访问非常方便,用户通过身份认证之后,对加密文件的访问和普通文件没有什么区别,就好像该文件并没有被加密过,这是因为加密文件系统自动地在后台做了相关的加密和解密的工作,而这个工作对用户是透明的。由于加密文件系统一般工作在内核态,因此普通的攻击难以奏效。

eCryptfs(Enterprise Cryptographic Filesystem)是 Linux 下的企业级加密文件系统,

在实现上,eCryptfs 和 6.1.4 节中提到的 dm-crypt 不同,dm-crypt 提供了一个块设备加密层,而 eCryptfs 是一个实际的堆叠的加密文件系统。eCryptfs 的一个显著特点是加密堆叠在现有文件系统上,可以挂载到任何单个现有目录,不需要单独的分区(或大小预分配)。eCryptfs 包含两部分,分别是 ecryptfs-utils 和 ecryptfs。前者主要提供创建、配置和管理加密目录的用户空间工具,后者提供把加密文件系统放到现有文件系统目录之上的 Linux 内核空间逻辑。6.3.3 节将介绍如何使用命令行配置 eCryptfs。

6.2 动态数据加密

动态数据加密,是指对网络上传输的数据进行加密保护,发送方先对数据加密然后再发送,接收方在收到数据后先对数据解密然后再处理。由于网络中传输的是密文数据,因此攻击者即使通过技术手段截获了这些网络数据,也无法解密和使用。网络数据的加密通常基于 SSL 等安全网络协议实现,从用户和上层应用来看,访问加密的数据和访问未加密的数据几乎没有区别,即数据的加密和解密过程对于用户是"透明的",即好像没有加密一样。由于动态加密技术并没有改变用户的使用习惯,而且无须用户太多的干预操作即可保证数据的安全性,因而近年来得到广泛的应用。

本节主要对 Hadoop 平台中 4 种常用的动态网络数据加密方法进行介绍。

1) RPC 加密

RPC(远程过程调用)协议是一种通过网络从远程计算机程序上请求服务,而不需要了解底层网络技术的协议。RPC 协议主要用在大型网站中,因为大型网站里面系统繁多,业务线复杂,而且效率优势较为突出。Hadoop 部分组件的客户端均使用 RPC 协议,通过配置 hadoop.rpc.protection 属性,可以实现 RPC 协议的身份认证、完整性校验和数据加密保护。

2) HDFS 数据传输协议加密

HDFS 数据传输协议建立在 TCP/IP 之上,当数据从一个 DataNode 传输到另一个 DataNode 或客户端之间传输时,会使用 HDFS 数据传输协议的 TCP/IP 套接字。通过配置 dfs.encrypt.data.transfer 属性,可以实现 HDFS 数据传输协议加密。

3) HTTPS 加密

HTTPS 是一个使用 SSL/TLS 的 HTTP 安全增强,虽然 HTTPS 协议是标准化的,但是一些支持 HTTPS 的 Hadoop 组件的配置步骤并不完全相同。

4) 加密 shuffle

在 MapReduce 中,数据从 Map 端流入 Reduce 端即 shuffle 阶段,在这期间数据也需要进行加密处理。MR1 和 MR2 都支持加密 shuffle,通过配置相关文件属性,就可以对 shuffle 进行加密。

6.2.1 Hadoop RPC 加密

1. Hadoop RPC 概述

远程过程调用(Remote Procedure Call,RPC)是一种常用的分布式网络通信协议,

RPC 协议允许运行于一台计算机的程序调用另一台计算机的子程序,RPC 协议使得程序能够像访问本地系统资源一样访问远端系统资源,同时将网络的通信细节隐藏起来,更容易地构建分布式计算系统。

作为一个分布式系统,Hadoop 实现了自己的 RPC 通信协议,它是上层多个分布式子系统(如 MapReduce、HDFS 等)公用的网络通信模块。在 HDFS 中,Client、DataNode、NameNode 之间的通信都是通过 RPC 协议进行的,可以说 Hadoop 的运行就是建立在 RPC 协议基础之上的。

RPC 采用客户端/服务器(Client/Server,C/S)架构。客户端首先发送一个有参数的调用请求到服务器,等待服务器的响应消息;服务器会保持睡眠状态直到有调用请求到达为止,服务器接收到请求,会对请求响应并计算结果,最后返回给客户端。

RPC 具有以下特点。

(1) 透明性:远程调用其他机器上的程序,对用户来说就像是调用本地程序一样。

(2) 高性能:RPC 服务器能够并发处理多个来自客户端的请求。

(3) 可控性:JDK 中提供了一个 RPC 框架——RMI,但是该框架过于复杂并且可控之处比较少,所以 Hadoop RPC 实现了自定义的 PRC 框架。

RPC 框架主要包括 5 部分,如图 6.5 所示。

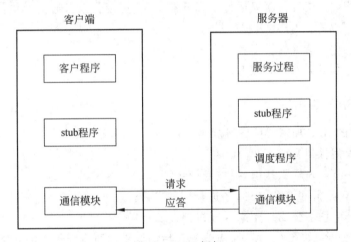

图 6.5　RPC 框架

(1) 通信模块:用于客户端和服务器之间传递请求和应答消息,一般不会对数据包进行任何处理。请求/应答协议一般分为同步模式和异步模式两种,如图 6.6 所示。

在同步模式中,客户端向服务器发送请求后等待应答,等到服务器接收请求、处理请求并返回应答后才能继续执行下一步。

在异步模式中,客户端向服务器发送请求后不需要等待应答,在没收到服务器应答之前还可以再次发起其他请求。

(2) stub 程序:客户端和服务器均包含 stub 程序,可以将之看作代理程序。它使得远程过程调用表现的跟本地调用一样,对用户程序完全透明。在客户端,stub 程序像一个本地程序,但不直接执行本地调用,而是将请求信息通过通信模块发送给服务器,服务

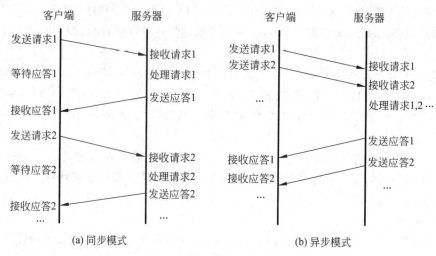

图 6.6　同步模式和异步模式

器给客户端发送应答后，客户端 stub 程序会解码对应结果。在服务器端，stub 程序依次进行解码请求消息中的参数、调用相应的服务过程以及编码应答结果的返回值等。

（3）调度程序：调度程序只运行于服务器中，负责接收来自通信模块的请求信息，并根据其中的标识选择一个 stub 程序进行处理。

（4）客户程序：请求的发出者。

（5）服务过程：请求的处理者。

2. Hadoop RPC 加密

Hadoop 中的 RPC 加密，可以通过配置 core-site.xml 文件中的 hadoop.rpc.protection 属性来实现。这个属性值有如下 3 种设置。

（1）authentication：默认值，提供身份认证。

（2）integrity：除了身份认证，还进行完整性认证。

（3）privacy：增加数据加密来保证机密性。

配置 RPC 加密，如图 6.7 所示，更改配置后需要重启所有守护进程才能生效。

图 6.7　配置 RPC 加密

6.2.2　HDFS 数据传输协议加密

在 6.1.1 节介绍的 HDFS 透明数据加密主要对数据节点 DataNode 上静态存储的数据进行加密，而本节 HDFS 数据传输协议加密的对象，是从一个 DataNode 传输到另一个 DataNode，或者是在 DataNode 与客户端之间通过 TCP/IP 套接字传输的动态数据。

HDFS 数据传输协议加密用来设置加密客户端访问 HDFS 的通道和 HDFS 数据传输

通道。HDFS 数据传输通道包括 DataNode 间的数据传输通道和客户端访问 DataNode 的数据传输通道。数据传输加密启用时,会使用 Hadoop RPC 协议交换数据传输协议中使用的加密密钥。

在 hdfs-site.xml 文件中,将 dfs.encrypt.data.transfer 属性设置为 true 来启动 HDFS 数据传输协议加密,如表 6.3 所示。Hadoop 2.6 之前的版本,可以将 dfs.encrypt.data.transfer.algorithm 设置为 3DES 或 RC4 以选择特定的加密算法,如果未指定,则使用系统配置的默认值,通常是 3DES。之后的版本将 dfs.encrypt.data.transfer.cipher.suites 设置为 AES/CTR/NoPadding 会使用 AES 加密,AES 加密有更大的加密强度和更佳的性能。目前,3DES 和 RC4 在 Hadoop 集群中使用的频率更高。

表 6.3　HDFS 数据传输协议加密的配置属性

属　　　　性	默认值	描　　　　述
dfs.encrypt.data.transfer	false	是否开启 HDFS 数据传输协议加密
dfs.encrypt.data.transfer.algorithm	3DES	加密算法,可选 3DES 或 RC4
dfs.encrypt.data.transfer.cipher.suites	None	若使用 AES 密码算法,在初始密钥交换时仍使用 dfs.encrypt.data.transfer.algorithm 中指定的算法
dfs.block.access.token.enable	false	访问 DataNode 时,是否检查 Token

6.2.3　Hadoop HTTPS 加密

在第 2 章介绍了安全通信协议 SSL/TLS,本节将对基于 SSL/TLS 实现的 HTTPS 以及 Hadoop 组件中使用 HTTPS 加密网络数据的相关技术进行介绍。

1. HTTPS

HTTPS 主要通过数字证书、对称加密算法、非对称加密算法等技术完成网络数据传输加密、数据完整性校验和通信双方身份认证。

HTTPS 与 HTTP 的区别如下。

(1) HTTPS 需要到 CA 申请证书。

(2) HTTP 是超文本传输协议,信息是明文传输;HTTPS 则是具有安全性的 SSL 加密传输协议。

(3) HTTP 和 HTTPS 使用的是完全不同的连接方式,用的端口也不一样,HTTP 默认使用 80 端口,HTTPS 默认使用 443 端口。

(4) HTTP 的连接很简单,是无状态的;HTTPS 是由 SSL＋HTTP 构建的可进行加密传输、身份认证的网络协议,比 HTTP 更安全。

2. Hadoop HTTPS 加密

Hadoop 中部分组件(如 HDFS、MapReduce、HBase、YARN 等)可配置使用 HTTPS 加密,这些组件对于其他服务来说既是服务器,又是客户端,例如:

（1）HDFS、MapReduce 和 YARN 守护进程既作为 SSL 服务器，又作为 SSL 客户端。

（2）HBase 守护进程只作为 SSL 服务器。

（3）Oozie 守护进程只作为 SSL 服务器。

（4）Hue 作为以上所有的 SSL 客户端。

为 Hadoop 集群配置 HTTPS 的主要步骤如下。

（1）生成私钥及证书文件并复制到 Hadoop 节点。

（2）生成 keystore 和 trustores 文件。

（3）修改 hdfs-site.xml 配置文件。

（4）配置 ssl-client.xml 文件。

（5）配置 ssl-server.xml 文件。

（6）重启 Hadoop 集群。

6.2.4　加密 shuffle

shuffle 并不是 Hadoop 的一个组件，shuffle 机制是整个 MapReduce 框架中最核心的部分。shuffle 的主要工作是从 Map 结束到 Reduce 开始之间，即数据从 MapTask 输出到 ReduceTask 输入的这段过程。shuffle 阶段又可以分为 Map 端的 shuffle 和 Reduce 端的 shuffle，其过程如图 6.8 所示。

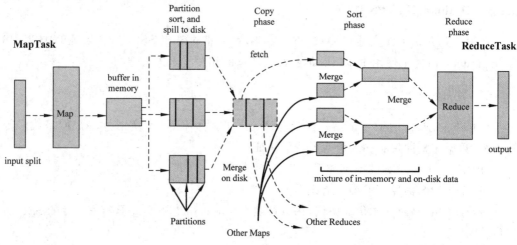

图 6.8　shuffle 过程

下面从 Map 端和 Reduce 端两部分分别详细介绍。

1. Map 端的 shuffle

（1）每个输入分片（Input Split）会由一个 MapTask 来处理，以 HDFS 的一个块的大小（默认为 64MB）为一个分片。Map() 函数开始产生输出数据时，并不是简单地把数据写到磁盘中，因为频繁的磁盘读写操作会导致性能严重下降。它的处理过程是把数据首先写到内存中的一个缓冲区,并做一些预排序,以提升效率。

(2) 每个 MapTask 都有一个用来写入输出数据的内存缓冲区(默认大小为 100MB),当缓冲区中的数据量达到一个特定阈值(默认是 80%)时,系统将会启动一个后台线程,把缓冲区中的内容写到磁盘中(Spill 阶段)。在写磁盘过程中,Map()函数输出的数据继续被写到内存缓冲区中,但如果在此期间缓冲区被填满,那么 MapTask 就会阻塞,直到写磁盘过程完成。

(3) 在写磁盘前,线程首先根据数据最终要传递到的 ReduceTask 把数据划分成相应的分区(Partition)。在每个分区中,后台线程要对数据进行排序。

(4) 一旦内存缓冲区达到溢出的阈值,就会创建一个溢出写文件,因此在 MapTask 完成其最后一个输出记录后,便会有多个溢出写文件。在 MapTask 完成前,溢出写文件被合并成一个索引文件和数据文件,即多路归并排序(Sort 阶段)。

(5) 溢出写文件归并完毕后,MapTask 将删除所有的临时溢出写文件,并告知 TaskTracker 任务已完成,只要其中一个 MapTask 完成,ReduceTask 就会开始复制它的输出(Copy 阶段)。

(6) MapTask 的输出文件放置在运行 MapTask 的 TaskTracker 的本地磁盘上,它是运行 ReduceTask 的 TaskTracker 所需要的输入数据。

2. Reduce 端的 shuffle

(1) Reduce 进程启动一些数据复制线程,请求 MapTask 所在的 TaskTracker 以获取输出文件(Copy 阶段)。

(2) 将 Map 端复制过来的数据先放入内存缓冲区中,Merge 有 3 种形式,分别是内存到内存、内存到磁盘、磁盘到磁盘。默认情况下,第一种形式不启用,第二种形式一直在运行(Spill 阶段),直到结束,第三种形式生成最终的文件(Merge 阶段)。

(3) 最终文件可能存在于磁盘中,也可能存在于内存中,但是默认情况下是位于磁盘中的。当 Reduce 的输入文件已定,整个 shuffle 阶段就结束了,然后就是 Reduce 执行,把结果放到 HDFS 中(Reduce 阶段)。

3. 加密 shuffle

在 shuffle 阶段,主要有两类数据需要加密保护:一类是超出内存缓冲区阈值后写到磁盘上的数据,即 MapReduce 中间数据,在 6.1.2 节中对相关加密方法做了介绍;另一类是 shuffle 阶段中,在 MapReduce 节点之间利用网络传输的数据,通过配置 SSL 协议可以实现网络数据加密,相关配置方法将在本节介绍。

MR1 和 MR2 都支持加密 shuffle,但配置方法不同。

(1) 在 MR1 中配置加密 shuffle。

在 MR1 中,设置 core-site.xml 文件中的 hadoop.ssl.enabled 属性可以启用加密 shuffle 和加密 Web UI。启用加密 shuffle 对 MapReduce 节点之间传输的数据进行加密,需要在集群中所有节点的 core-site.xml 中设置以下属性,见表 6.4。

表 6.4　配置 core-site.xml 属性

属　　　性	默认值	描　　　述
hadoop.ssl.enabled	false	Whether ssl is enabled

（2）在 MR2 中配置加密 shuffle。

在 MR2 中，设置 hadoop.ssl.enabled 属性只能启用加密 Web UI 的功能，需要在集群中所有节点设置 mapred-site.xml 文件中的 mapreduce.shuffle.ssl.enabled 属性，才能启用加密 shuffle 的功能，见表 6.5。

表 6.5　配置 mapred-site.xml 属性

属　　　性	默认值	描　　　述
mapreduce.shuffle.ssl.enabled	false	Whether encrypted shuffle is enabled

（3）在 MR1 和 MR2 完成上述配置后，还需要对 ssl-server.xml 和 ssl-client.xml 文件更新，这两个文件一般在/etc/hadoop/conf 目录下。

配置 ssl-server.xml 属性见表 6.6。

表 6.6　配置 ssl-server.xml 属性

属　　　性	默认值	描　　　述
ssl.server.keystore.type	jks	Keystore file type
ssl.server.keystore.location	NONE	Keystore file location. The mapred user should own this file and have exclusive read access to it.
ssl.server.keystore.password	NONE	Keystore file password
ssl.server.truststore.type	jks	Truststore file type
ssl.server.truststore.location	NONE	Truststore file location. The mapred user should own this file and have exclusive read access to it.
ssl.server.truststore.password	NONE	Truststore file password
ssl.server.truststore.reload.interval	10000	Truststore reload interval，in milliseconds

配置 ssl-client.xml 属性见表 6.7。

表 6.7　配置 ssl-client.xml 属性

属　　　性	默认值	描　　　述
ssl.client.keystore.type	jks	Keystore file type
ssl.client.keystore.location	NONE	Keystore file location. The mapred user should own this file and it should have default permissions.
ssl.client.keystore.password	NONE	Keystore file password
ssl.client.truststore.type	jks	Truststore file type

续表

属　　性	默认值	描　　述
ssl.client.truststore.location	NONE	Truststore file location. The mapred user should own this file and it should have default permissions.
ssl.client.truststore.password	NONE	Truststore file password
ssl.client.truststore.reload.interval	10000	Truststore reload interval, in milliseconds

完成上述配置更改后,通过重新启动服务来激活加密 shuffle。

6.3　静态数据加密技术实践

6.3.1　HDFS 透明加密配置

1. 实验原理

HDFS 透明加密,加密和解密过程对于客户端来说是完全透明的。用户往 HDFS 上存储数据时,无须做任何程序代码的更改,通过调用 KeyProvider API 即可实现对存储到 HDFS 上的数据进行加密,同样,解密的过程类似。数据的加密和解密由客户端完成,HDFS 不会存储或访问未加密的数据或数据加密密钥 DEK。

Hadoop KMS 提供了一个客户端和一个服务器组件,它们使用 REST API 通过 HTTP 进行通信。客户端是一个 KeyProvider 实现,使用 KMS HTTP REST API 与 KMS 服务器进行交互。KMS 服务器及客户端均具有内置安全性,都支持 HTTP SPNEGO Kerberos 身份认证和 HTTPS 安全传输。

下面为 KMS 客户端配置示例。

KMS 客户端 KeyProvider 使用 KMS 方案,嵌入的 URI 必须是 KMS 的 URI。例如,在 http://localhost：9600/kms 上运行的 KMS,KeyProvider URI 是 kms://http@localhost：9600/kms。而且,对于在 https://localhost：9600/kms 上运行的 KMS,KeyProvider URI 是 kms://https@localhost：9600/kms。

2. 配置 KMS

在创建加密区域之前,首先配置 KMS 用于创建和管理密钥。

(1) 在 etc/hadoop/core-site.xml 文件中配置 KMS 客户端地址,如图 6.9 所示。

```
<property>
    <name>hadoop.security.key.provider.path</name>
    <value>kms://http@localhost:9600/kms</value>
    <description>
The KeyProvider to use when interacting with encryption keys used
when reading and writing to an encryption zone.
    </description>
</property>
```

图 6.9　配置 KMS 客户端地址

（2）在 etc/hadoop/kms-site.xml 文件中配置 KMS 支持 KeyProvider 属性，如图 6.10 所示。

```
<property>
  <name>hadoop.kms.key.provider.uri</name>

  <value>jceks://file@${user.home}/kms.keystore</value>
  <description>
    URI of the backing KeyProvider for the KMS.
  </description>
</property>
<property>
  <name>hadoop.security.keystore.java-keystore-provider.password-file</name>
  <value>kms.keystore.password</value>
  <description>
    If using the JavaKeyStoreProvider, the file name for the keystore password.
  </description>
</property>
```

图 6.10　配置 KMS 支持 KeyProvider 属性

注意：上述配置完成后，需要重新启动 KMS 才能使配置更改并生效。

3. 创建加密区域和加密区域密钥

（1）设定 123456 为创建密钥时所使用的口令，将该口令直接写入 kms.keystore.password 文件中，执行命令 echo 123456＞ ＄{HADOOP_HOME}/share/hadoop/kms/tomcat/webapps/kms/WEB-INF/classes/kms.keystore.password。

（2）配置 kms-env.sh，如图 6.11 所示。

```
export KMS_HOME=/usr/local/hadoop
export KMS_LOG=${KMS_HOME}/logs/kms

export KMS_HTTP_PORT=16000

export KMS_ADMIN_PORT=16001
```

图 6.11　配置 kms-env.sh

（3）使用 keytool 命令创建名为 ezk 的密钥库，用于存储加密区域密钥，当提示"输入密钥库口令"时，输入之前写入 kms.keystore.password 中的 123456 即可，如图 6.12 所示。

```
root@hadoop:/usr/local/hadoop/sbin# keytool -genkey -alias ezk
Picked up _JAVA_OPTIONS: -Dawt.useSystemAAFontSettings=on -Dswing.aatext=true
输入密钥库口令：
```

图 6.12　创建名为 ezk 的密钥库

（4）重启 KMS 并查看 Bootstrap 进程是否开启成功，如图 6.13 和图 6.14 所示。

（5）生成加密区域密钥并写入密钥库 ezk 中，执行命令 hadoop key create ezk，如图 6.15 所示，加密算法默认是 AES/CTR/NoPadding，密钥长度为 128 位。

（6）创建加密区域，即目录/zone，执行命令 hadoop fs -mkdir /zone，如图 6.16 所示。使用密钥 ezk 加密目录/zone 中的文件，执行命令 hdfs crypto -createZone -keyName ezk -path /zone，如图 6.17 所示。

```
root@hadoop:/usr/local/hadoop/sbin# kms.sh start
  setting KMS_HOME=/usr/local/hadoop
  setting KMS_LOG=${KMS_HOME}/logs/kms
  setting KMS_HTTP_PORT=16000
  setting KMS_ADMIN_PORT=16001
Using CATALINA_BASE:   /usr/local/hadoop/share/hadoop/kms/tomcat
Using CATALINA_HOME:   /usr/local/hadoop/share/hadoop/kms/tomcat
Using CATALINA_TMPDIR: /usr/local/hadoop/share/hadoop/kms/tomcat/temp
Using JRE_HOME:        /usr/java/jre
Using CLASSPATH:       /usr/local/hadoop/share/hadoop/kms/tomcat/bin/bootstrap.jar
Using CATALINA_PID:    /tmp/kms.pid
Existing PID file found during start.
Tomcat appears to still be running with PID 2389. Start aborted.
If the following process is not a Tomcat process, remove the PID file and try again:
UID        PID  PPID  C STIME TTY          TIME CMD
root      2389     1  0 13:14 ?        00:00:12 /usr/java/jre/bin/java -Djava.util.logging.config.file=/usr/local/hadoop/share/
```

图 6.13　重启 KMS 服务

```
root@hadoop:/usr/local/hadoop/sbin# jps
Picked up _JAVA_OPTIONS: -Dawt.useSystemAAFontSettings=on -Dswing.aatext=true
11008 DataNode
12161 Jps
2389 Bootstrap
11304 ResourceManager
11160 SecondaryNameNode
10889 NameNode
11580 NodeManager
```

图 6.14　Bootstrap 进程开启成功

```
root@hadoop:/usr/local/hadoop/sbin# hadoop key create ezk
Picked up _JAVA_OPTIONS: -Dawt.useSystemAAFontSettings=on -Dswing.aatext=true
ezk has been successfully created with options Options{cipher='AES/CTR/NoPadding', bitLength=128, description='null', attributes=null}.
KMSClientProvider[http://hadoop:16000/kms/v1/] has been updated.
```

图 6.15　生成加密区域密钥

```
root@hadoop:/usr/local/hadoop/sbin# hadoop fs -mkdir /zone
Picked up _JAVA_OPTIONS: -Dawt.useSystemAAFontSettings=on -Dswing.aatext=true
```

图 6.16　创建加密区域/zone

```
root@hadoop:/usr/local/hadoop/sbin# hdfs crypto -createZone -keyName ezk -path /zone
Picked up _JAVA_OPTIONS: -Dawt.useSystemAAFontSettings=on -Dswing.aatext=true
Added encryption zone /zone
```

图 6.17　使用密钥 ezk 加密目录/zone 中的文件

注意：创建加密区时需要一个空目录。对已经存在于 HDFS 中的数据进行加密，需要将加密的目录重命名为一个临时名称，重新创建该目录并设置加密区，然后将数据复制回该加密区。

（7）执行命令 hdfs crypto -listZones，查看当前所有的加密区域以及对应的加密区域密钥，如图 6.18 所示。

```
root@hadoop:/usr/local/hadoop/sbin# hdfs crypto -listZones
Picked up _JAVA_OPTIONS: -Dawt.useSystemAAFontSettings=on -Dswing.aatext=true
/sub_key2   key2
/zone       ezk
```

图 6.18　查看加密区域以及对应的加密区域密钥

4. 加密文件功能测试

（1）将文件 1.txt 上传至加密区/zone，如图 6.19 所示。

```
[root@node1 ~]# echo hello,hadoop >> 1.txt
[root@node1 ~]# cat 1.txt
hello,hadoop
[root@node1 ~]# hadoop fs -put 1.txt /zone
```

图 6.19　上传文件至加密区

（2）HDFS 实现了透明加密，数据在硬盘上是以加密形式存储的，当合法用户打开文件时，系统会自动实现解密过程，这个过程对用户来说是无感知的。在本实验中，以当前用户身份打开文件 1.txt，可以直接看到明文内容，如图 6.20 所示。

```
[root@node1 ~]# hadoop fs -cat /zone/1.txt
hello,hadoop
[root@node1 ~]# su allenwoon
[allenwoon@node1 root]$ hadoop fs -cat /zone/1.txt
hello,hadoop
```

图 6.20　文件透明解密过程

（3）若有攻击者试图从文件所在的数据节点中下载该数据块，打开则是乱码。首先找到文件 1.txt 对应的存储数据块 ID（Block ID：1073741892），如图 6.21 所示。

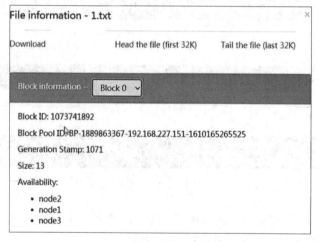

图 6.21　文件所在数据块

（4）登录数据节点，在对应的文件夹中找到文件 1.txt 所在的数据块，下载并打开，如图 6.22 和图 6.23 所示。

```
[root@node1 ~]# cd /export/data/hadoop-3.1.4/dfs/data/current/BP-1889863367-192.168.227.151-16101652
65525/current/finalized/subdir0/subdir0/
```

图 6.22　文件所在文件夹

（5）打开该数据块显示乱码，证明加密区域中的文件在硬盘上是加密状态，如图 6.24 所示。

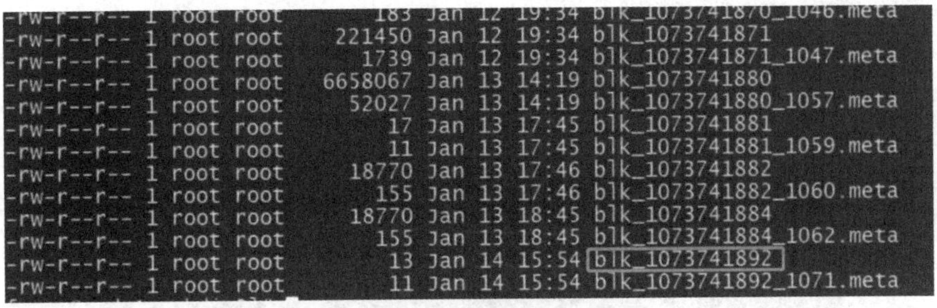

图 6.23　下载并打开数据块

图 6.24　文件 1.txt 被加密存储

6.3.2　LUKS 加密配置

在设备上建立 LUKS 时数据会被覆盖，如果要在已有数据的设备上建立 LUKS，首先要对整个设备备份，配置完后再恢复数据。

1. 安装 crypsetup

在 CentOS 系统中，执行命令 yum install cryptsetup-luks，在 Ubuntu 系统中，执行命令 apt-get install cryptsetup，安装 cryptsetup。

2. 创建 LUKS 存储设备并挂载文件系统

(1) 建立 LUKS 存储设备。执行命令 cryptsetup luksFormat /dev/sdb1，将分区进行 LUKS 格式加密，输入 YES 后按 Enter 键，之后输入/dev/sdb1 的口令，如图 6.25 所示。

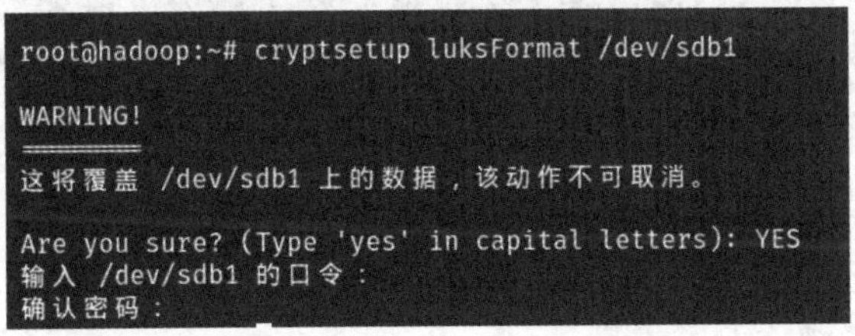

```
root@hadoop:~# cryptsetup luksFormat /dev/sdb1

WARNING!

这将覆盖 /dev/sdb1 上的数据，该动作不可取消。

Are you sure? (Type 'yes' in capital letters): YES
输入 /dev/sdb1 的口令：
确认密码：
```

图 6.25　建立 LUKS 存储设备并设置口令

(2) 打开磁盘并将其映射到一个新磁盘。执行命令 cryptsetup luksOpen /dev/sdb1 data1，在/dev/mapper/创建了一个新的磁盘 data1，输入该命令后认证口令，输入上一步操作设置的/dev/sdb1 的口令,如图 6.26 所示。

```
root@hadoop:~# cryptsetup luksOpen /dev/sdb1 data1
输入 /dev/sdb1 的口令:
```

图 6.26　创建新的磁盘 data1

（3）执行命令 dd if＝/dev/zero of＝/dev/mapper/data1,目的是清除磁盘 data1 上的所有数据,如图 6.27 所示。

```
root@hadoop:~# dd if=/dev/zero of=/dev/mapper/data1
dd: 正在写入'/dev/mapper/data1': 设备上没有空间
记录了 4159489+0 的读入
记录了 4159488+0 的写出
2129657856 bytes (2.1 GB, 2.0 GiB) copied, 37.9952 s, 56.1 MB/s
```

图 6.27　清除磁盘 data1 上的所有数据

（4）执行完 dd 命令后,可以创建文件系统,此处使用 EXT4 格式,也可以使用 XFS或其他想要的文件系统格式。执行命令 mkfs.ext4 /dev/mapper/data1,格式化映射的磁盘,如图 6.28 所示。

```
root@hadoop:~# mkfs.ext4 /dev/mapper/data1
mke2fs 1.45.6 (20-Mar-2020)
Creating filesystem with 519936 4k blocks and 130048 inodes
Filesystem UUID: 8f26c0cb-a9b8-4831-a998-9b34a378c4da
Superblock backups stored on blocks:
        32768, 98304, 163840, 229376, 294912

Allocating group tables: done
Writing inode tables: done
Creating journal (8192 blocks): done
Writing superblocks and filesystem accounting information: done
```

图 6.28　创建文件系统

（5）创建完带文件系统的加密磁盘,就可以像普通文件系统一样挂载了。执行命令 mount　/dev/mapper/data1　/data,挂载文件系统,如图 6.29 所示。

```
root@hadoop:~# mount  /dev/mapper/data1   /data
root@hadoop:~# df -H
文件系统           容量     已用    可用  已用%  挂载点
udev              1.1G       0    1.1G    0%  /dev
tmpfs             209M    1.2M    208M    1%  /run
/dev/sda1          20G     11G    8.3G   57%  /
tmpfs             1.1G       0    1.1G    0%  /dev/shm
tmpfs             5.3M       0    5.3M    0%  /run/lock
tmpfs             1.1G       0    1.1G    0%  /sys/fs/cgroup
tmpfs             209M    8.2k    209M    1%  /run/user/0
/dev/mapper/data1 2.1G    6.3G    2.0G    1%  /data
```

图 6.29　挂载文件系统

3. 加密测试

执行命令 umount /dev/mapper/data1,卸载挂载点并关闭加密分区。执行命令 df -h,查看磁盘容量及挂载点信息,如图 6.30 所示,/dev/sda1 卸载后没有挂载点。

LUKS 的安全性体现在当重新打开该磁盘映射时,需要输入加密格式化时设置的口

图 6.30 卸载挂载点并关闭加密分区

令。如果攻击者偷走该块硬盘,必须知晓映射密码才能获取该磁盘中的数据。

6.3.3 eCryptfs 加密配置

1. 安装 eCryptfs

在 CentOS 中,执行命令 yum install ecrypts-utils 安装 eCryptfs;在 Ubuntu 系统中,执行命令 apt-get install ecryptfs-utils 安装 eCryptfs。

2. 创建文件夹并加密挂载

(1) 首先创建一个名为 real 的文件夹,执行命令 mkdir real。

(2) 加密挂载,执行命令 mount -t ecryptfs real real,如图 6.31 所示。

图 6.31 加密挂载

① 选择加密方式为"2)passphrase",并输入密码 123456。

② 在 Select cipher 后按 Enter 键,默认为[aes]加密方式。

③ 在 Select key bytes 后按 Enter 键,默认密钥长度为 16B,即 128 位。

④ 在 Enable plaintext passthrough (y/n)后输入 n,不允许将未加密的文件写入加密文件夹中。

⑤ 在 Enable filename encryption（y/n）后输入 n，不对文件名加密，即在没有解密的情况下，也可以查看文件夹中的文件名。

（3）执行命令 df -h，查看加密文件夹及挂载点信息，显示/root/real/挂载成功，如图 6.32 所示。

```
root@hadoop:~# df -h
文件系统          容量      已用      可用  已用% 挂载点
udev             966M       0      966M   0% /dev
tmpfs            200M     1.2M     198M   1% /run
/dev/sda1         19G      11G     7.7G  57% /
tmpfs            996M       0      996M   0% /dev/shm
tmpfs            5.0M       0      5.0M   0% /run/lock
tmpfs            996M       0      996M   0% /sys/fs/cgroup
tmpfs            200M     8.0K     200M   1% /run/user/0
tmpfs            200M      12K     200M   1% /run/user/1001
/root/real        19G      11G     7.7G  57% /root/real
```

图 6.32　挂载成功

3. 加密测试

（1）执行命令 echo 123 > 123.txt，在文件夹 real 中新建一个文件 123.txt 并在文件 123.txt 中写入数据 123，如图 6.33 所示。

```
root@hadoop:~/real# echo 123 > 123.txt
root@hadoop:~/real# cat 123.txt
123
```

图 6.33　新建文件并写入内容

（2）执行命令 umount -t ecryptfs real，卸载挂载点后查看文件夹 real 中的文件 123.txt，发现为乱码，如图 6.34 所示。

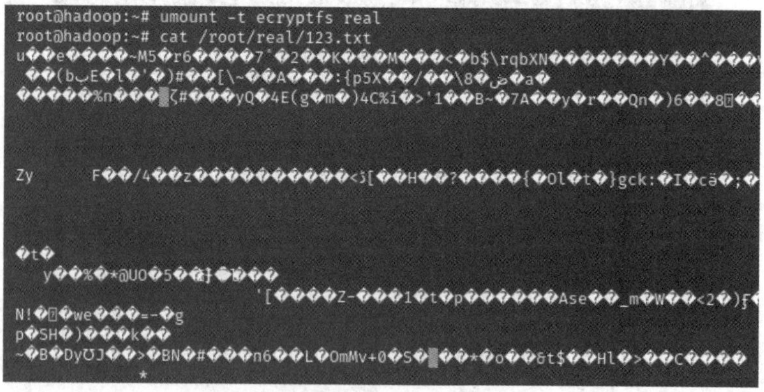

图 6.34　卸载挂载点后查看文件

（3）执行命令 mount -t ecryptfs real real，重新挂载 real 文件夹，然后执行命令 cat /root/real/123.txt，文件内容可以正常显示，如图 6.35 所示。注意，输入的密码要与第一次加密挂载时一致，否则无法解密文件。

```
root@hadoop:~# mount -t ecryptfs real real
Select key type to use for newly created files:
 1) tspi
 2) passphrase
Selection: 2
Passphrase:
Select cipher:
 1) aes: blocksize = 16; min keysize = 16; max keysize = 32
 2) blowfish: blocksize = 8; min keysize = 16; max keysize = 56
 3) des3_ede: blocksize = 8; min keysize = 24; max keysize = 24
 4) twofish: blocksize = 16; min keysize = 16; max keysize = 32
 5) cast6: blocksize = 16; min keysize = 16; max keysize = 32
 6) cast5: blocksize = 8; min keysize = 5; max keysize = 16
Selection [aes]: 1
Select key bytes:
 1) 16
 2) 32
 3) 24
Selection [16]: 1
Enable plaintext passthrough (y/n) [n]: n
Enable filename encryption (y/n) [n]: n
Attempting to mount with the following options:
  ecryptfs_unlink_sigs
  ecryptfs_key_bytes=16
  ecryptfs_cipher=aes
  ecryptfs_sig=cbd6dc63028e5602
Mounted eCryptfs
root@hadoop:~# cat /root/real/123.txt
123
```

图 6.35　重新挂载后查看文件

6.4　动态数据加密技术实践

DataNode 间或者 DataNode 与客户端之间会使用 HDFS 数据传输协议动态传输数据,本节将介绍该协议加密方法的配置过程。

1. 上传文件

将提前准备好的文本文件 path.txt 放入/root 文件夹中,path.txt 文件的部分内容如图 6.36 所示(准备一个内容较多的文本文件即可)。

```
path.txt                  ✕
 1 /admin.php
 2 /xdjtadmin.php
 3 /sellerAdmin.php
 4 /admin_login.asp
 5 /admin_default.asp
 6 /admin
 7 /admin/Login
 8 /admin_aspcms
 9 /xscbest
10 /paobuji8
```

图 6.36　path.txt 文件的部分内容

打开网络抓包工具 Wireshark,选中虚拟机的网络适配器进行监控(当前计算机环境的对应适配器为 VMware Network Adapter VMnet8)。局域网中 3 台虚拟机的 IP 地址分别为 192.168.1.144,192.168.1.145,192.168.1.147,Wireshark 捕获的网络流量如图 6.37

所示。

No.	Time	Source	Destination	Protocol	Length	Info
220	9.610871	192.168.187.144	192.168.187.1	SSH	114	Server: Encrypted packet (len=40)
221	9.610895	192.168.187.1	192.168.187.144	TCP	66	15686 → 22 [ACK] Seq=193 Ack=5505 Win=4113 Len=0 TSval=6114857 TSecr=58216397
222	9.610997	192.168.187.1	192.168.187.144	SSH	162	Client: Encrypted packet (len=96)
223	9.611551	192.168.187.144	192.168.187.1	SSH	162	Server: Encrypted packet (len=96)
224	9.611737	192.168.187.144	192.168.187.1	SSH	114	Server: Encrypted packet (len=48)
225	9.611751	192.168.187.1	192.168.187.144	TCP	66	15686 → 22 [ACK] Seq=289 Ack=5649 Win=4112 Len=0 TSval=6114858 TSecr=58216398
226	9.668130	192.168.187.145	192.168.187.144	S101	458	46642 → 9000 [PSH, ACK] Seq=1177 Ack=121 Win=245 Len=392 TSval=31447274 TSecr=58213458
227	9.669009	192.168.187.144	192.168.187.145	S101	106	9000 → 46642 [PSH, ACK] Seq=121 Ack=1569 Win=1432 Len=40 TSval=58216460 TSecr=31447274
228	9.669076	192.168.187.145	192.168.187.144	TCP	66	46642 → 9000 [ACK] Seq=1569 Ack=161 Win=245 Len=0 TSval=31447276 TSecr=58216460
229	9.723752	192.168.187.147	192.168.187.144	S101	468	49862 → 9000 [PSH, ACK] Seq=1183 Ack=121 Win=245 Len=394 TSval=57961314 TSecr=58213518
230	9.724357	192.168.187.147	192.168.187.144	S101	106	9000 → 49862 [PSH, ACK] Seq=121 Ack=1577 Win=1432 Len=40 TSval=58216521 TSecr=57961314
231	9.724453	192.168.187.147	192.168.187.144	TCP	66	49862 → 9000 [ACK] Seq=1577 Ack=161 Win=245 Len=0 TSval=57961315 TSecr=58216521

图 6.37　Wireshark 捕获的网络流量

执行命令 hadoop fs -put path.txt /test,将 path.txt 文件上传至 Hadoop 集群中,将上传文件过程中产生的网络流量保存为 unencrypted file.pcapng。执行命令 hadoop fs -cat /test/path.txt | head -10,验证 path.txt 是否成功上传,如图 6.38 所示。

```
[root@master ~]# hadoop fs -put path.txt /test
[root@master ~]# hadoop fs -cat /test/path.txt | head -10
/admin.php
/xdjtadmin.php
/sellerAdmin.php
/admin_login.asp
/admin_default.asp
/admin
/admin/Login
/admin_aspcms
/xscbest
/paobuji8
```

图 6.38　path.txt 文件成功上传至大数据集群

2. 配置 HDFS 数据传输协议加密

执行命令 vim /usr/hadoop/etc/hadoop/hdfs-site.xml(根据 Hadoop 所在位置修改路径),在 hdfs-site.xml 文件中添加配置,使用 AES 算法加密 HDFS 传输数据,如图 6.39 所示,重启 Hadoop 集群。

```
<property>
  <name>dfs.encrypt.data.transfer</name>
  <value>true</value>
</property>
<property>
  <name>dfs.encrypt.data.transfer.algorithm</name>
  <value>rc4</value>
</property>
<property>
  <name>dfs.encrypt.data.transfer.cipher.suites</name>
  <value>AES/CTR/NoPadding</value>
</property>
<property>
  <name>dfs.block.access.token.enable</name>
  <value>true</value>
</property>
```

图 6.39　配置 AES 算法加密 HDFS 传输数据

3. 再次上传文件

将 path.txt 文件重命名为 path1.txt 文件,使用 Wireshark 重新捕获流量。执行命令 hadoop fs -put path1.txt /test,将 path1.txt 文件上传至 Hadoop 集群中,上传文件过程中产生的流量保存为 encrypted file.pcapng。执行命令 hadoop fs -cat /test/path1.txt | head -10,验证 path1.txt 是否成功上传,如图 6.40 所示。

```
[root@master ~]# hadoop fs -put path1.txt /test
[root@master ~]# hadoop fs -cat /test/path1.txt | head -10
/admin.php
/xdjtadmin.php
/sellerAdmin.php
/admin_login.asp
/admin_default.asp
/admin
/admin/Login
/admin_aspcms
/xscbest
/paobuji8
```

图 6.40　将 path1.txt 文件成功上传至大数据集群

4. 流量对比分析

打开 unencrypted file.pcapng 流量包,在分组字节流中搜索字符串/admin 能搜索到结果,如图 6.41 所示,说明未配置 HDFS 数据传输协议加密时,向集群中上传文件通过明文传输。

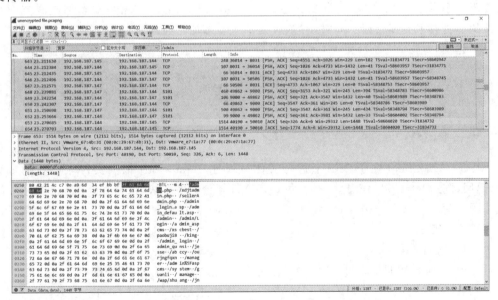

图 6.41　流量包 unencrypted file.pcapng 搜索结果

打开 encrypted file.pcapng 流量包,在分组字节流中搜索字符串/admin,不能搜索到结果,如图 6.42 所示,说明 HDFS 数据传输协议加密成功。

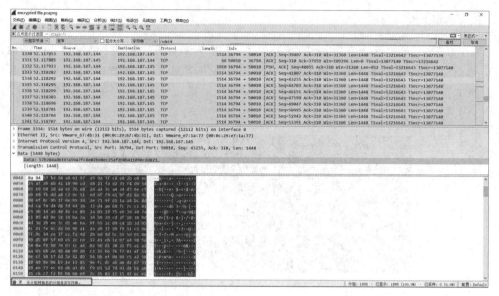

图 6.42　流量包 encrypted file.pcapng 搜索结果

6.5　本 章 小 结

　　加密是常用的保障数据安全性的重要方法,可以有效防止存储和传输的数据被窃取或篡改。本章结合 Hadoop 自身及其各类组件的特点,从静态加密与动态加密两方面对主流的加密技术展开介绍。同时,本章对典型的静态加密技术和动态加密技术的配置过程做了详细介绍。

习 　 　 题

一、单选题

　　1. 客户端 Client 在 HDFS 上进行文件写入时,NameNode 根据文件大小和配置情况,返回部分 DataNode 信息,(　　)负责将文件划分为多个块,根据 DataNode 的地址信息按顺序写入每一个 DataNode 块。

　　A. Client　　　　　　　　　　　　　B. NameNode

　　C. DataNode　　　　　　　　　　　D. Secondary NameNode

　　2. 在 HDFS 透明加密过程中,Client 向(　　)请求在 HDFS 某个加密区新建文件。

　　A. NameNode　　　B. DataNode　　　C. KMS　　　　　D. EZK

　　3. MapReduce 的设计思想是(　　)。

　　A. 局部最优　　　　B. 动态规划　　　C. 分而治之　　　　D. 全局最优

　　4. RPC 框架的构成部分不包括(　　)。

　　A. 通信模块　　　　　　　　　　　　B. 调度程序

C. 客户程序/服务过程　　　　　　　　D. 密钥管理服务器

5. 以下关于 HTTP 和 HTTPS 的叙述,错误的是(　　)。

　　A. HTTP 建立在 TCP/IP 之上,HTTPS 建立在 SSL/TLS 之上

　　B. 两者的默认端口号都是 80

　　C. HTTP 所有的传输内容都是明文,客户端和服务器都无法认证对方的身份

　　D. HTTPS 以加密的方式传输,用协商的对称加密算法和密钥加密,保证数据的机密性;用协商的 Hash 算法进行数据完整性保护,保证数据不被篡改

二、填空题

1. 静态数据加密方法有_____、_____、_____和_____。

2. 动态数据加密方法有_____、_____、_____和_____。

3. Impala 框架中包含_____、_____、_____和_____。

4. RPC 的特点为_____、_____和_____。

三、简答题

1. 简述 HDFS 透明加密的原理。

2. MapReduce 的工作原理是什么?

3. Impala 磁盘溢出加密需要配置哪些属性? 默认值是什么?

4. 磁盘加密和加密文件系统的区别是什么? 典型的加密工具分别有哪些?

5. 结合实验,分析 HDFS 透明加密和 HDFS 数据传输协议加密的区别。

第 **7** 章

大数据采集及安全

本章学习目标

- 了解大数据采集的常用技术及违规采集问题
- 了解数据分类分级的基本原则
- 掌握数据分类分级的方法
- 了解数据采集安全管理、数据源鉴别及记录、数据质量管理等内容

本章首先介绍大数据采集技术,然后介绍数据分类分级的原则和方法,最后介绍数据生命周期中数据采集活动的安全保障措施。

7.1 概　述

近年来,以大数据、物联网、人工智能、5G 为核心特征的数字化浪潮正席卷全球,世界上每时每刻都在产生大量的数据,包括物联网传感器数据、用户行为数据、社交网络交互数据及移动互联网数据等各种类型的结构化、半结构化或非结构化数据。随着网络和信息技术的不断普及,人类产生的数据量正在呈指数级增长,大约每两年翻一番。海量数据聚集并成为重要的市场经济要素,对经济发展、社会治理、人民生活都产生了重大而深刻的影响。面对如此巨大的数据,与之相关的采集、存储、分析等环节产生了一系列问题。如何安全、有效地采集这些数据成为巨大的挑战。

数据采集是大数据处理的基础,其完整性和质量直接影响大数据处理的结果。数据采集,又称“数据获取”,是数据分析的入口,也是数据分析过程中相当重要的一个环节,它通过各种技术手段把外部各种数据源产生的数据实时或非实时地采集并加以利用。

大数据采集是指从感知设备、业务系统、系统日志、互联网等获取数据的过程。在大数据采集过程中,其主要挑战是并发数高。因为同时可能会有成千上万的用户在进行访问和操作,例如,火车票售票网站和淘宝的并发访问量在峰值时可达到上百万,所以在采集端需要部署大量数据库才能对其支撑,并且,在这些数据库之间进行负载均衡和分片是需要深入思考和设计的。传统的数据采集来源单一,且存储、管理和分析数据量也相对较小,大多采用关系型数据库和并行数据仓库即可处理。而大数据采集来源广泛、数据量巨大,且数据类型丰富,包括结构化、半结构化和非结构化数据。大数据采集的数据来源主要有感知设备数据、业务系统数据、日志文件数和互联网数据 4 种。为了能够满足大数据采集的需要,大数据采集时都使用了大数据的处理模式,即 MapReduce 分布式并行处理模式或基于内存的流式处理模式。

进行数据采集活动时,应遵循合法、正当、必要的原则,具体包括如下内容。

(1) 权责一致——通过采取技术和其他必要的措施保障个人数据和重要数据安全,对数据处理活动,以及对数据主体合法权益造成的损害承担责任。

(2) 目的明确——具有明确、清晰、具体的信息采集目的。

(3) 选择同意——向数据主体明示信息采集目的、方式、范围等规则,征求其授权同意。

(4) 最小必要——只采集满足数据主体授权同意的目的所需的最少数据类型和数量。目的达成后,应及时删除所采集的数据。

(5) 公开透明——以明确、易懂和合理的方式公开采集数据的范围、目的、规则等,并接受外部监督。

(6) 确保安全——具备与所面临过的安全风险相匹配的安全能力,并采取足够的管理措施和技术手段,保护数据的保密性、完整性、可用性。

(7) 主体参与——向数据主体提供能够查询、更正、删除其信息,以及撤回授权同意、注销账户、投诉等方法。

7.2 大数据采集

大数据采集技术就是对数据进行 ETL 操作,即从数据源中抽取(Extract)所需的数据,接着对数据进行数据格式转换(Transform),最后将数据加载(Load)到数据仓库中。

7.2.1 大数据采集技术

在现实生活中,数据产生的种类很多,并且不同种类的数据产生的方式不同。目前,大数据采集方法主要有以下 4 类。

1. 数据库采集

传统企业会使用传统的关系型数据库 MySQL 和 Oracle 等来存储数据。随着大数据时代的到来,Redis、MongoDB 和 HBase 等 NoSQL 数据库也常用于数据的采集。企业通过在采集端部署大量数据库,并在这些数据库之间进行负载均衡和分片,来完成大数据采集工作。

2. 系统日志采集

系统日志采集主要是收集公司业务平台日常产生的大量日志数据,供离线和在线的大数据分析系统使用。高可用性、高可靠性、可扩展性是日志收集系统所具有的基本特征。目前,使用最广泛的、用于系统日志采集的海量数据采集工具主要有 Hadoop 的 Chukwa、Cloudera 的 Flume、Facebook 的 Scribe 和 LinkedIn 的 Kafka 等。以上工具均采用分布式架构,能满足大数据的日志数据采集和传输需求。

3. 网络数据采集

网络数据采集是指通过网络爬虫或网站公开 API 等方式从网站上获取数据信息的过程。该方法可以将非结构化数据从网页中抽取出来,将其存储为统一的本地数据文件,并以结构化的方式存储。它支持图片、音频、视频等文件或附件的采集,附件与正文可以自动关联。在互联网时代,网络爬虫主要是为搜索引擎提供最全面和最新的数据。在大数据时代,网络爬虫更是从互联网上采集数据的有力工具。目前,常用的网络爬虫工具基本可以分为 3 类:一是分布式网络爬虫工具,如 Nutch;二是 Java 网络爬虫工具,如 Crawler4j、WebMagic、WebCollector 等;三是非 Java 网络爬虫工具,如 Scrapy。

4. 感知设备数据采集

感知设备数据采集是指通过传感器、摄像头和其他智能终端自动采集信号、图片或录像来获取数据。大数据智能感知系统需要实现对结构化、半结构化、非结构化的海量数据的智能化识别、定位、跟踪、接入、传输、信号转换、监控、初步处理和管理等。其关键技术包括针对大数据源的智能识别、感知、适配、传输、接入等。

7.2.2 数据的违规采集

近年来,随着信息技术的快速发展和互联网应用的普及,越来越多的组织大量收集、使用数据,给人们生活带来便利的同时,也出现了对数据的非法收集、滥用、泄露等问题,数据安全面临严重威胁。任何组织、个人收集数据,都应当采取合法、正当的方式,不得窃取或者以其他非法方式获取数据。法律、行政法规对收集、使用数据的目的、范围有规定的,应当在法律、行政法规规定的目的和范围内收集、使用数据。

常见的违规采集现象主要有以下 5 种。

1. 过度收集、滥用个人信息

网络运营者收集与其提供的服务无关的个人信息,或者违反法律、行政法规的规定和双方的约定收集、使用个人信息。例如:①在平台注册会员,被要求填写生日、籍贯、学历等与服务无关的个人信息。②在某报名网站报名后,便接二连三地接到各种电话和短信,被书籍推销、辅导课程推销等频繁骚扰。③App 强制授权、过度授权、超范围收集个人信息等现象。这些过度收集、滥用个人信息的行为都属于违法行为。

2. 未公开收集、使用规则

例如:①首次运行时未通过弹窗等明显方式提示用户阅读隐私政策等收集使用规则。②隐私政策等收集使用规则难以阅读,如文字过小过密、颜色过淡、模糊不清,或未提供简体中文版等。

3. 未明示收集使用个人信息的目的、方式和范围

例如:①未逐一列出收集使用个人信息的目的、方式、范围等。②在申请打开可收集

个人信息的权限,或申请收集用户身份证号、银行账号、行踪轨迹等个人敏感信息时,未同步告知用户其目的,或者目的不明确,难以理解。

4. 未经用户同意收集使用个人信息

例如:①利用用户个人信息和算法定向推送信息,未提供非定向推送信息的选项。②违反其所声明的收集使用规则,收集使用个人信息。

5. 窃取或者以其他非法方式获取个人信息

例如:①未经第三方平台授权,通过破解技术爬取用户数据的行为。②采取自动化手段访问收集网站数据,若自动化访问收集流量超过网站日均流量三分之一,则会严重影响网站运行。

7.3 数据分类分级

大数据应用在不断发展创新的同时,数据违规收集、数据开放与隐私保护相矛盾以及粗放式"一刀切"管理方式等现象也给大数据应用的发展带来严峻的安全挑战。大数据资源的过度保护不利于大数据应用的健康发展,数据分类分级的安全管控方式能够避免"一刀切"带来的问题。为此,国家建立数据分类分级保护制度,根据数据在经济社会发展中的重要程度,以及一旦遭到篡改、破坏、泄露或者非法获取、非法利用,对国家安全、公共利益或者个人、组织合法权益造成的危害程度,对数据实行分类分级保护。通过对数据进行分类分级,实现对数据资源的精细化管理和保护,确保数据应用和数据保护有效平衡。为了实现对数据分类分级,需要对分类分级的数据制订具体的保护细则,包括对不同级别的数据进行标记区分、明确不同数据的访问人员和访问方式、采取的安全保护措施(如加密、脱敏等)。涉及国家秘密的数据,应遵守保密法律法规的规定,不在本节讨论范围。

7.3.1 基本概念

1. 个人信息

个人信息指以电子或者其他方式记录的与已识别或者可识别的自然人有关的各种信息,不包括匿名化处理后的信息。

2. 公共数据

公共数据指公共管理和服务机构在依法履行公共管理和服务职责过程中收集、产生的数据,以及其他组织和个人在提供公共服务中收集、产生的涉及公共利益的数据。公共管理和服务机构,通常包括各级党政机关、具有公共管理和服务职能的企事业单位。

3. 法人数据

法人数据指组织在生产经营和内部管理过程中收集和产生的数据。

4. 衍生数据

衍生数据指原始数据经过计算、统计、关联、挖掘或聚合等加工活动而产生的数据。根据数据的加工程度,可将衍生数据分为脱敏数据、标签数据、统计数据、关联数据等。

5. 重要数据

重要数据指一旦遭到篡改、破坏、泄露或者非法获取、非法利用,可能危害国家安全、公共利益的数据。重要数据不包括国家秘密,且一般不包括个人信息和企业内部管理信息,但达到一定规模的个人信息或者基于海量个人信息加工形成的衍生数据,如影响国家安全或公共利益,则可能属于重要数据。

6. 国家核心数据

国家核心数据指关系国家安全、国民经济命脉、重要民生、重大公共利益等的数据。

7. 数据分类

数据分类,是指按照数据具有的某种共同属性或特征(包括数据对象、重要程度、共享属性、开放属性、应用场景等),采用一定的原则和方法进行区分和归类,以便于管理和使用数据。进行数据分类时,应按照数据的多维特征及其相互间存在的逻辑关联进行科学、系统的分类。通常,可从数据管理(如产生频率、产生方式、结构化特征、存储方式、质量要求等)、业务应用(如产生来源、所属行业、应用领域、使用频率、共享属性、开放属性等)、安全维护(如核心、重要、一般等)和数据对象(如个人、组织、客体等)等维度进行分类。

8. 数据分级

数据分级,是指按照数据遭到破坏(包括攻击、泄露、篡改、非法使用等)后对国家安全、社会秩序、公共利益以及个人、法人和其他组织的合法权益(受侵害客体)的危害程度对数据进行定级,为数据全生命周期管理的安全策略制定提供支撑。

7.3.2 基本原则、框架及流程

1. 基本原则

数据分类分级按照数据分类管理、分级保护的思路,依据以下原则进行划分。

(1)合法合规原则。数据分类分级应满足相关法律法规及主管监管部门有关规定要求,优先识别法律法规中规定的数据类别或级别,如识别是否包含国家核心数据、重要数据、个人信息、公共数据。

(2)界限明确原则。数据分类分级的各类别、各级别界限明确,每个数据项原则上只属于一个类别、一个级别。

（3）就高从严原则。采取就高从严原则对数据进行分类分级，主要表现在：

① 数据集包含多个级别的数据项，应按照数据项的最高级别对数据集进行定级。

② 数据分类时按照个人信息、公共数据、法人数据的优先次序依次识别，采取就高从严原则对数据进行分类：当数据既属于个人信息又属于公共数据或法人数据时，识别为个人信息；当数据既属于个人信息又属于公共数据或法人数据时，识别为个人信息。

③ 数据定级时优先识别是否涉及国家核心数据、重要数据，如涉及，应按照国家核心数据级别、重要数据级别进行定级。

（4）时效性原则。数据的类别级别可能因时间变化、政策环境变化、安全事件的发生或不同业务场景的敏感性变化而发生改变，因此需要对数据分类分级进行定期审核并及时调整。

（5）自主性原则。在国家数据分类分级规则的框架下，根据自身数据管理需要，行业、领域、地方或组织自主细化确定所管辖数据的类目设置和层级划分。

2. 框架

《网络安全标准实践指南——网络数据分类分级指引》从国家数据安全管理视角，提出数据分类分级框架，如图 7.1 所示。

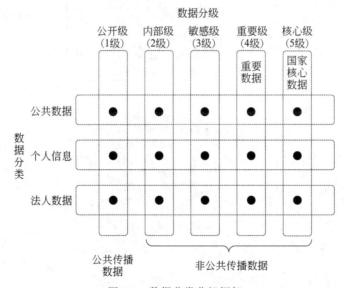

图 7.1 数据分类分级框架

3. 流程

组织开展数据分类分级，可按照数据资产识别、数据分类确定、数据定级判定、审核标识管理、数据分类分级保护流程实施，如图 7.2 所示。

1）数据资产识别

对组织的数据资产进行全面梳理，包括以物理或电子形式记录的数据库表、数据项、数据文件等结构化和非结构化数据资产，明确数据资产基本信息和相关方，形成数据资产

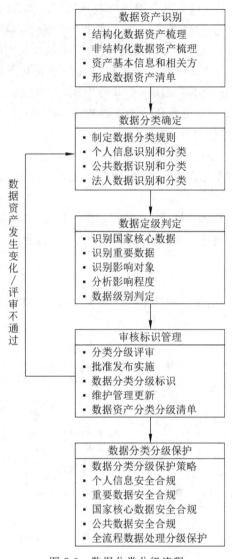

图 7.2　数据分类分级流程

清单。

2）数据分类确定

按照国家和行业数据分类分级要求，结合组织自身实际需要，对数据类别进行细分，制定适合组织现状的数据分类规则，形成至少包含一级类别、二级类别的数据分类树。将数据资产清单对应到数据分类树，确定数据资产清单中每个数据项在数据分类树中的位置，即确定数据项所属的类别。

3）数据定级判定

按照国家和行业数据分类分级要求，结合数据资产的颗粒度（如数据库表、数据项、数据文件、数据集等），识别数据资产一旦泄露、篡改、破坏等涉及的危害对象，分析可能造成的危害程度，同时综合考虑数据规模、时效性、数据加工程度等因素，判定数据资产的安全级别。

4）审核标识管理

组织的安全部门、业务部门、数据部门等相关方,对数据资产分类分级结果进行评审和完善,最后批准发布实施,形成数据资产分类分级清单。同时,对数据资产进行分类分级标识,并对数据资产和数据分类分级进行维护、管理和定期审核。

5）数据分类分级保护

针对数据资产分类分级结果,按照国家和行业数据分类分级保护要求,制定组织数据分类分级保护策略。国家核心数据、重要数据、个人信息、公共数据等的数据安全,应符合相关安全合规要求。同时,针对数据安全级别建立覆盖数据收集、存储、传输、使用、加工、提供、公开、删除等全流程数据处理活动的分级保护措施。

7.3.3　数据分类

1. 数据的分类方法

数据的分类方法主要有线分类法、面分类法和混合分类法 3 种。

（1）线分类法。线分类法旨在将数据按选定的若干个属性或特征,逐次分为若干层级,每个层级又分为若干类别。同一分支的同层级类别之间构成并列关系,不同层级类别之间构成隶属关系。同层级类别互不重复,互不交叉。线分类法适用于针对一个类别只选取单一分类维度进行分类的场景。

（2）面分类法。面分类法是将数据依据其本身固有的各种属性或特征,分成相互之间没有隶属关系的面,每个面中都包含了一组类别。将某个面中的一种类别和另外一个或多个面的一种类别组合在一起,可以组成一个复合类别。面分类法是并行化分类方式,同一层级可有多个分类维度。面分类法适用于对一个类别同时选取多个分类维度进行分类的场景。

（3）混合分类法。混合分类法是将线分类法和面分类法组合使用,克服这两种基本方法的不足,得到更为合理的分类。混合分类法的特点是以其中一种分类方法为主,另一种做补充。混合分类法适用于以一个分类维度划分大类、以另一个分类维度划分小类的场景。

另外,从数据主体角度,数据可分为公共数据、个人信息、法人数据 3 个类别,见表 7.1。

表 7.1　数据分类规则参考示例（基于数据主体视角）

数据分类	类　别　定　义	示　　例
公共数据	公共管理和服务机构在依法履行公共管理和服务职责过程中收集、产生的数据,以及其他组织和个人在提供公共服务中收集、产生的涉及公共利益的数据	如政务数据,以及提供供水、供电、供气、供热、公共交通、养老、教育、医疗健康、邮政等公共服务中涉及公共利益的数据等

数据分类	类 别 定 义	示 例
个人信息	以电子或者其他方式记录的与已识别或者可识别的自然人有关的各种信息,不包括匿名化处理后的信息	如个人身份信息、个人生物识别信息、个人财产信息、个人通信信息、个人位置信息、个人健康生理信息等
法人数据	组织在生产经营和内部管理过程中收集和产生的数据	如业务数据、经营管理数据、系统运行和安全数据等

此外,从数据传播视角,也可将数据分为公共传播数据和非公共传播数据。公共传播数据是指具有公共传播属性,可对外公开发布、转发传播的数据。公开级数据属于公共传播数据。非公共传播数据,是指不具有公共传播属性,仅在授权的限定范围传播或禁止进行传播的数据,如国家秘密、重要数据、商业秘密、个人信息、有条件或禁止共享开放的公共数据、未经同意的知识产权作品等。内部级、敏感级、重要级、核心级数据均属于非公共传播数据。

2. 数据分类规则

1) 个人信息识别与分类

(1) 个人信息识别。判定某项信息是否属于个人信息,可分析特定自然人与信息之间的关系。

(2) 个人信息分类。按照涉及的自然人特征,个人信息可分为个人基本资料、个人身份信息等多个类别。按照个人信息的敏感程度,可分为一般个人信息与敏感个人信息。按照个人信息的私密程度,可分成一般个人信息、私密个人信息。

① 一般个人信息。一般个人信息,是一旦泄露或者非法使用,对自然人个人信息权益造成轻微影响,不易导致自然人的人格尊严受到侵害,或危害自然人人身、财产安全的个人信息,例如网络身份标识信息。

② 敏感个人信息。敏感个人信息,是一旦泄露或者非法使用,容易导致自然人的人格尊严受到侵害或者人身、财产安全受到危害的个人信息,包括生物识别、宗教信仰、特定身份、医疗健康、金融账户、行踪轨迹等信息,以及不满十四周岁未成年人的个人信息。

③ 私密个人信息。私密个人信息,是个人信息中不愿为他人知晓的个人隐私信息。判断私密个人信息的标准为"秘密性"和"私人性"。在考虑场景的前提下,常见的私密个人信息有身体缺陷、女性三围、心理特征、个人感情生活、性取向、未公开的违法犯罪记录、个人身体私密部位信息、个人私密录音等。

2) 公共数据识别与分类

(1) 公共数据识别。公共数据识别,可优先按照国家、地方制定的电子政务信息目录和公共数据目录进行识别,相关目录不明确时,可按照数据一旦遭到篡改、破坏、泄露或者非法获取、非法利用,是否可能危害公共利益的角度进行识别,包括但不限于:

① 各级党政机关在依法履行公共管理和服务职能过程中收集和产生的数据。

② 具有公共管理和服务职能的企事业单位,在依法履行公共管理和服务职能过程中

收集和产生的数据。

③ 受公共管理和服务机构委托或授权提供公共服务(如水电燃气、公共交通、邮政、教育等)的企业、社团等其他组织,在开展公共服务过程中收集和产生的数据。

④ 其他可能影响公共利益的数据。

(2) 公共数据分类。公共数据分类,可参考以下规则实施。

① 政务数据的分类,优先按照国家或当地的电子政务信息目录进行分类,也可参考《政务信息资源目录体系第 4 部分:政务信息资源分类》(GB/T 21063.4—2007)等相关电子政务国家标准执行。

② 若存在公共数据目录,则按照公共数据目录进行分类。

③ 若不存在公共数据目录,则公共数据可按照服务行业领域进行分类,也可从公共数据开放程度和条件的角度进行分类。

3) 法人数据识别与分类

(1) 法人数据识别。法人数据识别,可参考以下原则。

① 不属于个人信息、公共数据的数据,可识别为法人数据。

② 法人数据仅用于组织的业务生产、经营管理及信息系统管理,不包括客户的个人信息。

③ 公共管理和服务机构在依法开展公共管理和服务的生产经营活动中收集和产生的数据属于公共数据,不属于法人数据。

④ 在开展公共服务生产经营过程中收集和产生的涉及公共利益的数据属于公共数据,不属于法人数据。

(2) 法人数据分类。法人数据可分为业务数据、经营管理数据、系统运行和安全数据 3 类。

① 业务数据。业务数据是组织在开展业务生产经营过程中收集和产生的数据。业务数据分类,可按照业务所属行业领域的数据分类分级要求,结合自身实际业务运营需要进行细化分类。

② 经营管理数据。经营管理数据是组织进行内部管理过程中收集和产生的数据,如经营战略、财务数据、并购及融资信息、经营信息等。

③ 系统运行和安全数据。系统运行和安全数据是指网络、系统、应用及网络安全数据,如网络和信息系统的配置数据、网络安全监测数据、备份数据、日志数据、安全漏洞信息等。

7.3.4　数据分级

1. 数据的分级方法

数据的安全级别,根据数据一旦遭到篡改、破坏、泄露或者非法获取、非法利用,对国家安全、社会秩序、公共利益以及对公民、法人和其他组织的合法权益(受侵害客体)的危害程度,数据从低到高分成公开级(1 级)、内部级(2 级)、敏感级(3 级)、重要级(4 级)、核心级(5 级)5 个级别。其中,重要数据属于重要级(4 级),国家核心数据属于核心级(5

级）。数据级别及分级参考判断标准见表7.2。

表7.2　数据级别及分级参考判断标准

数据级别	级 别 定 义	传 播 范 围
公开级 （1级）	数据一旦遭到篡改、破坏、泄露或者非法获取、非法利用,可能对个人合法权益、组织合法权益造成轻微危害,但不会危害国家安全、公共利益	公开级数据具有公共传播属性,可对外公开发布、转发传播,但也需考虑公开的数据量及类别,避免由于类别较多或者数量过大被用于关联分析
内部级 （2级）	数据一旦遭到篡改、破坏、泄露或者非法获取、非法利用,可能对个人合法权益、组织合法权益造成一般危害,或者对公共利益造成轻微危害,但不会危害国家安全	内部级数据通常在组织内部、关联方共享和使用,相关方授权后可向组织外部共享
敏感级 （3级）	数据一旦遭到篡改、破坏、泄露或者非法获取、非法利用,可能对个人合法权益、组织合法权益造成严重危害,或者对公共利益造成一般危害,但不会危害国家安全	敏感级数据仅能由授权的内部机构或人员访问,如果要将数据共享到外部,需要满足相关条件并获得相关方的授权
重要级 （4级）	数据一旦遭到篡改、破坏、泄露或者非法获取、非法利用,可能对个人合法权益、组织合法权益造成特别严重的危害,可能对公共利益造成严重危害,或者对国家安全造成轻微或一般危害	重要级数据按照批准的授权列表严格管理,仅能在受控范围内经过严格审批、评估后才可共享或传播
核心级 （5级）	数据一旦遭到篡改、破坏、泄露或者非法获取、非法利用,可能对国家安全造成严重或特别严重的危害,或对公共利益造成特别严重的危害	核心级数据禁止对外共享或传播

2. 数据分级规则

1) 定级要素

数据定级时,需要考虑危害对象、危害程度两个要素。

（1）危害对象。危害对象是指数据一旦遭到篡改、破坏、泄露或者非法获取、非法利用后受到危害的对象,包括国家安全、公共利益、个人合法权益、组织合法权益4个对象。

（2）危害程度。危害程度是数据一旦遭到篡改、破坏、泄露或者非法获取、非法利用后,所造成的危害的大小。危害程度从低到高可分为轻微危害、一般危害、严重危害、特别严重危害。

2) 定级方法

对数据资产进行定级,可参考以下步骤。

（1）识别是否涉及国家核心数据,如涉及,则定为核心级(5级)。

（2）识别是否涉及重要数据,如涉及,则将数据资产定为重要级(4级),重要数据识别可按照行业领域的重要数据目录进行判定,如果在相关行业领域,重要数据目录不明确时可参考相关国家标准进行判定。

（3）个人信息和公共数据的定级符合"特定数据最低安全级别"要求。

（4）不涉及国家核心数据、重要数据的数据,需要识别危害主体,分析危害程度,按照

表 7.3 的数据分级规则综合判定数据级别。

表 7.3　数据分级规则参考示例

最低级别	危害对象	危害程度	一般特征
5 级	国家安全	严重危害、特别严重危害	一旦遭到篡改、破坏、泄露或者非法获取、非法利用,可能危害国家安全、国民经济命脉、重要民生、重大公共利益
	公共利益	特别严重危害	
4 级	国家安全	轻微危害、一般危害	一旦遭到篡改、破坏、泄露或者非法获取、非法利用,可能危害国家安全
	公共利益	严重危害	
	个人合法权益	特别严重危害	
	组织合法权益	特别严重危害	
3 级	公共利益	一般危害	一旦遭到篡改、破坏、泄露或者非法获取、非法利用,可能对公共利益造成一般危害,或对个人、组织合法权益造成严重危害,但不会危害国家安全
	个人合法权益	严重危害	
	组织合法权益	严重危害	
2 级	公共利益	轻微危害	一旦遭到篡改、破坏、泄露或者非法获取、非法利用,可能对个人、组织合法权益造成一般危害,或对公共利益造成轻微危害,但不会危害国家安全
	个人合法权益	一般危害	
	组织合法权益	一般危害	
1 级	个人合法权益	轻微危害	一旦遭到篡改、破坏、泄露或者非法获取、非法利用,可能对个人、组织合法权益造成轻微危害,但不会危害国家安全、公共利益
	组织合法权益	轻微危害	

3）特定数据最低安全级别

国家核心数据、重要数据、个人信息、公共数据等特定数据的最低安全级别,可设置如下。

（1）国家核心数据的级别不低于 5 级。

（2）重要数据的级别不低于 4 级。

（3）敏感个人信息不低于 4 级,一般个人信息不低于 3 级,组织内部员工个人信息不低于 2 级,个人标签信息不低于 2 级。

（4）有条件开放的公共数据级别不低于 2 级,禁止开放的公共数据级别不低于 4 级。

4）重新定级的情形

数据安全定级完成后,出现下列情形之一时,应重新进行定级。

（1）数据内容发生变化,导致原有数据的安全级别不再适用。

（2）数据内容未发生变化,但数据时效性、数据规模、数据应用场景、数据加工处理方式等发生变化。

（3）多个原始数据直接合并,导致原有的安全级别不再适用合并后的数据。

（4）因对不同数据选取部分数据进行合并形成的新数据,导致原有数据的安全级别不再适用合并后的数据。

（5）不同数据类型经汇聚融合形成新的数据类别,导致原有的数据级别不再适用于汇聚融合后的数据。

（6）因国家或行业主管部门要求，导致原定的数据级别不再适用。

（7）需要对数据安全级别进行变更的其他情形。

7.4 数据采集安全

2021年6月颁布的《中华人民共和国数据安全法》规范了数据处理活动。数据安全已成为网络安全乃至国家安全法制体系中的核心内容之一。数据生命周期安全过程包括数据采集、数据传输、数据存储、数据处理（包括计算、分析、可视化等）、数据交换、数据销毁6个阶段。2020年3月起实施的国家标准《信息安全技术 数据安全能力成熟度模型》（GB/T 37988—2019）给出了组织数据安全能力的成熟度模型架构（DSMM），规定了数据生命周期中数据采集、数据传输、数据存储、数据处理、数据交换、数据销毁6个阶段安全的成熟度等级（五级）要求。本节以DSMM数据安全治理思路为依托，针对数据采集过程，基于充分定义级视角（3级），从数据采集安全管理、数据源鉴别及记录和数据质量管理3方面阐述数据安全建设实践。

7.4.1 数据采集安全管理

数据采集过程中涉及包含个人信息及商业数据在内的海量数据，现今社会对个人信息和商业秘密的保护提出了很高的要求，需要防止个人信息和商业数据滥用，采集过程需要信息主体授权，并应当依照法律、行政法规的规定和与用户的约定，处理相关数据；另外，还应在满足相关法定规则的前提下，在数据应用和数据安全保护间寻找平衡。

数据采集安全管理，是指在采集外部客户、合作伙伴等相关方数据的过程中，应明确采集数据的目的和用途，确保满足数据源的真实性、有效性与最少够用等原则要求，并明确数据采集渠道、规范数据格式以及相关的流程和方式，从而保证数据采集的合规性、正当性、一致性。

开展数据采集活动的过程中应遵循如下基本要求，确保采集过程中的个人信息和重要数据不被泄露。

（1）定义采集数据的目的和用途，明确数据来源、采集方式、采集范围等内容，并制定标准的采集模板、数据采集方法、策略和规范。

（2）遵循合规原则，确保数据采集的合法性、正当性和必要性。

（3）设置专人负责对信息生产或提供者的数据进行审核和采集工作。

（4）对于初次采集的数据，需采用人工与技术相结合的方式进行数据采集，并根据数据的来源、类型或重要程度进行分类。

（5）最小化采集数据，仅完成必须工作即可，确保不收集与提供服务无关的个人信息和重要数据。

（6）对采集的数据进行合理化存储，依据数据的使用状态进行及时销毁处理。

（7）对采集的数据进行分级分类标识，并对不同类的级别的数据实施相应的安全管理策略和保障措施，对数据采集环境、设施和技术采取必要的安全管理措施。

　　针对数据采集和数据防泄露,目前均有多种解决方案。数据采集根据采集的数据类型和数据源不同,也会有不同的技术工具。目前,数据防泄露主要有数据加密技术、权限管控技术,以及基于内容深度识别的通道防护技术。

　　(1) 数据加密技术。数据加密包含磁盘加密、文件加密、透明文档加解密等技术路线,目前透明文档加解密最为常见。

　　(2) 权限管控技术。数字权限管理(Digital Right Management,DRM)是指通过设置特定的安全策略,在敏感数据文件生成、存储、传输的瞬态实现自动化保护,以及通过条件访问控制策略防止敏感数据非法复制、泄露和扩散等操作。

　　(3) 基于内容深度识别的通道防护技术。基于内容的数据防泄露(Data Loss Prevention,DLP)概念最早源自国外,是一种以不影响用户正常业务为目的,对企业内部敏感数据外发进行综合防护的技术手段。

7.4.2　数据源鉴别及记录

　　数据源鉴别及记录是指对产生数据的数据源进行身份鉴别和记录,防止数据仿冒和数据伪造。

　　开展数据源鉴别及记录活动的过程中应遵循如下基本要求,防止数据仿冒和伪造。

　　(1) 设立负责数据源鉴别和记录的岗位和人员。

　　(2) 明确数据源管理制度,对采集的数据源进行鉴别和记录。

　　(3) 采取技术手段对外部收集的数据和数据源进行识别和记录。

　　(4) 对关键溯源数据进行备份,并采取技术手段对溯源数据进行安全保护。

　　(5) 确保负责该项工作的人员理解数据源鉴别标准和组织内部的数据采集业务,并结合实际情况执行标准要求。

　　(6) 制定数据源管理的制度规范,定义数据溯源安全策略和溯源数据格式等规范,明确提出对数据源进行鉴别和记录的要求。

　　(7) 通过身份鉴别、数据源认证等安全机制确保数据来源的真实性。

1. 数据源鉴别

　　数据源鉴别是指对收集或产生数据的来源进行身份识别的一种安全机制,防止采集到其他不被认可的或非法数据源(如机器人信息注册等)产生的数据,避免采集到错误的或失真的数据。采集来源管理可通过数据源可信认证技术实现,包括可信认证(PKI 数字证书体系,针对数据传输)以及身份认证技术(指纹等生物识别,针对关键业务数据修改操作)等。

　　1) PKI 数字证书

　　PKI(Public Key Infrastructure,公钥基础设施)是通过使用公钥技术和数字证书来提供系统信息安全服务,并负责认证数字证书持有者身份的一种体系。PKI 技术是信息安全技术的核心。PKI 保证了通信数据的私密性、完整性、不可否认性和源认证性。

　　2) 身份认证技术

　　身份认证是指在计算机及计算机网络系统中确认操作者身份的过程,从而确定该操作者是否具有对某种资源的访问和使用权限,进而使计算机和网络系统的访问策略能够可靠、有效地执行,防止攻击者假冒合法用户获得资源的访问权限,保证系统和数据安全,以及授权访问者的合法利益。身份认证的常用手段请参见本书第4章。

2. 数据源记录

数据源记录是指对采集的数据需要进行数据来源的标识,以便在必要时对数据源进行追踪和溯源。目前,数据溯源的主要方法有标注法和反向查询法。

1）标注法

标注法是通过记录处理相关的信息来追溯数据的历史状态,即用标注的方式来记录原始数据的一些重要信息,如背景、作者、时间、出处等,并让标注和数据一起传播,通过查看目标数据的标注来获得数据的溯源。采用标注法来进行数据溯源虽然简单,但存储标注信息需要额外的存储空间。

2）反向查询法

反向查询法是通过逆向查询或构造逆向函数对查询求逆,或者说根据转换过程反向推导,由结果追溯到原数据的过程。其关键是要构造出逆向函数,逆向函数构造的好与坏直接影响查询的效果以及算法的性能。与标注法相比,它比较复杂,但需要的存储空间比标注法要小。

7.4.3 数据质量管理

数据安全保护的对象是有价值的数据,而有价值的前提是数据质量要有保证,所以必须要有数据质量相关的管理体系。数据质量管理是指建立数据质量管理体系,保证数据采集过程中收集或产生的数据的准确性、一致性和完整性。

开展数据质量管理活动的过程中应遵循如下基本要求,提高数据质量。

（1）应明确数据质量管理相关的要求,包含数据格式要求、数据完整性要求、数据质量要素、数据源质量评价标准等。

（2）应明确数据采集过程中的质量监控规则,明确数据质量监控范围及监控方式。

（3）应明确数据清洗、转换和加载操作相关的安全管理规范,明确执行的规则和方法、相关人员权限、完整性和一致性要求等。

1. 数据质量维度

数据质量可以从6个维度进行衡量,分别是完整性、规范性、一致性、准确性、唯一性、关联性。

（1）完整性:用于度量哪些数据丢失了或者哪些数据不可用,如人员信息要完整覆盖姓名、性别、年龄等,保证没有遗漏。

（2）规范性:用于度量哪些数据未按统一格式存储。

（3）一致性:用于度量哪些数据的值在信息含义上是冲突的。

（4）准确性:用于度量数据采集值或者观测值和真实值之间的接近程度。

（5）唯一性:用于度量哪些数据是重复数据或者数据的哪些属性是重复的。

（6）关联性:数据的关联性包括函数关系、相关系数、主外键关系、索引关系等。存在数据关联性问题,会直接影响数据分析的结果,进而影响决策。

2. 数据质量校验

数据质量校验是指实现数据的完整性和一致性检查,提升数据质量。数据质量校验的规则如下。

(1) 关联性检查:Key 值关联是否存在。

(2) 行级别:数据量是否一致。

(3) 列级别:表结构是否一致,如字段数量、字段类型和宽度等是否一致。

(4) 内容级别:数据内容是否一致,以及数据内容是否缺失。

数据质量校验可分为人工对比、程序对比和统计分析 3 个层次。

(1) 人工对比:为了检查数据的正确性,相关负责人员可打开相关数据库,对转换前和转换后的数据直接进行对比,发现数据不一致时,通知相关人员进行纠正。

(2) 程序对比:为了自动化地检查数据的质量,更好地进行测试对比,可利用程序对转换前和转换后的数据进行对比,发现数据不一致时,通知相关人员进行纠正。

(3) 统计分析:为了更加全面地从总体上检查数据的质量,需要通过统计分析的方法(主要通过对新旧数据不同角度、不同视图的统计)对数据转换的正确程度进行量化分析,一旦发现其在某个统计结果的不一致性,就通知相关人员进行纠正。

数据质量校验的一般流程如下。

(1) 对待校验的数据源进行解析,得到数据源的元数据。

(2) 配置检验规则,例如数据唯一性校验、完整性校验、精度校验或格式校验、长度校验等。

(3) 根据数据源的元数据对数据源进行校验运算,得到校验结果。

3. 数据清洗

数据清洗是指发现并纠正数据文件中可识别的错误的最后一道程序,包括检查数据的一致性,以及处理无效值和缺失值等。数据清洗的规则如下。

1) 缺失值处理

(1) 根据同一字段的数字填充,例如平均值、中位数、众数。

(2) 根据其他字段的数据填充,例如通过身份证件号码取出生日期等。

(3) 设定一个全局变量,例如缺失值用 unknown 等填充。

(4) 直接剔除,避免缺失值过多影响结果。

(5) 建模法,可以用回归、使用贝叶斯形式化方法的基于推理的工具或决策树归纳确定。

2) 重复值处理

(1) 根据主键去重,利用工具去除重复记录的数据。

(2) 根据组合去重,编写一系列的规则,对重复情况复杂的数据进行去重。

3) 异常值处理

(1) 根据同一字段的数据填充,例如均值、中位数、众数等。

（2）直接剔除，避免异常值过多影响结果。

（3）设为缺失值，可以按照处理缺失值的方法来处理。

4）不一致值处理

（1）从根源入手，建立统一的数据体系。

（2）从结果入手，设立中心标准，对不同来源的数据进行值域对照。

5）丢失关联值处理

重新建立关联。

7.5 本章小结

随着大数据应用日益渗透各行各业，数据所蕴含的巨大价值也越来越为人们所重视，数据日益成为重要的企业资产和国家战略资源。由于不用类型的数据，其级别和价值均不同，因此应根据数据的重要性等予以区别对待，为此《中华人民共和国数据安全法》提出建立数据分类分级保护制度。大数据能否发挥价值，数据采集是第一步。而数据安全则是大数据发展的底线，需要贯穿数据生命周期的全过程。

本章重点介绍大数据采集及安全，包括大数据采集规范、数据分类分级与数据采集安全等内容。

习 题

一、单选题

1.关于数据采集活动时应当遵循的原则，以下不正确的是（　　）。

　　A. 权责一致　　　　　　B. 目的明确　　　　　　C. 最大必要　　　　　　D. 主体参与

2.关系国家安全、国民经济命脉、重要民生、重大公共利益等的数据属于国家（　　）。

　　A. 衍生数据　　　　　　B. 重要数据　　　　　　C.保密数据　　　　　　D. 核心数据

3.大数据采集技术就是对数据进行 ETL 操作，不包括（　　）。

　　A. 数据抽取　　　　　　B. 数据加载　　　　　　C. 数据转换　　　　　　D. 数据发布

二、填空题

1.大数据按数据类型可分为结构化数据、＿＿＿＿＿＿和＿＿＿＿＿＿。

2.国家根据数据在经济社会发展中的重要程度，以及一旦遭到篡改、破坏、泄露或者非法获取、非法利用，对国家安全、公共利益或者个人、组织合法权益造成的危害程度，对数据实行＿＿＿＿＿＿保护。

3.从数据主体角度，数据可分为＿＿＿＿＿＿、＿＿＿＿＿＿和法人数据 3 个类别。

三、简答题

1.数据分类分级应遵守哪些基本原则？

2. 数据的分类方法主要有哪些？

3. 数据分类分级的流程包括哪几步？

4. 如何划分数据的安全级别？

5. 数据定级需要考虑哪几个要素？

6. 请举例说明数据的违规采集现象。

7. 大数据采集技术主要包括哪些内容？

8. 数据生命周期包括哪几个阶段？

9. 数据质量评估主要包括哪几方面？

10. 数据质量校验的方法主要有哪些？

11. 数据清洗主要包括哪几方面？

大数据存储及安全

本章学习目标
- 掌握分布式文件系统、分布式数据库、云存储等典型的大数据存储方法
- 掌握存储介质安全
- 掌握逻辑存储安全
- 掌握数据备份与数据恢复

"大数据时代,数据的安全更成为国家的命脉"。数据存储安全是数据生存周期中至关重要的一个环节。本章主要介绍大数据存储及安全,包括分布式文件系统、分布式数据库、云存储等典型的大数据存储方法,以及存储介质安全、逻辑存储安全和数据备份与数据恢复相关内容。

8.1　大数据存储方法

大数据被采集后常汇集并存储于大型数据中心,因此大数据存储面临的安全问题极为关键,本节主要介绍大数据存储中使用的分布式文件系统、分布式数据库以及云存储。

8.1.1　分布式文件系统

分布式文件系统(Distributed File System,DFS)是指文件系统管理的物理存储资源,不一定直接连接在本地节点上,而是通过计算机网络与节点(可简单理解为一台计算机)相连;或是若干不同的逻辑磁盘分区或卷标组合在一起而形成的完整的有层次的文件系统。DFS为分布在网络上任意位置的资源提供一个逻辑上的树形文件系统结构,从而使用户访问分布在网络上的共享文件更加简便。

分布式文件系统把大量数据分散到不同的节点上存储,大大减小了数据丢失的风险。分布式文件系统具有冗余性,部分节点的故障并不影响整体的正常运行,而且即使出现故障导致计算机存储的数据受损,也可以由其他节点将损坏的数据恢复出来。因此,安全性是分布式文件系统最主要的特征。分布式文件系统通过网络将大量零散的计算机连接在一起,形成一个巨大的计算机集群,使各主机均可以充分发挥其价值。此外,集群之外的计算机只需要经过简单的配置,就可以加入分布式文件系统中,具有极强的可扩展能力。

典型的分布式文件系统有 GFS 与 HDFS,下面进行详细介绍。

1. GFS

Google 文件系统（Google File System，GFS）是一个大型的分布式文件系统。它为 Google 云计算提供海量存储，并且与 Chubby、MapReduce 以及 BigTable 等技术结合十分紧密，处于所有核心技术的底层。由于 GFS 并不是一个开源的系统，因此我们仅能从 Google 公布的技术文档来了解，无法进行深入的研究。

GFS 的系统结构如图 8.1 所示。GFS 将整个系统的节点分为 3 类角色：Client（客户端）、Master（主服务器）和 Chunk Server（数据块服务器）。Client 是 GFS 提供给应用程序的访问接口，它是一组专用接口，不遵守 POSIX 规范，以库文件的形式提供。应用程序直接调用这些库函数，并与该库链接在一起。Master 是 GFS 的管理节点，在逻辑上只有一个，它保存系统的元数据，负责整个文件系统的管理，是 GFS 文件系统中的"大脑"。Chunk Server 负责具体的存储工作。数据以文件的形式存储在 Chunk Server 上，Chunk Server 的个数可以有多个，它的数目直接决定了 GFS 的规模。GFS 将文件按照固定大小进行分块，默认是 64MB，每一块称为一个 Chunk（数据块），每个 Chunk 都有一个对应的索引号（Index）。

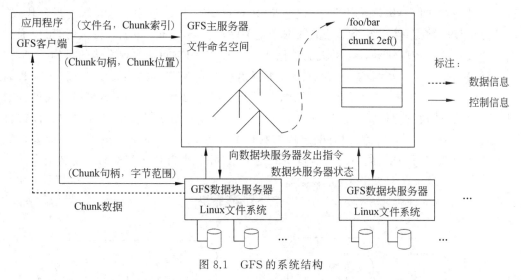

图 8.1　GFS 的系统结构

客户端在访问 GFS 时，首先访问 Master 节点，获取将要与之进行交互的 Chunk Server 信息，然后直接访问这些 Chunk Server 完成数据存取。GFS 的这种设计方法实现了控制流和数据流的分离。Client 与 Master 之间只有控制流，而无数据流，这样就极大地降低了 Master 的负载，使之不成为系统性能的一个瓶颈。Client 与 Chunk Server 之间直接传输数据流，同时，由于文件被分成多个 Chunk 进行分布式存储，因此 Client 可以同时访问多个 Chunk Server，从而使得整个系统的 I/O 高度并行，系统整体性能得到提高。

2. HDFS

HDFS 是 Hadoop Distributed File System（Hadoop 分布式文件系统）的简称。

HDFS 是一个可运行在廉价机器上的可容错分布式文件系统。它既有分布式文件系统的共同点,又有自己的一些明显的特征。在海量数据的处理中,我们经常碰到一些大文件(几百 GB 甚至是 TB 级别)。在常规的系统上,这些大文件的读和写需要花费大量的时间。HDFS 优化了大文件的流式读取方式。它把一个大文件分割成一个或者多个数据块(默认大小为 64MB),分发到集群的节点上,从而实现了高吞吐量的数据访问,这个集群可有数百个节点,并支持数据规模千万级别的文件。因此,HDFS 非常适合大规模数据集上的应用。

HDFS 设计者认为硬件故障是经常发生的,所以采用了块复制的概念,让数据在集群的节点间进行复制(HDFS 有一个复制因子参数,用来确定数据备份的数量,默认为 3),从而实现了一个高度容错性的系统。当硬件出现故障(如硬盘坏了)时,复制的数据就可以保证数据的高可用性。正是因为这个容错的特点,HDFS 适合部署在廉价的机器上。当然,一块数据和它的备份不能放在同一个机器上,否则这台机器挂了,备份也同样没办法找到。HDFS 用一种"机架位感知"的办法,先把数据复制放入同机架上的机器,然后再复制一份到其他服务器(也许其位于不同数据中心)。如果某个数据点损坏,则支持从另一机架上调用。除了机架位感知的办法,现行的还有基于纠删码(Erasure Code)的方法。这本来是用在通信容错领域的办法,现可应用于 HDFS 上。它通过对数据进行分块,然后计算出校验数据,使得各个部分的数据产生关联性。当一部分数据块丢失时,可以通过剩余的数据块和校验块计算出丢失的数据块,达到既节约空间又实现容错的目的。

HDFS 是一个主从结构,一个 HDFS 集群由一个名字节点(NameNode)和多个数据节点(DataNode)组成,它们通常在不同的机器上,如图 8.2 所示。HDFS 将一个文件分割成多个块,这些块被存储在一组数据节点中。NameNode 用来操作命名空间的文件或目录,如打开、关闭、重命名等,同时确定块与数据节点的映射。DataNode 负责响应来自文件系统客户的读写请求,同时还要执行块的创建、删除和来自名字节点的块复制指令。

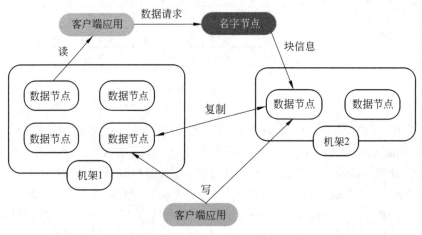

图 8.2 HDFS 架构

一个 NameNode 保存着集群上所有文件的目录树,以及每个文件数据块的位置信息,它是一个管理文件命名空间和客户端访问文件的主服务器,但是它并不真正存储文件数据本身。DataNode 通常是一个节点或一个机器,它真正存放着文件数据(和复制的数据)。它管理着从 NameNode 分配过来的数据块,是管理对应节点的数据存储。HDFS 对外开放文件命名空间并允许用户数据以文件形式存储。

(1) 客户端应用:每当需要定位一个文件或添加/复制/移动/删除一个文件时,与 NameNode 交互,获取文件位置信息(返回相关的 DataNode 信息);与 DataNode 交互,读取和写入数据。

(2) NameNode:Master 节点,HDFS 文件系统的核心节点,保存着集群中所有数据块位置的一个目录。它管理 HDFS 的名称空间和数据块映射信息,配置副本策略,处理客户端请求。

(3) DataNode:Slave 节点,存储实际的数据,汇报存储信息给 NameNode。启动后,DataNode 连接到 NameNode,响应 NameNode 的文件操作请求。一旦 NameNode 提供了文件数据的位置信息,客户端应用就可以直接与 DataNode 联系。DataNode 之间可以直接通信,数据复制就是在 DataNode 之间完成的。

NameNode 和 DataNode 都是运行在普通机器之上的软件,一般使用 Linux 操作系统。因为 HDFS 是用 Java 编写的,任何支持 Java 的机器都可以运行 NameNode 或 DataNode,我们很容易将 HDFS 部署到大范围的机器上。典型的部署是由一个专门的机器来运行名字节点软件,集群中的其他每台机器运行一个数据节点实例。体系结构虽然不排斥在一个机器上运行多个数据节点的实例,但是实际的部署不会有这种情况。

集群中只有一个名字节点极大地简化了系统的体系结构。名字节点是仲裁者和所有 HDFS 元数据的仓库,用户的实际数据不经过名字节点。在集群中,一般还会配置辅助名称节点(Secondary NameNode)。Secondary NameNode 下载 NameNode 的 image 文件和 editlogs,并对它们做本地归并,最后再将归并完的 image 文件发回给 NameNode。Secondary NameNode 并不是 NameNode 的热备份,在 NameNode 出故障时并不能工作。

8.1.2 分布式数据库

一个分布式数据库在逻辑上是一个统一的整体,在物理上则分别存储在不同的物理节点上。一个应用程序通过网络的连接可以访问分布在不同地理位置的数据库。它的分布性表现在数据库中的数据不是存储在同一场地,更确切地讲,不存储在同一计算机的存储设备上,这就是与集中式数据库的区别。

1. 分布式数据库的模式结构

分布式数据库系统通常使用较小的计算机系统,每台计算机可单独放在一个地方,每台计算机中可能有数据库管理系统的一份完整副本,或者部分副本,并具有自己局部的数据库,位于不同地点的许多计算机通过网络互相连接,共同组成一个完整的、全局的、逻辑上集中、物理上分布的大型数据库。分布式数据库的模式结构通常分为 4 层,如图 8.3 所示。

这 4 层模式划分为全局外层(全局视图)、全局概念层、局部概念层和局部内层,在各层之间还有相应的映射。这种划分不仅适合于同构型分布式数据库系统,也适合于异构

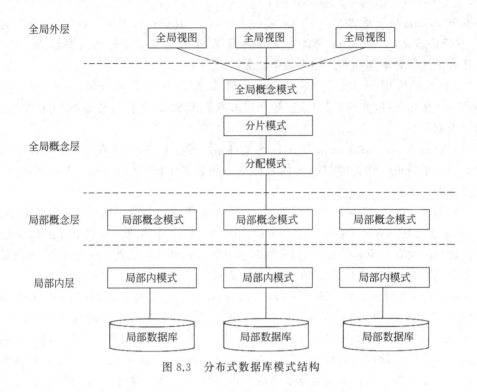

图 8.3 分布式数据库模式结构

型分布式数据库系统。

(1) 全局外层：分布式数据库的全局外层如同集中式数据库一样由多个用户视图组成。它是分布式数据库特定的全局用户对分布式数据库的最高层抽象。

(2) 全局概念层：全局概念层是分布式数据库的整体抽象，包含了全部数据库特性和逻辑结构，是对数据库的全体描述。分布式数据库的全局概念层一般具有 3 层模式描述信息。

① 全局概念模式：描述分布式数据库全局数据的逻辑结构，是分布式数据库的全局概念视图。全局概念模式包括模式名、属性名、每种属性的数据类型的定义和长度。

② 分片（分段）模式：描述全局数据的逻辑划分视图，它是全局数据逻辑结构根据某种条件的划分，即成为局部的逻辑结构，每一个逻辑划分即一个片段或分段。

③ 分配模式：描述局部逻辑的局部物理结构，是划分后的片段（或分段）的物理分布视图。

(3) 局部概念层：局部概念层由局部概念模式描述，它是全局概念模式的子集，全局概念模式经逻辑划分后被分布到各局部站点上，在分布式数据库局部站点上，对每个全局关系都有该全局关系的若干个逻辑片段的物理片段集合。该集合是一个全局关系在某个局部站点上的物理映像，其全部则组成局部概念模式。

(4) 局部内层：局部内层是分布式数据库中关于物理数据库的描述，相当于集中式数据库的内层。

BigTable 和 HBase 是常用的分布式数据存储系统，下面将具体介绍。

2. BigTable

BigTable 分布式数据存储系统是 Google 为其内部海量的结构化数据开发的云存储技术,它被设计用来处理海量数据,通常是分布在数千台普通服务器上的 PB 级的数据。

在很多方面,BigTable 很像一个数据库,它实现了很多数据库的策略。BigTable 不支持全关系型的数据模型,其为客户端提供了一种简单的数据模型,客户端可以动态地控制数据的布局和格式,并且利用底层数据存储的局部性特征。BigTable 将数据统统看成无意义的字节串,客户端需要将结构化和非结构化数据串行化再存入 BigTable。BigTable 分布式数据存储系统如图 8.4 所示。

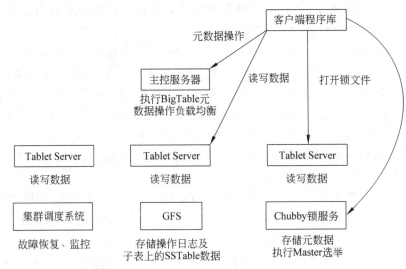

图 8.4　BigTable 分布式数据存储系统

客户端程序库(Client):提供 BigTable 到应用程序的接口,应用程序通过客户端程序库对表格的数据单元进行增、删、查、改等操作。客户端通过 Chubby 锁服务获取一些控制信息,但所有表格的数据内容都在客户端与子表服务器之间直接传送。

子表服务器(Tablet Server):实现子表的装载/卸载、表格内容的读写、子表的合并和分裂。Table Server 服务的数据包括操作日志以及每个子表上的 SSTable 数据,这些数据都存储在底层的 GFS 中。

主控服务器(Master):管理所有的子表服务器,包括分配子表给子表服务器、指导子表服务器实现子表的合并、接受来自子表服务器的子表分裂消息、监控子表服务器、在子表服务器之间进行负载均衡并实现子表服务器的故障恢复等。

BigTable 依赖一个高可用和持续分布式锁服务器 Chubby 进行管理。Chubby 提供了一个命名空间,里面包含了目录和小文件。每个目录或者文件可以当成一个锁,读写文件的操作都是原子的。每个 Chubby 的客户程序都维护一个与 Chubby 服务的会话。

BigTable 依赖 Chubby 锁服务完成如下功能。

(1) 选取并保证同一时间内只有一个主控服务器。

（2）存储 BigTable 系统引导信息。

（3）用于配合主控服务器发现子表服务器加入和下线。

（4）获取 BigTable 表格的 Schema 信息及访问控制信息。

BigTable 使用 Google 的分布式文件系统 GFS 存储日志文件和数据文件，通常运行在一个共享的机器池里，依赖集群管理系统调度任务、管理共享机器上的资源、处理机器的故障以及监视机器的状态。

3. HBase

HBase 是一个开源、分布式的、高性能的、可扩展的、面向列的 NoSQL 数据库。它是 Apache Hadoop 的数据库，主要用于海量结构化数据存储。当需要对大数据进行实时的、随机的存储和访问时，就可以使用 HBase。

HBase 源于 Google 公司的一篇论文《BigTable：一个结构化数据的分布式存储系统》，HBase 是 Google BigTable 的开源实现，它利用 HDFS 作为其文件存储系统，利用 Hadoop MapReduce 来处理 HBase 中的海量数据，利用 ZooKeeper 作为协同服务。HBase 使用"键-值"（Key-Value）对的方式存储，HDFS 为 HBase 提供了高可靠的底层存储支持，而 MapReduce 为 HBase 提供了高性能的计算能力。HBase 弥补了早期 Hadoop 只能离线批处理的不足，为 Hadoop 提供了实时处理数据的能力。HBase 的整个项目都使用 Java 语言实现。

HBase 是一个在 HDFS 上开发的面向列的分布式数据库。从逻辑上讲，HBase 将数据按照表、行和列进行存储。与 HDFS 一样，HBase 主要依靠横向扩展，通过不断增加廉价的商用服务器来增加计算和存储能力。HBase 表的特点如下。

（1）容量大：一个表可以有数百亿行，数千列。当关系型数据库（如 Oracle）的单个表的记录在亿级时，则查询和写入的性能都会呈指数级下降，而 HBase 对于单表存储百亿或更多的数据，都没有性能大幅递减问题。

（2）无固定模式（表结构不固定）：每行都有一个可排序的主键和任意多的列，列可以根据需要动态增加，同一张表中不同的行可以有截然不同的列。

（3）面向列：面向列（簇）的存储和权限控制，支持列（簇）独立检索。关系型数据库是按行存储的，在数据量大时，依赖索引来提高查询速度，而建立索引和更新索引需要大量的时间和空间。对于 HBase 而言，因为数据是按照列存储，每一列都单独存放，所以数据即索引，在查询时可以只访问所涉及的列的数据，大大降低了系统的 I/O。

（4）稀疏性：空列并不占用存储空间，表可以设计得非常稀疏。

（5）数据多版本：每个单元中的数据可以有多个版本，默认情况下版本号自动分配，它是插入时的时间戳。

（6）数据类型单一：HBase 中的数据都是字符串，没有类型。

（7）高性能：针对行键的查询能够达到毫秒级别。

类似传统的关系数据库管理系统（Relational Database Management System，RDBMS），HBase 也以表的形式存储数据，如图 8.5 所示。表也由行和列组成。但是，与 RDBMS 不同的是，HBase 的表的每一行都有唯一的行键（Row Key），原来 RDBMS 的列被划分为若干个列簇(Column Family),每一行有相同的列簇,列簇将一列或多列组合在一起,HBase的列必须属于某一个列簇。相同的列簇可以有不同的列,每个列可以有多个版本的数据,指定版本获取数据。HBase 允许用户存储大量的信息到一个表中,而 RDBMS 的大量信息息则可能被分到多个表上存储。

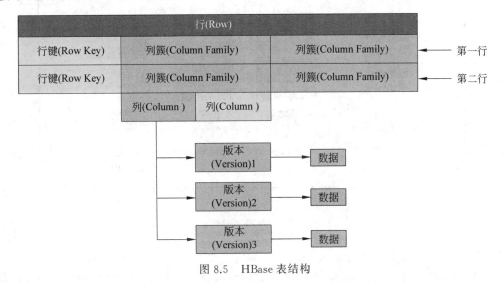

图 8.5　HBase 表结构

8.1.3　云存储

云存储(Cloud Storage)是一种网上在线存储的模式,即把数据存放在通常由第三方托管的多台虚拟服务器,而非专属的服务器上。托管公司(Hosting)运营大型的数据中心,需要数据存储托管的人,则通过向其购买或租赁存储空间的方式,来满足数据存储的需求。数据中心营运商根据客户的需求,在后端准备存储虚拟化的资源,并将其以存储资源池(Storage Pool)的方式提供,客户便可自行使用此存储资源池来存放文件或对象。实际上,这些资源可能被分布在众多的服务器主机上。

1. 常见的云存储方案

1) Amazon S3

在实际的使用案例中,除了把数据存储在诸如 HDFS 的分布式文件系统之外,越来越多的用户把数据存储在云存储上。Amazon Simple Storage Service(Amazon S3)就是Amazon 公司提供的一个安全、耐久且扩展性高的云存储。Amazon S3 提供对象级存储,具有简单的 Web 服务接口,可用于在 Web 上的任何位置存储和检索任意数量的对象数据。使用 Amazon S3,只需按实际使用的存储量付费。

如图 8.6 所示,Amazon S3 将数据作为对象存储在被称为"存储桶"(Bucket)的资源中。我们可以在一个存储桶中存储对象,并读取和删除存储桶中的对象。单个对象的大小最多为 5TB。在一个桶中的数据会复制到区域(Region)的其他位置(数据冗余),以防止数据丢失。桶中的每个对象都有一个键(Key),类似文件系统上的路径和名字(如

media/welcome.mp4）。

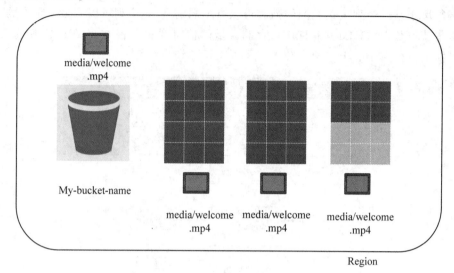

图 8.6　存储桶

下面介绍一下 S3 的几个基本概念。

（1）存储桶：是 Amazon S3 中用于存储对象的容器。每个对象都存储在一个存储桶中。S3 包含"事件通知"，当对象上传到存储桶或从存储桶中删除对象时设置自动通知，这些通知还可以触发其他流程和脚本，还可以查看存储桶及其对象的访问日志。

（2）对象：是 Amazon S3 中存储的基本实体，如日志文件。对象由文件数据和描述该文件的所有元数据组成。

（3）键：是指存储桶中对象的唯一标识符。存储桶内的每个对象都只能有一个健。由于将存储桶、键和版本 ID 组合在一起可唯一地标识每个对象，因此可将 Amazon S3 视为一种"存储桶＋键＋版本"与对象本身间的基本数据映射。将 Web 服务终端节点、存储桶名、键和版本（可选）组合在一起，可唯一地寻址 Amazon S3 中的每个对象。例如，在 URL 为 https://s3.amazonaws.com/backend-sandbox/10mfile 中，backend-sandbox 是存储桶的名称，而 10mfile 是键（对象名称）。存储桶的名称要保持唯一。在一些实例中，我们为每类数据创建一个存储桶，使用 UUID 作为键名（文件名）。

（4）区域（Region）：Amazon S3 服务器分布在多个区域，例如：美国东部（弗吉尼亚北部）地区、美国东部（俄亥俄）区域、美国西部（加利福尼亚北部）区域、美国西部（俄勒冈）区域、加拿大（中部）区域、亚太地区（孟买）区域、亚太（首尔）区域、亚太（新加坡）区域、亚太（悉尼）区域、亚太（东京）区域、欧洲（法兰克福）区域、欧洲（爱尔兰）区域、欧洲（伦敦）区域、南美洲（圣保罗）区域等。在国内有 AWS 中国（宁夏）区域、AWS 中国（北京）区域。AWS 在区域下面有多个可用区（Availability Zones，AZ）。

2）对象存储

对象存储（Object Storage Service，OSS）是阿里云提供的海量、安全、低成本、高持久的云存储服务。其数据设计持久性不低于 99.9999999999％，服务设计可用性不低于

99.995％。OSS 具有与平台无关的 RESTful API,可以在任何应用、任何时间、任何地点存储和访问任意类型的数据。

下面介绍 OSS 的几个基本概念。

(1) 存储类型(Storage Class):OSS 提供标准、低频访问、归档、冷归档 4 种存储类型,全面覆盖从热到冷的各种数据存储场景。其中标准存储类型提供高持久、高可用、高性能的对象存储服务,能够支持频繁的数据访问;低频访问存储类型适合长期保存不经常访问的数据(平均每月访问频率 1～2 次),存储单价低于标准类型;归档存储类型适合需要长期保存(建议半年以上)的归档数据;冷归档存储适合需要超长时间存放的极冷数据。

(2) 对象(Object):是 OSS 存储数据的基本单元,也称为 OSS 的文件,由元信息(Object Meta)、用户数据(Data)和文件名(Key)组成。对象由存储空间内部唯一的 Key 来标识。对象元信息是一组键值对,表示了对象的一些属性,例如最后修改时间、大小等信息,同时也可以在元信息中存储一些自定义的信息。

(3) 存储空间(Bucket):是用于存储对象的容器,所有的对象都必须隶属于某个存储空间。存储空间具有各种配置属性,包括地域、访问权限、存储类型等。可以根据实际需求,创建不同类型的存储空间来存储不同的数据。

(4) 地域(Region):表示 OSS 的数据中心所在物理位置。可以根据费用、请求来源等选择合适的地域创建 Bucket。

(5) 访问域名(Endpoint):表示 OSS 对外服务的访问域名。OSS 以 HTTP RESTful API 的形式对外提供服务,当访问不同地域时,需要不同的域名。通过内网和外网访问同一个地域所需要的域名也是不同的。

(6) 访问密钥(AccessKey):AccessKey 简称 AK,指的是访问身份认证中用到的 AccessKey ID 和 AccessKey Secret。OSS 通过使用 AccessKey ID 和 AccessKey Secret 对称加密的方法来认证某个请求的发送者身份。AccessKey ID 用于标识用户;AccessKey Secret 是用户用于加密签名字符串和 OSS 用来认证签名字符串的密钥,必须保密。

2. 云存储数据的完整性机制

云存储数据的完整性认证,指的是云存储服务器能够向认证者(用户或 TPA)证明它存储的数据保存完整的一种机制。数据的完整性认证机制主要分为两种:数据持有性证明(Provable Data Possession,PDP)和可恢复数据证明(Proof of Retrievability,PoR)。

1) 数据持有性证明(PDP)机制

基于 PDP 的数据完整性认证机制通常使用两种框架,如图 8.7 和图 8.8 所示。图 8.7 中,用户同时充当认证者的角色执行认证程序;图 8.8 中,引入了第三方认证者进行认证。由于用户和云存储服务器的对立关系,用户或云存储服务器任何一方执行完整性认证都可能无法使对方信服,于是,为了增加认证结果的公正性和可信度,目前的数据完整性认证方案基本都引入了可信的第三方认证机构执行认证。

以图 8.8 为例,认证机制由如下 3 方组成。

(1) 用户/客户端:主要指有数据存储需求的用户,将数据存储在云服务提供商

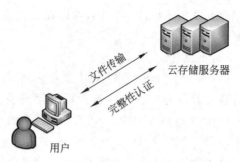

图 8.7　用户—云存储服务器认证框架

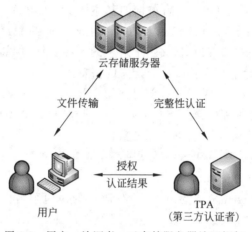

图 8.8　用户—认证者—云存储服务器认证框架

(CSP)提供的云存储服务器上,用户与云存储服务器能建立通信。

（2）云存储服务器：CSP 提供的计算资源、网络资源和存储资源,用于存储用户数据。

（3）第三方认证者（TPA）：具有专业知识和能力的独立的可信第三方,经过用户授权,代替用户向云存储服务器发起数据持有性认证,完成对数据的持有性认证,评估云存储系统的安全性。

在"用户-认证者-云服务器认证框架"中,用户先将数据存储到云存储服务器中;当需要对服务器中的数据进行完整性认证时,用户授权给 TPA;TPA 与 CSP 建立通信,向 CSP 发起完整性认证请求,CSP 生成认证响应返回给 TPA;之后,TPA 判断得出认证结果,并将结果发送给用户,完成数据完整性认证。云存储数据完整性认证方案执行示意图如图 8.9 所示。

2）可恢复性数据证明（PoR）机制

经典的 PoR 模型是由 Juels 等人提出的,考虑到以前的方案仅能检测到数据是否损坏,而不能进行恢复操作,因此提出使用哨兵的方式构建一种支持数据可恢复的证明模型,该模型在检测到数据损坏后能够进行一定程度的恢复,为数据的安全多提供了一重保护。

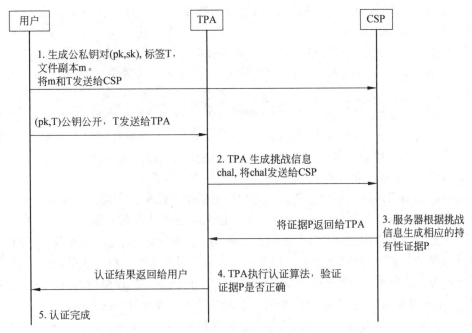

图 8.9　云存储数据完整性认证方案执行示意图

　　PoR 系统网络模型如图 8.10 所示,该模型主要由用户和云存储服务器两个实体组成。在进行审计的过程中,用户首先对文件进行预处理,用自己产生的密钥对文件进行特定编码处理,将编码好的数据上传到云存储服务器。在进行审计认证时,由用户向云服务器发起挑战请求,云服务器生成应答信息返回给用户。用户认证收到的应答信息,若认证通过,则代表数据完整;否则可利用编码恢复出原始数据。

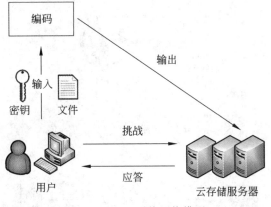

图 8.10　PoR 系统网络模型

3. 云存储隐私保护机制

云计算的出现为大数据的存储提供了基础平台,通过云服务器的计算和存储能力,对大数据的访问将更快速、更便宜、更简单和更标准化。但将敏感的数据存放在不可信的第三方服务器中存在潜在的威胁，因为云服务器提供商可能对用户的数据进行偷窥，也可能出于商业的目的与第三方共享数据或者无法保证数据的完整性。如何安全可靠地将敏感数据交由云平台存储和管理，是大数据隐私保护中必须解决的关键问题之一。

大数据存储给隐私保护带来了新的挑战，主要包括：大数据中更多的隐私信息存储在不可信的第三方中，极易被不可信的存储管理者偷窥；大数据存储的难度增大，存储方有可能无意或有意地丢失数据或篡改数据，从而使得大数据的完整性得不到保证。为解决上述挑战，应用的技术主要包括加密存储和第三方审计技术等。

加密存储指采用数据加密密钥为云存储服务器端的数据提供更高的存储安全性。引入对数据进行加密和解密的操作，可以让没有借助其他形式存放在云存储服务器中的数据更加安全和可靠。用户需要提供相应于主密钥的配对密钥，经过云存储服务器的认证，通过计算机的计算，才能够获得相关数据。为了确保用户获取资料和数据，要让用户的主密钥和服务器进行配对，让用户主动参与整个安全防护的过程，让用户的数据更好地被加密，确保用户对数据的绝对处理权，让用户数据的安全性得到明显的提高。

第三方审计技术通过引入独立的第三方实现数据的审计工作。所采用的存储模型一般由 3 个实体组成，如图 8.11 所示，包括群组用户、第三方审计者以及云存储服务提供商。群组用户包括群管理员和群成员，上传数据和对应签名标签到云存储服务器；云存储服务提供商根据群组用户需求，提供相对应的存储以及数据处理服务；第三方审计者能够替代群组成员对数据进行审计工作，目的是充分利用第三方审计者强大的计算功能，克服用户的计算资源缺乏的缺点。在第三方认证者进行认证时，认证方掌握部分公开信息后就可以完成数据认证，在此过程中不能获取用户的数据内容和数据块签名的身份隐私信息，保证用户数据内容和身份的隐私性。

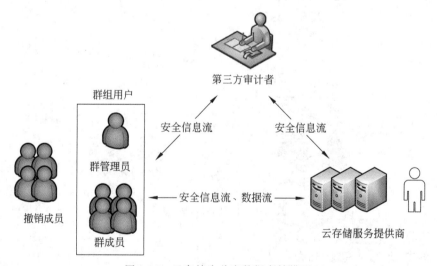

图 8.11　云存储中共享数据存储模型

8.2 存储介质安全

DSMM(数据安全能力成熟度模型)将存储介质安全定义为:针对组织内需要对数据存储介质进行访问与使用的场景,提供有效的技术和管理手段,防止对媒体的不当使用而引发数据泄露风险,主要指终端设备及网络存储的安全。

8.2.1 存储介质

存储介质,又称为存储媒体,是指存储数据的载体,包括文件档案、计算机硬盘、U盘、移动硬盘、存储卡、光盘、闪存和打印的媒体等。存储介质是一种物理载体,不管是本地数据还是网络上的数据,其最终都存储在这样的物理载体上。使用者在访问和使用数据时,都会用到它。而存储介质作为一种物理载体,就会有损坏、故障、寿命有限以及安全性的问题,需要利用相应的技术工具来管理存储介质,保证在存储介质中的数据能够安全、可靠地运行,避免数据丢失、损坏、泄露等问题,保障数据安全。

市面上常见的存储介质可分为三大类:磁介质、半导体介质、光盘介质。

(1)磁介质:也就是磁记录介质材料,是利用磁特性和磁效应实现信息记录和存储功能的磁性材料。我们日常使用的硬盘其实全称叫硬磁盘,就是利用磁记录技术来实现数据存储。除硬盘之外,磁卡也是一种磁记录介质材料,还有早期的软盘(软磁盘)以及更早的磁带等。

(2)半导体介质:半导体介质使用半导体大规模集成电路作为存储介质,可以对数字信息进行随机存取。半导体一般可以分为两类:随机存取存储器(RAM)和只读存储器(ROM)。半导体介质具有体积小、存储速度快、存储密度高、与逻辑电路接口容易等优点,计算机以及各类电子设备中的内存使用的就是半导体介质。

(3)光盘介质:光盘介质是利用光信息作为数据载体的一种记录材料,它是用激光扫描的记录和读出方式保存信息的一种介质。光盘介质作为一种十分重要的存储介质,具有存放大量数据的特性。我们熟知的 CD、DVD、VCD 等就是光盘存储介质。

8.2.2 存储介质安全管理

存储介质安全管理的目的是防止对介质的不当使用而引发的数据泄露风险,既包括存储在硬盘、磁盘等物理实体介质,也包括容器、虚拟盘等虚拟存储介质。存储介质安全管理包括介质采购、存放、运输、使用、维修、销毁和处理等环节。

1. 存储介质采购规范

(1)存储介质由存储介质安全管理部门进行统一采购。

(2)存储介质采购时遵循申报、审批、采购、标识、入账的流程。

(3)存储介质的采购应选择可靠的品牌,确保产品质量。

(4)存储介质采购中应进行防病毒等安全性检测,在确保安全的情况下入账。

2. 存储介质存放规范

（1）数据存储介质由存储介质安全管理部门进行统一管理。

（2）存储介质的存放环境应有防火、防盗、防水、防尘、防震、防腐蚀及防静电等措施，防止其被盗、被毁、被未授权修改以及其信息非法泄露。

（3）对于磁带、磁盘等带有磁性的介质，应注意保存环境，保证其长期有效。

（4）根据数据的容量和重要性合理选择数据存储介质。

（5）数据存储介质必须具有明确的分类标识，标识须包括存储数据的内容、归属、大小、存储期限、保密程度等，并结合数据类型和管理策略统一命名。存储介质的标识必须醒目。

（6）建立数据存储介质保管清单，由存储介质安全管理部门定期根据保管清单对介质的使用现状进行检查，检查内容包括完整性（数据是否损坏或丢失）和可用性（介质是否受到物理破坏）。

（7）任何存储介质盘点出现差异时，必须及时报告上级领导部门。

（8）根据数据备份的需要确定须异地存储的备份介质。

3. 存储介质运输规范

（1）存储介质在运输过程中，必须采取密封处理。

（2）应选取可靠的快递公司承担介质的传递工作，介质传递时间、安全保障（防火、防震、防潮、防磁、防盗）等方面的要求应在与快递公司的合同中加以约定。快递公司的资质、介质传递流程、快递合同须经存储介质安全管理部门批准。

（3）当存有敏感业务信息的介质进行异地传输时，应选择本单位可靠人员进行传递，并且使用专用安全箱包进行包装。

（4）移动存储介质的接收应履行登记、入账等手续。

（5）存储介质安全管理部门需对存储介质的运输过程进行详细记录。

4. 存储介质使用规范

（1）新启用存储介质或使用移动存储介质时，必须进行安全检查和查杀病毒处理。

（2）存储介质的使用需在受控的办公场所的指定计算机上进行。

（3）非本单位的移动存储介质一律不得和涉密计算机连接。

（4）避免在高温、强磁场的环境下使用存储介质。

（5）涉密和非涉密的存储介质禁止交叉使用。

（6）因公务需要携带存储介质外出时，必须经存储介质安全管理部门审批同意并登记。

（7）由于存储介质体积较小，易于流传，使用时应对其安全保管，防止丢失。

（8）如使用移动介质转移或存储敏感数据，需在使用前格式化，并在使用后立即删除敏感数据。

（9）复制移动存储介质中的信息应经过存储介质安全管理部门批准并履行登记手

续;复制件应视同原件进行管理。

（10）复制移动存储介质中的信息时,不得改变其知悉范围,并由存储介质安全管理部门进行监督。

5. 存储介质维修规范

（1）存储介质维修应经过存储介质安全管理部门审批。

（2）对送出维修的介质,应首先清除介质中的敏感数据。

（3）移动存储介质需要送外维修时,必须到存储介质安全管理部门指定的单位进行维修,由存储介质安全管理部门全程陪同监督。

（4）存储介质的维修由存储介质安全管理部门负责,并对维修人员、维修对象、维修内容、维修前后状况进行监督和记录。

6. 存储介质销毁规范

（1）存储介质销毁应经存储介质安全管理部门审批,不得自行销毁。

（2）为防止敏感信息泄露给未经授权的人员,各部门应将需要废弃的存储介质送到存储介质安全管理部门,由存储介质安全管理部门统一进行安全销毁。

（3）存储介质销毁前,存储介质安全管理部门须对其所含信息进行风险评估。

7. 存储介质处理规范

（1）任何含有敏感信息的中间存储介质,都需要销毁其中的信息。

（2）任何存储介质不再用于存储保密信息之前,必须进行格式化。

（3）存储介质上删除敏感信息后,必须执行重复写操作,防止数据恢复。

（4）含有硬拷贝形式的敏感信息存储介质的报废处理方式是粉碎或者烧毁。

（5）存储介质安全管理部门需对存储介质的处置做记录,以备审查。

（6）被销毁介质上的备份内容如果未到备份保存期限,要将备份内容复制到较新的介质上,并将复制后的介质归档。

8.2.3 存储介质监控与审计

根据存储介质的不同,在存储介质的监控和审计上也有不同的相应监控和审计技术。

对于光盘介质来说,刻录是需要监控和审计的重要行为。构建一个光盘刻录和审计系统对于光盘介质的安全管理来说十分重要。一个光盘刻录和审计系统应具备以下功能技术。

（1）制作加密光盘,并规定只有使用特定的密钥,才可以解开光盘读取和写入数据;只有在系统上注册过的刻录机,才能进行光盘刻录作业。

（2）支持光盘刻录全生命周期,包括刻录申请发起、审批、刻录资源授权等,均需要相应的管理人员审批通过后才能进行最终的刻录作业。

（3）全面的日志审计,如用户名称、刻录文件名、文件处理方式、文件密级、任务提交时间、刻录文件份数、文件包含页数、使用刻录机名称、计算机使用人、任务状态等信息。

磁介质和半导体介质的两个代表分别是硬盘和内存,因为硬盘和内存是每台计算机的基本组成设备。以硬盘和内存为例,在计算机上需要监控和审计的有两方面:一方面是本地存储介质的监控和审计;另一方面是外来接入存储介质行为的监控和审计。本地存储的监控审计技术和工具已经十分成熟了,在 Windows 和 Linux 系统下,都自带有系统监控工具,如 Windows 的资源监视器,Linux 下的 top、htop、iotop 等都是最基本的监控工具。对于外来接入存储介质,系统通过驱动程序连接存储介质设备,进行实时监控。

许多优秀的工具可以实现日志审计导出、存储设备管理等更强大的功能,并提供友好的可视化界面,这些工具都是在系统提供的工具之上进行功能叠加和改进的,如 Cockpit。Cockpit 是一个免费且开源的基于 Web 的管理工具,系统管理员可以执行诸如存储管理、网络配置、日志检查、容器管理等任务。通过 Cockpit 提供的友好的 Web 前端界面可以轻松地管理 GNU/Linux 服务器,轻量级且简单易用。对于外来接入存储介质行为的监控和审计,一般是通过监控计算机扩展接口进行实现的,如 USB 接口等。目前,大多数的终端安全管理工具已经具备该技术功能。

8.2.4　存储介质清除技术

当需要废弃旧的存储介质以使用新的存储介质,或者需要重新写入存储介质中的数据时,一般都需要对存储介质中的数据进行清除,这种操作也被称为介质净化。只有被净化过的存储介质,才允许废弃或者重新写入数据,以此保证数据安全、可靠,防止存储介质中的数据损坏和泄露。一般来说,只有可重复使用的、可擦除的存储介质才能进行清除操作,一次性的、不可擦除的存储介质是无法进行清除的,需要废弃时只能使用物理手段进行销毁。净化的一个原则就是尽量做到不可恢复,防止净化后的存储介质被有心之人进行数据恢复。

光盘介质的原理是通过光盘表面深浅不一的凹槽以及对光的反射与否来表示数据的,而光盘记录数据的操作也就是刻录,是在光盘表面制造凹槽。所以,光盘的数据清除只用刻录机进行刻录操作即可。目前的刻录机软件都带有物理完全擦除功能,其原理就是通过重新刻录凹槽,覆盖掉原本的凹槽,达到擦除数据的目的。由于其擦除过程是一种物理过程,所以基本是无法恢复的。

半导体是常温下导电性能介于导体和绝缘体的材料,其导电性是可控的,利用其导电与否表示"1"和"0",从而就可以记录数据。在半导体存储器的类别中,RAM 属于易失性存储器,这种存储器的特点是需要不断加电刷新才能保持数据,完全断电一段时间后,其中的数据就会完全消失且无法恢复,所以 RAM 通常用来做电子设备的内存;ROM 是非易失性存储器,不能通过断电进行数据清除,其数据清除过程涉及较为复杂的物理过程,擦除方法通常是在源极之间加高压,从而形成电场,通过 F-N(Fowler-Nordheim)隧道效应实现擦除操作。

磁性存储器是目前最主要的存储介质之一,净化磁介质的方法也比较成熟。以磁盘为例,目前清除磁盘中的数据主要有以下 3 个手段。

(1) 反复在同一磁扇区上写入无意义的数据,从而把数据还原的可能性减至最低。

(2) 磁盘扇区清零,即把磁盘所有扇区分一到多次全部用 0 或全部用 1 写入,之后硬盘上所有数据全部丢失,这种清除方式比较彻底,但耗时稍长。

(3)直接访问主文件列表找到文件具体存储的位置,并解码二进制文件,从而彻底清除文件,减少对操作系统的依赖,避免大量盲目填写无效文件的操作,这种方法可以保护磁盘使用寿命。

目前使用较多的专业磁盘清除工具有 Darik's Boot and Nuke、HDShredder 等。

8.3　逻辑存储安全

逻辑存储安全,定义为基于组织内部的业务特性和数据存储安全要求,建立针对数据逻辑存储、存储容器等的有效安全控制。

存储容器和存储架构的安全要求包含认证鉴权、访问控制、日志管理、通信举证、文件防病毒等安全配置以及安全配置策略,这些安全要求可以保证数据存储安全。

8.3.1　逻辑存储安全管理

1. 系统账号管理

1)普通账号管理

(1)申请人需使用统一而规范的申请表提出用户账号创建、修改、删除、禁用等申请。

(2)在受理申请时,逻辑存储管理部门根据申请配置权限,在系统条件具备的情况下,给用户分配独有的用户账号和权限。一旦分配好账号,用户不得使用他人账号或者允许他人使用自己的账号。

(3)当用户岗位和权限发生变化时,应主动申请所需逻辑存储系统的账号和权限。

2)特权账号和超级用户账号管理

(1)特权账号指在系统中有专用权限的账号,如备份账号、权限管理账号、系统维护账号等。超级用户账号指系统中具有最高权限的账号,如 administrator、root 等管理员账号。

(2)只有经逻辑存储安全管理部门授权的用户,才可以使用特权账号和超级用户账号,严禁共享账号。

(3)逻辑存储安全管理部门需监督特权账号和超级用户账号的使用情况并记录。

(4)避免特权账号和超级用户账号临时使用,确需使用时,必须提交申请及通过审批流程;临时使用超级用户账号必须有逻辑存储安全管理部门在场监督,并记录其工作内容;超级用户账号临时使用完毕后,逻辑存储安全管理部门需立即更改账号密码。

3)账号权限审阅

(1)逻辑存储管理部门需建立逻辑存储系统账号及权限的文档记录,记录用户账号和相关信息,并在账号变动时及时更新记录。

(2)用户离职后,逻辑存储管理部门需及时禁用或删除离职人员所使用的账号;如果离职人员是系统管理员,则及时更改特权账号或超级用户口令。

4)账号口令管理

(1)用户账号口令的发放要严格保密,用户必须及时更改初始口令。

（2）账号口令的最小长度为 6 位，并要求具有一定的复杂度，账号口令需定期更改，账号口令的更新周期不得超过 90 天。

（3）严禁共享个人用户账号口令。

（4）超级用户账号需通过保密形式由逻辑存储安全管理部门留存一份。

5）认证鉴权

逻辑存储系统通过管理平面和业务平面的认证，限制可访问逻辑存储系统的维护终端及应用服务器。当用户使用存储系统时，只有认证通过后才能对存储系统执行管理操作，并对存储系统上的业务数据进行读写操作。

2. 访问控制

（1）逻辑存储安全管理部门需制定逻辑存储系统的访问规则，所有使用的用户都必须按规定执行，以确保逻辑存储设备和业务数据安全。

（2）对逻辑存储系统进行设置，保证在进入系统前必须执行登录操作，并且记录登录成功与失败的日志。

（3）逻辑存储系统的管理员必须确保用户的权限被限定在许可范围内，同时能够访问到有权访问的信息。

（4）访问控制权限设置的基本规则是除明确允许执行的情况外，其余必须禁止。

（5）访问控制的规则和权限应结合实际情况，并记录在案。

3. 病毒和补丁管理

（1）逻辑存储安全管理部门应具备较强的病毒防范意识，定期进行病毒检测，一旦发现病毒，立即处理并通知上级领导部门或专职人员。

（2）采用国家许可的正版防病毒软件并及时更新软件版本。

（3）逻辑存储系统必须及时升级或安装安全补丁，弥补系统漏洞；必须为逻辑存储服务器做好病毒及木马的实时监测，及时升级病毒库。

（4）未经逻辑安全管理部门许可，不得在逻辑存储系统上安装新软件，若确为需要安装，安装前应进行病毒检查。

（5）经远程通信传送的程序或数据，必须经检测确认无病毒后方可使用。

4. 日志管理

（1）定期对逻辑存储系统上的安全日志进行检查，对错误、异常、警告等日志进行分析判断，有效解决相关问题并记录存档。

（2）逻辑存储系统上的日志要定期备份，以便帮助用户了解与安全相关的事物中所涉及的操作、流程以及事件的整体信息。

5. 存储检查

逻辑存储安全管理部门应定期对逻辑存储系统的存储情况进行检查并记录，如果发现存储容量超过 70%，应及时删除不必要的数据腾出磁盘空间，必要时申报新的存储。

6. 故障管理

（1）逻辑存储系统的故障包括软件故障、硬件故障、入侵与攻击，以及其他不可预料的未知故障等。

（2）当逻辑存储系统出现故障时，由逻辑存储安全管理部门督促和配合厂商工作人员尽快维修，并对故障现象及解决全过程进行详细记录。

（3）逻辑存储系统需外出维修时，逻辑存储安全管理部门必须删除系统中的敏感数据。

（4）对于不能尽快处理的故障，逻辑存储安全管理部门应立即通知上级领导，并保护好故障现场。

8.3.2 技术工具简述

数据在存储过程中，除了常见的物理介质问题所导致的数据安全问题，还对存储容器和存储架构提出了更高的要求，一般来说，存储数据的容器主要是服务器，所以这就要求加强服务器本身的安全措施。从服务器看，一是需要加强常规的安全配置，这方面可以通过相关的安全基线或安全配置检测工具进行定期排查，检查项包括认证鉴权、访问控制等；另一方面需要加强存储系统的日志审计，采集存储系统的操作日志，识别访问账号和鉴别权限，检测数据使用的规范性和合理性，实时监测以尽快发现相关问题，从而建立起针对数据逻辑存储、存储容器的有效安全控制。

1. 安全检查技术工具

1）安全基线核查

所谓安全基线，是为了保障网络环境中相关设备与系统达到最基本的防护能力而制定的一系列安全配置基准。目前，安全配置基线主要包含 5 大块内容：服务包与安全升级（包括服务包、安全更新相关的配置）、审计与账户策略（包括审核策略和账户策略相关的配置）、额外的安全保护（包括网络访问、数据执行保护、安全选项及若干注册表键值相关的配置）、安全设置（包括用户权限分配、文件许可、系统服务相关的配置）、管理模板（包括远程系统调用、Windows 防火墙、网络连接相关的配置）。

2）日志监控

日志监控是实现逻辑存储安全的重要部分，通过对存储系统的操作日志进行监控，识别访问账号和鉴别权限，从而检测数据使用的规范性和合理性。日志监控系统的实现主要有以下几部分：日志采集中心、日志存储中心、日志审计中心。

日志采集负责接收各个逻辑存储系统的日志记录，并且按照统一的日志格式进行整理解析，然后交给日志存储中心。

日志采集的范围应尽可能覆盖所有的网络设备、操作系统、数据库以及各个应用系统服务器的日志记录，主要包含网络日志采集和本地日志采集等。日志采集流程如图 8.12 所示。

日志存储中心需要对采集到的日志进行持久化的操作，对存储在持久化的存储介质

图 8.12　日志采集流程

中的数据进行相关的检索查询。常见的存储介质有磁盘、光盘、磁带等,主要的存储介质是磁盘。数据的存储系统包括文件系统的数据存储和数据库形式的数据存储,根据选型,日志存储中心主要实现 3 个功能:日志持久化、日志查询、日志备份。

日志审计中心是日志监控系统中非常重要的功能,通过该功能,及时对系统进行审计,实现对越权访问控制等敏感操作的预警,并将异常情况反馈给系统管理员或相关用户。日志审计中心应具备以下功能:审计规则库管理、审计报表自动生成功能、审计查询功能、审计时间周期报表功能、审计相关信息的配置。

2. 技术工具工作目标

1) 安全基线核查

安全基线核查工具应实现以下目标。

(1) 知识库模块:需要厂家自定义的知识库基础模版,同时可支持用户自定义相关知识。

(2) 远程连接登录或本地 Agent:通过本地 Agent 或者远程连接登录的方式进入需要核查的机器。

(3) 任务管理模块:通过用户自由选择,选择需要检查的策略及检查时间。

(4) 知识库解析及核查脚本执行:解析知识库模块并调用相关核查脚本进行安全基线检查。

(5) 安全度量:根据核查脚本执行结果,对被检查机器进行打分评估及输出相关安全建议。

(6) 报告输出:输出本次安全基线核查结果,主要应包含此次安全核查的总体情况及存在问题的项目。

2) 日志监控

日志监控系统应实现以下目标。

(1) 日志采集:收集各类日志并传送给接收服务器。

(2) 日志接收:日志接收服务器接收日志。

(3) 日志解析:按照标准格式对各类别日志进行标准化,并按日志类型进行分类。

(4) 日志存储:将日志解析后的日志保存至特定的存储系统中。

(5) 审计规则库:定义敏感操作相关的行为,将日志存储系统中的日志与审计规则库进行匹配,审计规则库支持自定义添加。若匹配到特定规则,则进行告警或拦截等预定义的响应行为。

8.4　数据备份与数据恢复

导致计算机数据丢失的主要原因包括：①黑客攻击,黑客侵入并破坏计算机系统,导致数据丢失；②恶意代码,木马、病毒等恶意代码感染计算机系统,损坏数据；③硬盘损坏,电源浪涌、电磁干扰都可能损坏硬盘,导致文件和数据丢失；④人为错误,人为删除文件或格式化磁盘；⑤自然灾害,火灾、洪水或地震等灾害毁灭计算机系统,导致数据丢失。

8.4.1　数据备份

数据备份指为防止计算机系统出现操作失误或故障导致数据丢失,将全部或部分数据从计算机挂接的硬盘或磁盘阵列复制到其他存储介质的过程。常用的存储介质类型有磁盘、磁带、光盘、网络备份等。磁带经常用在大容量的数据备份领域,而网络备份也是当前最流行的备份技术之一。

1. 备份的分类

根据不同的数据内容和系统情况,数据备份方式可分为以下 3 种。

(1) 完全备份(Full Backup)。完全备份,是指对整个系统或用户指定的所有文件进行一次全面的备份。如果在备份间隔期间出现数据丢失等问题,可以只使用一份备份文件快速地恢复所丢失的数据。完全备份在 3 种备份方式中恢复时间最短,是最可靠的备份方式。但是,它也有很明显的缺点：需要备份所有数据,并且每次备份的工作量很大,需要耗费的时间和资源也是最多的,一旦发生数据丢失,只能使用上一次的备份数据恢复到前次备份时的数据状况,期间更新的数据有可能丢失。

(2) 增量备份(Incremental Backup)。为了克服完全备份的缺点,提出了增量备份技术,即只备份上一次备份操作以来新创建或者更新的数据。因为在特定的时间段内只有少量的文件发生改变,没有重复的备份数据,既节省了空间,又缩短了时间,因而这种备份方法比较经济,可以频繁进行。典型的增量备份方案是在长时间间隔的完全备份之间频繁地进行增量备份。增量备份的缺点是：一旦数据丢失,恢复工作会比较麻烦。增量备份的数据量在 3 种备份方式中是最小的,相应的恢复时间也是最长的。

(3) 差异备份(Differential Backup)。差异备份是指备份上一次完全备份后产生和更新的所有新的数据。它的主要目的是将完成恢复时涉及的备份记录数量限制为两个,以简化恢复的复杂性。差异备份的优点是无须频繁地做完全备份,工作量小于完全备份,灾难恢复相对简单。系统管理员只需要对两份备份文件进行恢复,即完全备份的文件和灾难发生前最近的一次差异备份文件就可以将系统恢复。差异备份和增量备份的区别在于相对的上一次备份是否为完全备份。

主流的数据备份技术主要有 3 种：LAN 备份、LAN-Free 备份和 SAN Server-Free 备份。LAN 备份技术适用于所有存储类型,而 LAN-Free 备份技术和 SAN Server-Free 备份技术只能适用于 SAN 架构的存储类型。在这 3 种备份技术中,LAN 备份技术的使用最为广泛,成本也最低,但是对网络带宽占用和服务器资源消耗也是最大的；LAN-Free

备份技术不占用局域网网络传输带宽,由于 SAN 光纤本身负责了一部分处理过程,所以对服务器的资源消耗也比 LAN 备份技术要小,成本也较高;SAN Server-Free 备份技术对服务器资源的消耗是最小的,但是搭建难度和成本也是最高的。在现实场景中需要根据组织实际情况选择相应的备份技术。

2. 备份数据安全管理

备份的数据也是数据,其安全性同样需要重视。除需要在管理制度层面规范数据备份和恢复的流程外,还需要技术工具来保证备份数据的安全性。

访问控制:数据备份恢复工具需要具备认证措施,只有通过认证的身份,才可以使用数据备份恢复工具,认证方式需要是多因素认证技术。账户严格划分权限,如读取、复制、粘贴、删除等权限。

数据加密:对备份的数据进行加密。数据备份恢复工具内部提供加密手段和算法,对进行备份的数据进行加密,保证备份数据只能通过数据备份恢复工具进行解密。此外,也可以使用数据源自带的加密手段,然后由工具统一进行密钥的管理。以数据库为例,SQL Server 就提供了在备份时进行加密的功能。

恢复测试:备份的数据需要定期校验其可用性和完整性,完整性校验可以通过在备份数据中加入数字签名和数字证书等手段进行。可用性校验可以通过进行数据恢复测试来实现,通过恢复后的数据来判断备份数据的可用性和完整性。

8.4.2 数据恢复

数据恢复指当数据存储设备物理损坏或由于人员误操作、操作系统故障导致数据不可见、无法读取、丢失等情况,通过已有的数据备份将数据复原的过程。数据恢复是为了保证系统数据的完整性和可用性。根据有无数据备份,数据恢复可以分为正常数据恢复和灾难数据恢复,正常数据恢复相对容易,灾难数据恢复则需要专业的人员或工具。

数据备份恢复的流程如图 8.13 所示,先将最近一次完全备份的数据恢复到指定的存储空间,再在上面叠加增量备份和差异备份的数据,最后再重新加载应用和数据。

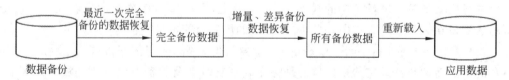

图 8.13　数据备份恢复的流程

根据恢复的技术划分,数据恢复分为软件恢复和硬件恢复两大类。由恶意代码攻击、误分区、误格式化等造成的数据丢失属于软损坏,仍然有可能使用第三方专业软件进行恢复。硬损坏是由于物理破坏造成的,例如盘面划伤、磁头撞毁、芯片及其他元器件烧坏等造成的损失,硬损坏需要在专业人员的指导下修复。

实践证明,并不是一切丢失的数据都可以恢复。如果被删除的文件所在的物理位置(存储空间)已经被其他文件取代,或者文件数据占用的磁盘空间已经分配给其他文件且已经被填充数据,那么该文件就不可能再复原了。对于硬损坏而言,如果硬件或存储介质损坏得非常严重,并且没有冗余信息存在,也是不可能恢复的。

8.5　本 章 小 结

数据存储安全是数据生存周期中至关重要的一个环节。本章主要介绍大数据存储及安全相关内容。

大数据被采集后常汇集并存储于大型数据中心,因此大数据存储面临的安全问题极为关键,本章介绍了大数据存储中使用的分布式文件系统、分布式数据库以及云存储。

存储介质和逻辑存储作为数据存储过程中的关键点,对数据存储安全起重要作用。本章对存储介质种类、管理、审计等技术与逻辑存储的管理、技术与工具展开了介绍。

数据备份与恢复是保障数据可用性和完整性的重要解决方案,本章介绍了数据备份的分类、管理与数据恢复的方法等。

习　　题

一、单选题

1. 以下基于 PDP 的数据完整性认证机制不包括的部分是(　　)。

　　A. 用户/客户端　　　　　　　　　　B. 密钥中心

　　C. 云存储服务器　　　　　　　　　　D. 第三方认证者

2. HDFS 中的块默认保存的份数是(　　)。

　　A. 3　　　　　　　　B. 2　　　　　　　　C. 1　　　　　　　　D. 不确定

3. 目前的存储介质主要有三大类,包括磁介质、半导体介质和(　　)。

　　A. 光盘介质　　　　B. 记忆棒　　　　C. 存储卡　　　　D. 内存

4. 下列关于存储介质的说法,正确的是(　　)。

　　A. 新启用的存储介质,不必进行安全检查和查杀病毒处理,可以直接使用

　　B. 移动存储介质需要送外维修时,可以就近选择维修单位进行维修

　　C. ROM 是易失性存储器,可以通过断电进行数据清除

　　D. 对于光盘介质来说,刻录是需要监控和审计的重要行为

二、填空题

1. GFS 的全称：_____,HDFS 的全称：_____。

2. BigTable 使用 GFS 存储_____文件和_____文件。

3. Amazon S3 的 3 个关键参数：_____、_____和_____。

4. 数据持有性证明机制常用的两种框架为_____和_____。

5. 云存储中共享数据的安全审计所采用的存储模型一般由 3 个实体组成,包括_____、_____和_____。

6.存储介质指的是存储数据的介质。常见的存储介质根据介质的不同分为 3 大类，包括_____、_____和_____。

7.根据不同的数据内容和系统情况，数据备份的方式可分为以下 3 种：_____、_____和_____。

8.根据恢复的技术划分，数据恢复分为_____和_____。

三、简答题

1.简要介绍大数据存储的 3 种典型方法。

2.简要说明 HDFS 的结构。

3.HBase 的特点是什么？

4.云存储数据完整性机制有哪些？它们各自的特点是什么？

5.什么是存储介质？市面上常见的存储介质有哪几种？分别举例。

6.不同种类的存储介质清除技术有何不同，请简要描述。

7.简述数据备份和数据恢复的定义和关系。

大数据处理及安全

本章学习目标

- 了解敏感数据的定义和分类
- 掌握敏感数据的识别和脱敏技术
- 掌握同态加密技术及在大数据处理中的应用
- 掌握安全多方计算的基本概念
- 掌握联邦学习的定义、分类及应用
- 掌握私有信息检索方法
- 了解虚拟机技术和容器技术

　　大数据处理主要是为了分析与使用,通过数据挖掘、机器学习等算法处理,从而提取出所需的知识。本章介绍的重点在于如何实现数据处理中的隐私保护,降低多源异构数据集成中的隐私泄露风险,防止数据使用者通过数据挖掘得出用户刻意隐藏的知识,防止分析者在进行统计分析时得到用户具体的隐私敏感信息。本章将从敏感数据的识别与脱敏、同态加密、安全多方计算、联邦学习、私有信息检索、虚拟化技术等方面来介绍大数据处理过程中的安全问题及解决方案,并利用同态加密开源软件库 HELib 进行同态加密的实验实践。

9.1　敏感数据处理

9.1.1　敏感数据的定义及分类

　　敏感数据也称为隐私数据,是指泄露后可能会给个人、组织或国家带来严重危害的数据。下面是对敏感数据的分类。

　　1) 个人信息

　　个人信息指能够单独或者与其他信息结合识别特定自然人身份或者反映特定自然人活动情况的各种信息,包括个人基本资料、身份信息、生物识别信息、网络身份标识信息、健康生理信息、教育工作信息、财产信息、通信信息、联系人信息、上网记录、常用设备信息、位置信息等。

2）组织敏感信息

组织敏感信息指涉及组织的商业秘密、经营状况、核心技术的重要信息,包括但不限于客户信息、供应商信息、产品开发信息、关键人事信息、财务信息等。

3）国家重要数据

国家重要数据是指组织在境内收集、产生、控制的不涉及国家秘密,但与国家安全、经济发展、社会稳定,以及企业和公共利益密切相关的数据,包括这些数据的原始数据和衍生数据。

9.1.2　敏感数据识别

1. 基于元数据的敏感数据识别（关键词匹配）

首先定义敏感数据的关键词匹配表达式,通过精确或模糊匹配表字段名称、注释等信息,利用元数据信息对数据库表、文件进行逐个字段匹配,当发现字段满足关键词匹配式时,判断为敏感数据并自动定级。这种匹配方式的优点是成本低、见效快。

由于关键词匹配仅是对设定的关键词进行“有”或“无”的判断,因而这种识别方式较为粗糙,对识别的判断不够准确。如含有“合同”这一关键词的并不一定是法律合同,而含有“协议”,但无“合同”关键词的,也有可能是法律合同。而且,依靠简单关键词也不能将文档具体细化为何种分类,即不能判断是财务类、人事类、销售类或技术类等,导致数据安全管理存在较大缺陷。

以图 9.1 为例,在数据串中匹配关键词“电力”。

数据串：采矿业流程型制造业离散型制造业**电力**热力燃气水生产供应其他
关键词：　　　　　　　　　　　　　　　　　**电力**

图 9.1　关键词匹配示例

2. 基于数据内容的敏感数据识别（正则表达式）

某些敏感数据在字符排列上有一定的规律,所以可以针对这类字符串总结出一定的规律,并把这种规律用在判断下一个字符串是否符合这一规则。正则表达式就是描述这个规律的表达式。正则表达式描述了一种字符串匹配的模式,可以用来检查一个串是否含有某种子串。

构造正则表达式的方法和创建数学表达式的方法一样,也就是用多种元字符与运算符将小的表达式结合在一起来创建更大的表达式。正则表达式的组件可以是单个字符、字符集合、字符范围、字符间的选择或者所有这些组件的任意组合。

正则表达式是由普通字符(例如字符 a～z)以及特殊字符(称为“元字符”)组成的文字模式。模式描述在搜索文本时要匹配的一个或多个字符串。正则表达式作为一个模板,将某个字符模式与所搜索的字符串进行匹配。

以使用正则表达式规则匹配我国第二代 18 位身份证号码(编码规则顺序从左至右依次为 6 位数字地址码,8 位数字出生年份日期码,3 位数字顺序码,1 位数字校验码(可为 x))为例,如图 9.2 所示。

/^[1-9]\d{5}(18|19|([23]\d))\d{2}((0[1-9])|(10|11|12))(([0-2][1-9])|10|20|30|31)\d{3}[0-9Xx]$/

[1-9]\d{5}	前 6 位地区,非 0 打头
(18|19|([23]\d))\d{2}	出生年份,覆盖范围为 1800—3999 年
((0[1-9])|(10|11|12))	月份,01~12 月
(([0-2][1-9])|10|20|30|31)	日期,01~31 天
\d{3}[0-9Xx]	顺序码 3 位 + 1 位校验码

图 9.2　正则表达式匹配身份证号

以使用正则表达式规则匹配 QQ 邮箱为例(编码规则由数字+@qq.com 组成)为例,如图 9.3 所示。

[1-9][0-9]{4,}@qq.com	
[1-9][0-9]{4,}	QQ 号从 10000 开始, {4,} 表示最少匹配 4 位
@qq.com	QQ 邮箱后缀

图 9.3　正则表达式匹配 QQ 邮箱

3. 基于自然语言处理技术的中文模糊识别(相似度计算)

前面两种方式可以发现系统中大部分的敏感数据,但系统中还保存了部分中文信息,无法通过上述两种方式很好地发现。因此,引入自然语言处理(Natural Language Processing,NLP)技术加中文近似词比对的方式进行识别。首先,根据数据内容整理输出一份常用敏感词,该敏感词列表需具备一定的学习能力,可以动态添加敏感词;其次,通过 NLP 对中文内容进行分词,通过中文近似词比对算法计算分词内容和敏感词的相似度,若相似度超过某个阈值,则认为内容符合敏感词所属的分类分级。

综上所述,不同类型的敏感数据通常采取不同的识别方法。

(1)银行卡号、证件号、手机号,有明确的规则,可以根据正则表达式匹配。

(2)姓名、特殊字段,没有明确信息甚至可能是任意字符串等,可以通过配置关键词进行匹配。

(3)营业执照、地址、图片等,没有明确规则,可以通过相似度计算来识别。

9.1.3　敏感数据脱敏

敏感数据脱敏,根据数据源的属性可以分为静态脱敏和动态脱敏。静态脱敏和动态脱敏最大的一个区别标志就是,在使用时是否与原数据源进行连接。

(1)静态脱敏是将原数据源按照脱敏规则生成一个脱敏后的数据源,使用时是从脱敏后的数据源获取数据。静态脱敏一般用于开发、测试、分析等需要完整数据的场景。

(2)动态脱敏则是在使用时直接与原数据源进行连接,在使用数据的中间过程中进行实时的动态脱敏。动态脱敏一般用于在生产环境需要根据不同情况对同一敏感数据读取的场景。

敏感数据脱敏,在技术实现上主要有以下 4 种技术方式。

1. 泛化技术

在保留原始数据局部特征的前提下,使用一般值替代原始数据,泛化后的数据具有不可逆性,具体的技术方法包括但不限于以下3种。

(1)数据截断:直接舍弃业务不需要的信息,仅保留部分关键信息,例如将手机号码13500010001截断为135。

(2)日期偏移取整:按照一定粒度对时间进行向上或向下偏移取整,可在保证时间数据一定分布特征的情况下隐藏原始时间。常见的偏移取整粒度为5s,即从0分0秒开始,每5s为一个间隔。例如,将时间20210101 01:01:09按照5s粒度向下取整得到20210101 01:01:05,将时间20210101 02:03:04按照5s粒度向上取整得到20210101 02:03:05。

(3)规整:将数据按照大小规整到预定义的多个档位,例如将客户资产按照规模分为高、中、低3个级别,将客户资产数据用这3个级别代替。

2. 抑制技术

通过隐藏数据中部分信息的方式来对原始数据的值进行转换,又称为隐藏技术,具体的技术方法包括但不限于掩码。

掩码:用通用字符替换原始数据中的部分信息,例如将手机号码13500010001经过掩码得到135****0001,掩码后的数据长度与原始数据一样。

3. 扰乱技术

通过加入噪声的方式对原始数据进行干扰,以实现对原始数据的扭曲、改变,扰乱后的数据仍保留着原始数据的分布特征,具体的技术方法包括但不限于以下6种。

(1)加密:使用密码算法对原始数据进行加密,例如将编号12345加密为abcde。

(2)重排:将原始数据按照特定规则重新排列,例如将序号12345重排为54321。

(3)替换:按照特定规则对原始数据进行替换,如统一将女性性别替换为F。

(4)重写:参考原数据的特征,重新生成数据。重写与整体替换较为类似,但替换后的数据与原始数据通常存在特定规则的映射关系,而重写生成的数据与原始数据则一般不具有映射关系。例如,对雇员工资,可使用在一定范围内随机生成的方式重新构造数据。

(5)均化:针对数值性的敏感数据,在保证脱敏后数据集总值或平均值与原数据集相同的情况下,改变数值的原始值。

(6)散列:即对原始数据取散列值,使用散列值来代替原始数据。

4. 有损技术

通过损失部分数据的方式来保护整个敏感数据集,适用于数据集的全部数据汇总后才构成敏感信息的场景,具体的技术方法包括但不限于以下两种。

(1)限制返回行数:仅返回可用数据集合中一定行数的数据,例如商品配方数据,只有在拿到所有配方数据后才具有意义,可在脱敏时仅返回一行数据。

(2)限制返回列数:仅返回可用数据集合中一定列数的数据,例如在查询人员基本信息时,对于某些敏感列,不包含在返回的数据集中。

9.2　同态加密

随着互联网的发展和云计算概念的诞生,以及人们在密文搜索、电子投票、移动代码和多方计算等方面的需求日益增加,同态加密(Homomorphic Encryption)变得更加重要。例如,当用户使用云盘时,特别是把敏感数据保存在云盘上时,可能担心数据的安全性。有人选择把数据加密后上传云盘,但随之而来的问题是,对加密数据的搜索、管理很不方便,严重影响效率,而且用户体验明显不佳。而同态加密技术就是解决这些问题的一种重要候选方案。

如果对加密数据(即密文)的操作是在不可信设备(Untrusted Device)上进行的,我们希望这些设备并不知道数据的真实值(即明文),只发给我们对密文操作后的结果,并且我们可以解密这些操作后的结果。为了达到这个目的,密码学家 Rivest 等人在 1978 年提出同态加密的思想。有了同态加密,有预谋地盗取敏感数据将成为历史。因为在同态加密环境下,敏感数据总是处于加密状态,而这些加密数据对盗贼来说是没用的。

上述描述有点抽象,我们举一个实际生活中的例子,如图 9.4 所示。有个叫 Alice 的用户买到一大块金子,她想让工人把这块金子打造成一根项链,但是工人在打造的过程中有可能会偷金子。因此,能不能有一种方法,让工人可以对金块进行加工,但是不能得到任何金子?

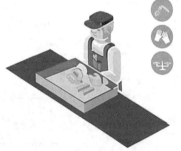

Alice 可以这么做:

(1)Alice 将金子锁在一个密闭的盒子里面,这个盒子安装了一个手套。

(2)工人可以戴着这个手套,对盒子内部的金子进行处理。但是,盒子是锁着的,所以工人不仅拿不到金块,连处理过程中掉下的任何金子都拿不到。

图 9.4　同态加密思想举例

(3)加工完成后,Alice 拿回这个盒子,把锁打开,就得到了金子。

上述例子和同态加密的对应关系如下。

(1)金子:用户委托加工者处理的数据。

(2)盒子:同态加密算法。

(3)盒子上的锁:用户密钥。

(4)将金子放在盒子里面并且用锁锁上:将数据用同态加密算法进行加密。

(5)加工:在无法取得数据的条件下,加工者直接对同态加密结果进行处理。

(6)开锁:用户对加工者处理后的结果进行解密,得到处理后的结果。

本书第 6 章介绍的数据加密主要解决是数据存储过程和传输过程中的安全问题,本章解决的是数据处理过程中的安全问题。同态加密提供了一种对加密数据进行处理的功能。

同态加密源于隐私同态,该加密技术专注于数据处理安全,非数据持有者对加密数据进行处理,处理过程不会泄露任何原始内容。同时,拥有密钥的用户对处理过的数据进行解密后,得到的结果与明文处理结果相同。

同态加密技术对云计算环境中的数据存储、密文检索和可信计算都有很大的应用前景。用户隐私数据在云端始终以密文形式存储,服务商无法知悉数据内容,从而避免其在非法盗用、篡改用户数据的情况下对用户隐私进行挖掘,为用户充分利用云计算资源进行海量数据分析与处理提供了安全基础,尤其是可以与安全多方计算协议相结合,较好地解决用户外包计算服务中的隐私安全问题。

9.2.1　同态加密的相关概念及理论基础

密文计算(Ciphertext Computation)是指在密文域上所进行的计算,以及具有访问权限的用户对密文域上的计算结果可确认并可解密获得对应的明文。为了确保用户隐私数据安全,需要将隐私数据进行加密处理后上传到云端存储,参与计算的密文数据主要包括两部分,分别为用户直接提供以及通过密文检索得到的数据(服务商、受托方对用户交付的数据作外包计算)。同态加密为云计算环境中的存储与外包计算等服务的隐私安全问题提供了良好的解决方案,理论上,利用全同态加密算法能够从根本上解决在第三方不可信或半可信平台上进行数据存储和数据操作时的隐私保护问题。

Alice 通过 Cloud,以同态加密(以下简称 HE)处理数据的整个处理过程如图 9.5 所示。

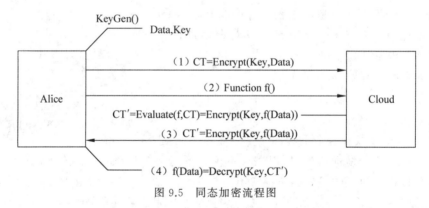

图 9.5　同态加密流程图

其中:

(1) Alice 使用密钥 Key 对数据 Data 进行加密,并把加密后的数据发送给 Cloud。

(2) Alice 向 Cloud 提交数据的处理方法,这里用函数 f()来表示。

(3) Cloud 在函数 f()下对加密数据进行处理,并且将处理后的结果发送给 Alice。

(4) Alice 对数据进行解密,得到结果。

一个同态加密方案应该拥有以下 5 个函数。

(1) 密钥生成函数 KeyGen():这个函数由 Alice 运行,用于产生加密数据 Data 所用的密钥 Key。当然,应该还有一些公开参数(Public Parameter,PP)。

(2) 加密函数 Encrypt():这个函数也由 Alice 运行,用 Key 对用户数据 Data 进行加密,得到密文 CT。

（3）数据处理函数 f()：Alice 向 Cloud 提交的数据处理方法。

（4）评估函数 Evaluate()：这个函数由 Cloud 运行,在用户给定的数据处理函数 f() 下,对密文进行操作,使得结果相当于用户用密钥 Key 对 f(Data)进行加密。

（5）解密函数 Decrypt()：这个函数由 Alice 运行,用于得到 Cloud 处理的结果 f(Data)。

一个同态加密算法 ε 包括 4 部分,分别是密钥生成算法 Gen_ε、加密算法 Enc_ε、解密算法 Dec_ε、密文运算算法 Cal_ε。

（1）密钥生成算法 Gen_ε：$U \rightarrow Key$ 表示用户通过输入参数 U 生成密钥 Key。

（2）加密、解密算法：Enc_ε：$(Key, P_\varepsilon) \rightarrow C_\varepsilon$,$Dec_\varepsilon$：$(Key, C_\varepsilon) \rightarrow P_\varepsilon$,$P_\varepsilon$ 为明文空间,C_ε 为密文空间。

（3）密文运算算法：Cal_ε：$(P_\varepsilon, F_\varepsilon) \rightarrow (C_\varepsilon, F_\varepsilon)$,$\circ \in F_\varepsilon$,$(p_1, p_2, \cdots, p_n) \in P_\varepsilon$,$F_\varepsilon$ 是 P_ε 上的运算集合,对于 $\circ \in F_\varepsilon$,$(p_1, p_2, \cdots, p_n) \in P_\varepsilon$,$Cal_\varepsilon$ 将 P_ε 上的运算 $\circ$ 转换为 C_ε 上的运算再进行计算,结果是等价的。

定义 1　同态性：对于加密算法 ε 和明文域 P_ε 上的运算 $\circ$,$\forall p_1, p_2, \cdots, p_n \in P_\varepsilon$ 都满足式(9-1)。

$$Dec_\varepsilon(Key, Cal_\varepsilon((c_1, c_2, \cdots, c_n), \circ)) = (p_1, p_2, \cdots, p_n) \circ \qquad (9\text{-}1)$$

9.2.2　同态加密算法分类

同态加密(Homomorphic Encryption)源于隐私同态,从诞生到现在经历了 40 多年,尚未有统一的分类标准,按照发展阶段、支持密文运算的种类和次数可将其分为部分同态加密(Partial Homomorphic Encryption, PHE)、类同态加密(Somewhat Homomorphic Encryption, SHE)以及全同态加密(Fully Homomorphic Encryption, FHE)。PHE 仅支持单一类型的密文域同态运算(加或乘同态)；SHE 能够支持密文域有限次数的加法和乘法同态运算；FHE 能够实现任意次密文的加、乘同态运算。

1. 部分同态加密

定义 2　对于加密算法 ε 和明文域 P_ε 上的运算 $(+, \times)$,若 $\forall p_1, p_2, \cdots, p_n \in P_\varepsilon$ 仅满足加法或者乘法运算在式(9-1)中成立,则称加密算法 ε 为满足部分同态的加密算法。

1978 年,Rivest 提出了基于公钥密码体制的经典加密方案 Unpadded RSA,并在其论文 *On data banks and privacy homomorphisms* 中首次提出同态加密的思想,RSA 算法的安全性基于大数因式分解,针对数值型数据进行加密,在加密时无须将明文扩展至与公钥一致的长度,能够支持乘法同态运算,不支持加法。拥有同样性质的还有基于有限域离散对数困难问题的 ElGamal 算法,这两种算法已在第 2 章详细描述,下面主要介绍支持密文加法运算的同态加密方案 Paillier。

Paillier 是一种应用广泛的公钥密码体制 PHE 方案。

（1）密钥生成过程 $Gen_{Paillier}$。

随机选取两个大素数 p 和 q,以及 $g \in Z_{n^2}$,令 $n = p \cdot q$,$\lambda = (p-1)(q-1)$,设函数

$l(u) = \dfrac{u-1}{n}$，且 g 和 n 满足式(9-2)。

$$gcd(l(g^{\lambda} \bmod n^2), n) = 1 \qquad (9\text{-}2)$$

这里，公钥为 $pk = (n, g)$，私钥 $sk = \lambda$。

（2）加密算法 $\text{Enc}_{\text{Paillier}}$。

随机选取整数 $r \in Z_{n^2}^*$，对于明文 $m \in Z_n$，加密后的密文 c 如式(9-3)所示。

$$c = g^m \cdot r^n \bmod n^2 \qquad (9\text{-}3)$$

式中，$c \in Z_{n^2}^*$，$Z_{n^2}^*$ 为小于 n^2 且与 n^2 互素的正整数集合。

（3）解密算法 $\text{Dec}_{\text{Paillier}}$。

对于密文 c，其对应的明文 m 如式(9-4)所示。

$$m = \dfrac{l(c^{\lambda} \bmod n^2)}{l(g^{\lambda} \bmod n^2)} \bmod n \qquad (9\text{-}4)$$

（4）同态属性分析。

由于 $\text{Enc}(m_1) \cdot \text{Enc}(m_2) = (g^{m_1} \cdot r_1^n) \cdot (g^{m_2} \cdot r_2^n) = g^{m_1 + m_2}(r_1 r_2)^n = \text{Enc}(m_1 + m_2) \bmod n^2$，即明文加法运算对应密文乘法运算，所以方案具备加法同态性，如式(9-5)所示。

$$\text{Dec}_{\text{Paillier}}(\text{Key}, \text{Cal}_{\text{Paillier}}((c_1, c_2, \cdots, c_n), \times)) = (m_1, m_2, \cdots, m_n) + \qquad (9\text{-}5)$$

2. 类同态加密

定义3 对于加密算法 ε 和明文域 P_ε 上的运算 $(+, \times)$，若 $\forall\, p_1, p_2, \cdots, p_n \in P_\varepsilon$，同时加法和乘法运算在式(9-1)中成立，但是仅能进行有限次的同态运算，则称加密算法 ε 为类同态加密算法。

一个类同态加密方案能够同时支持在密文域上进行加法和乘法的同态运算，但是由于要考虑降低密文产生时的噪声，不得不限制某一类运算的操作次数以完成解密过程。通常情况下，同态加密算法在密文计算后的新密文中会伴有随机误差向量，即噪声，在解密时要尽可能地将噪声控制在安全参数允许范围内。这个限制是为了密码系统模糊同态操作后可以正确解密密文，换言之，类同态加密方案一般只能对特定的数据集进行密文计算，仅适用于现实中的特定应用场景，例如医学数据、基因组和生物信息学数据、无线传感器数据、SQL 数据以及整型数据，不少研究开始对现有的类同态加密方案进行改进，为使其服务于自定义数据集计算，如预测分析、回归分析、统计分析和其他一些运算类型。

BGN 方案能够进行一次密文乘法运算和无限次加法运算。

（1）密钥生成过程 Gen_{BGN}。

设 $\lambda \in \mathbf{Z}_+$ 为安全参数，随机选取 λ 位的大素数 q_1、q_2，令 $n = q_1 \cdot q_2$，G_1 为 q_1 阶双线性群，$e : G_1 \times G_1 \rightarrow G_2$ 为 n 阶双线性映射，随机选取 $u, g \leftarrow G_1$，令 $h = u^{q_2}$，h 为 G_1 子群的生成元，元素 $x \in G_1$，规定若其阶数为 q_1，则输出为 1，否则为 0。这里，公钥 $pk = (n, G_1, G_2, e, w, g)$，私钥 $sk = q_1$。

（2）加密算法 Enc_{BGN}。

明文空间定义为整数集合 $M = \{0, 1, \cdots, T\}$，$T < q_2$，随机选取整数 $r \leftarrow \{0, 1, \cdots, n-1\}$，

对于明文 m，密文 c 如式(9-6)所示。

$$c = g^m h^r \in G_1 \tag{9-6}$$

（3）解密算法 Dec_{GBN}

对于密文 $c = g^m h^r$，使用私钥 $sk = q_1$ 解密，令 $c^{q_1} = (g^m h^r)^{q_1} = (g^{q_1})^m \cdot (h^r)^{q_1}$，$h^r = \underbrace{(u^{q_2}) \cdot (u^{q_2}) \cdot \cdots \cdot (u^{q_2})}_{r}$，$(h^r)^{q_1} = \underbrace{(h^r) \cdot (h^r) \cdot \cdots \cdot (h^r)}_{q_1} \in G_1$。所以，$c^{q_1} = (g^{q_1}) \cdot (h^r)^{q_1} = (g^{q_1})^m \cdot 1 = (g^{q_1})^m$，由于 q_1, c, g 都已知，则明文 m 如式(9-7)所示。

$$m = \log_{g^{q_1}} c^{q_1} \tag{9-7}$$

（4）同态属性分析。

很明显，由于密文 $c_1 \cdot c_2 = (g^{m_1} h^r) \cdot (g^{m_2} h^r) = g^{m_1 + m_2} h^{2r} = \text{Enc}_{\text{BGN}}(m_1 + m_2)$，所以方案满足加法同态性质。

定义：$g_1 = e(g, g)$，$h_1 = e(g, h)$，$h = g^{\alpha q_2} (\alpha \in \mathbf{Z})$，$r, r_1, r_2 \in \mathbf{Z}_n$，$c_1 = g^{m_1} h^{r_1}$，$c_2 = g^{m_2} h^{r_2} (c_1, c_2 \in G_1)$，根据双线性对性质定义密文域乘法为：$c_1 \otimes c_2 = e(c_1, c_2) h_1^r = e(g^{m_1} h^{r_1}, g^{m_2} h^{r_2}) h_1^r = e(g, g)^{m_1 \cdot m_2} h_1^r = c_3 = g_1^{m_1 \cdot m_2} h_1^{r'} = \text{Enc}_{\text{BGN}}(m_1 \cdot m_2)$，其中，$r' = m_1 r_2 + r_2 m_1 + \alpha q_2 r_1 r_2 + r$，$r' \in \mathbf{Z}_n$，密文乘积 $c_3 \in G_1$，可以看出，方案仅支持一次同态密文乘法运算，超过一次运算时解密算法将无法对密文正确解密。

3. 全同态加密方案

全同态加密是当前同态加密领域研究的前沿，现有的 FHE 方案主要通过电路来构造，一个 FHE 方案的核心就在于其密文计算方法 $\text{Cal}_\varepsilon(pk, C_\varepsilon, c_1, c_2, \cdots, c_n)$ 可以用电路来理解，这里的 C_ε 是一个电路集合，等价于一个函数或功能，公钥 pk 用于密文计算，解密算法 $\text{Dec}_\varepsilon(c_1, c_2, \cdots, c_n) = (m_1, m_2, \cdots, m_n)$，对密文进行运算后，解密的结果要对应明文直接运算结果，所以需要有正确性保证。

定义 4 若由密钥生成算法 Gen_ε 生成一对密钥 (pk, sk)，任意电路 $C \in C_\varepsilon$，向 Cal 输入 pk 和密文序列 $c = \langle c_1, c_2, \cdots, c_n \rangle$、电路 C 后，输出的 $c^* = \text{Cal}(pk, C, c_1, c_2, \cdots, c_n)$，满足 $\text{Dec}_\varepsilon(sk, c^*) = C(m_1, m_2, \cdots, m_n)$，则称同态加密方案 ε 为正确的。

此外，$\text{Cal}_\varepsilon(pk, C_\varepsilon, c_1, c_2, \cdots, c_n)$ 输出的新密文应保证与 $\text{Enc}_\varepsilon(m_1, m_2, \cdots, m_n) = (c_1, c_2, \cdots, c_n)$ 过程计算量一致，即方案是紧凑的。

定义 5 对任意的安全参数 λ，始终存在一个多项式 f，同态加密 ε 的解密过程可以表示为一个上限规模（Max Size）为 $f(\lambda)$ 的电路 W，那么称方案 ε 是紧凑的。

定义 6 若同态加密方案 ε 对某一电路 C 为正确且紧凑的，则称 ε 关于电路 C 为紧凑的，若上述条件满足任意一个电路 $C \in C_\varepsilon$，则称 ε 是一个全同态加密方案。

Gentry 首次基于理想格构造了全同态加密方案，方案在语义上具备安全性，但是只能进行简单的密文运算，复杂密文运算经过编码之后形成较深的电路深度（噪声问题），导致其解密算法无法解密出原来的明文。2010 年，Gentry 与 Dijk 等人研究了整数环上的全同态加密算法，即 DGHV 方案，从同态操作与性能特性上，该方案与基于理想格的构造方案非常相似，均保持密文长度的紧凑性——密文长度完全不依赖于计算加密数据的函数的复杂性。但是，从概念性上看，DGHV 方案并非基于格理论或在 Gentry 初始方案进行改进,而是基于基本的模运算进行构造,较基于理想格的构造方案更简洁,其安全性基于近似最大公约数问题和确定性最大公约数问题。

1) DGHV 方案

首先需要构造一个 SWHE 方案,再将其转换为 FHE 方案。

第 1 步,构造 SWHE 方案。

密钥生成过程 Gen'_{DGHV} 如下。

设 λ 为安全参数,$\tau=\lambda+\gamma$,$\eta=O(\lambda^2)$,随机生成一个 η 位的大奇数 $p\in(2\mathbf{Z}+1)\bigcap$ $[2^{\eta-1},2^{\eta})$,从分布 $D_{\gamma,p}(p)$ 中选取 $\tau+1$ 个整数 $x_i\leftarrow D_{\gamma,p}(p)$,$i\in(0,1,\cdots,\tau)$,$D_{\gamma,q}(p)=$ $\left\{x=pq+\gamma\,\middle|\,q\in\mathbf{Z}\bigcap\left[0,\dfrac{2^{\gamma}}{p}\right],\gamma\in\mathbf{Z}\bigcap(-2^{\rho},2^{\rho})\right\}$,其中 $\rho=\lambda$,从 x_i 中选取最大的数 x_0,确保其为奇数,且 $x_0\bmod p$ 为偶数,这里的公钥为向量 $\boldsymbol{pk}=\boldsymbol{X}=(x_0,x_1,\cdots,x_{\tau})$,私钥 $sk=p$。

加密算法 Enc'_{DGHV}:随机选取一个子集 $S\subseteq\{1,2,\cdots,\tau\}$ 和整数 $r'\in(-2^{\rho'},2^{\rho'})$,$\rho'=2\lambda$,明文 $m\in\{0,1\}$ 加密后的密文 c 如式(9-8)所示。

$$c=\left(m+2r'+2\sum_{i\in S}x_i\right)\bmod x_0 \tag{9-8}$$

解密算法 Dec'_{DGHV}:对于密文 c,其对应的明文 m 如式(9-9)所示。

$$m=(c\bmod p)\bmod 2 \tag{9-9}$$

第 2 步,将 SWHE 方案转换为 FHE 方案。

DGHV 方案利用稀疏子集对解密过程简化,使构造的 SWHE 方案实现 Bootstrapping。方案的密钥生成过程 Gen_{DGHV} 如下。

设参数 $\kappa=\gamma\eta/\rho'$,$\Theta=\bar{\omega}(\kappa\log_2\lambda)$,$\theta=\lambda$,令 $x_p=\left\lceil\dfrac{2^{\kappa}}{p}\right\rceil$,随机选择一个汉明重量为 θ 的 Θ 位二进制向量 $\boldsymbol{H}\in\{0,1\}^{\Theta}$,定义向量 $\boldsymbol{H}$ 的元素下标集合 $H=\{i\mid h_i=1\}$,再随机选取整数 $u_i\in\mathbf{Z}\bigcap[0,2^{\kappa+1})(i=1,2,\cdots,\Theta-1)$,使其满足 $\sum_{i\in H}u_i=x_p\bmod 2^{\kappa+1}$。令 $y_i=\dfrac{u_i}{2^{\kappa}}$,$\boldsymbol{y}=(y_0,y_1,\cdots,y_{\Theta-1})$,这样便得到公钥 $\boldsymbol{pk}=(\boldsymbol{x},\boldsymbol{y})$,私钥 $\boldsymbol{sk}=(\boldsymbol{H})$。

加密算法 Enc_{DGHV}:首先使用第 1 步构造的 SWHE 方案中的公钥对明文加密得到密文 $c=Enc'_{DGHV}(m)$,再计算 $z_i=[c\cdot y_i]_2$,保留 z_i 的二进制小数部分 $n(n=\log_2\theta+3)$ 位,则新的密文位 $c'=\{c,(z_0,z_1,\cdots,z_{\Theta-1})\}$。

解密算法 Dec_{DGHV}:对于密文 c,其对应的明文 m 如式(9-10)所示。

$$m=\left(c-\sum_{i=0}^{\Theta-1}z_iH_i\right)\bmod 2 \tag{9-10}$$

2) BV11 方案

BV11 是一种高效的层次型 FHE 方案,通常采用密钥交换技术与模交换技术来控制密文膨胀。BV11 首先使用密钥交换技术将经过乘法运算后膨胀的密文乘积 $c=c_1\cdot c_2$ 转化成与 c_1、c_2 维数相同的新密文 c',进入下一层电路后使用模交换技术控制噪声。

$step(1^{\lambda},1^{\mu})$:设安全参数为 λ,j 层解密电路为 $L=\{L_0,L_1,\cdots,L_j\}$,模 $q_L(L=0,1,\cdots,j)$ 为一个递减序列,由随机选取的 μ 位奇数 q 生成。$f(x)=x^n+1$,$n=n(\lambda,\mu)\in$

$2^k (k \in \mathbf{N})$，由 q 生成 n 维多项式 $R_q^n = Z[x]/f(x)$，随机选取 μ 位奇数 q 生成多项式环 $R_q^n = Z_q[x]/f(x)$，χ 是 R_q^n 上的离散高斯分布。

密钥生成过程 $\mathrm{Gen_{BV11}}$ 如下。

从 L_j 到 L_0 层电路，随机选取向量 $s \leftarrow \chi, e \leftarrow R_q^n, a \leftarrow R_q^n$，令 $b = as + 2e$。每层生成的公钥、私钥分别为 $\boldsymbol{pk}_L = (a, b) \in R_q^n \times R_q^n, \boldsymbol{sk}_L = \boldsymbol{s}_L \leftarrow (1, -s) \in R_q^n \times R_q^n$，这里，向量乘法定义为向量间的内积运算。

加密算法 $\mathrm{Enc_{BV11}}$：对于二进制明文 $m \in \{0, 1\}$，将其明文序列转换为多项式 R_2^n，m 的二进制序列即多项式 R_2 常数项的系数。随机选取 $\sigma \leftarrow \chi, \zeta \leftarrow \chi, \upsilon \leftarrow \chi$，用公钥 $\boldsymbol{pk}_L = (a, b)$ 加密明文 m 得到第 j 层密文 c'，如式（9-11）所示。

$$c' = (c_0, c_1), \quad c_0 = a\sigma + 2\zeta + m, \quad c_1 = b\sigma + 2\upsilon \tag{9-11}$$

进入第 $j-1$ 层电路，计算 $s' = s \times s \in (R_q \times R_q \times R_q)$，$\mathrm{SwitchKeyGen}(s', s'_{i-1}) \rightarrow \tau_{j-1}$ 表示由 s', s_{i-1} 通过密钥交换算法得到参数 τ_{j-1}，以此类推，直到第 0 层，因此各层对应的私钥集合 $sk = \{\boldsymbol{sk}_L\}$，公钥集合 $pk = \{\boldsymbol{pk}_L, \tau_L\}$。

解密算法 $\mathrm{Dec_{BV11}}$：对于密文 c，其对应的明文 m 如式（9-12）所示。

$$m = ((c_0 + c_1 \times s) \bmod q)/2 \tag{9-12}$$

只要保证 $\|c_0 + c_1 \times s\| < q/2$，就能正确解密出明文 m。

密文加法运算 $\mathrm{Cal_{BV11}^+}$：对于两个密文 $c_{j,1}, c_{j,2}$，若两者同属第 j 层，所对应的密钥为 $s'_j \leftarrow (1, -s_j)$，则直接按照多项式向量加法运算法则计算 $c_{j,1} + c_{j,2} = c_{j,3}$；若密文 $c_{j,1}, c_{k,1}$ 不同属一层，先使用密钥交换算法将较高层的密文 $c_{\max\{j,k\},1}$ 转换成底层密文 $c_{\min\{j,k\},1}$，再进行加法运算得到密文 $c_{\min\{j,k\},2}$，之后使用模转换技术降低其噪声，最终得到执行加法运算前的密文维数相同的密文 $c'_{\min\{j,k\},2}$。

密文乘法运算 $\mathrm{Cal_{BV11}^{\times}}$：与加法运算相同，若两个密文同属一层，则直接执行密文乘法运算，若不属一层，则按照上述操作方法完成计算。

3）BGV 方案

BGV 方案是目前最有影响力的方案，也是目前效率最高的方案。同 BV11 方案，BGV 方案采用了模交换技术和密钥交换技术，是一种无须启动的层次型全同态加密方案。其思想是：每次密文计算后先利用密钥交换技术将膨胀的密文乘积转换为一个新密文（新密文的维数与原密文相同），从而进入下一层电路进行计算，然后再通过模交换技术约减密文的噪声。BGV 的方案如下。

$\mathrm{setup}(1^\lambda, 1^L)$。对于 $j = L$ 到 $j = 0$ 产生参数 params_j，该参数包括一个递减的模序列 q_L 到 q_0，以及分布 χ_j，环维数 d_j，$N = \lceil (2n+1)\log_2 q \rceil$。

密钥生成 $\mathrm{Gen_{BGV}}(\{\mathrm{params}_j\})$。对于 $j = L$ 到 $j = 0$，生成每一层的私钥 $s_j \in R_q^2$ 和公钥 $A_j \in R_q^{N*2}$，令 $s'_j \leftarrow s_j \otimes s_j$，以及 $\tau(s'_{j+1} \rightarrow s_j) \leftarrow \mathrm{SwitchKeyGen}(s'_{j+1}, s_j)$。密钥 $sk = (s_0, s_1, \cdots, s_L), pk = (A_0, A_1, \cdots, A_L, \tau(s''_1 \rightarrow s_0), \tau(s''_2 \rightarrow s_1), \cdots, \tau(s''_L \rightarrow s_{L-1}))$。

加密算法 $\mathrm{Enc_{BGV}}(\mathrm{params}, pk, m)$。取 $m \in R_2$，令 $m \leftarrow (m, 0) \in R_2^2$，选取 $r \leftarrow R_2^N$，输出密文 $c \leftarrow m + \boldsymbol{A}_L^{\mathrm{T}} r \in R_q^2$。

解密算法 $\mathrm{Dec_{BGV}}(\mathrm{params}, sk, c)$。假设密文的密钥是 s_j，输出明文 $m((\langle c, s_j \rangle \bmod q) \bmod 2)$。

加法运算 add(pk,c_1,c_2)。假设 c_1、c_2 都在同一层电路上,即对应同一个密钥 s_j,如果不在同一层上,用下面的 refresh() 函数进行更新。令 $c_3 \leftarrow c_1 + c_2 \bmod q_j$,$c_3$ 对应的密钥为 s'_j,输出 $c_4 \leftarrow$ refresh(c_3,$\tau(s'_j \rightarrow s_{j-1})$,$q_j$,$q_{j-1}$)。

乘法运算 mult(pk,c_1,c_2)。假设 c_1、c_2 都在同一层电路上,即对应同一个密钥 s_j,如果不在同一层上,用下面的 refresh() 函数进行更新。令 $c_3 \leftarrow c_1 \otimes c_2 \bmod q_j$,$c_3$ 对应的密钥为 s'_j,输出 $c_4 \leftarrow$ refresh(c_3,$\tau(s'_j \rightarrow s_{j-1})$,$q_j$,$q_{j-1}$)。

refresh(c,$\tau(s'_j \rightarrow s_{j-1})$,$q_j$,$q_{j-1}$)。该过程先进行密钥交换(维数约减,进入下一层电路),再进行模交换(约减噪声),过程如下。

(1) 密钥交换。$c_1 \leftarrow$ switchKey($\tau(s'_j \rightarrow s_{j-1})$,$c$,$n_1$,$n_2$,$q_j$),$c_1$ 对应的密钥是 s_{j-1} 和模 q_j。

(2) 模交换。$c_2 \leftarrow$ scale(c_1,q_j,q_{j-1},2),c_2 对应的密钥是 s'_j 及模 q_{j-1}。

目前现有的 FHE 方案在实现上仍然较为复杂且计算模型复杂度较高。构造一个 FHE 方案时,Bootstrapping 过程的耗时较长,在计算模型中,程序需要以布尔电路形式编码,由于要进行乘法运算,一般的应用程序编码后对应层数很深的布尔电路,为了保证语义安全,阻止敌手获取任何明文数据的相关信息,方案所基于的安全假设问题带来的计算开销也很可观。这些问题是现有 FHE 方案还无法适用于大型云服务应用的主要原因。尽管大部分现行 FHE 方案在执行效率上还无法满足大范围实际应用需求,但是全同态加密算法的研究从理论上使得密文域进行各种运算操作成为可能,这也是密码学研究领域的一个重大突破。

9.2.3 同态加密的应用

下面是一个典型的同态加密应用场景:考虑到报税员,或者一些财务服务机构,用户将个人财务信息提供给他们,让他们通过计算来优化用户的财务/税务策略。但是,用户肯定不会将自己的银行账号和个人财务信息交给财务服务机构。

现在换一种情况,用户所提交的是一个代码,财务服务机构凭此代码可以从银行数据库下载经同态加密过的财务数据。他们可以直接对加密数据进行计算,将所得到的税务优化结果再以加密的形式发送给用户,财务服务机构无法解密这些加密的数据,但是用户可以。

以数字相加为例,用户不想把相加的两个数字泄露给服务器,看同态加密是如何处理 3+4 这样的问题的。假设数据已经在用户本地被加密了,3 加密后变为 33,4 加密后变为 44。加密后的数据被发送到服务器,再进行相加运算。服务器将加密后的结果 77 发送回来,然后用户本地解密为 7。

图 9.6 所示为一个字符串处理的例子,用户想实现字符串的连接操作,但又不想把连接的两个字符串内容泄露给服务器。用户使用凯撒密码进行字母替代加密,移位长度为 13,将字符串 HELLO 和 WORLD 加密后的结果 URYYB 和 JBEYQ 发送给服务器端,服务器端将字符串连接的结果 URYYBJBEYQ 发送给用户,用户利用凯撒密码解密获得字符串的连接结果 HELLOWORLD。

利用同态加密,云端服务器可以在不解密的情况下处理敏感数据。同态加密可以改

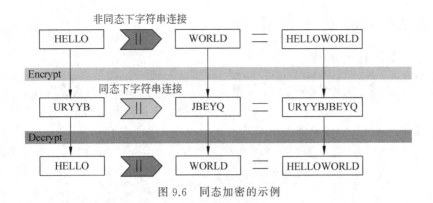

图 9.6　同态加密的示例

善云计算混乱的数据安全现状,而且不会泄露任何明文数据。

9.3　安全多方计算

安全多方计算(Secure Muti-party Computation,MPC,也可 SMC 或 SMPC)最初是针对一个安全两方计算问题,即所谓的"百万富翁问题"而提出的,并于 1982 年由姚期智院士提出和推广。在安全多方计算中,目的是能够在无可信第三方的辅助下,既保证各方的输入数据均不泄露,又可以使用各方的输入数据完成预期的协同计算。也就是说,参与计算的各方对自己的数据始终拥有控制权,计算过程中保证了自己数据的安全性。只在各个参与方之间公开计算逻辑,各参与方参与计算,即可得到相应的计算结果。

9.3.1　平均工资问题

一群人怎样才能计算出他们的平均薪水而又不让任何人知道其他人的薪水呢?

(1) Alice 在她的薪水上加一个秘密的随机数,并把结果用 Bob 的公钥加密,然后把它送给 Bob。

(2) Bob 用他的私钥对 Alice 的结果解密。他把他的薪水和他从 Alice 那里收到的结果相加,用 Carol 的公钥对结果加密,并把它送给 Carol。

(3) Carol 用她的私钥对 Bob 的结果解密。她把她的薪水和她从 Bob 那里收到的结果相加,再用 Dave 的公钥对结果加密,并把它送给 Dave。

(4) Dave 用他的私钥对 Carol 的结果解密。他把他的薪水和他从 Carol 那里收到的结果相加,再用 Alice 的公钥对结果加密,并把它送给 Alice。

(5) Alice 用她的私钥对 Dave 的结果解密。她减去第一步中的随机数以恢复每个人薪水之总和。

(6) Alice 把这个结果除以人数(这里是 4),并宣布结果。

这个协议假定每个人都是诚实的。如果参与者谎报了他们的薪水,则这个平均值将是错误的。一个更严重的问题是 Alice 可以对其他人谎报结果。在第(5)步,她可以从结果中减去她喜欢的数,并且没有人知道。

9.3.2 安全多方计算模型及实现方式

1. 安全多方计算模型

安全多方计算作为密码学的一个子领域,其允许多个数据所有者在互不信任的情况下进行协同计算,输出计算结果,并保证任何一方均无法得到除应得的计算结果之外的其他任何信息。换句话说,安全多方计算可以让用户获取数据使用价值,却不泄露原始数据内容。图 9.7 展示的是安全多方计算模型。

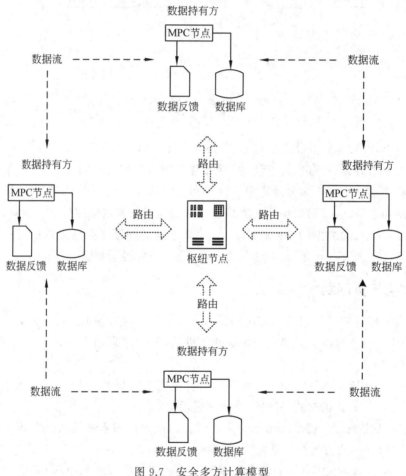

图 9.7 安全多方计算模型

2. 实现方式

安全多方计算目前的主流实现方式主要有两种:第一种是使用混淆电路;第二种则是通过秘密分享的思想。下面对混淆电路、秘密共享的原理和思想分别进行介绍。

1) 混淆电路

混淆电路是姚期智院士针对百万富翁问题,于 1986 年提出的一种解决方案,该方案的提出也认证了安全多方计算的可行性。混淆电路的思想比较简单：将双方需要计算的函数（所需参数为双方各自的输入信息）转化为"加密电路"的形式，该"加密电路"可以保证双方在不泄露各自输入信息的情况下，正确地计算出函数的结果。因此，"加密电路"的设计是混淆电路方法的研究重点和难点。但是，由于任意函数在理论上均存在一个等价的电路表示，在计算机中可以使用加法器和乘法器等电路进行实现，而这些乘法器或加法器又可以通过"与门""异或门"等逻辑电路来表示。也就是说，如果能够实现基本的加密版本逻辑电路，就可以实现加密版本的计算函数。

2）秘密共享

秘密共享是指通过将秘密值分割为随机多份，并将这些份（或称共享内容）分发给不同方来隐藏秘密值的一种概念。因此，每一方只能拥有一个通过共享得到的值，即秘密值的一小部分。根据具体的使用场合，需要所有或一定数量的共享数值来重新构造原始的秘密值。例如，Shamir 秘密共享（Shamir's Secret Sharing）是基于多项式方程建立的，实现了理论上的信息安全，而且有效地使用了矩阵运算加速方法。秘密共享主要包括算术秘密共享（Arithmetic Secret Sharing）、Shamir 秘密共享和二进制秘密共享（Binary Secret Sharing）等方式。

9.4　联邦学习

9.4.1　联邦学习的定义

联邦学习旨在建立一个基于分布数据集的联邦学习模型。联邦学习包括两个过程，分别是模型训练和模型推理。在模型训练的过程中，模型相关的信息能够在各方之间交换（或者是以加密形式进行交换），但数据不能。这一交换不会暴露每个站点上数据的任何受保护的隐私部分。已训练好的联邦学习模型可以置于联邦学习系统的各参与方，也可以在多方之间共享。

当推理时，模型可以应用于新的数据实例。例如，在 B2B 场景中，联邦医疗图像系统可能接收一位新患者，其诊断来自不同的医院。在这种情况下，各方将协作进行预测。最终，应该有一个公平的价值分配机制来分配协同模型所获得的收益。激励机制设计应该以这种方式进行下去，从而使得联邦学习过程能够持续。

具体来讲，联邦学习是一种具有以下特征的用来建立机器学习模型的算法框架。其中，机器学习模型是指将某一方的数据实例映射到预测结果输出的函数。

（1）有两个或两个以上的联邦学习参与方协作构建一个共享的机器学习模型。每一个参与方都拥有若干能够用来训练模型的训练数据。

（2）在联邦学习模型的训练过程中，每一个参与方拥有的数据都不会离开该参与方，即数据不离开数据拥有者。

（3）联邦学习模型相关的信息能够以加密方式在各方之间进行传输和交换，并且需要保证任何一个参与方都不能推测出其他方的原始数据。

（4）联邦学习模型的性能要能够充分逼近理想模型（是指通过将所有训练数据集中

在一起并训练获得的机器学习模型)的性能。

9.4.2 联邦学习的系统架构

依据实际应用场景的不同,联邦学习的系统里可能有也可能没有协调方(即聚合服务器或者参数服务器),从而产生了不同的联邦学习系统架构,常见的包括带中心服务器的客户/服务器(Client/Server,C/S)架构、去中心化的对等网络(Peer-to-Peer,P2P)架构及环状网络(Ring)架构。

1. 客户/服务器架构

图 9.8 展示了一种带有中心服务器的 C/S 架构。在这个架构中,协调方就是一个聚合服务器(Aggregation Server,AS),也称为参数服务器(Parameter Server,PS)。

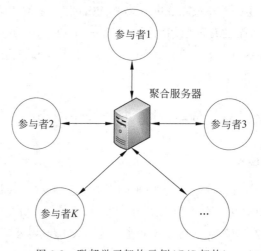

图 9.8　联邦学习架构示例(C/S 架构)

使用 C/S 架构构建的横向联邦学习系统,聚合服务器负责将初始模型发送给各参与者(即数据拥有者,也称为客户端)$(1,2,\cdots,K)$,其中,K 表示参与者的数量,通常 K 的值大于或等于 2。数据拥有者 $(1,2,\cdots,K)$ 分别使用各自的本地数据集来更新初始模型,并将更新后的模型权重参数(或者梯度)发送给聚合服务器。之后,聚合服务器将从数据拥有者处接收到的模型参数,使用模型聚合的方法(例如联邦平均算法 FedAvg)得到全新的全局模型,服务器将结合后的全局模型重新发送给各参与者,进行下一轮的联邦训练。这一过程重复进行,直至模型收敛或达到最大迭代次数或达到最长训练时间为止。

在使用 C/S 架构构建的联邦学习系统中,聚合服务器扮演了一个可信第三方的角色,主要负责对训练过程中产生的中间数据进行加密、解密等工作,并将结果分发到相应的客户端设备。

在 C/S 架构的设计场景中,联邦学习可以很方便地与其他密码学安全方案结合,例如同态加密、差分隐私等,以进一步保障数据安全。因此,C/S 架构设计模式也是当前设计联邦学习框架时经常采用的一种方案,具体来说,它具有下面的优点。

（1）架构设计简单,通过中心节点管理联邦学习的客户端设备。

（2）对客户端的容错性较好,当少量客户端节点发生故障时,不会影响联邦学习的计算过程。

C/S 的中心化架构设计特点也带来不少问题,其中主要包括下面两个问题。

（1）该架构需要依赖可信的第三方聚合服务端进行模型的聚合、参数的加密和解密等敏感性操作。在现实场景中,要找到一个让各参与者都可信的第三方服务端是比较困难的。

（2）系统虽然对客户端的容错性较好,但如果聚合服务器发生故障,将导致整个联邦学习系统无法正常运行。

2. 对等网络架构

联邦学习系统架构也可以设计为对等网络(P2P)方式,即不需要协调方。这是一种去中心化的架构设计模式,如图 9.9 所示。

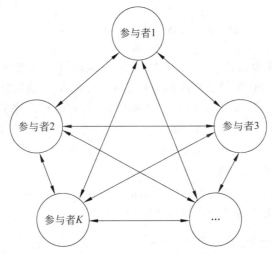

图 9.9　联邦学习架构示例(P2P 架构)

这种对等网络架构设计与 C/S 架构设计相比,能够更好地确保联邦学习系统的安全性。因为各方的数据传输不需要借助第三方进行,任意两个节点可以相互交互,为了实现数据的安全传输和数据的隐私保护,通常会结合安全多方计算(例如秘密共享、差分隐私等)来实现。任意一个参与者即使获得了其他参与者发送过来的数据,也无法知道该参与者的原始真实数据。

显然,对等网络架构设计由于不需要可信的第三方进行中转交互,因此安全性相对较高。但由于采用了安全多方协议的隐私保护机制,往往需要更多的计算及传输更多的中间临时结果,从而增加额外的通信开销和性能消耗,并且这种设计在实现上更加复杂(与 C/S 架构模式相比)。

3. 环状网络架构

联邦学习系统架构也可以设计为环状(Ring)架构,这同样是一种不需要协调方的去中心化设计,如图 9.10 所示。

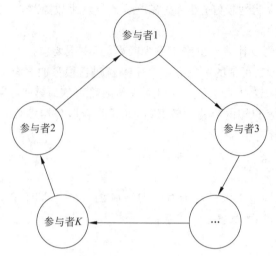

图 9.10　联邦学习架构示例(环状架构)

与对等网络架构类似,相比于 C/S 架构,环状架构设计同样能够确保联邦学习系统的安全性,因为参与方无须借助第三方协调者就可以直接通信,不会向第三方泄露任何信息。

这种环状架构的优点是,与 P2P 网络架构一样,能有效提高联邦学习系统的安全性,且每个设备只需要与其中两个设备进行通信,其中一个设备端作为输入,另一个设备端作为输出,因此,在系统设计上比 P2P 架构简单,出现网络拥堵的概率较低。

但与 P2P 架构相比,这种环状架构的每个参与者只能与某一个参与者进行通信,以一种环状的方式完成数据在各参与者之间的传输流动,这就限制了其使用场景。当前,在联邦学习中使用环状架构的系统设计还比较少。

9.4.3　联邦学习的分类

设矩阵 D_i 表示第 i 个参与者的数据,矩阵 D_i 的每一行表示一个数据样本,每一列表示一个具体的数据特征(Feature)。同时,一些数据集还可能包含标签信息。我们将特征空间设为 X,数据标签(Label)空间设为 Y,并用 I 表示数据样本 ID 空间。例如,在金融领域,数据标签可以是用户的信用度或者征信信息;在市场营销领域,数据标签可以是用户的购买计划;在教育领域,数据标签可以是学生的成绩分数。特征空间 X、数据标签空间 Y 和样本 ID 空间 I 组成了一个训练数据集 (I,X,Y)。不同的参与者拥有的数据的特征空间和样本 ID 空间可能都是不同的。根据训练数据在不同参与者之间的数据特征空间和样本 ID 空间的分布情况,我们将联邦学习划分为横向联邦学习(Horizontal Federated Learning,HFL)、纵向联邦学习(Vertical Federated Learning,VFL)和联邦迁移学习(Federated Transfer Learning,FTL)。

例如,当联邦学习的参与者是两家服务于不同区域市场的银行时,它们虽然可能只有很少的重叠客户,但是客户的数据可能因为相似的商业模式而有非常相似的特征空间。这意味着,这两家银行的用户的重叠部分较小,而数据特征的重叠部分较大,这两家银行就可以通过横向联邦学习来协同训练一个机器学习模型。

当两家公司(例如,一家银行和一家电子商务公司)提供不同的服务,但在客户群体上有非常大的交集时,它们可以在各自的不同特征空间上协作,为各自得到一个更好的机器学习模型。换言之,若用户的重叠部分较大,而数据特征的重叠部分较小,则这两家公司可以协作地通过纵向联邦学习方式训练机器学习模型。

当联邦学习的参与者拥有的数据集在用户和数据特征上的重叠部分都比较小时(如不同地区的银行和商超间的联合),各参与者可以通过使用联邦迁移学习来协同地训练机器学习模型。

1. 横向联邦学习

横向联邦学习,也称为按样本划分的联邦学习(Sample-Partitioned Federated Learning 或 Example-Partitioned Federated Learning),可以应用于联邦学习的各个参与者的数据集有相同的特征空间和不同的样本空间的场景,类似于在表格视图中对数据进行水平划分的情况,如图 9.11 所示。

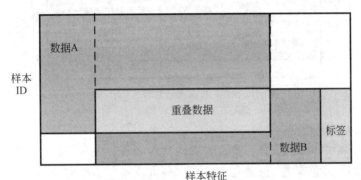

图 9.11　横向联邦学习

事实上,"横向"一词来源于术语"横向划分"。"横向划分"广泛用于传统的以表格形式展示数据库记录内容的场景,例如表格中的记录按照行被横向划分为不同的组,且每行都包含完整的数据特征。举例来说,两个地区的城市商业银行可能在各自的地区拥有非常不同的客户群体,所以他们的客户交集非常小,他们的数据集有不同的样本 ID。然而,他们的业务模型非常相似,因此他们的数据集的特征空间是相同的。这两家银行可以联合起来进行横向联邦学习,以构建更好的风控模型。确切地说,可以将横向联邦学习的条件总结为式(9-13)。

$$X_i = X_j, Y_i = Y_j, I_i \neq I_j, \forall D_i, D_j, i \neq j \tag{9-13}$$

式中,D_i 和 D_j 分别表示第 i 方和第 j 方拥有的数据集,我们假设两方的数据特征空间和标签空间对,即 (X_i, Y_i) 和 (X_j, Y_j) 是相同的,但是两方的客户 ID 空间,即 I_i 和 I_j 是没有交集的或交集很小。

2. 纵向联邦学习

我们把在数据集上具有相同的样本空间、不同的特征空间的参与者所组成的联邦学习归类为纵向联邦学习(VFL),也可以理解为按特征划分的联邦学习。"纵向"一词来自"纵向划分"(Vertical Partition),该词广泛用于数据库表格视图的语境中,如表格中的列被纵向划分为不同的组,且每列表示所有样本的一个特征。

出于不同的商业目的,不同组织拥有的数据集通常具有不同的特征空间,但这些组织可能共享一个巨大的用户群体,如图 9.12 所示。通过使用 VFL,我们可以利用分布于这些组织的异构数据,搭建更好的机器学习模型,并且不需要交换和泄露隐私数据。举例来说,互联网公司 A 与银行 B 有一大部分重合的用户,A 有客户上网行为等特征信息,B 有客户的存贷情况等特征信息以及客户的标签信息——客户的还贷情况(Y)。B 希望能够将他所独有的特征信息与 A 所独有的特征信息相结合,训练出一个更强大的识别客户信用风险的模型,便可使用纵向联邦学习。

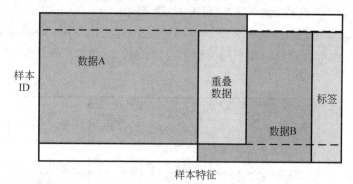

图 9.12 纵向联邦学习

在这种联邦学习体系下,每一个参与者的身份和地位是相同的。联邦学习帮助大家建立起一个"共同获益"策略,这就是为什么这种方法被称为联邦学习。对于这样的纵向联邦学习系统,如式(9-14)所示。

$$X_i \neq X_j, Y_i \neq Y_j, I_i = I_j, \forall D_i, D_j, i \neq j \tag{9-14}$$

3. 联邦迁移学习

如图 9.13 所示,联邦迁移学习是对横向联邦学习和纵向联邦学习的补充,针对的是数据集的用户和特征均重叠较少的情况,这时可以采用迁移学习技术提供联合整个样本和特征空间的解决方案。例如,位于中国和美国的电子商务公司,一方面,由于地理位置的不同,两个机构的用户群体交叉很少;另一方面,由于业务范围的不同,特征空间只有小部分重叠。迁移学习的本质是发现资源丰富的源域和资源稀缺的目标域之间的不变性,并利用该不变性在两个领域间传输知识。

根据执行迁移学习的方法不同,将迁移学习主要分为 3 类:基于实例的联邦迁移学习、基于特征的联邦迁移学习和基于模型的联邦迁移学习,以下将简要描述如何将这 3 类迁移学习技术分别应用于横向联邦学习和纵向联邦学习中。

1) 基于实例的联邦迁移学习

对于横向联邦学习,参与者的数据通常来自不同的分布,这可能导致在这些数据上训练

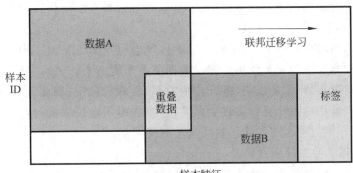

图 9.13 联邦迁移学习

的机器学习模型的性能较差。参与方可以有选择地挑选或者加权训练样本,以减小分布差异,从而可以将目标损失函数最小化。对于纵向联邦学习,参与方可能具有非常不同的业务目标。因此,对齐的样本及其某些特征可能对联邦迁移学习产生负面影响,这被称为负迁移。在这种情况下,参与方可以有选择地挑选用于训练的特征和样本,以避免产生负迁移。

2)基于特征的联邦迁移学习

参与者协同学习一个共同的表征(Representation)空间。在该空间中,可以缓解从原始数据转换而来的表征之间的分布和语义差异,从而使知识可以在不同领域之间传递。对于横向联邦学习,可以通过最小化参与者样本之间的最大平均差异(Maximum Mean Discrepancy,MMD)来学习共同的表征空间。对于纵向联邦学习,可以通过最小化对齐样本中属于不同参与者的表征之间的距离,来学习共同的表征空间。

3)基于模型的联邦迁移学习

参与者协同学习可以用于迁移学习的共享模型,或者参与者利用预训练模型作为联邦学习任务的全部或者部分初始模型。横向联邦学习本身就是一种基于模型的联邦迁移学习。因为在每个通信回合中,各参与者会协同训练一个全局模型(基于所有数据),并且各参与者把该全局模型作为初始模型进行微调(基于本地数据)。对于纵向联邦学习,可以从对齐的样本中学习预测模型或者利用半监督学习技术,以推断缺失的特征和标签。然后,可以使用扩大的训练样本训练更准确的共享模型。

联邦迁移学习旨在为以下场景提供解决方案,如式(9-15)所示。

$$X_i \neq X_j, Y_i \neq Y_j, I_i \neq I_j, \forall D_i, D_j, i \neq j \tag{9-15}$$

最终目标是尽可能准确地对目标域中的样本进行标签预测(或回归预测)。

9.4.4 联邦学习的应用

在保护数据隐私的前提下解决行业中的数据孤岛问题,是联邦学习价值的核心所在。

1. 联邦学习+车险出险概率预测

1)应用背景

根据车辆保险调查,车险投保人中仅有 17.5% 的车主频发道路安全事故。因此,如何对被保险车辆进行准确的车险出险概率预测,以合理进行车辆承保、定价、服务项目等车险保险业务,是一个亟待解决的技术问题。

对于车辆的出险概率预测,一个较为准确且理想的方法是依据车辆的属性数据(如车辆品牌、型号、购车年限等)、车辆历史理赔数据以及车辆所有人的属性数据(如投保人年龄、婚姻状况、驾驶年龄、家庭成员、拥有车辆数量、受教育程度、职业、居住地等)。但是,由于这些数据涉及用户隐私且种类过于多样,分布在不同组织和机构内且数据之间互不相通,这种预测车辆出险概率的构想实际落地非常困难。

2)基于联邦学习的解决方案

针对这种隐私数据不能互通共享,导致车险出险概率预测效率较为低下的情况,可以引入联邦学习来解决。首先将车辆的属性数据、车辆历史理赔数据以及车辆所有人的属性数据共同作为出险概率预测模型的训练参数;其次通过样本对齐技术将每部分数据进行样本对齐并构建本地模型;最后再以加密参数传输的方式传至聚合服务器并进行联合训练来得到一个完整的出险概率预测模型。

在使用该模型进行目标车辆的出险概率预测时,只要将目标车辆的属性数据、车辆历史理赔数据以及车辆所有人的属性数据共同作为目标车辆出险概率预测的预测参数(输入参数),就可以通过模型输出目标车辆对应的出险概率预测结果。基于联邦学习的车险出险概率预测流程如图 9.14 所示。

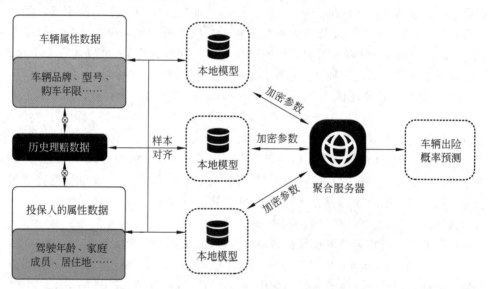

图 9.14　基于联邦学习的车险出险概率预测流程

3)应用价值

这种引入了联邦学习的车辆出险概率预测方法,在不牺牲各方本地数据隐私、数据不出本地的前提下,联合各方数据进行训练,包括车辆的属性数据、车辆历史理赔数据以及车辆所有人的属性数据,进行车辆出险概率的预测,使得车辆出险概率的预测结果更加准确,进而使车辆承保、定价更加合理。

2. 联邦学习+疾病风险预测

1）应用背景

随着医疗信息化的高速发展，充分利用先验医学知识及大数据对于提升医疗精准化而言越来越重要。同时，我国医疗健康数据长期存在"数据孤岛"问题，甚至同一地区不同医院间的医疗数据都无法互联，也没有统一的数据共享标准。

2）基于联邦学习的解决方案

针对现有健康医疗数据不能共享、无法准确预测疾病风险等问题，可以引入联邦学习技术来解决。它可以在本地医院端加密患者样本，通过加密协议在各方传递加密之后的模型梯度等参数信息，各个医疗机构通过对这些全局下发的加密信息进行客户端解密，实现模型参数更新，从而在保证各方原始数据不被暴露的前提下，联合各个医疗机构的患者特征进行疾病预测模型的训练。

具体来说，由服务方先为参与联邦生态的医疗机构构建与分发多种初始模型，如机器学习模型、深度学习模型、文本特征抽取模型等。参与方可以依据各自所在地区的居民电子病历、居民个人健康数据进行信息抽取和多重关联，并加注带有时间戳的重大慢性病标签（如高血压、肿瘤、糖尿病等）以及理疗特征（如病症、用药、费用、家庭病史等），从而建立本地医院的统一数据标准，以用于形成疾病标签集与特征集。进一步地，参与方通常会标准与归一化处理疾病预测模型所需特征，按照各方统一的标准清洗自有数据，形成标准化的疾病标签集与医疗特征集，并基于联邦学习聚合算法及链路中的加密安全通信，构建出有效的联邦模型。

有了疾病风险预测模型，临床医生在输入患者健康医疗数据后，即可预测其在未来某个时间段内的病症概率走势，如预测慢性炎症的癌变风险、疾病恶化程度、疗效与副反应等，进而参考预测结果，提前针对不同风险等级的患者人群进行康复训练或诊疗干预，实现个性化的精准治疗。基于联邦学习的疾病风险预测流程如图 9.15 所示。

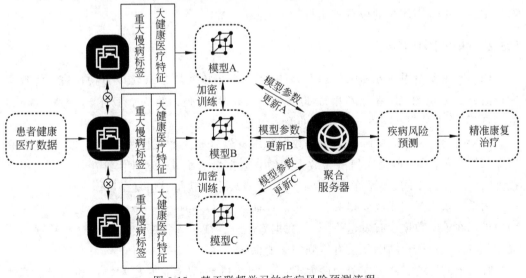

图 9.15 基于联邦学习的疾病风险预测流程

3）应用价值

这种基于联邦学习技术和先验医学知识的疾病风险预测体系成功解决了面向模型训练过程中的隐私保护难题,其提供的疾病预测结果可以帮助医生更好地决策并减少人为偏差,使医疗专业人员做出更加精准、及时的决策。

9.5　私有信息检索

9.5.1　PIR 概述

大数据时代,用户的私有信息变得十分重要。这些私有信息不仅包括用户的密码、身份 ID(如身份证号、护照号等)、医疗数据、信用卡信息等敏感信息,还包括用户的兴趣爱好、社交信息、互联网账号、财务数据,等等。在大数据时代,这些信息经过多源数据关联分析,从很多看似无关的信息中,往往能够挖掘出很多用户的敏感数据,导致用户的隐私信息无法得到保障。因为一个恶意的数据库拥有者可能会跟踪用户的查询并据此推断用户所感兴趣的信息。

私有信息检索(Private Information Retrieval,PIR)是为了保障个人隐私在公共网络平台上的私密性而采用的一种阻止数据库知晓用户查询信息的策略。PIR 是指用户在不泄露自己的查询信息给数据库的前提下,完成对数据库的查询操作。该概念由 Chor 等人于 1995 年首次提出,目的是保护用户的查询隐私,因此服务器不能知道用户查询记录的身份信息和查询内容。

PIR 的应用非常广泛,以下是几个典型的应用场景。①患有某种疾病的人想通过一个专家系统查询其疾病的治疗方法,如果以该疾病名作为查询条件,专家系统服务器将会猜测到该患者可能患有这样的疾病,从而导致用户的隐私泄露。②在股票交易市场中,某重要用户想查询某只股票的信息,但又不希望服务器获得自己感兴趣的股票信息,以免该信息被公布从而影响股票价格。③定位服务中,若用户直接以某具体位置作为查询条件,系统则会轻松获得用户的位置和出行计划信息。

9.5.2　两种 PIR 协议

PIR 问题涉及用户方和服务器方,研究者通常把该问题形式化以方便研究:将数据库抽象成为 n 位的二进制字符串 x,即 $x \in \{0,1\}^n$,用户查询第 i 个字符 $x_i(x_i \in \{0,1\})$ 的信息,但是不希望数据库知道具体的隐私信息 i。

PIR 问题的一个简单解决方法是数据库服务器将整个数据库发给用户,这样能够完全保障用户的隐私,但是通信量为数据库的总数据量大小 n。这种代价在现实中是不可接受的。基于这个问题,评价 PIR 协议的一个重要指标就是通信复杂度。

如果要求服务器无法获得关于用户的任何信息,$O(n)$ 的通信复杂度就是必需的。因为如果存在若干数据没有发送给用户,数据库服务器就可以推断出用户对这些数据不感兴趣,也就是说,用户的隐私没有得到完全的保障。

解决该问题的思路主要分为两大类:基于信息论的私有信息检索协议和基于计算性

的私有信息检索协议。

1. 基于信息论的私有信息检索协议

通过在多个服务器中维护多份相同的数据库复制来构造 PIR 协议,使每个单独的服务器都无法获得用户的任何信息,这类方法的目标是保障用户的隐私。

下面介绍一个 1995 年由 Chor 等人提出的 k-server($k \geqslant 2$)的 PIR 方案,其基本思路是一个 2-server 的 PIR 协议。

首先,将数据用下标 i 表示,所有数据可表示为$\{1, 2, \cdots, n\}$,用户采用均匀分布选择随机下标集合 $Q_1 \subseteq \{1, 2, \cdots, n\}$。如果 Q_1 包含 i,则取 $Q_2 = Q_1 \backslash \{i\}$(即把下标为 i 的元素从集合 Q_1 中去掉得到集合 Q_2);如果 Q_1 不包含 i,则取 $Q_2 = Q_1 \bigcup \{i\}$(即两个集合只相差一个下标为 i 的数据)。用户分别将这两个集合 Q_1 和 Q_2 作为查询发送给两个服务器,服务器根据收到的查询与本地数据库做计算,将结果发给用户。用户将收到的两份结果做异或运算,得到需要的答案。该基础协议的通信复杂度为 $O(n)$。

这个基本方法可以扩展到 k-server 的情况,其通信复杂度为 $O\left(kn^{\frac{1}{\log_2 k}}\right)$。

2. 基于计算性的私有信息检索协议

利用数学上的困难假设构造 PIR 协议,从而使得服务器在多项式时间内无法计算出用户的隐私信息,此类方法要求达到保障用户的计算性隐私。

例如,基于格密码的 PIR 协议使用类似 NTRU(一种公钥加密算法)的方法,对数据库服务器上的数据分块并构建矩阵形式。用户查询时,首先生成若干符合一定要求的随机矩阵,然后对目标块和非目标块位置做不同的矩阵变换,并对得到的查询矩阵再做一次随机置换,然后将该查询矩阵发给服务器。服务器利用本地数据做相应的矩阵运算后将结果向量返回给用户。用户再对该结果做相应的逆运算以获得目标数据块。

9.5.3　PIR 协议的取舍

无论具体采用哪种方法,PIR 的一般过程如下:用户基于要查询的数据下标 i 生成 k 个查询请求,分别发给 k 个服务器。为了隐藏 i,在服务器看来,这些查询应当是关于下标 i 的随机函数。各个服务器根据收到的查询请求和本地数据库 x,计算查询结果并返回给用户。最后,用户根据收到的 k 个查询结果计算目标数据 x。

PIR 的理论研究已经比较成熟。但是,通信复杂度过高或者服务器端的计算复杂度过高的问题,导致其实用性受到局限。因此,如何在复杂度与用户隐私性之间折中,是设计实用方案需要考虑的一个问题。

对于用户查询的隐私性,无论是基于信息论的 PIR 还是基于计算性的 PIR,都要求完全的隐私保护。完全隐私保护的代价是高复杂度,从而导致其很难应用于实际场景。我们需要根据实际应用场景的差异,在效率和隐私性之间取得一个平衡点,从而对 PIR 协议进行合理改进,才能够将其应用到实际场景中。

9.6 虚拟化技术及安全

9.6.1 虚拟化技术

虚拟化技术是云计算系统提高计算资源利用率的重要技术手段。通过构建一个超大规模的资源池,对于每个租用者,可以根据需要动态地为其分配资源和释放资源,不需要按照峰值预留资源。由于云计算平台的规模很大,租用者数量非常多,支撑的应用种类繁多,比较容易实现整体的负载均衡,因而云计算平台的资源利用率可以达到 80% 左右。云计算系统不仅提供了很强的计算处理能力,而且显著地提高了效率,成本也更低廉。

虚拟化技术的通用实现方案,是将软件和硬件相互分离,在操作系统与硬件之间加入一个虚拟化软件层,通过空间上的分隔、时间上的分时,将物理资源抽象成逻辑资源,向上层操作系统提供一个与它原先期待一致的服务器硬件环境,使上层操作系统可以直接运行在虚拟环境上,并允许具有不同操作系统的多个虚拟机相互隔离,并发运行在同一台物理机上,从而提供更高的 IT 资源利用率和灵活性。

计算虚拟化软件,需要模拟出高效独立的虚拟计算机系统,通常称这种系统为虚拟机。在虚拟机中运行的操作系统软件称为 Guest OS。

虚拟化软件层模拟出来的每台虚拟机都是一个完整的系统,它具有处理器、内存、网络设备、存储设备和 BIOS。在虚拟机中运行应用程序及操作系统,和在物理服务器上运行并没有本质区别。

计算虚拟化软件层,通常称为虚拟机监控器(Virtual Machine Monitor,VMM),又叫Hypervisor。其常见的软件架构方案为两类,即 Type1 型和 Type2 型。在 Type1 型中,VMM 直接运行在裸机上;而对于 Type2 型,则在 VMM 和硬件之间,还有一层宿主操作系统。

根据 Hypervisor 对 CPU 指令的模拟和虚拟实例的隔离方式,计算虚拟化技术可以细分为 5 个子类。

1) 全虚拟化

全虚拟化(Full Virtualization)是指虚拟机模拟了完整的底层硬件,包括处理器、物理内存、时钟、外设等,使得为原始硬件设计的操作系统或其他系统软件完全不做任何修改,就可以在虚拟机中运行。全虚拟化 VMM 以完整模拟硬件的方式提供全部接口,Guest OS 无须修改,速度和功能都优秀,且使用简单。全虚拟化采用二进制代码动态翻译技术,即在执行时动态地重写虚拟机的执行代码,因此效率会受到影响。全虚拟化 VMM 有微软的 Virtual PC、VMware Workstation、Sun Virtual Box 等。

2) 超虚拟化

超虚拟化(Para Virtualization)是一种修改 Guest OS 部分访问特权的代码,以便直接与 VMM 交互的技术。通过这种方法将无须重新编译或捕获特权指令,使其性能非常接近物理机。与全虚拟化相比,这种方法架构更精简,在整体速度上有一定的优势,性能大幅提高。比较著名的 VMM 有 Denali、Xen。

3）硬件辅助虚拟化

硬件辅助虚拟化（Hardware-Assisted Virtualization）是指借助硬件支持，实现高效的全虚拟化。例如，VMM 和 Guest OS 的执行环境可以完全隔离开，Guest OS 有自己的全套寄存器，可以运行在最高级别。Intel-VT 和 AMD-V 采用的就是硬件辅助虚拟化技术。

4）部分虚拟化

在部分虚拟化（Partial Virtualization）方式下，VMM 只模拟部分底层硬件，因此客户机操作系统和其他程序需要修改才能在虚拟机中运行。历史上部分虚拟化是通往全虚拟化道路上的重要过程。

5）操作系统级虚拟化

操作系统级虚拟化（OS-level Virtualization）也称容器化，是操作系统自身的一个特性。它允许多个相互隔离的用户空间实例存在，这些用户空间实例也被称作为容器。普通的进程可以看到计算机的所有资源，而容器中的进程只能看到分配给该容器的资源。通俗来讲，操作系统级虚拟化将操作系统所管理的计算机资源，包括进程、文件、设备、网络等分组，然后交给不同的容器使用。容器中运行的进程只能看到分配给该容器的资源，从而达到隔离与虚拟化的目的。采用这种技术的有 Solaris Container、FreeBSD Jail 和 Open VZ。

9.6.2 容器技术和安全

1. 容器技术的基本概念及特点

有效地将单个操作系统的资源划分到孤立的组中，以便更好地在孤立的组之间平衡有冲突的资源使用需求，这种技术就是容器技术。与传统的虚拟化等技术相比，容器技术在生产应用中优势明显。相比虚拟化技术，容器技术具有部署便捷、管理便利、利于微服务架构的实现、弹性伸缩、高可用等特点。

容器技术正在快速改变公司和用户创建、发布、运行分布式应用的方式。

容器技术有 3 个核心的概念：镜像（Images）、容器（Container）、仓库（Repositories），如图 9.16 所示。

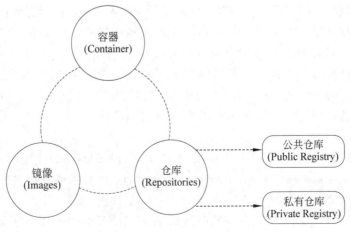

图 9.16　容器技术的 3 个核心概念

（1）镜像。

镜像是基于联合文件系统（UnionFS）的一种层式结构，其内部包含如何运行容器的元数据。镜像是一个静态概念，由若干只读的中间层构成，类似于虚拟机的镜像，可理解为一个面向 Docker 引擎的只读模板，其中包含文件系统。

（2）容器。

容器是从镜像创建的运行实例，是一个独立于宿主机的隔离进程，并且有属于容器自己的网络和命名空间，它可以被启动、开始、停止、删除。每个容器都是相互隔离的，保证安全的平台，且与镜像的只读特性不同的是，容器是可读可写的，这是因为容器是通过在镜像上面添一层读写层来实现的。可以把容器看作一个简易版的 Linux 环境，Docker 利用容器来运行上层应用。

（3）仓库。

仓库是集中存放镜像文件的场所，仓库注册服务器（Registry）上往往存放着多个仓库，每个仓库中又包含了多个镜像，每个镜像有不同的标签（Tag）。目前，最大的公共仓库是 Docker 仓库，其存放了数量庞大的镜像供用户下载。Docker 仓库用来保存镜像，当我们创建自己的镜像之后就可以使用 push 命令将它上传到公共或者私有仓库，这样，下次在另外一台机器上使用这个镜像的时候，只需要使用 pull 命令从仓库上下载下来就可以了。

容器技术的 4 个特点如下。

（1）资源独立、隔离。

资源隔离是云计算平台的基本需求。Docker 通过 Linux Namespaces 与 Cgroups 限制了硬件资源与软件运行环境，与宿主机上的其他应用实现了隔离，做到了互不影响。不同应用或服务以"集装箱"（Container）为单位装"船"或卸"船"，"集装箱船"（运行 Container 的宿主机或集群）上数千数万个"集装箱"排列整齐，不同公司、不同种类的"货物"（运行应用所需的程序、组件、运行环境、依赖）保持独立。

（2）环境的一致性。

开发工程师完成应用开发后构建一个 Docker 镜像，基于这个镜像创建的容器像一个集装箱，里面打包了各种"散件货物"（运行应用所需的程序、组件、运行环境、依赖等）。无论这个集装箱在哪里（开发环境、测试环境、生产环境），都可以确保集装箱里面的"货物"种类与个数完全相同，软件包不会在测试环境缺失，环境变量不会在生产环境忘记配置，开发环境与生产环境不会因为安装了不同版本的依赖，导致应用运行异常。这样的一致性得益于"发货"（构建 Docker 镜像）时已经将"散装货物"密封到"集装箱"中，而每一个环节都是在运输这个完整的、不需要拆分合并的"集装箱"。

（3）轻量化。

相比传统的虚拟化技术，使用 Docker 在 CPU、内存、磁盘 I/O、网络 I/O 上的性能损耗都有同样水平甚至更优的表现。容器的快速创建、启动、销毁受到很多赞誉。

（4）一次构建，随处使用。

"货物"（应用）在"汽车""火车""轮船"（私有云、公有云等服务）之间迁移交换时，只需要迁移符合标准规格和装卸方式的"集装箱"（Docker Container），削减了耗时费力的人工

"装卸"(上线、下线应用),节约了巨大的时间和人力成本。这使未来只需少数几个运维人员运维超大规模装载线上应用的容器集群成为可能,如同 20 世纪 60 年代后少数几个机器操作员即可在几小时内装卸完一艘万吨级集装箱船。

2. 容器技术的实现原理

下面以 Docker 为例,介绍容器技术的架构与实现原理。

容器技术的实现依赖于 3 个核心技术:隔离机制(Namespaces)、资源配额(Cgroups)、虚拟文件系统(UnionFS,AUFS),如图 9.17 所示。

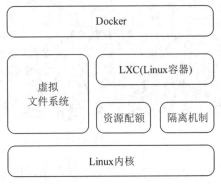

图 9.17　Docker 系统架构

隔离机制(Namespaces,或命名空间)用于分离进程树、网络接口、挂载点以及进程间通信等资源。Namespaces 将容器的进程、网络、消息、文件系统隔离开,给每个容器创建一个独立的命名空间。

资源配额(Cgroups)技术实现了对资源的配额和度量。Linux 的 Namespaces 为新创建的进程隔离了文件系统、网络并与宿主机器之间的进程相互隔离,但是命名空间并不能提供物理资源上的隔离,比如 CPU 或者内存,如果在同一台机器上运行了多个对彼此以及宿主机器一无所知的"容器",这些容器就共同占用了宿主机器的物理资源。如果其中的某一个容器正在执行 CPU 密集型的任务,就会影响其他容器中任务的性能与执行效率,导致多个容器相互影响并且抢占资源。Cgroups 则能隔离宿主机器上的物理资源,例如 CPU、内存、磁盘 I/O 和网络带宽等。

UnionFS 是一种支持将不同目录挂载到同一个虚拟文件系统下的文件系统。

图 9.18 以 Docker 为例,将容器技术与虚拟机技术进行对比。

容器与虚拟机拥有类似的功能,即对应用程序及其关联性进行隔离,从而构建起一套能够随处运行的单元。此外,容器与虚拟机还摆脱了对物理硬件的需求,允许更为高效地使用计算资源,从而提升能源效率与成本效益。容器和虚拟机之间的主要区别在于虚拟化层的位置和操作系统资源的使用方式。

(1)容器是在操作系统层面上实现的虚拟化,直接复用本地主机的操作系统,因此只能运行与主机相同的操作系统;虚拟机方式是在硬件层面实现,因此可以在本机操作系统的基础上运行任何操作系统。

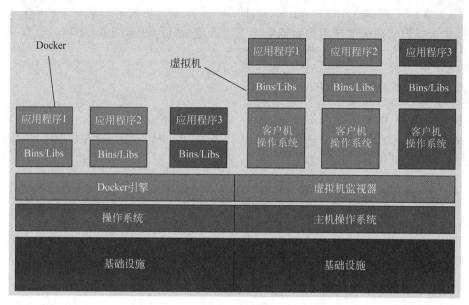

图 9.18　容器技术与虚拟机技术对比

（2）容器的部署及启动速度快；虚拟机的部署及启动速度慢。

（3）容器属于应用层抽象，用于将代码和依赖资源打包在一起，运行操作系统的用户模式部分，因此占用空间小；虚拟机属于物理硬件层面抽象，用于将一个服务器变为多台服务器，允许多个虚拟机在一台机器上运行，每个虚拟机都包含一整套操作系统、一个或多个应用和资源库等，占用大量空间。

（4）安全性方面，容器提供与主机和其他容器的轻度隔离；虚拟机提供与主机操作系统和其他虚拟机的完全隔离，具有较强的安全边界。

3. 针对容器的安全攻击

作为开发人员群体中人气极高的代码测试方案，Docker 能够建立起一套完整的 IT 堆栈（包含操作系统、固件及应用程序等），用以在容器这一封闭环境当中运行代码。尽管其结构本身非常适合实现代码测试，但容器技术也可能被攻击者用于在企业环境内进行恶意软件感染。

研究人员发现一种新型攻击途径，可允许攻击者滥用 Docker API 隐藏目标系统上的恶意软件，Docker API 可用于实现远程代码执行与安全机制回避等。Aqua Security 公司的研究人员指出，该公司的研究人员塞奇・杜尔塞曾提出这种概念验证（Proof of Concept，PoC）攻击，并在 2017 美国黑帽大会上首次演示了这种技术。

攻击者不仅能够在企业网络内运行恶意软件代码，同时也可在该过程中配合较高执行权限。在攻击中，恶意一方往往会诱导受害者打开受控网页，之后使用 REST API 调用执行 Docker Build 命令，借以建立能够执行任意代码的容器环境。通过一种名为"主机重绑定"的技术，攻击者能够绕过同源策略保护机制并获得底层虚拟机中的 root 访问能力。如此一来，攻击者将能够窃取开发者登录凭证，在开发者设备上运行恶意软件或者将恶意软件注入容器镜像中,进而在该容器的每一次启动中实现感染传播。攻击最终能在企业网络中驻留持久代码,由于这部分代码运行在 Moby Linux 虚拟机中,因此现有主机上的安全产品无法进行有效检测。

这种攻击分多个阶段进行。首先,将运行 Docker for Windows 的开发人员引诱到攻击者控制的网页(托管着特制 JavaScript)。JavaScript 能绕过浏览器"同源策略"(Same Origin Policy,SOP)安全协议。该攻击方法不仅使用未违反 SOP 保护的 API 命令,而且还在主机(将 Git 仓库作为 C&C 服务器)上创建一个 Docker 容器,由此托管恶意攻击代码。

如果想要访问整个 Docker API,以便能运行任何容器,如对主机和底层虚拟机具有更多访问权的特权容器,攻击者将使用与"DNS 重绑定攻击"(DNS Rebinding Attack)类似的"主机重绑定攻击"(Host Rebinding Attack)技术。DNS 重绑定攻击指的是,对手滥用 DNS 诱骗浏览器不执行 SOP。主机重绑定攻击针对 Microsoft 名称解析协议实现同样的目标,不过,主机重绑定攻击通过虚拟接口实现,因此攻击本身不会在网络中被检测到。主机重绑定攻击会将本地网络上的主机 IP 地址重绑定到另一个 IP 地址上,即与 DNS 重绑定类似。DNS 重绑定攻击欺骗 DNS 响应、控制域名或干扰 DNS 服务,但主机重绑定攻击则欺骗对 NetBIOS 和 LLMNR 等广播名称解析协议的响应。其结果是创建容器,使其在受害者 Hyper-V 虚拟机中运行,共享主机网络,并执行攻击者控制的任意代码。

具备上述能力并针对 Docker 守护进程 REST API 执行任何命令之后,攻击者能有效获取底层 Moby Linux 虚拟机的 root 访问权限。下一步是利用 root 权限执行恶意代码,同时在主机上保持持久性,并在虚拟机内隐匿活动。

接下来需生成所谓的"影子容器"(Shadow Container)。当虚拟机重启时,"影子容器"允许恶意容器下达保持持久性的指令。如果受害者重启主机或只是重启 Docker for Windows,攻击者将失去控制。为了解决这些问题,攻击者提出采用"影子容器"技术获取持久性和隐匿性。

为此,攻击者编写了容器关闭脚本,以此保存他的脚本/状态。当 Docker 重启时,或 Docker 重置或主机重启后,"影子容器"将运行攻击者的容器,保存攻击脚本。这样一来,攻击者便能在渗透网络的同时保持隐匿性,以此执行侦察活动、植入恶意软件或在内部网络中横向活动。

通过这种攻击,攻击者可以访内部网络、扫描网络、发现开放端口、横向活动,并感染其他设备,若其找到方法感染本地容器镜像,则将散布到整个企业 Docker 渠道中。

4. 容器的秘密管理

容器应用环境中的秘密,指的是需要保护的访问令牌、口令和其他特权访问信息。容器需要安全机制来保护这些特权访问信息。

Docker 正在推进其开源容器引擎以及可支持商用的 Docker 数据中心平台,使其功能更强,对容器中秘密的防护更有力。

从部署的角度看,Docker 引擎集群(Swarm)中,只有签名应用才可以访问秘密。同一基础设施上运行的应用不应该知道相互的秘密,它们应该只知道自身被授权访问的那些秘密。Docker Swarm 在应用运行在集群上时对秘密的访问设置了访问控制。

对与系统互动的开发者和管理员,也需要进行访问控制。Docker 数据中心中基于角色的访问控制(RBAC)可与现有的企业身份识别系统集成。

简单的秘密存储显然不足以保证这些秘密信息安全,因为其被某个应用泄露的潜在风险总是存在的。当秘密没有实际存储在应用本身时,应用是更安全的。为此,Docker 加密了 Swarm 中秘密存放地的后端存储,所有到容器应用的秘密传输都发生在安全 TLS 隧道中。秘密只在内存中对应用可用,且不会再存储到单个应用容器的存储段。

5. 沙箱容器

容器已彻底改变了开发、打包和部署应用程序的方式。然而,暴露在容器面前的系统攻击面太广了,以至于许多安全专家不建议使用容器来运行不可信赖或可能恶意的应用程序。

人们有时需要运行更异构化、不太可信的工作负载,这让人们对沙箱容器产生了新的兴趣——这种容器有助于为主机操作系统和容器里面运行的应用程序之间提供一道安全的隔离边界。

gVisor(https://github.com/google/gvisor)沙箱可为容器提供安全隔离机制,同时比虚拟机更轻量级。gVisor 能与 Docker 和 Kubernetes 集成起来,所以在生产环境下能够轻而易举地运行沙箱容器。

传统 Linux 容器中运行的应用程序访问系统资源的方式与常规(非容器化)的应用程序一模一样,即直接对主机内核进行系统调用。内核在特权模式下运行,因而得以与必要的硬件交互,并将结果返回给应用程序,如图 9.19(a)所示。

如果是传统的容器,内核就对应用程序所能访问的资源施加一些限制。这些限制通过使用 Linux 控制组(Cgroups)和 NameSpaces 来加以实现,然而,并非所有的资源都可以通过这种机制来加以控制。此外,即使有这样的限制,内核仍然暴露了很大的攻击面,恶意应用程序可以直接攻击。

具备内核特性的过滤器可以在应用程序和主机内核之间提供更好的隔离,但是它们要求用户为系统调用创建预定义的白名单。实际上很难事先知道应用程序需要哪些系统调用。如果发现应用程序需要的系统调用中存在漏洞,过滤器提供的帮助也不大。

提高容器隔离效果的一种方法是让每个容器在其自己的虚拟机里面运行,如图 9.19(b)所示。这给了每个虚拟机自己的"机器",包括内核和虚拟化设备,与主机完全隔离。即使访客系统(Guest)存在漏洞,虚拟机管理程序仍会隔离主机以及主机上运行的其他应用程序/容器。这种方法为在不同的虚拟机中运行容器的安全隔离模式提供了出色的隔离、兼容性和更好的性能,但可能也需要占用更多的资源。Kata 容器是一个开源项目,它使用精简版虚拟机,能够尽量减少占用的资源并最大限度地提高隔离容器的性能。

gVisor 比虚拟机更轻量,同时保持相似的隔离级别,如图 9.19(c)所示。gVisor 作为一个普通的、无特权的进程运行,支持大多数 Linux 系统调用。这个内核用 Go 语言编写,选择这种语言是由于它具有内存安全和类型安全的特性。就像在虚拟机里面一样,在gVisor 沙箱中运行的应用程序也有自己的内核和一组虚拟化设备,独立于主机及其他沙箱。

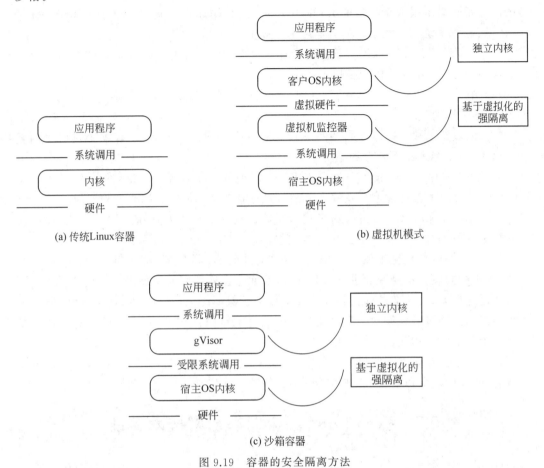

(a) 传统Linux容器 (b) 虚拟机模式

(c) 沙箱容器

图 9.19 容器的安全隔离方法

gVisor 通过拦截应用程序的系统调用,并充当访客系统的内核,提供强大的隔离边界,一直在用户空间中运行。不同于虚拟机在创建时需要一定的资源,gVisor 可以适应不断变化的资源,就像大多数普通的 Linux 进程那样。gVisor 好比一个极其准虚拟化的操作系统,与标准的虚拟机相比,它具有灵活占用资源和固定成本更低的优点。

然而,这种灵活性的代价是每个系统调用的开销更大、应用程序的兼容性较差。gVisor 实现了大部分的 Linux 系统 API(200 个系统调用,数量在增加中),但不是全部。因此,不是所有应用程序都可以在 gVisor 中运行,但许多应用程序可以正常运行,包括Node.js、Java8、MySQL、Jenkins、Apache、Redis 和 MongoDB 等。

6. 应用容器(AppC)规范

业界对 Docker 安全性和可靠性的质疑,催生了 Rocket/rkt 容器的出现和发展。事实上,rkt 所遵循的原则体现了其不同于其他容器技术方案的核心价值观。由此产生的应用容器(App Container,AppC)正是一项专门的规范,用于解决 Docker 安全性薄弱的问题。

AppC 规范的全称是"Application Container Specification(应用容器规范)",这个规范的制定不是为了服务于特定的 Linux 系统环境,其初衷在于制定一组不依赖于具体平台、技术、操作系统和编程语言的容器虚拟化规范。

AppC 规范专注于确保所下载的镜像拥有可靠的签名出处以及正确的组装方法完整性。AppC 规范的设计目标包括以下 4 个。

(1) 组件式工具。用于下载、部署和运行虚拟容器环境的操作工具应该相互独立、互不依赖且可被替换。

(2) 镜像安全性。镜像在因特网下载传输时应当使用加密协议,容器工具应当内置认证机制,以拒绝来源不安全的镜像。

(3) 操作去中心化。镜像分发应该支持可扩展的传输协议,未来允许引入 P2P,甚至 BitTorrent 协议来提升镜像分发效率,且容器使用前不需要登录特定的镜像仓库。

(4) 开放性标准。容器镜像的格式与元数据定义应该由社区统一协商制定,使符合这一规范的不同容器产品能够共享镜像文件。

rkt 遵循 AppC 规范生成 tar 格式的镜像文件而非 iso 镜像,因此其 GPG(一种加密软件)密钥会同镜像本身一起进行散列处理,从而保证容器底层镜像经过严格认证。

通过这种方式,源文件的完整性与安全性更具保障(几乎不可能出现文件替换、补丁等级错误、恶意软件、软件包损坏以及其他可能影响镜像使用的情况)。而且每套镜像都拥有一个独一无二的镜像 ID。

容器技术仍然面临一些挑战:在技术上,容器技术的安全性有待提高,容器编排系统亟待完善;在产业生态上,容器技术的标准尚待统一和完善。

9.7 基于 HElib 的全同态加密技术实践

HElib 是一个基于 C++ 语言的同态加密开源软件库,底层依赖于 NTL 数论运算库和 GMP 多精度运算库实现,主要开发者为 IBM 的 Halevi,目前最新版本为 2.2.1,实现了支持 Bootstrapping 的 BGV 方案和基于近似数的 CKKS 方案。同时,HElib 在上述原始方案中引入了许多优化以加速同态运算,包括 Smart-Vercauteren 密文打包技术和 Gentry-Halevi-Smart 优化,提升了算法的整体运行效率。HElib 提供了一种"同态加密汇编语言",支持 set、add、multiply、shift 等基本操作指令,此外,还提供了自动噪声管理、改进的 Bootstrapping 方法、多线程等功能。目前,HElib 支持在 Ubuntu、CentOS、macOS 等操作系统平台上进行安装部署。

本实验在 Ubuntu 20.04 操作系统环境下完成。

9.7.1 安装配置

1. 依赖环境

在 HElib 开源主页的 INSTALL 文档包含相对应的依赖环境,如图 9.20 所示,随着版本更新,依赖环境也在不断更新。

当前 Linux 环境下所需的依赖包括:

- git >= 2.27
- GNU make >= 4.2
- g++ >= 9.3.0 (recommended g++ 10.3.0)
- cmake >= 3.16

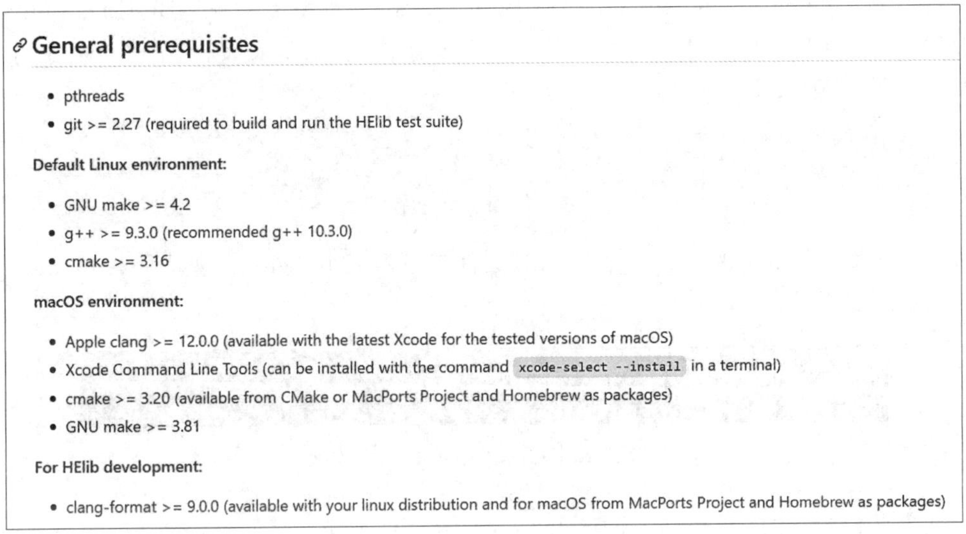

General prerequisites

- pthreads
- git >= 2.27 (required to build and run the HElib test suite)

Default Linux environment:

- GNU make >= 4.2
- g++ >= 9.3.0 (recommended g++ 10.3.0)
- cmake >= 3.16

macOS environment:

- Apple clang >= 12.0.0 (available with the latest Xcode for the tested versions of macOS)
- Xcode Command Line Tools (can be installed with the command `xcode-select --install` in a terminal)
- cmake >= 3.20 (available from CMake or MacPorts Project and Homebrew as packages)
- GNU make >= 3.81

For HElib development:

- clang-format >= 9.0.0 (available with your linux distribution and for macOS from MacPorts Project and Homebrew as packages)

图 9.20 HElib 所需依赖环境

一共有两种安装方式,本实验选择 package build 方法,如图 9.21 所示,该方法将 HElib 及其依赖项(NTL 和 GMP)捆绑在一个目录中,然后可以在系统上自由移动。NTL 和 GMP 将被自动获取和编译。所需依赖包括:

- m4 >= 1.4.16
- patchelf >= 0.9

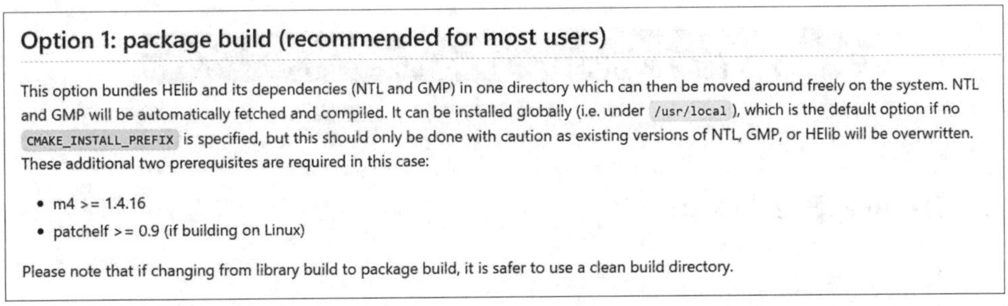

Option 1: package build (recommended for most users)

This option bundles HElib and its dependencies (NTL and GMP) in one directory which can then be moved around freely on the system. NTL and GMP will be automatically fetched and compiled. It can be installed globally (i.e. under `/usr/local`), which is the default option if no `CMAKE_INSTALL_PREFIX` is specified, but this should only be done with caution as existing versions of NTL, GMP, or HElib will be overwritten. These additional two prerequisites are required in this case:

- m4 >= 1.4.16
- patchelf >= 0.9 (if building on Linux)

Please note that if changing from library build to package build, it is safer to use a clean build directory.

图 9.21 package build 安装方式

2. HElib 的下载及编译

(1) HElib 官方不提供编译版本,需要自己下载源码进行编译。使用 git 命令 sudo

git clone 从官网 https://github.com/homenc/HElib.git 下载 HElib。下载完成后进入 HElib 文件夹,建立 build 文件夹并进入,命令包括:

```
cd HElib
mkdir build
cd build
```

(2) 接下来运行 cmake 调试,命令为 cmake -DPACKAGE_BUILD = ON ..,DCMAKE_INSTALL_PREFIX 选项可以指定安装位置,默认安装在/usr/local 文件夹。最后编译并安装,命令包括:

```
make
sudo make install
```

(3) 在安装位置下的 /helib_pack/lib 文件夹下看到 libhelib.a 库以及 gmp、ntl 相关库,如图 9.22 所示。

图 9.22 lib 文件夹下的相关库

在安装位置下的 /helib_pack/include 文件夹下看到 helib 文件夹、NTL 文件夹以及 gmp.h,如图 9.23 所示。

图 9.23 include 文件夹下的相关文件

在安装位置下的 /helib_pack/share 文件夹下看到 cmake 文件夹,如图 9.24 所示。看到以上 3 点即代表安装成功。

图 9.24 share 文件夹下的 cmake 文件夹

9.7.2 HElib 库测试与学习

1. BGV 方案实现

(1) 进入 HElib 文件夹下的 examples 文件夹,建立 build 文件夹并进入,命令包括:

```
cd ~/HElib/examples
sudo mkdir build
cd build
```

（2）如图 9.25 所示，进行 cmake 调试，此时指定的文件夹为上一步安装 HElib 时指定的文件夹，需要指定到/helib_pack/share/cmake/helib 文件夹，命令为

```
sudo cmake --Dhelib_DIR=/usr/local/helib_pack/share/cmake/helib ..
```

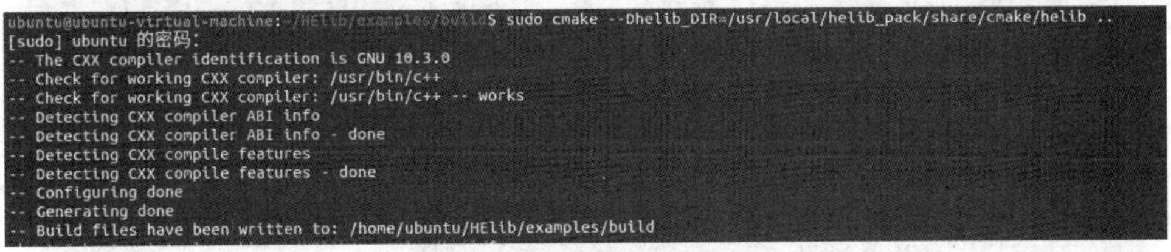

图 9.25 cmake 调试结果

（3）进入 BGV_binary_arithmetic 文件夹，此例子展示了运用密文进行二进制计算。进行编译，如图 9.26 所示，命令包括：

```
cd BGV_binary_arithmetic
sudo make
```

图 9.26 编译结果

（4）后退至 bin 文件夹并运行 BGV_binary_arithmetic 文件，如图 9.27 所示，命令包括：

```
cd ../bin
./BGV_binary_arithmetic
```

在该实验中，随机选取 a＝25286，b＝61864，c＝39344 3 个随机的 16 位二进制数，加密后进行 a＊b＋c 和 a＋b＋c 的计算，再解密得到明文计算结果。可以看到，a＊b＋c 的运行时间为 51s，a＋b＋c 的运行时间为 6s。examples 文件夹下的另外两个例子也可用同样的方法实现。

2. CKKS 方案实现

CKKS(Cheon-Kim-Kim-Song)方案是 2017 年提出的一种新方案，支持针对实数或复数的浮点数加法和乘法同态运算，得到的计算结果为近似值，适用于机器学习模型训练等不需要精确结果的场景。由于浮点数同态运算在特定场景的必要性，HElib 和 SEAL 两个全同态加密开源库均支持了 CKKS 方案。

（1）在已建立的～/HElib/examples/build 文件夹下进入 tutorial 文件夹，进行编译，使用命令 sudo make 将该文件夹下的 8 个例子全部编译完成，如图 9.28 所示。

```
ubuntu@ubuntu-virtual-machine:~/HElib/examples/build/bin$ ./BGV_binary_arithmetic

*********************************************************
*             Basic Binary Arithmetic Example          *
*             ================================          *
*                                                       *
* This is a sample program for education purposes only. *
* It attempts to demonstrate the use of the API for the *
* binary arithmetic operations that can be performed.   *
*                                                       *
*********************************************************
Initialising context object...
m = 4095, p = 2, phi(m) = 1728
  ord(p) = 12
  normBnd = 2.25463
  polyNormBnd = 22.5545
  factors = [3 5 7 13]
  generator 2341 has order (== Z_m^*) of 6
  generator 3277 has order (== Z_m^*) of 4
  generator 911 has order (== Z_m^*) of 6
r = 1
nslots = 144
hwt = 120
ctxtPrimes = [6,7,8,9,10,11,12,13,14]
specialPrimes = [15,16,17,18,19]
number of bits = 798

security level = 24.2499

Security: 24.2499
Creating secret key...
Number of slots: 144
Pre-encryption data:
a = 25286
b = 61864
c = 39344
a*b+c = 1564332448
a*b+c runtime= 51
a+b+c = 126494
a+b+c runtime= 6
popcnt(a) = 7
```

图 9.27　BGV 实验结果

```
ubuntu@ubuntu-virtual-machine:~/HElib/examples/build/tutorial$ sudo make
[sudo] ubuntu 的密码：
Scanning dependencies of target 08_ckks_deserialization
[  6%] Building CXX object tutorial/CMakeFiles/08_ckks_deserialization.dir/08_ckks_deserialization.cpp.o
[ 12%] Linking CXX executable ../bin/08_ckks_deserialization
[ 12%] Built target 08_ckks_deserialization
Scanning dependencies of target 07_ckks_serialization
[ 18%] Building CXX object tutorial/CMakeFiles/07_ckks_serialization.dir/07_ckks_serialization.cpp.o
[ 25%] Linking CXX executable ../bin/07_ckks_serialization
[ 25%] Built target 07_ckks_serialization
Scanning dependencies of target 06_ckks_complex
[ 31%] Building CXX object tutorial/CMakeFiles/06_ckks_complex.dir/06_ckks_complex.cpp.o
[ 37%] Linking CXX executable ../bin/06_ckks_complex
[ 37%] Built target 06_ckks_complex
Scanning dependencies of target 05_ckks_multlowlvl
[ 43%] Building CXX object tutorial/CMakeFiles/05_ckks_multlowlvl.dir/05_ckks_multlowlvl.cpp.o
[ 50%] Linking CXX executable ../bin/05_ckks_multlowlvl
[ 50%] Built target 05_ckks_multlowlvl
Scanning dependencies of target 04_ckks_matmul
[ 56%] Building CXX object tutorial/CMakeFiles/04_ckks_matmul.dir/04_ckks_matmul.cpp.o
[ 62%] Linking CXX executable ../bin/04_ckks_matmul
[ 62%] Built target 04_ckks_matmul
Scanning dependencies of target 03_ckks_data_movement
[ 68%] Building CXX object tutorial/CMakeFiles/03_ckks_data_movement.dir/03_ckks_data_movement.cpp.o
[ 75%] Linking CXX executable ../bin/03_ckks_data_movement
[ 75%] Built target 03_ckks_data_movement
Scanning dependencies of target 02_ckks_depth
[ 81%] Building CXX object tutorial/CMakeFiles/02_ckks_depth.dir/02_ckks_depth.cpp.o
[ 87%] Linking CXX executable ../bin/02_ckks_depth
[ 87%] Built target 02_ckks_depth
Scanning dependencies of target 01_ckks_basics
[ 93%] Building CXX object tutorial/CMakeFiles/01_ckks_basics.dir/01_ckks_basics.cpp.o
[100%] Linking CXX executable ../bin/01_ckks_basics
[100%] Built target 01_ckks_basics
```

图 9.28　编译结果

（2）后退至 bin 文件夹，运行 01_ckks_basics 文件得到实验结果，从该实验中随机选取 p0，p1，p2，并加密为 c0，c1，c2，通过同态计算 c3 ＝ c0 * c1 ＋ c2 * 1.5，并通过明文计算 p3 ＝ p0 * p1 ＋ p2 * 1.5，最后比较 p3 和 c3 的距离，如图 9.29 所示，两者之间的距离为 2.81273e−06，误差很小。

```
ubuntu@ubuntu-virtual-machine:~/HElib/examples/build/tutorial$ cd ..
ubuntu@ubuntu-virtual-machine:~/HElib/examples/build$ cd bin
ubuntu@ubuntu-virtual-machine:~/HElib/examples/build/bin$ ./01_ckks_basics
securityLevel=157.866
distance=2.81273e-06
```

图 9.29　CKKS 实验结果

9.8　本 章 小 结

大数据处理的主要目的是分析与使用，通过数据挖掘、机器学习等算法处理，从而提取出所需的知识。本章重点介绍如何实现数据处理中的隐私保护，防止数据使用者在数据处理和挖掘的过程中获取用户的敏感信息，也保障用户在利用第三方工具进行数据处理时不泄露个人信息。本章内容包括敏感数据的识别与脱敏、同态加密、安全多方计算、联邦学习、私有信息检索、虚拟化技术等。

习　　题

一、单选题

1. 个人敏感信息不包括（　　）。
    A. 健康生理信息　　　　　　　　　　　B. 就职企业名称
    C. 就职企业市值　　　　　　　　　　　D. 通信记录和内容
2. 将 1386688 使用扰乱技术进行脱敏后的数据是（　　）。
    A. 1386　　　　　B. 138***8　　　　　C. 3866881　　　　D. 688
3. 下列关于同态加密的说法，不正确的是（　　）。
    A. RSA 算法对于乘法操作是同态的
    B. Paillier 算法对于加法操作是同态的
    C. Gentry 算法是全同态的
    D. 上述都不对
4. 横向联邦学习是指（　　）。
    A. 样本重叠较少，特征重叠较多　　　　B. 样本重叠较少，特征重叠较少
    C. 样本重叠较多，特征重叠较多　　　　D. 样本重叠较多，特征重叠较少
5. 纵向联邦学习是指（　　）。
    A. 样本重叠较少，特征重叠较多　　　　B. 样本重叠较少，特征重叠较少
    C. 样本重叠较多，特征重叠较多　　　　D. 样本重叠较多，特征重叠较少

6.联邦迁移学习是指( )。

 A. 样本重叠较少,特征重叠较多 B. 样本重叠较少,特征重叠较少

 C. 样本重叠较多,特征重叠较多 D. 样本重叠较多,特征重叠较少

二、填空题

1.敏感数据分为_____、_____和_____ 3 种。

2.敏感数据脱敏有以下几种技术方式:_____、_____、_____和_____。

3.安全多方计算目前的主流构造方法主要有两种:_____和_____。

4.容器技术的 3 个核心概念包括_____、_____和_____。

5.容器技术的 3 个核心技术包括_____、_____和_____。

6.联邦学习分为_____、_____和_____ 3 种。

7.联邦学习的系统架构分为_____、_____和_____ 3 种。

三、简答题

1.敏感数据识别有哪几种方法?

2.举例说明敏感数据脱敏的几种技术。

3.安全多方计算要解决的是什么问题?

4.同态加密有哪些应用场景?请举例说明。

5.PIR 是什么,它有何应用?

6.简述 PIR 协议的一般过程。

7.简述 3 种联邦学习的不同使用场景。

大数据交换及安全

本章学习目标
- 了解隐私的基本概念
- 掌握隐私的分类、度量与量化表示
- 了解数据匿名化技术
- 掌握常用隐私保护模型
- 了解差分隐私技术原理
- 了解数据交换安全、数据出境安全相关标准

"实施国家大数据战略,推进数据资源开放共享"的前提是保障数据安全,而其中隐私保护是一块重要的内容。大数据时代,隐私的概念和范围不断地溢出,并呈现出数据化、价值化的新特征。本章主要介绍隐私的概念、分类,数据匿名化技术,以及差分隐私等隐私保护模型。

10.1 概　　述

大数据的发展带来了极大的便利和社会效率的提升,与此同时,社会管理、数据伦理规范的滞后性也导致巨大的数据安全风险。数据科学家维克托·迈尔-舍恩伯(Viktor Mayer-Schönberger)在《大数据时代》一书里指出大数据时代的三大风险:

(1) 无所不在的"第三只眼";

(2) 为"将要"犯罪受到惩罚;

(3) 数据独裁。

其中,第一个风险就是隐私安全问题。除了传统意义上的个人数据,如家庭背景、医疗档案、教育信息等,当前个人的许多其他层面的数据信息正在无时无刻地被收集、处理、转化。

是谁在监视着我们的购物习惯?

是谁在监视着我们的浏览习惯?

是谁对我们所想了如指掌?

……

微信每天有 10.9 亿用户使用,支付宝用户数量也突破了 10 亿,全球目前已有超过 20

亿的谷歌安卓活跃用户……这些恐怖的数字背后,是这些公司对大数据极强的把控能力,它们能基于用户数据生成精准的个人画像,从而进行高精确率的个人推送等。

大数据时代,隐私的内涵和外延也不断地溢出,并呈现出数据化、价值化的新特征,隐私范围不断扩大,隐私权利归属更复杂,隐私保护难度越来越大。

如何平衡数据共享与个人隐私保护之间的关系,既能实现数据安全共享,又能保护个人隐私,是目前面临的重大挑战。

10.2　隐私的概念

10.2.1　隐私的定义

隐私,顾名思义,隐蔽、不公开的私事。在汉语中,"隐"字的主要含义是隐避、隐藏,《荀子·王制》中的"故近者不隐其能,远者不疾其劳"引申为不公开之意。而在英语中,隐私一词是 privacy,含义是独处、秘密,与汉语的意思基本相同。

简单地说,隐私指不愿公开的信息,即个人、企业、团体、机构等实体不情愿被外界知晓的信息。在实际应用中,隐私体现为隐私所有者不情愿被外界获知的敏感信息,包括敏感数据以及数据所表征的特性。通常我们所讨论的隐私都指敏感数据,如个人的健康数据、信用和财产数据、各类账号数据,企业的交易记录等。

10.2.2　隐私的分类

通常而言,从隐私的种类来看,可以将隐私分为个人事务、个人信息、个人领域 3 类。对于自然人来说,隐私的主体即自然人本身,隐私的客体是自然人的个人事务、个人信息和个人领域。

1）个人事务

个人事务指以有形的、具体的形式表现于外界的隐私,是以特定个人为活动的主体,如夫妻生活、同学往来等,是相对于公共事务、群体事务、单位事务而言的。

2）个人信息

个人信息指无形的、抽象的隐私,如特定个人不愿公开的数据、资料、情报等。

3）个人领域

个人领域特指个人的隐秘范围,如通信内容、日记记载、身体的隐蔽部位等。

根据隐私的外在表现形式,可将隐私分为抽象的隐私和具体的隐私。

1）抽象的隐私

抽象的隐私是指隐私内容由一些情报、数据等形成,如日记记载、通信内容、特定人体数据等。

2）具体的隐私

具体的隐私是指隐私的内容能够以具体形状、行为等形式表现出来,如身体的隐蔽部位等。

从隐私所有者的角度来说,隐私可以分为个人隐私和共同隐私。

1) 个人隐私

任何可以确定特定个人或者与可确认的个人相关、但个人不愿被外界所知晓的信息，都称为个人隐私，如个人医疗数据、身份证号码、各类账号信息等。

2) 共同隐私

相对个人隐私来说，共同隐私不仅包含个人的隐私，还包括所有个人共同表现出但不愿被外界所知晓的信息，如企业员工的平均薪水、某些人之间的关系信息等。

此外，从根据隐私的性质角度，还可将隐私分为合法的隐私和非法的隐私。

10.2.3　隐私的度量与量化表示

大数据时代，人们在享受各种信息服务带来的便利的同时，隐私信息也经常遭到威胁，隐私泄露事件层出不穷。虽然基于大数据技术的服务中融入了隐私保护技术，但是再完美的技术也会存在漏洞，尤其是随着恶意攻击的不断加强和背景知识的不断变化，隐私泄露风险依旧存在。那么，如何评判隐私保护技术在实际场景中的效果呢？这些技术在多大程度上保护了用户的隐私？为此，隐私度量的概念应运而生。

攻击者运用各种策略和技术披露隐私的程度能侧面反映隐私保护的效果。隐私度量指评估隐私水平与隐私保护技术应用于实际场景中能达到的效果。当前的隐私度量可以用披露隐私信息的风险量(Disclosure Risk)侧面加以描述。

假设拥有相关背景知识 K 的攻击者 F_k 结合观察数据 D' 与背景知识 K 能够披露的隐私信息为 S，则隐私信息 S 被披露的风险可以表示为

$$R(S) = \Pr(F_k, D')$$

$R(S)$ 越小，隐私信息被泄露的风险越小，隐私保护技术的隐私保护强度越大；反之，隐私保护技术的隐私保护强度就越小。

对数据集而言，若数据所有者最终发布数据集 D 的所有敏感数据的披露风险都小于 α，$\alpha \in [0,1]$，则称该数据集的披露风险为 α。不采取任何保护措施的数据的隐私信息泄露风险值为 1；当数据中的隐私信息泄露风险值为 0 时，则可称该数据达到了完美隐私(Perfect Privacy)保护。完美隐私保护能够对数据中的隐私信息实现最大程度的保护，但是真正的完美保护是不存在的，这是因为对攻击者先验知识的假设本身是不确定的，实现对隐私的完美保护也只在具体假设和特定场景下成立。

度量和量化用户的隐私水平是隐私保护中必不可少的步骤。这项工作可以度量和反映给定的隐私保护系统所能提供的真实隐私水平，分析影响隐私保护技术实际效果的各个隐私，并为隐私保护技术设计人员提供重要的参考。不同的隐私保护系统的隐私保护技术的度量方法和量化指标也有所不同，如数据库隐私度量、位置隐私度量、数据隐私度量等在很多方面存在差异。

10.3　数据匿名化技术

10.3.1　匿名化

数据匿名化(Data Anonymization)技术在大数据时代的数据处理中起着举足轻重的

作用,是存储或公开个人信息的标准程序的核心技术之一。在研究利用数据的过程中,数据共享和发布是一个重要的环节,如何在数据发布过程中更好地实现隐私保护是当前一个热点问题,而匿名化技术则是解决隐私信息泄露的一个好办法。

那么,什么是数据匿名化?数据匿名化又是如何实现的?目前有哪些常见的数据匿名化技术?

1. 数据匿名化的概念

1998 年,Samarati 和 Sweeney 在研究信息披露的过程中提出匿名的概念。数据匿名化是指通过一定的技术将数据拥有者的个人信息及敏感属性的明确标识符进行修改或删除,从而无法通过数据确定具体的个人。数据匿名化是一个信息隐匿过程,通过这个过程将数据库中的部分信息进行隐匿,从而使得数据主体难以被识别。

这里,数据主体(Data Subject)指的是个人信息的属主,可以是一个人,也可以是一个实体。当然,数据管理员总是运用匿名数据来保护数据主体的隐私。

匿名化技术是数据发布过程中进行隐私保护的一项关键技术,其流程如图 10.1 所示。运用数据匿名化技术能有效地实现大数据发布隐私保护(Privacy Preserving Data Publishing,PPDP)功能。

图 10.1　大数据匿名化流程

在平衡大数据应用价值和个人隐私保护二者之间,匿名化技术起到了至关重要的作用,也愈来愈成为人们关注和研究的对象。当前,匿名化技术的研究工作大致可以分为匿名策略研究和匿名实现技术研究两类。

2. 数据匿名化的法律规制

通常,在缺乏其他数据源的情况下,很多数据将保持匿名的状态。但是,在大数据的推动之下,会有越来越多的数据集产生并发布,一些机构甚至个人都可以获取大量的数据资源。与此同时,随着数据算法学、分析学的飞速发展,人们更容易关联和聚合所获得的数据,极大提升了将非个人数据转换为个人数据的能力,个人数据和隐私泄露的风险大大增加了。

为此,除了技术上的努力,法律规制也是非常必要的,一些国家和地区的立法和监管机构出台了相应的法律标准、条例等。

2018 年 5 月 25 日,欧盟出台实施《通用数据保护条例》(General Data Protection Regulation,GDPR),其前身是欧盟在 1995 年制定的"计算机数据保护法",这是全球近 20 年在数据隐私保护领域最重大的变化。GDPR 保护范围包括:

(1) 基本的身份信息,如姓名、地址和身份证号码等;

(2) 网络数据,如位置、IP 地址、Cookie 数据和 RFID(射频识别)标签等;

(3) 医疗保健和遗传数据;

（4）生物识别数据，如指纹等；

（5）种族或民族数据；

（6）政治观点；

（7）性取向数据。

GDPR 对匿名化做了如下解释：匿名化是一种使个人数据在不使用额外信息的情况下不指向特定数据主体的个人数据处理方式。该处理方式将个人数据与其他额外信息分别存储，并且使个人数据因技术和组织手段而无法指向一个可识别和已识别的自然人。个人数据是指任何指向一个已识别或可识别的自然人（"数据主体"）的信息。该可识别的自然人能够被直接或间接地识别，尤其是通过参照诸如姓名、身份证号码、定位数据、在线身份识别这类标识，或者是通过参照针对该自然人的一个或多个如物理、生理、遗传、心理、经济、文化或社会身份的要素。不过，GDPR 中特别指出："……因此，数据保护不应适用于匿名信息"，即匿名化后的数据不再受 GDPR 的约束。

美国的法律对数据匿名化尚无明确细致的标准，但美国的《健康保险可携性和责任法案》（HIPAA）对另一个相似的概念——去标识（De-identification，有时也称去身份）做出了界定："通过处理使得数据不能识别特定个人，或者没有合理的基础能够认为该数据可以被用来识别特定个人。"

日本于 2015 年通过了《个人信息保护法》修正案，新法案允许企业向第三方出售充分匿名化数据，但同时提出了相关义务要求：匿名后的数据不能够与其他信息进行比对、参照，以实现身份识别的功能，且不能复原。

新加坡于 2013 年颁布的《个人数据保护法指定主题咨询指南》对个人数据的界定以及匿名化也作了进一步规定。匿名化是指将个人数据转化成一种数据，这种数据无论是其本身，还是通过机构已经获得的或者可能获得的其他数据一起分析后都不能识别到个人。数据匿名化之后就不适用于个人数据保护法中的相关规定了。

英国信息专员办公室（ICO）指出：匿名化并非完全无风险的，只是将风险降低到最小化。如果数据可被识别的风险是合理存在的，则其应当被视为个人数据。

在我国，2021 年 8 月 20 日第十三届全国人民代表大会常务委员会第三十次会议通过的《中华人民共和国个人信息保护法》中对匿名化做了相似的介绍，即匿名化是指个人信息经过处理无法识别特定自然人且不能复原的过程。同时，也对去标识化作了定义：指个人信息经过处理，使其在不借助额外信息的情况下无法识别特定自然人的过程。

数据匿名化使得丰富的数据资源得以利用，同时也能最大程度保护个人隐私和数据。当然，匿名化需要在一定的法律框架或者监管条例下执行，并且必须符合相应的标准。

10.3.2　"发布-遗忘"模型

当前，开发人员设计了许多不同的数据匿名化技术，如抑制（Suppression）、泛化（Generalization）等，这些技术在复杂性、易用性、健壮性以及成本上各不相同。此外，还有许多隐私保护模型，如 K-匿名隐私保护模型、l-多样性隐私保护模型、T-相近隐私保护模型、差分隐私保护模型等（将在后续章节中进行介绍）。这里先介绍"发布-遗忘"模型（Release-and-Forget Model）。

"发布-遗忘"模型是一种广泛使用的模型,但是它存在一些缺陷,许多再识别技术的最新进展也都是针对"发布-遗忘"模型的。

"发布-遗忘"模型包含数据发布和遗忘两项内容。

(1)发布:数据管理员发布经过匿名化处理的数据,包括公开发布数据,在自己的组织内部发布数据,以及秘密地向第三方发布数据。

(2)遗忘:数据管理员会忘记发布的数据,即数据管理员不会试图在数据发布后进行记录的追踪。当然,在数据发布之前,数据管理员会对敏感数据进行处理,而不会草率地将待发布的数据对象置于危险之中。

下面通过一个例子来介绍"发布-遗忘"模型。表10.1所示为一张某医院用于跟踪访问的数据表。

表 10.1　医院原始(非匿名)数据

姓　　名	性　　别	出生日期	种　　族	邮政编码	疾　　病
Alice	女	11/27/1973	黑种人	10087	高血压
Bob	男	06/20/1975	黑种人	10087	肺炎
Candy	女	12/09/1970	黑种人	10082	高血压
David	男	10/11/1973	白种人	10085	糖尿病
Edith	男	07/04/1972	白种人	10085	冠心病
Frank	男	02/24/1973	白种人	10083	肺炎
Gina	女	02/19/1976	白种人	10084	胆结石
Helene	女	03/11/1972	白种人	10085	冠心病
Ivan	男	08/14/1970	黄种人	10087	胃炎
Jeff	男	09/29/1975	黄种人	10082	糖尿病

结合数据库基础知识,这里把表10.1的数据集合成为表格。其中,每一行成为一条记录,每一列成为一个字段或者属性,由一个成为字段名称或者属性名称的标签来标识。对于任何一个给定的字段,每条记录都拥有一个特定值。属性可以分为以下3类。

标识符(Explicit Identifiers):可以直接确定一个个体,如身份证号、姓名、医疗号等。

准标识符集(Quasi-Identifier Attribute Set):可以和外部其他数据表关联来识别个体的最小属性集,如表10.1中的{性别、出生日期、邮政编码}。

敏感属性(Sensitive Attribute):用户不希望被外界知道的数据,如年龄、薪水、健康情况等。可以认为数据表中除了标识符和准标识符之外都是敏感数据。

直接对外发布表10.1是不安全的,基于个人隐私保护的约束与考虑,医院在发布该数据之前通常会采取以下方法对数据进行处理。

1)识别身份信息

首先,数据管理员要找出他认为可以用来识别特定个人的属性,如与姓名类似的显示标识符。同时,还要考虑属性的组合,因为在组合的情况下可能将表中的记录与患者个人身份关联起来。当然,数据管理员有时会选择潜在的标识属性,直观地(通过隔离可能识别的数据类型)或者在分析后(通过在特定数据中寻找唯一性)选择。举一个例子,若该数据表中不存在两个相同出生日期的患者,则数据管理员必须将出生日期作为标识符;否则,任何知道 Alice 出生日期(已经知道 Alice 去就医)的人都可以在匿名数据中找到Alice。

在某些情况下,决定是否将特定属性用作身份识别会考虑一些额外的数据来源,如统计数据等。这里,假设根据某个数据来源决定将姓名、性别、出生日期和邮政编码 4 个属性视为潜在的标识符。

2) 抑制

数据管理员会修改识别属性,如抑制(Suppression)这些识别属性,就将其从表中删除,这里删除了 4 个潜在标识符,得到表 10.2。

表 10.2　抑制的 4 个标识符属性

种　族	疾　病
黑种人	高血压
黑种人	肺炎
黑种人	高血压
白种人	糖尿病
白种人	冠心病
白种人	肺炎
白种人	胆结石
白种人	冠心病
黄种人	胃炎
黄种人	糖尿病

通过上述操作,将会产生一个新的问题,即如何平衡数据价值与隐私保护之间的关系问题。从表 10.2 可知,一方面,基本不存在个人隐私安全问题,即使外界获知了 Alice 的性别、出生日期、邮政编码和种族,仍然无法获知其健康情况;另一方面,抑制过度后的数据对后续研究毫无用处,缺乏部分关键信息,很难得出许多有用的结论。

3) 泛化

为了更好地平衡数据运用价值与隐私保护之间的关系,数据管理员可以选择泛化(Generalization),而不是抑制标识符,即进行修改,而不是直接删除标识符值。这样做既保持了数据的实用性,又在一定程度上保证了个人隐私。本例中,可以通过如下方式泛化数据:简化姓名字段,出生日期只保留年份值,邮政编码只保留前 3 位数字,得到的结果见表 10.3。

表 10.3 泛化

性　　别	出 生 日 期	种　　族	邮 政 编 码	疾　　病
女	1973	黑种人	100 *	高血压
男	1975	黑种人	100 *	肺炎
女	1970	黑种人	100 *	高血压
男	1973	白种人	100 *	糖尿病
男	1972	白种人	100 *	冠心病
男	1973	白种人	100 *	肺炎
女	1976	白种人	100 *	胆结石
女	1972	白种人	100 *	冠心病
男	1970	黄种人	100 *	胃炎
男	1975	黄种人	100 *	糖尿病

这时,就算有人获知了 Alice 的性别、出生日期、种族和邮政编码,也很难得出 Alice 的疾病信息。相比于表 10.1 的原始数据,泛化后的数据(见表 10.3)更难重新确定,且比抑制后的数据(见表 10.2)更有用。

4) 聚合(Aggregation)

一般来说,行业分析师有时只需要统计数据,而不是原始数据。统计人员总是努力研究如何发布汇总后的统计数据,同时保护数据主体免于泄露或者再识别。因此,如果行业分析师只需知道某个统计结果,数据管理员就只发布统计后的数据即可,见表 10.4。

表 10.4 聚合统计

患高血压的人	2

这里,分析师想知道有多少人患高血压,他从表 10.4 中获取了想要的统计数据,而不关心到底是谁患高血压。

而作为患有高血压的 Alice,他是被统计的两个人之一,但是他的隐私是安全的,因为没有过多的其他信息被披露。

在一些场合,去身份和个人可识别信息(Personally Identifiable Information,PII)删除也经常用来描述"发布-遗忘"匿名技术。前者作为一个专业术语被上文提到的 HIPPA 中的条例明确采纳,这能够让那些在发布医疗数据之前要先对其进行去标识化的数据管理员和研究人员从 HIPPA 烦琐的隐私要求中解脱出来。

10.4 隐私保护模型

目前,有几种形式化安全模型可以帮助改进数据匿名化,如著名的 K-匿名隐私保护模型、l-多样性隐私保护模型、T-相近隐私保护模型等。下面将详细介绍这些模型。

10.4.1　*K*-匿名隐私保护模型

K-匿名化（*K*-anonymization）是数据发布时隐私保护的一种重要方法，它是由 Latanya Sweeney 创建的一种形式化隐私模型，其目标是让试图识别数据的人们难以区分每项记录与界定数量（*K*）的其他记录。

1997 年，麻省理工学院的博士生 Latanya Sweeney 运用记录链接攻击（Attack of Record Link）手段成功破解了美国马萨诸塞州团体保险委员会发布的州政府雇员医疗数据。该医疗数据在发布之前已经做过匿名化处理，删除了数据中所有的敏感信息，如姓名、社保号码和家庭地址等。发布数据的目的是供公共医学研究之用。

Sweeney 的攻击手段比较简单，具体如下。

（1）下载并分析了该委员会发布的数据，发现该数据虽然做了匿名化处理，删除了许多个人信息，但仍然保留了 3 个关键的字段，即患者的性别、出生日期和邮政编码。

（2）找到并购买了一份公开的马萨诸塞州剑桥市的投票人名单，上面包含投票人（包括州长）的姓名、性别、出生日期、家庭住址、邮政编码等其他信息（据说只花了 20 美元）。

（3）将匿名医疗数据和投票人名单进行关联匹配，发现医疗数据中仅有 6 人与州长的生日相同，且其中男性只有 3 人，当中又仅有 1 人的邮政编码与州长的邮政编码相同，如图 10.2 所示。

图 10.2　医疗数据与投票人名单

由此，Sweeney 准确地从两份数据中关联定位到了州长 William Weld 的医疗记录，并把记录寄给了州长本人。

通过进一步研究，Sweeney 还发现，结合性别、出生日期和邮政编码这个三元组信息，可以在美国识别 87% 的人的身份。若同时发布这个三元组信息，事实上就是直接对外公布了姓名。

这说明了什么问题？

简单的匿名化处理只是去掉了显示标识符，而某个人的记录还是可以通过准标识符而被识别出来。攻击者若执行攻击，只需要两个前提：获得的数据中包含受害者的准标识符和受害者的敏感信息。

表 10.5 是某医院数据库中存储的一张病历表,一共有 7 个属性,分别为用户识别号、姓名、性别、出生日期、州、邮政编码和疾病。

表 10.5 医院病历表

(a) 原始数据

用户识别号	姓　名	性　别	出 生 日 期	州	邮 政 编 码	疾　病
1	Alice	女	11/27/1973	加利福尼亚	10087	高血压
2	Bob	男	06/20/1975	加利福尼亚	10086	肺炎
3	Candy	女	12/09/1970	加利福尼亚	10018	高血压
4	David	男	10/11/1973	加利福尼亚	10029	糖尿病
5	Edith	男	07/04/1972	堪萨斯	11032	冠心病
6	Frank	男	02/24/1973	堪萨斯	11067	肺炎
7	Gina	女	02/19/1976	堪萨斯	11059	胆结石

(b) 删除显示标识符后的数据

用户识别号	性　别	出 生 日 期	州	邮 政 编 码	疾　病
1	女	11/27/1973	加利福尼亚	10087	高血压
2	男	06/20/1975	加利福尼亚	10086	肺炎
3	女	12/09/1973	加利福尼亚	10018	高血压
4	男	10/11/1973	加利福尼亚	10029	糖尿病
5	男	07/04/1972	堪萨斯	11032	冠心病
6	男	02/24/1973	堪萨斯	11067	肺炎
7	女	02/19/1976	堪萨斯	11059	胆结石

表 10.5(a)是不能直接对外发布的,至少也要把患者的姓名删除后再发布。在这张表中,患者的姓名是患者的显式标识符,如果有身份证号或者社保号,则身份证号和社保号也属于显式标识符。显式标识符就是能够唯一标识患者身份的属性。数据发布之前,对显式标识符通常采用的是隐匿处理的方式(如删除、屏蔽或加密等)。为了保护患者的隐私,医院将表中的显式标识符删除了,即将姓名这一属性删除,并进行了发布,见表 10.5(b)。

在表 10.5 中,除了有显式标识符外,还有一些属性是准标识符(QID),如性别、出生日期、州、邮政编码。准标识符是介于显式标识符与非敏感属性的一些属性,这些属性可以通过与其他的数据表进行关联匹配,也能够识别出患者的具体信息,即链接攻击。链接攻击是从发布的数据中获取隐私信息最常用的攻击方法。攻击者利用从别处获得的数据,和本次发布的数据进行链接,从而推测出患者的隐私信息。

例如,攻击者从别处获得了该区域的选民信息表(见表 10.6)。该选民信息表中并没有涉及个人的隐私信息。

当攻击者将表 10.5(b)和表 10.6 的准标识符链接起来时,会发现,名为 Ada 的选民具有很大的概率是高血压患者。如此一来,患者的隐私信息就泄露了。

表 10.6　选民信息表

姓　名	性　别	出生日期	州	邮政编码	投票日期	党　派
Ada	女	11/27/1973	加利福尼亚	10087	2012.7	民主党
Baker	男	01/22/1975	堪萨斯	11067	2012.7	民主党
Cici	女	09/18/1975	马里兰	19018	2012.7	民主党
Daisy	女	02/26/1973	北卡罗来纳	12033	2012.7	共和党
Eva	女	08/14/1973	加利福尼亚	10032	2012.7	民主党
Fisher	男	12/01/1973	内华达	13055	2012.7	共和党

　　K-匿名隐私保护模型要求每条记录在数据发布前,都至少与表中 $K-1$ 条记录无法区分开来。也就是说,同一个准标识符至少要有 K 条记录,具有相同准标识符的记录构成一个等价类(Equivalence Class),它是一个多重集(Multiset)。通常把等价类的大小组成的集合称为频率集(Frequency Set)。K-匿名使得攻击者无法以高于 $\dfrac{1}{K}$ 的置信度通过准标识符来识别用户。即使攻击者知道了一定的背景知识,也无法通过准标识符来链接记录。

　　如下例中,表 10.7 是一张原始医疗记录表,准标识符 QI＝{邮政编码,年龄},"疾病"则是敏感数据。表 10.8 是满足 3-匿名的版本。可知,表 10.8 是对表 10.7 进行泛化处理而来的,表中有 3 个等价类(第 1、2、3 条记录为一个等价类,第 4、5、6 条记录为一个等价类,第 7、8、9 条记录为一个等价类),一些属性的数据范围变大了。

表 10.7　某原始医疗记录表

序　号	邮政编码	年　龄	疾　病
1	10086	27	肝炎
2	10087	20	肝炎
3	10070	24	肝炎
4	12048	48	糖尿病
5	12049	50	冠心病
6	12045	42	肺炎
7	10077	35	胆结石
8	10066	34	冠心病
9	10069	32	冠心病

表 10.8 3-匿名版本医疗记录表

序　号	邮政编码	年　龄	疾　病
1	100**	2*	肝炎
2	100**	2*	肝炎
3	100**	2*	肝炎
4	1204*	>=40	糖尿病
5	1204*	>=40	冠心病
6	1204*	>=40	肺炎
7	100**	3*	胆结石
8	100**	3*	冠心病
9	100**	3*	冠心病

即使从别处获得了某个诸如选民表的信息，也无法与表 10.8 中确定的一条信息进行链接，因为在表 10.8 中有 3 条信息可以被链接，攻击者此时无法唯一地识别出某个患者。

同理，表 10.9 就是一张满足 $K=2$ 的匿名数据表。

表 10.9 2-匿名数据表

性　别	年　龄	邮政编码	疾　病
M	(20,30]	1000**	高血压
M	(20,30]	1000**	肾病
F	[30,40]	1001**	胃炎
F	[30,40]	1001**	胃炎
*	(40,50]	1002**	冠心病
*	(40,50]	1002**	肺炎

K-匿名可以阻止身份公开，但是无法防止属性公开，比如无法抵抗同质攻击和背景知识攻击。

同质攻击：如在表 10.8 中，第 1～3 条记录的敏感数据是一致的，因此这时 K-匿名就失效了。只要知道表中某一用户的邮编是 100**，年龄在 20 多岁就可以确定该人患有肝炎。

背景知识攻击：如果攻击者通过年龄和邮政编码确定用户 Alice 在表 10.8 中的等价类 3 中，同时攻击者知道 Alice 患胆结石的可能很小，就可以确定 Alice 有冠心病。

K-匿名化在一定程度上保护了个人的隐私。但是，在实施过程中，随着 K 值的增大，数据隐私保护增强，同时会降低数据的可用性。因此，当前 K-匿名化的研究工作主要集中在保护私有信息的同时提高数据的可用性。

10.4.2　l-多样性隐私保护模型

上文提到过,数据匿名化中采用的常用技术有泛化、抑制、聚合等。

泛化指的是将 QID 的属性中具体描述的值用更抽象、更概括的值代替的一种方法,其核心思想是一个值被一个不确切的但是忠于原值的值代替。数据泛化是将数据集中与具体任务相关的数据以较低的概念层次抽象到较高的概念层次的过程。而泛化之前的数据和对象通常包含原始概念层的细节信息。

抑制指的是不发布标识符的一种操作。因为标识符和某些属性具备较强的查询能力,所以恰当地选择就是对这些属性做抑制处理。有时,抑制可以降低或减小泛化的代价。

现实中,通常会用“抽象的”或“具体的”来描述实体类型。当较低层上实体类型表达了与之联系的较高层次上的实体类型的特殊情况时,称较低层上的实体类型为子类型,而较高层上的实体类型为超类型。两者直接具备继承性性质,即子类实体继承超类实体的所有属性,但是子类实体本身可能具备比超类实体更多的属性。这种继承性是通过子类实体和超类实体有相同的实体标识符实现的。

从子类到超类的抽象化过程是一个泛化的过程,即对数据进行更加概括、更加抽象的描述,是自下而上的概念综合。

如下例,表 10.10 和表 10.11 分别是原始的医疗数据表和经过泛化和抑制处理后的数据表。

表 10.10　原始的医疗数据表

医疗号	姓名	性别	年龄	职业	疾病
10560887	Alex	男	45	焊接工	高血压
10337452	Bob	男	47	泥水工	肺炎
10334578	Cesar	男	40	泥水工	高血压
10567982	Daisy	女	40	摄影师	糖尿病
10519078	Eva	女	40	画家	抑郁症
10469907	Fiona	女	40	摄影师	抑郁症
10436758	Gina	女	40	画家	抑郁症

表 10.11　经过泛化和抑制处理后的数据表

性别	年龄	职业	疾病
男	[40,50)	专业人士	高血压
男	[40,50)	专业人士	肺炎
男	[40,50)	专业人士	高血压
女	40	艺术家	糖尿病

续表

性　　别	年　　龄	职　　业	疾　　病
女	40	艺术家	抑郁症
女	40	艺术家	抑郁症
女	40	艺术家	抑郁症

这里,焊接工和泥水工被泛化为"专业人士",摄影师和画家则被泛化为艺术家;前3条记录被泛化为一个区间[40,50]。泛化和抑制如图10.3所示。

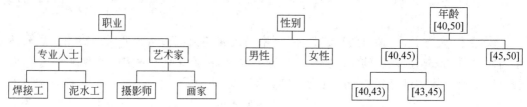

图 10.3　泛化和抑制

表 10.11 可以抵御前面提到的记录链接攻击。

然而,通过观察,分析表 10.11,很容易发现一个新的问题:如果攻击者知道 Eva 是一位 40 岁的女性画家,并且该数据集中包含 Eva 的数据,从公开的数据集中能够推断出 Eva 患有抑郁症。

我们称这种攻击方式为属性链接(Attribute Linkage)攻击。

这里,攻击者或许不能精确地识别目标受害者的记录,但可能从被公布的数据中基于与受害者所属的团体相联系的一系列敏感值集合推断出受害者的敏感值。如果某些敏感值在群组中占据主导地位,即使满足 K-匿名,也很容易推断出一些正确的结果。

Ashwin Machanavajjhala 等提出了"l-多样性"(l-diversity)原则来阻止属性链接攻击。l-多样性要求每个 QID 组至少包含 l 个有"较好代表性"(Well-represented)的敏感值,即确保每个 QID 组中的敏感属性都有 l 个不同的值。也就是说,如果一个等价类里的敏感属性至少有 l 个较好代表性的取值,则称该等价类具有 l-多样性。如果一个数据表里的所有等价类都具有 l-多样性,则称该表具有 l-多样性。

这里的较好表示有 3 种:可区分 l-多样性(Distinct l-diversity),基于熵的 l-多样性(Entropy l-diversity),递归(c,l)-多样性(Recursive (c,l)-diversity)。

10.4.3　T-相近隐私保护模型

再看下面这个例子。

表 10.12 是一张满足 K-匿名和 l-多样性的数据表,该表是否存在问题?

可以考虑如下情况:Lucy 是一名 40 岁的女性画家,她的薪水是多少? 能否从表 10.12 中推断出来?

表 10.12　概率分布问题

性　别	年　龄	职　业	薪　水
男	*	*	3400
男	*	*	5200
男	*	*	7000
女	40	摄影师	12 000
女	40	画家	8900
女	40	摄影师	6500
女	40	画家	9000

如果攻击者知道 Lucy 是一名 40 岁的女性画家，并且数据集中包含 Lucy 的数据，他就能够猜测出 Lucy 的薪水是 8900 元或者 9000 元。因为这两个数值非常接近，所以攻击者实际上已经获得了想要的答案。

鉴于现实中可能存在的上述问题，有研究人员提出了 T-相近（T-closeness）隐私保护模型。该模型要求 QID 上任一群组中的敏感值的分布与整体表中的属性分布接近，不超过阈值 T。

如果表 10.12 中的数据保证了 T-相近属性，那么通过 Lucy 的信息猜测出来的结果中，薪水的分布就和整体的分布类似，进而很难推断出 Lucy 薪水的高低。

T-相近模型存在以下 3 个缺陷。

（1）缺乏对不同敏感值实施不同保护的灵活性。

（2）不能有效抑制在数字敏感属性方面的属性链接。

（3）实施 T-相近操作后，数据的实用性将会大大降低，因为它要求所有被分布在 QID 组里面的敏感值是相同的。这也会很大程度上破坏 QID 和敏感属性之间的关联。

为减少 QID 和敏感属性之间关联性的破坏，常见的方法有使用概率性的隐私模型；调整增加偏斜型攻击（Skewness Attack）风险的临界值。

10.5　差　分　隐　私

在研究隐私保护理论与实践的过程中，不难发现，从 K-匿名开始到 l-多样性，再到 T-相近等研究工作都掉入了"新隐私保护模型不断被提出又不断被攻破"的尴尬境遇中。究其根本，这一系列工作的缺陷在于它们对攻击模型和攻击者的背景知识都给出了许多假设，以简化隐私保护理论上的推导。然而，那些假设在现实中并不完全成立，因此攻击者总能找到各式各样的方法来进行攻击。

差分隐私技术的提出较好地解决了上述问题。

10.5.1　差分隐私模型

针对现有隐私保护模型的缺陷及各种各样的隐私攻击方式，微软研究院的 Cynthia

Dwork 等研究人员于 2006 年提出了一套关于隐私保护的理论框架——差分隐私 (Differential Privacy)模型。差分隐私,顾名思义,就是主要用来防范差分攻击的,它主要具有以下两个优点。

（1）差分隐私严格定义了攻击者的背景知识：除某一条记录,攻击者知晓原数据中的所有信息——这样的攻击者几乎是最强大的,而差分隐私在这种情况下依然能有效保护隐私信息。

（2）差分隐私拥有严谨的统计学模型,极大地方便了数学工具的使用,以及定量分析和证明。

自身具备的诸多优势,使得差分隐私一提出便迅速取代了之前的隐私模型,成为隐私保护领域最引人关注的研究热点,并引起理论计算机科学、数据库与数据挖掘、机器学习等多个领域的关注。

直到现在,差分隐私算法仍然是一个活跃的研究领域,不断涌现出一些新的算法和理论。

10.5.2　差分隐私的原理与应用

1. 差分隐私的技术原理

差分隐私是 Dwork 在 2006 年针对统计数据库的隐私泄露问题提出的一种新的隐私定义。在此定义下,对数据集的计算处理结果对于具体某个记录的变化是不敏感的,单个记录在数据集中或者不在数据集中,对计算结果的影响微乎其微。所以,一个记录因其加入数据集中所产生的隐私泄露风险被控制在极小的、可接受的范围内,攻击者无法通过观察计算结果而获取准确的个体信息。

差分隐私技术的基本思路如下。

当用户(也可能是隐藏的攻击者)向数据提供者提交一个查询请求时,如果数据提供者直接发布准确的查询结果,则可能导致隐私泄露,因为用户可能通过查询结果反推出隐私信息。

为了避免这一问题,差分隐私系统要求从数据库中提炼出一个中间件,用特别设计的随机算法对中间件注入适量的噪声,得到一个带噪中间件;再由带噪中间件推导出一个带噪的查询结果,并返回给用户。

这样,即使攻击者能够从带噪的结果中反推得到带噪中间件,他也不可能准确推断出无噪中间件,更不可能对原数据库进行推理,从而达到了保护隐私的目的。

也就是说,在整个数据集中添加精心设计的噪声及更改可识别信息的过程称为差分隐私。差分隐私既可以用于数据收集,也可以用于信息分享。

差分隐私的定义如下。

一随机算法 A 满足 ε-差分隐私,当且仅当

$$\exp(-\varepsilon) \leqslant \frac{\Pr[A(D)=O]}{\Pr[A(D')=O]} \leqslant \exp(\varepsilon)$$

对任意"相邻"数据集 D 和 D' 及任意输出 O 都成立。

这里,"相邻"数据集指的是差别最多有一个记录的两个数据集;任意输出 O 即带噪中间件。该定义的要求是,即使攻击者已经知道了原数据中的绝大部分记录(即 D 和 D' 中的相同部分记录)以及带噪中间件(即 O),他依然无法判断原数据到底是 D 还是 D'。

也就是说,即使攻击者掌握了原数据中的大部分元组,他依然无法准确地推断剩余的元组,这是因为对于 D 和 D',随机算法 A 输出 O 的概率是相近的。

对于任意输出 O,$\Pr[A(D)=O]$ 和 $\Pr[A(D')=O]$ 的比值总是落在 $[\exp(-\varepsilon),\exp(\varepsilon)]$。

差分隐私的直观原理示意如图 10.4 所示,相邻数据集 D 和 D' 的区别在于其中 X_n 的数据。如果攻击者无法判别输出信息 O 来自 D 还是 D',那么我们可以认为 X_n 的隐私得到了保护。

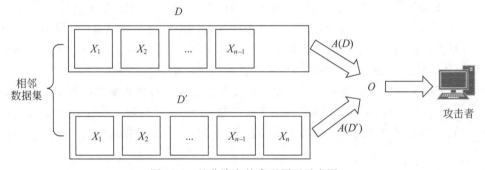

图 10.4 差分隐私的直观原理示意图

差分隐私保护就是要保证任一个体在数据集中或者不在数据集中时,对最终发布的查询结果几乎没有影响。也就是说,差分隐私能保证攻击者无法从发布的信息里面推断出某个人是否在原数据里面,从而保护每个人的隐私。

差分隐私的参数 ε 描述了上述两个概率分布的相似性。ε 越小,意味着概率的相似性越高,也就越难区分数据集 D 和 D',隐私保护程度就越高。事实上,在实际应用中,如何选取合适大小的 ε 仍困扰着人们。

2. 常见的差分隐私算法

设计合适的随机算法是差分隐私的核心思想。设计者必须首先考虑如下两点。

(1) 证明算法的任意输出 O(即带噪中间件)满足差分隐私的定义。

(2) 在上述要求的基础上,尽量少地加入噪声。

那么,如何设计满足差分隐私的算法呢?

一般的做法是:

从一个不满足差分隐私的算法出发,然后往算法里适当地加入一定噪声,使其输出满足差分隐私的要求。

常用的方法有拉普拉斯机制(Laplace Mechanism)、指数机制(Exponential Mechanism)、高斯机制(Gaussian Mechanism)等。

拉普拉斯机制最早由 Dwork 提出,其核心思想是:向中间件中加入拉普拉斯噪声来满足差分隐私的定义要求。具体来说,对于一个数据查询 F,拉普拉斯机制首先生成真实结果 $F(D)$ 作为中间件,然后通过发布带噪结果 $F(D)+\eta$ 来回答查询,这里,η 就是服从拉普拉斯分布的噪声。

Dwork 等人证明了当 $\lambda \geqslant \Delta F/\varepsilon$ 时,拉普拉斯机制就能满足 ε-差分隐私机制。但这样会使结果中的噪声量过大,影响数据可用性。为了提高结果的可用性,我们需要运用各种方法来保障隐私的同时减小噪声,比如对带噪结果进行处理,或者将 F 替换为一个结果与 F 相近的但敏感度低的查询等。

一般而言,如果要发布一组数值型查询结果,我们可以对每个结果加入独立的拉普拉斯噪声来满足差分隐私。噪声参数 λ 取决于当我们修改一个人的数据时,查询结果总共会改变多少。

一组查询总共的"最大改变"被称为它们的敏感度;取 $\lambda=$ 敏感度$/\varepsilon$。

指数机制也是一种经典的差分隐私通用算法,由 McSherry 和 Tulwar 提出。指数机制与拉普拉斯机制最大的区别在于指数机制适用于数据查询的范围值域为离散值域的情形,而拉普拉斯机制则适用于查询返回值为实数值的情形。

目前现有的很多差分隐私算法在很大程度上都是基于拉普拉斯机制和指数机制的组合与应用。通常来说,不同的应用场景、不同的数据集、不同的输出往往需要不同的算法设计。如何根据应用来设计差分隐私算法是不少领域学者都感兴趣的问题。

3. 差分隐私的应用

差分隐私建立在坚实的数学基础上,对隐私保护进行了严格的定义并提供了量化评估方法,使得不同参数处理下的数据集所提供的隐私保护水平具有较强的可比较性。加上其能够提供绝对的安全的特性,使得差分隐私理论迅速被业界认可,并逐渐成为隐私保护领域的一个研究热点,也引起计算理论、机器学习、数据库、数据挖掘等领域人员的兴趣。

自诞生起,差分隐私就得到了广泛应用。

如差分隐私数据库,只回答聚合查询的结果,可以通过往查询结果中加入噪声来满足差分隐私,如微软的 PINQ、Uber 的 Chorus。

差分隐私可以帮助公司更多地了解一组用户,而不损害该组用户个人的隐私。差分隐私数据采集,从移动设备采集用户数据,如应用程序的使用时长等,常见的有谷歌的 Android,苹果的 macOS、iOS,微软的 Windows 10 等。

差分隐私数据合成,先对源数据进行建模,得到一个统计模型,然后再用统计模型来合成出虚拟数据,如美国普查局的一些数据产品。

此外,差分隐私可以应用于推荐系统、网络踪迹分析、运输信息保护、搜索日志保护等领域。

差分隐私具备较强的理论保障,受到许多领域的关注,并被应用到很多场景中。但其弱点也很明显,由于对背景知识的假设过强,需要在查询结果中加入大量的随机化,导致数据的可用性急剧下降。特别对于那些复杂的查询,有时随机化结果几乎掩盖了真实结果。因此,仍有许多问题有待解决。

10.6　数据交换安全标准

数据作为一种战略性基础资源,在交换共享过程中将会产生更大价值。但数据在交换共享过程中由于缺乏必要的安全技术或管理能力,会暴露更多安全问题,如个人信息安全侵犯、隐私泄露、数据滥用、地下数据交易等。这些问题严重阻碍了数据安全共享和自由流通。除了提升技术层面的安全措施,如访问控制、身份鉴别、病毒防范、数据加密、备份与恢复、安全审计、入侵监控、行为追溯等,更需要建立健全数据交换共享相关安全管理办法,制定相关的数据交易安全标准。

10.6.1　数据交换共享安全标准

随着数字化建设的不断深入和大数据应用的不断发展,为保护重要数据和重要系统的安全,政府、企业等普遍采用多网络并行的措施。这种措施虽然在一定程度上解决了网络安全性问题,但同时也暴露出信息系统分散、异构和封闭等问题,导致各系统之间不能互联互通和信息共享,形成了一个个"信息孤岛"。为进一步提高数字化水平,整合数据资源,提高服务,数据交换共享需求应运而生。数据交换共享要求实现海量数据在不同网络、不同系统、不同数据源之间异构地安全交换,满足用户对各类平台及应用系统间的数据交换和共享的需求。

数据交换是指在多个数据终端设备(Data Terminal Equipment,DTE)之间,为任意两个终端设备建立数据通信临时互连通路的过程。通过计算机网络构建的数据交换平台,能实现数据的采集、抽取、集中、迁移、传输、加载、清洗、加工、展现等,构造统一的数据处理和交换机制,使不同应用系统进行数据的传输与共享,提高数据资源的利用率。

数据共享就是让在不同地方使用不同计算机、不同软件的用户能够读取他人数据并进行各种操作、运算和分析。数据共享的程度能反映一个国家、一个地区的数字化发展水平,数据共享程度越高,数字化发展水平越高。

保证数据安全是数据交换共享的前提。在满足各种复杂海量业务需求的情况下,要做到数据交换共享全程可控,实现整个过程的机密性、完整性、可控性、可用性和可追溯性。

要实现数据共享,首先应建立一套统一的、法定的数据交换共享标准,规范数据格式。如美国、加拿大、新加坡、日本等发达国家对特定行业和领域的数据建立了相应的数据交换共享标准。目前,我国在数据交换共享的标准制定、规范建设等方面也做了许多工作。《中华人民共和国数据安全法》《工业和信息化领域数据安全管理办法》《政务数据共享技术规范》(DB36/T 1179—2019)、《信息系统安全等级保护基本要求》等都对数据的安全交换共享做了一定的要求。

除了要加快数据交换、共享、交易安全相关标准的制定,还要规范数据交易市场,从数据交易主体、交易对象、交易过程等方面规范数据交易服务,加强对大数据交易服务提供商的监管,有效解决数据交换、共享中的各种安全问题,为数据流通过程提供有效的安全支撑环境,保障数据供应链相关方的合法权益,促进大数据产业安全、健康地发展。

10.6.2　数据出境安全标准

数据流动产生价值,但无序的数据跨境流动则可能危害个人安全、社会稳定,甚至国家安全。

那何为数据出境呢?

1980 年,经济合作与发展组织(OECD)提出"数据跨境流动"(Trans-border Data Flow)的概念,其被界定为个人信息的跨越国界流动。

《信息安全技术　数据出境安全评估指南》对数据出境做了如下定义:数据出境是指网络运营者通过网络等方式,将其在中华人民共和国境内运营中收集和产生的个人信息和重要数据,通过直接提供或开展业务,提供服务、产品等方式提供给境外的机构、组织或个人的一次性活动或连续性活动。

随着信息技术的飞速发展,国际上对跨境数据流动的解释早已超越个人信息的范畴。个人信息仅是海量数据资源中的一部分而已,跨国公司经营中涉及的数据跨境,既存在个人信息,也包括商品数据、支付数据、物流数据、地理位置等非个人信息,且其中相当一部分数据涉及国家安全和公共安全。"棱镜门事件""Google 爱尔兰案"等网络与数据安全事件的频繁发生,使得各国对数据出境安全高度重视,加强立法保护数据出境安全。

目前,以美国、欧盟、日本、新加坡、亚太经济合作组织(APEC)为代表的世界主流国家和国际组织已经形成较为完备的数据出境管理制度体系。例如,欧盟在《通用数据保护条例》(GDPR)第五章以专章对个人数据传输至第三国或国际组织的行为进行规范,此外,欧盟还提供了跨境传输个人数据的标准协议条款;APEC 也曾发布跨境隐私规则体系(Cross-Border Privacy Rule System,CBPRS),致力于专门规范跨境数据传输。

在我国,2017 年 6 月 1 日起实施的《中华人民共和国网络安全法》(以下简称《网络安全法》)首次提出数据出境安全管理要求,国家有关部门在《网络安全法》的管理框架下,积极制定配套管理办法,探索具有中国特色的个人信息出境安全管理路径。

为保障国家安全、公共利益和公民权益,《网络安全法》明确规定,关键信息基础设施运营者因业务需要,向境外提供在中国境内运营中收集和产生的个人信息和重要数据的,需按照国家网信部门会同国务院有关部门制定的办法进行安全评估。

2019 年 6 月 13 日,国家互联网信息办公室发布《个人信息出境安全评估办法(征求意见稿)》(下称"意见稿"),并向社会公开征求意见,这是数据出境规范演进史上一个颇具意义的里程碑。

2021 年 6 月 10 日,《中华人民共和国数据安全法》(以下简称《数据安全法》)正式出台,在《网络安全法》第三十七条的基础上,进一步建构了数据出境安全管理框架。《数据安全法》在鼓励跨境数据流动(第十一条)的基础上,对数据出境安全管理(第三十一条)、主管机关批准(第三十六条)以及法律责任承担(第四十六条)等方面进行了严格规定,并进一步细化了监管规定。

2021 年 9 月 30 日,为贯彻落实《数据安全法》等法律法规,加快推动工业和信息化领域数据安全管理工作制度化、规范化,提升工业、电信行业数据安全保护能力,防范数据安全风险,工业和信息化部研究起草了《工业和信息化领域数据安全管理办法(试行)(征求意见稿)》(以下简称《管理办法》),面向社会公开征求意见。《管理办法》全面对接《数据安全法》要求,指出:工业和电信数据处理者在我国境内收集和产生的重要数据,应当在境内存储,确需向境外提供的,应当依法进行数据出境安全评估,在确保安全的前提下进行数据出境,并加强对数据出境后的跟踪掌握;核心数据不得出境。

2022年2月15日起施行的《网络安全审查办法》,扩围了审查对象,将数据处理活动纳入网络安全审查范围,并且要求掌握超过100万用户个人信息的运营者赴国外上市,必须审批。

数据出境相关的法规标准的相继出台,是国家对数据出境管理认识不断提高的过程,是我国在全球信息化时代背景下对数据出境建章立制的重要举措。

10.7 本章小结

"实施国家大数据战略,推进数据资源开放共享"的前提是保障数据安全。如何平衡数据共享与隐私保护之间的关系,确保既能实现数据安全共享,又能保护个人隐私,成为大数据安全面临的关键问题。

本章主要介绍了隐私的概念与分类、数据匿名化技术、隐私保护模型、差分隐私、数据交换安全标准等内容。

习 题

一、单选题

1. 通常而言,从隐私的种类来看,隐私不包括( )。

    A. 个人事务   B. 个人信息   C. 个人领域   D. 个人事项

2. 数据集的属性不包括( )。

    A. 标识符   B. 准标识符集   C. 敏感属性   D. 关键标签

3. 攻击者执行链接式攻击需要两个前提:泄露的数据中包含受害者的信息和受害者的( )。

    A. 匿名数据表   B. 显式标识符   C. 准标识符   D. 敏感属性

4. K-匿名使得攻击者无法以高于( )的置信度通过准标识符来识别用户。

    A. K B. $\dfrac{1}{K}$ C. $K-1$ D. 1

5. 通常而言,l-多样性隐私保护模型可以抵御( )。

    A. 记录链接式攻击   B. 属性链接类攻击

    C. 差分攻击   D. 旁路攻击

6. 对于差分隐私参数 ε 的选取,应该是( )。

    A. 越大越好   B. 越小越好

    C. 无要求   D. 目前尚无较好的方案

二、填空题

1. K-匿名隐私保护模型要求发布的数据中每一条记录都要与其他至少_____条记录不可分。

2. l-多样性隐私保护模型改进了 K-匿名隐私保护模型，保证任意一个等价类中的敏感属性都至少有_____个不同的值。

3. T-相近隐私保护模型在 l-多样性的基础上，要求所有等价类中敏感属性的分布尽量接近该属性的_____分布。

4. 拉普拉斯机制的核心思想是通过向中间件注入_____噪声来满足差分隐私定义中的约束条件。

5. 差分隐私算法中，拉普拉斯机制适用于当数据查询的返回值为_____的场合。

6. 差分隐私算法中，指数机制适用于数据查询的范围值域为_____的场合。

三、简答题

1. "发布-遗忘"模型主要包括哪两部分内容？

2. 抑制与泛化的定义和区别分别是什么？

3. 什么是记录链接式攻击？

4. 什么是属性链接类攻击？

5. K-匿名隐私保护模型的缺陷是什么？

6. 简述 T-相近隐私保护模型的局限性。

7. 差分隐私的定义与基本思路分别是什么？

大数据算法及安全

本章学习目标

- 了解大数据算法的基础知识
- 了解数学模型的基础知识
- 了解常见的搜索引擎算法
- 掌握机器学习基础知识及常用算法
- 理解大数据算法及安全基础知识

大数据不论在研究还是工程领域都是热点之一，算法是大数据管理与计算的核心主题，从日常生活中的产品推荐、搜索、自动驾驶等，无不涉及大数据算法。而算法安全是大数据安全体系架构与数据安全治理体系中的重要一环。2021 年 8 月 4 日，全国信息安全标准化技术委员会发布了"关于征求《信息安全技术机器学习算法安全评估规范》国家标准（征求意见稿）"。

本章首先介绍大数据算法基础知识，包括一些常见的算法模型，如搜索引擎算法、推荐算法、机器学习算法等，然后介绍大数据算法攻击的一些基础知识。

11.1 概　　述

算法是互联网运作的基础，是大数据、人工智能、云计算等一切网络活动的内部规则，是电子商务、信息传播、互动交流、游戏活动、未成年人权益保护等网络运营的起点，从这个意义上说，大数据时代的基础不在于数据，而在于对数据的采集、使用的规则——算法。

随着大数据技术框架的成熟，大数据算法通过利用大数据平台可以对海量数据进行分析建模与预测。与传统应用相比，基于大数据的算法可以借助更多的数据进行更精准的分析与预测，在繁荣数字经济、促进社会发展等方面能发挥更重要的作用。与此同时，算法不合理应用（如大数据杀熟、深度伪造算法、隐私窃取等）和算法不安全（如对抗机器学习）也影响了正常的传播秩序、市场秩序和社会秩序，甚至给维护意识形态安全、社会公平公正和网民合法权益带来了挑战。

此外，在技术层面，数据生存周期安全、数据通用安全、数据合规也都离不开安全算法的保障。

为此，研究安全的算法模型对开展大数据、人工智能应用至关重要。

11.2　大数据算法基础

11.2.1　数学模型

1. 算法

在数学和计算机科学中,算法是定义明确的指令的有限序列,通常用于解决一类特定问题或执行一次计算。算法被用作执行计算、数据处理、自动推理、自动决策和其他任务的规范。

作为一种有效的方法,算法可以在有限的空间和时间中表达,并用定义明确的形式语言来进行一项计算。从初始状态和初始输入(可能为空)开始,这些指令描述了一种计算,当执行该计算时,将通过有限数量的明确定义的连续状态,最终产生"输出"并在最终结束状态终止。从一种状态到另一种状态的转换不一定是确定性的,如一些称为随机算法的算法就包含随机输入。

一个算法应该具有以下 5 个特征。

1) 有穷性

算法的有穷性(Finiteness)是指算法必须能在执行有限个步骤之后终止。

2) 确切性

确切性(Definiteness)是指算法的每个步骤必须有确切的定义。

3) 输入项

一个算法有 0 个或多个输入项(Input),以刻画运算对象的初始情况。所谓 0 个输入,是指算法本身定出了初始条件。

4) 输出项

一个算法有一个或多个输出项(Output),以反映对输入数据加工后的结果。没有输出的算法是毫无意义的。

5) 可行性

可行性(Effectiveness)是指算法中执行的任何计算步骤都可以被分解为基本的可执行的操作步骤,即每个计算步骤都可以在有限时间内完成(也称为有效性)。

2. 数学模型与数学建模

数学模型是使用数学概念和语言对系统的描述,建立数学模型的过程称为数学建模。数学模型用于自然科学(如物理、生物、地球科学、化学等)和工程学科(如计算机科学、电气工程等),以及社会科学(如经济学、心理学、社会学、政治学等)。使用数学模型来解决商业或军事行动中的问题是运筹学研究领域的一大部分。数学模型也用于音乐、语言学、哲学(如分析哲学领域)和宗教学(如《圣经》中反复使用数字 7、12 和 40)。

数学模型可以帮助解释一个系统,研究不同组成部分的影响,并对行为做出预测。

数学模型形式多种多样,包括动态系统、统计模型、微分方程、博弈论模型等。这些模型通常包含各种抽象结构,也能和其他类型的模型重叠,形成更丰富的模型。一般来说,数学模型可能包括逻辑模型。在许多情况下,一个科学领域取得的成果质量取决于在理论方面建立的数学模型与可重复实验的结果是否一致。

数学模型通常由关系和变量组成。关系可以用算子来描述,如代数算子、函数、微分算子等。变量是系统参数的抽象,可以量化。根据数学模型的结构,可以采用以下 7 种分类标准。

1) 线性与非线性

如果数学模型中的所有运算符都是线性的,则得出的数学模型定义为线性的,否则模型被认为是非线性的。

线性和非线性的定义取决于环境,线性模型中可能包含非线性的表达式。例如,在一个统计线性模型中,假设一个关系在参数中是线性的,但在预测变量中可能是非线性的。类似地,如果一个微分方程可以用线性微分算子来表示,那么它就是线性的,但它仍然可能包含非线性的表达式。在数学规划模型中,如果目标函数和约束条件完全由线性方程表示,则将该模型视为线性模型。如果一个或多个目标函数或约束用非线性方程表示,则该模型称为非线性模型。

线性结构意味着一个问题可以分解成更简单的部分,这些部分可以独立处理或在不同的尺度上进行分析,当重新组合和重新缩放时,得到的结果对初始问题仍然有效。

非线性,即使在相当简单的系统中,也常常与混沌、不可逆性等现象联系在一起。虽然也有例外,但非线性系统和模型往往比线性系统和模型更复杂、更难研究。研究非线性问题的一个常见方法是线性化,但如果试图研究不可逆性等内容,可能会有很大的困难,因为不可逆性与非线性密切相关。

2) 静态与动态

动态模型解释系统状态依赖时间的变化,而静态(或稳态)模型计算系统的平衡状态,因此是非时变的。动态模型通常由微分方程或差分方程表示。

3) 显式与隐式

如果整个模型的所有输入参数都是已知的,并且通过有限的一系列计算可以计算出输出参数,则该模型被称为显式模型。有时,已知输出参数,而相应的输入必须用迭代法求解,如牛顿法或 Broyden 法等,在这种情况下,该模型被称为隐式模型。例如,给定一个热力循环设计(空气和燃料流量、压力和温度),在特定的飞行条件和功率设置下,喷气发动机的物理特性(如涡轮和喷嘴喉部面积)可以明确地计算出来,但是在其他飞行条件和功率设置下,发动机的运行周期不能从恒定的物理特性中明确计算出来。

4) 离散与连续

离散模型将对象视为离散的,如分子模型中的粒子或统计模型中的状态;而连续模型则以连续的方式表示对象,如管道中流体的速度场,固体中的温度和应力,以及由于点电荷而连续作用于整个模型的电场等。

5) 确定性与随机性

确定性模型中,每一组变量状态都是由模型中的参数和这些变量之前的状态集唯一决定的;因此,确定性模型对给定的初始条件集总是执行相同的方法;相反,在随机模型(通常称为"统计模型")中,随机性是存在的,变量状态不是用唯一的值来描述,而是用概率分布来描述。

6）演绎式、归纳式或浮动式

演绎式模型是一个基于理论的逻辑结构，归纳式模型产生于经验发现和归纳结果，浮动式模型既不基于理论，也不基于观察，仅是对预期结构的调用。例如，突变理论在科学上的应用被描述为一种浮动模型。

7）战略型与非战略型

博弈论中使用的战略模型与非战略模型的不同之处在于，它们建模的是具有不相容动机的个体，如竞争物种或拍卖中的竞标者。战略模型假设玩家是自主的决策者，他们理性地选择能够最大化目标功能的行为。使用战略型模型的一个关键挑战是定义和计算解决方案概念，如纳什均衡。战略型模型的一个有趣特性是，它们将对游戏规则的推理与对玩家行为的推理分离开来。

数学建模的步骤见表 11.1。

表 11.1　数学建模的步骤

步　骤	描　述
模型准备	弄清问题的需求背景，明确建立模型的目的，需要搜集各种必需的信息以及对象的特征
模型假设	根据建模目的和对象的特征，对问题进行合理的、必要的简化，用精确的语言做出假设，该过程应尽量使问题线性化、均匀化
模型构成	根据所作的假设，分析对象的因果关系，利用对象的内在规律和适当的数学工具，构造各个变量间的等式关系或其他数学结构
模型求解	采用解方程、画图形、证明定理、逻辑运算、数值运算等各种传统的和近代的数学方法（特别是计算机技术）来对模型进行求解
模型分析	对模型解答进行数学上的分析；同时还要进行误差分析、数据稳定性分析
模型检验	把数学上分析的结果与现实问题进行对照，并用实际的现象、数据与之比较，检验模型的合理性和适用性
模型应用	把模型应用到解决现实问题中，并在应用中根据环境的变化对模型进行改进，以适应新的情况

建立数学模型，应该遵循以下 3 个基本原则。

1）简化原则

现实世界的原型都是具有多因素、多变量、多层次的比较复杂的系统，对原型进行一定的简化即抓住主要矛盾。数学模型应比原型简化，数学模型自身也应是"最简单"的。

2）可推导原则

由数学模型的研究可以推导出一些确定的结果，如果建立的数学模型在数学上是不可推导的，得不到确定的可以应用于原型的结果，这个数学模型就是无意义的。

3）反映性原则

数学模型实际上是人对现实世界的一种反映形式，因此数学模型和现实世界的原型就应有一定的"相似性"，抓住与原型相似的数学表达式或数学理论就是建立数学模型的关键性技巧。

几乎人类社会的所有领域都会运用数学模型去解释一些现象和问题，也常用数学模型进行预测,如医学、社会学领域的新型冠状病毒传播模型,人口学中的马尔萨斯模型,经济学领域的 DMP 模型等。

11.2.2　搜索引擎算法

搜索引擎是一种用于进行网络搜索的软件系统,它们以一种系统的方式搜索万维网,以获取网络搜索查询中指定的信息或者特定结果。搜索结果通常以一行行的形式呈现,通常被称为搜索引擎结果页面(SERP)。信息可能是网页、图像、视频、信息图、文章、研究论文和其他类型的文件。一些搜索引擎也挖掘数据库或开放目录中可用的数据。与仅由人工编辑维护的网络目录不同,搜索引擎也通过在网络爬虫上运行算法来维护实时信息。

网络搜索引擎通过从一个网站爬到另一个网站来获取信息。爬虫(Spider)检查标准的 robots 协议文件 robots.txt,该文件包含爬虫的指令,告诉它哪些页面可以爬取,哪些页面不可以爬取。在检查完 robots.txt 之后,爬虫根据多种因素(如标题、页面内容、JavaScript、层叠样式表(CSS)、HTML 元标记中的元数据等)将某些信息发送回去以便索引。

在爬取了一定数量的页面、一定数量的数据或在网站上花费了一定时间后,爬虫会停止爬取。事实上,没有网络爬虫会爬取整个可达的网络,即使它具备这种能力。由于真实网络中存在无数的网站、爬虫陷阱、垃圾邮件等其他情况,爬虫程序会应用一种爬行策略来进行爬取,如哪些网站应该被彻底地爬取,哪些网站只需部分爬取等。

索引意味着将网页上找到的词和其他可定义令牌与它们的域名和基于 HTML 的字段关联起来。这些关联关系都建立在一个公共数据库中,供网络搜索查询使用。用户的查询输入可以是一个单词、多个单词或一个句子。索引有助于尽快找到与查询相关的信息。目前,一些索引技术和缓存技术是搜索服务商的商业机密。

在爬虫访问之间,存储在搜索引擎工作内存中的页面缓存(渲染页面所需的部分或全部内容)很快被发送给查询者。如果用户逾期未访问,搜索引擎可以充当网络代理的角色。在这种情况下,页面可能与索引的搜索词内容不同。缓存的页面保留了之前被索引过的页面的外观,所以当实际页面丢失时,缓存的页面版本对网站可能很有用。

大多数网络搜索引擎都是由广告收入支撑的商业企业运营,因此一些搜索引擎允许广告商付费将其在搜索结果中的排名提高。不从搜索结果中收取费用的搜索引擎通过在常规搜索结果的旁边运行与搜索内容相关的广告来赚钱,每次有人点击这些广告时,搜索引擎就会获得相应的收入。

搜索结果的相关性和网页的质量是评价搜索引擎的两个重要指标。前者通常采用单文本词频/逆文本频率指数(Term Frequency/Inverse Document Frequency,TF/IDF)模型来计算,后者通常用 PageRank 算法来描述。

1. TF/IDF 模型

TF/IDF 模型是一种数字统计模型,旨在反映一个词对在集合或语料库中的文档中有多重要,经常作为一种权重因子运用在信息检索、文本挖掘以及一些建模中。TF/IDF

值与单词在文档中出现的次数成比例增加,并与包含该单词的语料库中的文档数量相抵消,这有助于调整某些单词出现得更频繁的情形。TF/IDF 是当今最流行的词权重计算方案之一,据调查显示,数字图书馆中基于文本的推荐系统使用 TF/IDF 模型的占比高达83%。TF/IDF 模型的各种方案常被搜索引擎用来在给定用户查询情况下对文档的相关性进行评分和排名,也常用于文本摘要和分类等各种主题研究领域的停用词过滤方面。其实,最简单的排序函数之一是通过对每个查询项的 TF/IDF 值求和来计算的,许多复杂的排序函数也是这个简单模型的变种。

TF/IDF 算法是建立在这样一个假设之上的:对区别文档最有意义的词语应该是那些在文档中出现频率高,而在整个文档集合的其他文档中出现频率低的词语,所以,如果特征空间坐标系取 TF(词频)作为测度,就可以体现同类文本的特点。另外,考虑到单词区别不同类别的能力,TF/IDF 法认为一个单词出现的文本频数越小,它区别不同类别文本的能力就越大,因此引入了 IDF(逆文本频率指数)的概念,以 TF 和 IDF 的乘积作为特征空间坐标系的取值测度,并用它完成对权值 TF 的调整。调整权值的目的在于突出重要单词,抑制次要单词。但是,本质上 IDF 是一种试图抑制噪声的加权,并且单纯地认为文本频数小的单词越重要,文本频数大的单词越无用,显然这并不是完全正确的。IDF 的简单结构并不能有效地反映单词的重要程度和特征词的分布情况,使其无法很好地完成对权值调整的功能,所以 TF/IDF 法的精度并不是很高。

此外,在 TF/IDF 算法中并没有体现出单词的位置信息,对于 Web 文档而言,权重的计算方法应该体现出 HTML 的结构特征。特征词在不同的标记符中对文章内容的反映程度不同,其权重的计算方法也应不同。因此,应该对处于网页不同位置的特征词分别赋予不同的系数,然后乘以特征词的词频,以提高文本表示的效果。

2. PageRank 算法

PageRank(PR)是 Google 搜索用来在其搜索结果中对网页进行排名的算法。它以术语"网页"和联合创始人(Larry Page)的姓氏来命名。PageRank 是衡量网站页面重要性的一种方式。按照谷歌的说法:

PageRank 的工作原理是计算页面链接的数量和质量,以确定对网站重要性的粗略估计。其基本假设是,更重要的网站可能会收到来自其他网站的更多链接。

目前,PageRank 并不是 Google 用于对搜索结果进行排序的唯一算法,但它是该公司使用的第一个算法,并且是最著名的算法。自 2019 年 9 月 24 日起,PageRank 和所有相关专利均已过期。

PageRanks 是一种链接分析算法,它为超链接文档集(例如万维网)的每个元素分配数字权重,目的是"衡量"其在集合中的相对重要性。该算法可以应用于具有相互引用和相互参照的任何实体集合。它分配给任何给定元素 E 的数字权重称为 E 的 PageRank,用 PR(E)表示。

PageRank 是基于 WebGraph 数学算法的结果,该算法将所有万维网页面视作节点,超链接为边,并考虑到一些权威中心,如 cnn.com 或 mayoclinic.org。排名值表示特定页面的重要性。指向页面的超链接算作支持投票。页面的 PageRank 是递归定义的,取决于链接到它的所有页面("传入链接")的数量和 PageRank 指标。由许多具有高 PageRank 页面链接到的页面会获得较高的排名。

自 Larry Page 和 Sergy Brin 的原始论文发表以来,相继出现了许多关于 PageRank 的学术论文。在实践中,有时 PageRank 可能容易受到某些因素的操纵。为此,很多学者都在进行研究,以识别受到错误影响的 PageRank 排名,目标是找到一种有效的方法来忽略具有错误影响的 PageRank 的页面中的链接。

除了 PageRank,其他基于链接的网页排名算法还有 Jon Kleinberg 发明的 HITS 算法、IBM CLEVER 项目、TrustRank 算法和 Hummingbird 算法等。

11.2.3 推荐算法

推荐算法主要用于预测用户的喜好或偏好。在用户对自己需求相对明确时,可以用搜索引擎通过关键字搜索方便地找到自己需要的信息。但有些时候,搜索引擎并不能完全满足用户对信息发现的需求。一方面,用户有时其实对自己的需求并不明确,期望系统能主动推荐一些自己感兴趣的内容或商品;另一方面,企业也希望能够通过更多渠道向用户推荐信息和商品,在改善用户体验的同时,提高成交转化率,获得更多营收。常用的推荐算法有:基于人口统计的推荐、基于商品属性的推荐、基于用户的协同过滤推荐、基于商品的协同过滤推荐。

推荐系统是信息过滤系统的子类,旨在预测用户对项目的"评级"或"偏好"。

推荐系统常常用于各种领域,常见的如视频和音乐服务的播放列表生成器、在线商店的产品推荐、社交媒体的内容推荐和开放网络内容推荐等。这些推荐系统可以使用单个输入(如音乐)或多个输入(如单个平台内和跨平台的新闻、书籍和搜索查询等)进行操作。也有针对特定主题(如美食、餐馆和酒店)的流行推荐系统,还有专门的推荐系统来推荐科学文献和专家、合作者、金融服务等。目前,推荐系统一直是多项授权专利的重点。

推荐系统经常使用协同过滤方法和基于内容的过滤方法(也称为基于个性的方法),以及其他的如基于知识的方法等。协同过滤方法根据用户过去的行为(之前购买或选择的条目和/或这些条目的数字评级)以及其他用户做出的类似决定构建模型,然后使用该模型来预测用户可能感兴趣的条目(或条目的评分)。基于内容的过滤方法利用条目的一系列离散的、预先标记的特征,以推荐具有相似属性的其他条目。

这里,可以通过比较两个早期的音乐推荐系统——Last·fm 和潘多拉电台(Pandora Radio)来说明协同过滤和基于内容过滤之间的差异。

Last·fm 是一个著名的社交音乐平台,是 Audioscrobbler 音乐引擎设计团队的旗舰产品。Last·fm 通过观察用户定期收听的乐队和个人曲目并将这些与其他用户的收听行为进行比较来创建推荐歌曲的"电台"。Last·fm 将播放没有出现在用户库中的曲目,这些曲目经常出现在具有相似兴趣的其他用户的播放列表中。由于这种方法利用了不同用户的行为,因此它是一个典型的协同过滤方法的示例。

潘多拉电台是美国最大的流媒体音乐提供商,拥有行业领先的数字音频广告平台,它将听众与他们喜爱的音频娱乐联系起来。潘多拉电台使用歌曲或艺术家的属性("音乐基因组计划"提供的 400 个属性的一个子集)来"播种"一个播放相似属性音乐的"电台"。用户反馈用于改进电台筛选的结果,当用户"喜欢"一首歌曲时,则强调突出某些属性;当用户"不喜欢"一首特定歌曲时,则对某些属性轻描淡写,这就是基于内容过滤方法的一个示例。

　　每种类型的推荐系统都有其优点和缺点。在上面的例子中,Last·fm 需要大量的用户信息才能做出准确的推荐。这是冷启动问题的一个例子,在协同过滤系统中很常见。而潘多拉电台只需要很少的信息来启动推荐,它的范围要有限得多(例如,它只能提出与原始种子相似的推荐)。

　　下面介绍协调过滤和基于内容的过滤的基本原理。

1. 协同过滤

　　协同过滤是一种广泛使用的推荐系统设计方法。协同过滤基于这样一个假设:即过去同意的人将来也会同意,并且他们会喜欢与过去喜欢的类似的条目。系统仅根据有关用户或者条目的等级评分资料来生成推荐。

　　通过定位具有与当前用户或条目相似的评级历史的对等用户或条目,他们使用该邻域生成推荐。

　　它一般采用最近邻技术,利用用户的历史喜好信息计算用户之间的距离,然后利用目标用户的最近邻居用户对条目评价的加权评价值来预测目标用户对特定条目的喜好程度,从而根据这一喜好程度对目标用户进行推荐。

　　协同过滤方法分为基于记忆的和基于模型的两种类型,两者的典型例子分别有基于用户的算法和内核映射推荐器。

　　协同过滤方法的一个关键优势是它不依赖于机器可分析的内容,因此它能够准确地推荐复杂的条目,例如电影,而无须"理解"条目本身。许多算法被应用于测量推荐系统中的用户相似度或条目相似度。例如,K-最近邻(KNN)方法和皮尔逊相关系数分析等。

　　在协同过滤方法中,当根据用户的行为构建模型时,通常会区分显式形式收集的数据和隐式形式收集的数据。

　　显式形式收集的数据包括:

　　(1) 要求用户以滑动比例对条目进行评分。

　　(2) 要求用户进行搜索。

　　(3) 要求用户从最喜欢到最不喜欢对条目集合进行排名。

　　(4) 向用户展示两个条目并要求他/她选择其中更好的一个。

　　(5) 要求用户创建他喜欢的条目列表(参见 Rocchio 分类算法或其他类似技术)。

　　隐式形式收集的数据如:

　　(1) 观察用户在在线商店中浏览的商品。

　　(2) 分析用户浏览条目的时间。

　　(3) 记录用户在线购买物品的记录。

　　(4) 获取用户在他/她的计算机上收听或观看的条目列表。

　　(5) 分析用户的社交网络并发现类似的喜好。

　　协同过滤最著名的例子之一是"商品到商品"协同过滤(购买 x 的人也购买 y),这是一种由 Amazon.com 的推荐系统推广的算法。

许多社交网络最初使用协同过滤方法检查用户与其朋友之间的联系网络来推荐新朋友、群组和其他社交联系。目前,协同过滤仍然被用作混合推荐系统的一部分。

2. 基于内容的过滤

另一种常见的推荐系统设计方法是基于内容的过滤。基于内容的过滤方法是基于条目的描述,而不需要依据用户对条目的评价意见。这些方法最适用于条目的相关数据已经知道的情况下,如名称、位置、描述等,而不是用户的情况。基于内容的推荐器将推荐视为特定于用户的分类问题,并根据条目的特征来让分类器学习用户的喜好。

在基于内容的推荐系统中,项目或对象是通过相关特征的属性来定义的,系统基于用户评价对象的特征,学习用户的兴趣,考察用户资料与待预测条目的匹配程度。

在该系统中,关键字用于描述条目,并构建用户资料文件以指示该用户喜欢的条目类型。换句话说,这些算法尝试推荐与用户过去喜欢或者现在正在查看的条目相似的条目。它不依赖于用户登录机制来生成这种通常是临时的资料文件。具体而言,将各种候选条目与用户先前评分的条目进行比较,并推荐最匹配的项目。这种方法源于信息检索和信息过滤研究。

要创建用户资料文件,系统主要关注两种类型的信息:

一是用户偏好模型;二是用户与推荐系统交互的历史记录。

基本上,这些方法使用条目资料文件(即一组离散属性和特征)来表征系统内的条目。为了抽象系统中条目的特征,会应用一些条目呈现算法。一种广泛使用的算法是 TFIDF 表示算法(也称向量空间表示算法)。系统基于条目特征的加权向量创建基于内容的用户资料。权重表示每个特征对用户的重要性,可以使用各种技术从单独评级的内容向量中计算出来。简单的方法使用评分条目向量的平均值,而其他复杂的方法使用机器学习技术,如贝叶斯分类器、聚类分析、决策树和人工神经网络,以估计用户喜欢该条目的概率。

基于内容的过滤的一个关键问题是系统是否可以从用户对一个内容源的操作中学习用户偏好,并在其他内容类型中使用它们。当系统仅限于推荐与用户已经在使用的相同类型的内容时,推荐系统的价值明显低于可以推荐来自其他服务的其他类型内容时的价值。例如,基于新闻浏览推荐新闻文章很有用。尽管如此,当可以基于新闻浏览推荐来自不同服务的音乐、视频、产品、讨论等时,它会更有用。为了克服这个问题,大多数基于内容的推荐系统现在使用某种形式的混合系统。

基于内容的推荐系统还可以包括基于意见的推荐系统。在某些情况下,允许用户对项目留下文本评论或反馈。这些用户生成的文本是推荐系统的隐含数据,因为它们可能是项目特征方面的丰富资源,以及用户对项目的评估情感。从用户生成的评论中提取的特征是对项目元数据的改进,因为它们也像元数据一样反映了项目的各方面,因此提取的特征受到用户的广泛关注。从评论中提取的情感可以看作用户对相应特征的评分。基于意见的推荐系统的流行方法利用了各种技术,包括文本挖掘、信息检索、情感分析和深度学习。

3. 其他推荐算法

除此之外,还有基于会话的推荐系统、基于关联规则的推荐系统、基于效用的推荐系统、基于知识的推荐系统以及组合推荐系统等。对于组合推荐系统,最简单的做法是分别用基于内容的方法和协同过滤推荐方法产生一个推荐预测结果,然后用某方法组合其结果。尽管理论上有很多种推荐组合方法,但在某一具体问题中并不见得都有效,组合推荐最重要的一个原则就是通过组合来避免或弥补各自推荐技术的弱点。在组合方式上,常见以下 7 种技术。

(1)加权。将多种推荐结果的分数值加权组合。

(2)切换。根据问题背景和实际情况或要求在推荐组件中进行选择并应用所选组件。

(3)混合。同时采用多种推荐技术给出多种推荐结果,为用户提供参考。

(4)特征组合。组合来自不同推荐数据源的特征并赋予单个推荐算法。

(5)特征增强。计算一个特征或一组特征,然后将其作为下一项技术输入的一部分。

(6)级联。推荐者被给予严格的优先级,较低优先级的推荐者在较高的评分中打破平局。

(7)元级。应用一种推荐技术并产生某种模型,然后将其作为下一种技术使用的输入。

推荐系统是搜索算法的一个有力替代方案,因为它们可以帮助用户发现他们可能找不到的条目。值得注意的是,推荐系统通常使用搜索引擎索引非传统数据来实现。

11.2.4 机器学习算法

机器学习(Machine Learning,ML)是研究计算机算法通过经验和使用数据进行自动改进的多领域交叉学科,涉及概率论、统计学、逼近论、凸分析、算法复杂度理论等多门学科。机器学习专门研究计算机怎样模拟或实现人类的学习行为,以获取新的知识或技能,重新组织已有的知识结构使之不断改善自身的性能,它是人工智能的核心,是使计算机具有智能的根本途径。

机器学习算法基于样本数据建立一个模型,即所谓的"训练数据",以便在没有明确编程的情况下做出预测或决策。机器学习算法广泛应用于医学、电子邮件过滤、语音识别和计算机视觉等领域,在这些领域,开发传统算法来执行所需任务是困难的或不可行的。

数据挖掘是一个相关的研究领域,重点是通过无监督学习进行探索性数据分析。机器学习的一个子集与计算统计学密切相关,后者专注于使用计算机进行预测。但并非所有的机器学习都是统计学习。数学优化研究为机器学习提供了理论、方法和应用领域。一些机器学习的实现使用数据和神经网络,以模仿生物大脑的工作方式。在跨业务问题的应用中,机器学习也被称为预测分析。

1. 机器学习的原理

学习算法的理论基础是,过去运行良好的策略、算法和推理未来可能会继续运行良好。这些推论可以是显而易见的。例如,"由于过去 10 000 天中,每天早上太阳都升起,因此明天早上太阳可能也会升起"。

机器学习涉及计算机如何在没有明确编程的情况下执行任务。计算机从提供的数据中学习,以便执行某些任务。对于分配给计算机的简单任务,可以编写算法来告诉计算机如何执行解决手头问题所需的所有步骤,在计算机方面,不需要学习。对于更高级的任务,人工创建所需的算法可能具有挑战性。在实践中,帮助机器开发自己的算法会更有效,而不是让人类程序员指定每个需要的步骤。

机器学习采用各种方法来教计算机完成在大量训练数据基础上寻找内部规律与模式的任务。在存在大量潜在答案的情况下,一种方法是将一些正确答案标记为有效,然后将其用作训练数据,以改进用来确定正确答案的算法。例如,为了训练数字字符识别任务的系统,经常使用手写数字的 MNIST 数据集。

2. 机器学习的发展历史

机器学习一词由 IBM 员工、计算机游戏和人工智能领域的先驱 Arthur Samuel 于 1959 年创造。机器学习实际上已经存在了几十年或者也可以认为存在了几个世纪。追溯到 17 世纪,已出现机器学习广泛使用的工具和基础,例如贝叶斯、拉普拉斯关于最小二乘法的推导和马尔可夫链。20 世纪 50 年代以来,不同时期机器学习的研究途径和目标并不相同,大致可以划分为 4 个阶段。

1)第一阶段

20 世纪 50 年代中叶到 60 年代中叶,主要研究"有无知识的学习",这类方法主要是研究系统的执行能力,还有涉及模式分类的机器学习方法。但这种机器学习的方法还远远不能满足人类的需要。在这个时期,具有代表性的研究有 Samuet 的下棋程序以及机器学习研究的代表著作——Nilsson 的《学习机器》,机器学习相关的同义词"自学计算机"也在这个时期出现。

2)第二阶段

20 世纪 60 年代中叶到 70 年代中叶,这个时期主要研究将各个领域的知识植入系统里,其目的是通过机器模拟人类学习的过程。同时,还采用图结构及其逻辑结构方面的知识进行系统描述,用各种符号来表示机器语言,将各专家学者的知识加入系统里等。此外,与模式识别相关的研究也比较流行。在这一阶段具有代表性的工作有 Hayes-Roth 和 Winson 的结构学习系统方法。

3)第三阶段

20 世纪 70 年代中叶到 80 年代中叶,称为复兴时期。在此期间,人们从学习单个概念扩展到学习多个概念,探索不同的学习策略和学习方法,且已开始把学习系统与各种应用结合起来,并取得很大的成功。同时,专家系统在知识获取方面的需求也极大地刺激了机器学习的研究和发展,示例归纳学习系统成为研究的主流,自动知识获取成为机器学习应用的研究目标。1980 年,在美国卡内基·梅隆大学(CMU)召开了第一届机器学习国际研讨会,这标志着机器学习研究已在全世界兴起。国际性杂志 *Machine Learning* 创刊,更加显示出机器学习突飞猛进的发展趋势。这一阶段代表性的工作有 Mostow 的指导式学习、Lenat 的数学概念发现程序、Langley 的 BACON 程序及其改进程序，以及 1981 年发表的关于使用教学策略使神经网络学会从计算机终端识别 40 个字符（26 个字母、10 个数字和 4 个特殊符号）的报告。

4）第四阶段

20 世纪 80 年代中叶，机器学习已成为新的学科，它综合应用心理学、生物学、神经生理学、数学、自动化和计算机科学等形成了机器学习理论基础；融合了各种学习方法，且形式多样的集成学习系统研究正在兴起；机器学习与人工智能各种基础问题的统一性观点正在形成；各种学习方法的应用范围不断扩大，部分应用研究成果已转化为产品；与机器学习有关的学术活动空前活跃。

现代机器学习有两个目标：一个是基于已经开发的模型对数据进行分类；另一个是基于这些模型对未来的结果进行预测。例如，一个特定于分类数据的假设算法可以结合计算机视觉与监督学习，以训练它来对癌性痣进行分类；一个为股票交易设计的机器学习算法可以告知交易者股票未来的趋势。

表 11.2 是机器学习发展的大致时间线。

表 11.2　机器学习发展的大致时间线

时　　间	描　　述
20 世纪 50 年代以前	统计学方法被不断发现和改进
20 世纪 50 年代	使用简单的算法进行了开创性的机器学习研究
20 世纪 60 年代	在机器学习中引入贝叶斯方法进行概率推理
20 世纪 70 年代	对机器学习效率的悲观情绪引发了"AI 寒冬"的思潮
20 世纪 80 年代	反向传播算法的重新发现引发了机器学习研究的复兴
20 世纪 90 年代	机器学习的研究方法从知识驱动转变为数据驱动。科学家开始编写程序，让计算机分析大量数据并从结果中得出结论或从结果中"学习"；支持向量机（SVM）和循环神经网络（RNN）变得流行；通过神经网络和超图灵计算的计算复杂性领域的研究开始了
20 世纪 90 年代中后期	支持向量聚类以及其他核方法和无监督机器学习方法得到广泛应用
21 世纪初	深度学习变得可行，使得机器学习成为许多广泛使用的软件服务和应用的组成部分

3. 机器学习与其他学科的关系

1）机器学习与人工智能

机器学习源于人们对人工智能的追求。在人工智能领域的早期，一些研究人员对机器从数据中学习进行了不懈的研究。他们试图用各种符号方法以及当时称为"神经网络"的方法来解决这个问题。后来才发现，这些"感知器"和各种模型其实是对统计学中广义线性模型的重新发明。经常使用的还有概论推理模型，尤其是在自动化医疗诊断中。

然而，越来越强调基于逻辑的、基于知识的方法导致人工智能和机器学习之间出现裂痕。概率系统受到数据获取和数据表示的理论和实践问题的困扰。到1980年,统计学失宠,专家系统开始主导人工智能。

基于符号和基于知识的人工智能研究继续盛行,并产生了归纳逻辑编程,且更多的统计研究方向侧重于模式识别和信息检索,而不是人工智能本身的领域。那时,人工智能和计算机科学几乎同时放弃了神经网络研究。这条路线也被 Hopfield、Rumelhart、Hinton 等研究人员在人工智能/计算机科学以外的领域上演,他们的主要成功来自20世纪80年代中期反向传播理论的重新发明。

20世纪90年代,机器学习被重组为一个单独的领域开始蓬勃发展,其目标从实现人工智能转变为解决具有实用性的问题,并将研究重点从人工智能继承而来的符号方法上转到统计学和概率论的一些方法和模型上。

机器学习与人工智能的区别经常被误解。机器学习基于被动观察进行学习和预测,而人工智能意味着与环境交互以学习并采取行动,以最大限度地提高成功实现目标的机会。

到2020年,很多人还是断言机器学习是人工智能的一个子领域。也有其他人认为并非所有机器学习都是人工智能的一部分,但只有机器学习的"智能子集"才应被视为人工智能的一部分。机器学习的一部分作为人工智能的子领域如图11.1所示。

机器学习作为人工智能的子领域或人工智能的一部分作为机器学习的子领域如图11.2所示。

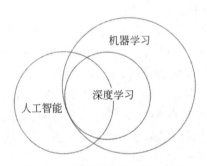

图11.1　机器学习的一部分作为
人工智能的子领域

图11.2　机器学习作为人工智能的子领域或人工
智能的一部分作为机器学习的子领域

2)机器学习与数据挖掘

机器学习和数据挖掘通常使用相同的方法且存在明显重叠的情况,但是机器学习侧重于预测,是基于从训练数据中学习到的已知属性,而数据挖掘侧重于发现数据中之前未知的属性(这是数据库中知识发现的分析步骤)。

数据挖掘使用许多机器学习的方法,但两者目标不同;另一方面,机器学习也采用数据挖掘的方法作为"无监督学习"或作为提高学习器准确性的预处理步骤。

3)机器学习与优化

机器学习与优化也有着密切的联系:许多学习问题被表述为在一组训练样本上最小化某些损失函数。损失函数表示正在训练的模型的预测与实际问题实例之间的差异(例如,在分类中,人们希望为实例分配标签,而模型经过训练以正确预测一组示例预先分配的标签)。

4)机器学习与泛化

优化和机器学习之间的区别源于泛化的目标:虽然优化算法可以最小化训练集的损失,但机器学习关注的是最小化不可见样本的损失。表征各种学习算法的泛化是当前研究的一个活跃话题,特别是对于深度学习算法。

5)机器学习与统计学

机器学习和统计学是方法上密切相关的两个领域,但它们的主要目标不同:统计学从样本中得出总体推断,而机器学习则发现可归纳的预测模式。根据 Michael I. Jordan (美国科学院、美国工程院、美国艺术与科学院三院院士,加州大学伯克利分校教授,被誉为机器学习之父)的说法,机器学习的思想,从方法论原理到理论工具,在统计学中有着悠久的历史背景。他还建议将数据科学一词作为占位符来称呼整个领域。

著名统计学家 Leo Breiman 区分了两种统计建模范式:数据模型和算法模型,其中"算法模型"或多或少意味着机器学习算法,如随机森林。还有一些统计学家采用了机器学习的方法,形成了一个他们称为统计学习的综合领域。

4. 机器学习的分类

根据侧重点的不同,机器学习方法可以有多种分类方式,传统上,可以分为以下三大类,具体取决于学习系统可用的"信号"或"反馈"的性质。

(1)监督学习(有导师学习):输入数据中有导师信号,以概率函数、代数函数或人工神经网络为基函数模型,采用迭代计算方法,学习结果为函数。常见的监督学习算法有 K-近邻(KNN)、线性回归、逻辑回归、支持向量机、决策树、随机森林、神经网络等。

(2)无监督学习(无导师学习):输入数据中无导师信号,采用聚类方法,学习结果为类别。常见的无监督学习算法有聚类算法,包括 k-平均(k-means)算法、分层聚类算法、最大期望(EM)算法等;可视化与降维,包括主成分分析(PCA)、核主成分分析、局部线性嵌入、t-分布随机近邻嵌入等;关联规则学习,如 Apriori、Eclat 等。

(3)强化学习(增强学习):以环境反馈(奖惩信号)作为输入,以统计和动态规划技术为指导的一种学习方法,是指智能系统在与环境的连续交互中学习最佳行为策略的机器学习问题,其本质是学习最优的序贯决策。著名的强化学习案例有机器人学习行走、AlphaGo 学习下棋等。

11.3 大数据算法攻击

11.3.1 推荐系统托攻击

作为一种解决"信息过载"的有效手段,推荐系统能够基于用户——项目评分矩阵为用户提供推荐,在互联网经济尤其是电子商务、广告平台、电影视频网站、网络音乐电台、社交网络等领域发挥着重要的作用。在基于各种算法的推荐系统中,协同过滤是应用最为广泛的一种,目前已经应用于 Amazon、Netflix、YouTube 等平台。

推荐系统的初衷是希望用户能够提供对条目真实的评价,从而使推荐系统能够产生高质量的推荐服务,是一种用户和推荐方双赢的策略。然而,在现实中,竞争对手或者恶意用户经常利用推荐系统的工作机制与开放性特定实施攻击,如向推荐系统注入虚假评价信息以达到干扰推荐系统正常推荐的目的,从而谋求不正当利益。Sony、Amazon 等公司都曾经遭受过这类攻击。

1. 托攻击

托攻击(Shilling Attacks),指恶意用户向推荐系统中注入虚假用户评分数据或评价信息,试图操纵推荐系统推荐结果的行为。托攻击也称概貌注入攻击(Profile Injection Attack)。托攻击对推荐系统平台有很强的威胁,通过操纵条目在推荐系统中的排名,使推荐系统向用户推荐被操纵的商品或信息,严重干扰了推荐系统的正常运行,阻碍推荐系统的应用和推广。首先,托攻击影响推荐结果,往往会导致条目之间的不公平竞争;其次是恶意用户概貌信息被注入推荐系统后,会导致推荐系统不能推荐用户感兴趣的条目,从而影响推荐系统的声誉。

协同过滤技术是基于最近邻来产生推荐结果的,并且推荐系统具有公开的特性。恶意用户或者竞争对手通过某种攻击模型,伪造用户评分概貌,使得伪造的用户评分概貌在评分矩阵中成为正常用户的邻居,并以这种方式干预推荐系统推荐结果,从而增加或减少目标项目被推荐的次数。

以下是基于用户的协同过滤推荐系统和托攻击相关的几个关键术语,见表 11.3 和表 11.4。

表 11.3　协同过滤推荐系统关键术语

术语名称	描述
用户(User)	推荐系统中评分的主体,一般是人
条目(Item)	推荐系统中供用户评分的商品或信息,如某种商品、书籍、电影、音乐等
条目评分(Rating on Item)	在推荐系统中,用户对某个条目的评分,分值一般为整数,如 1、2、3、4、5、0 表示未评分
评分矩阵(Rating Matrix)	由用户、条目以及用户对条目的评分组成的一个二元矩阵
概貌(Profile)	在基于用户的推荐系统中,一个用户对所有条目评分的集合叫作该用户的概貌

表 11.4　托攻击关键术语

术语名称	描述
托攻击者	在推荐系统中,为了达到某种目的,在推荐系统中注入人造的评分数据,以达到改变推荐系统推荐结果的目的用户,也叫作恶意用户
托攻击概貌(Shilling Attack Profiles)	实施托攻击行为时向系统注入的虚假评分的集合构成用户评分概貌

术 语 名 称	描　　述
目标条目 (Target Item)	托攻击者选择攻击的条目
选择条目 (Selected Item)	为了让攻击更有效而选择出的条目
填充条目 (Filler Item)	为了防止被轻易检测出,除目标条目评分外,托攻击者对选取的其他评分条目的集合进行评分,从而使托攻击概貌与真实概貌尽可能相似
未评分条目 (Unrated Item)	在一个用户概貌中,用户未评分的条目的集合
攻击模型 (Attack Model)	为达到不同的托攻击目的所采用的目标条目和填充条目的选择方式和评分方式
攻击目的 (Attack Intent)	攻击者执行的一次攻击的意图,攻击者根据目标条目的喜好程度,主要分为:推攻击(Push Attack),以提高目标条目排名为目的;核攻击(Nuke Attack),以降低目标条目排名为目的
填充规模 (Filler Size)	攻击概貌中填充评分的个数占评分矩阵中所有条目的个数或比率
攻击规模 (Attack Size)	实施一次攻击所使用的托攻击概貌的个数或占评分矩阵中所有概貌的比率

2. 托攻击构造模型

恶意用户通过托攻击模型生成大量评分概貌,并将其注入推荐系统评分矩阵中,完成托攻击。托攻击模型 A 可以用如下的四元组表示。

$$A = \langle \chi, \sigma, \lambda, \gamma \rangle$$

χ 表示目标条目集合 I_T 确定评分数据的函数, I_T 可以是一个也可以是多个。对于核攻击, $\chi(I_T) = r_{min}$;对于推攻击, $\chi(I_T) = r_{max}$ 。 σ 表示 $I - I_T$ 的选择函数,包括攻击概貌中的选择集合 I_S 和填充集合 I_F 。 $\sigma(i_t, I, U, X) = \langle I_S, I_F, I_E \rangle$,其中 I 是项目集合, U 是用户集合, X 是某种特定的攻击类型的各种参数集合, I_E 表示未评分集合。 λ 和 γ 是确定选择集合 I_S 和填充集合 I_F 评分数据的函数。

常见的标准托攻击有以下 8 种。

(1) 抽样攻击(Sample Attack)。选定固定的攻击条目后,其他条目直接复制真实用户的概貌,即除了目标条目不同,选择条目、填充条目与真实用户完全相同。

(2) 随机攻击(Random Attack)。选定固定的攻击条目后,选择条目为空,填充条目随机选择并随机赋值,系统条目评分的正态分布决定填充条目的评分值。

(3) 爱/憎攻击(Love/Hate Attack)。选定固定的攻击条目后,选择条目为空,填充条目随机选择并随机赋最大值或最小值。

(4) 平均攻击(Average Attack)。选定固定的攻击条目后,选择条目为空,填充项目随机选择并赋全局的均值分布值。

(5) 流行攻击(Bandwagon Attack)。选择条目为最流行的条目并赋评分最大值,填充条目随机选择并随机赋值。

（6）分段攻击（Segment Attack）。选择条目为与目标条目非常类似的条目并赋评分最大值，填充项目随机选择并随机赋值。

（7）探测攻击（Probe Attack）。选择条目随机选择且探查系统中用户的评分条目评分，填充条目为事先设置好的种子条目并随机分配一定的评分。

（8）无组织恶意攻击（Unorganized Malicious Attack）。随机选择 n 种攻击方式，按已设定好的比例生成相应数量的攻击用户。

此外，还有群组攻击，即每个攻击用户仅攻击目标条目集中的一部分，而非全部。

以下是一个托攻击实例：推荐系统遭受攻击使推荐结果发生偏移。

表 11.5 为一个用户评分矩阵表，其中行代表用户，$User_1$～$User_6$ 为正常用户，$Attack_1$～$Attack_3$ 为恶意用户，列代表 $Music_1$～$Music_6$，表示 6 个条目，是 6 首不同的歌曲。数字表示用户对某首歌曲的评分，按喜欢程度将分值划为 1～5，1 代表不怎么喜欢，5 代表非常喜欢，0 表示未评分，"?"表示预测 $User_6$ 用户对歌曲 $Music_6$ 的评分。

表 11.5　用户评分矩阵

	$Music_1$	$Music_2$	$Music_3$	$Music_4$	$Music_5$	$Music_6$
$User_1$	1	3	2	0	3	3
$User_2$	4	0	1	2	0	2
$User_3$	3	2	0	1	2	1
$User_4$	0	5	1	1	4	2
$User_5$	3	3	4	3	0	2
$User_6$	2	1	0	1	5	?
$Attack_1$	1	1	3	1	5	5
$Attack_2$	2	0	1	0	4	5
$Attack_3$	1	2	2	0	3	5

在协同推荐系统中，通过欧几里得距离公式计算用户 $User_1$～$User_5$ 与用户 $User_6$ 的相似度，相似度值分别是 3.60、5.92、3.46、4.80 和 7.41，相似度值越小，表明与用户 $User_6$ 越相似。

首先，选择相似度最小的 3 个值，即 3.60、3.46 和 4.80，分别对应用户 $User_1$、$User_3$ 和 $User_4$。

然后，根据 $User_1$、$User_3$ 和 $User_4$ 对条目 $Music_6$ 的评分来综合预测 $User_6$ 对条目 $Music_6$ 的评分。由评分矩阵可知，$User_1$、$User_3$ 和 $User_4$ 对条目 $Music_6$ 的评分值分别为 3、1 和 2，经过计算可得出 $User_6$ 对条目 $Music_6$ 的评分为 1.35。该评分值不是很高，可见，$User_6$ 不怎么喜欢条目 $Music_6$，推荐系统将不会推荐 $Music_6$ 给 $User_6$。

接着，加入恶意用户 $Attack_1$、$Attack_2$ 和 $Attack_3$ 重新计算相似度，可得相似度值分别为 3.60、5.92、3.46、4.80、7.41、3.16、1.73 和 2.82。可以发现，3 个恶意用户的相似度值

最小。

选择 3 个恶意用户作为 $User_6$ 的邻居来预测 $User_6$ 对条目 $Music_6$ 的评分。3 个恶意用户对条目 $Music_6$ 的评分为 5、5 和 5，从而经计算可得 $User_6$ 对条目 $Music_6$ 的预测评分为 4.80。该分值较高，表示 $User_6$ 喜欢条目 $Music_6$，从而系统会将 $Music_6$ 推进给 $User_6$。

由此可见，在恶意用户攻击之前，$User_6$ 对条目 $Music_6$ 的预测结果为不怎么喜欢，系统因此不会将 $Music_6$ 推荐给 $User_6$；在恶意用户发起攻击之后，$User_6$ 对条目 $Music_6$ 的预测结果为喜欢，系统会将 $Music_6$ 推荐给 $User_6$，这就是推荐系统遭受攻击导致推荐结果与之前完全相反。

托攻击干扰了系统对用户的正常推荐，严重阻碍了推荐系统在信息服务、电子商务等领域的应用和发展。因此，需要设计一些针对性的防御策略来防止或者减少伪造数据的注入，从而更好地抵御推荐系统托攻击。

11.3.2　搜索引擎优化

搜索引擎优化(Search Engine Optimization，SEO)是提高从搜索引擎到网站或网页的网站流量的质量和数量的过程。SEO 的目标是无偿流量(称为"自然"或"有机"结果)，而不是直接流量或付费流量。未付费流量可能来自不同类型的搜索，包括图像搜索、视频搜索、学术搜索、新闻搜索和特定行业的垂直搜索引擎。

作为一种互联网营销策略，SEO 通常会考虑搜索引擎的工作方式、决定搜索引擎行为的计算机编程算法、人们搜索的内容、输入搜索引擎中的实际搜索词或关键字，以及目标受众更喜欢哪些搜索引擎等因素。实施 SEO 的目的是因为当网站在搜索引擎结果页面(SERP)上排名更高时，网站将从搜索引擎接收更多的访问者(即潜在的客户)，从而提高网站的访问量，提高网站的销售能力和宣传能力，以及提升网站的品牌效应。

1. 搜索引擎优化背景

20 世纪 90 年代中期，网站管理员和内容提供商开始为搜索引擎优化网站，因为那时第一批搜索引擎正在对早期的网站进行编目。最初，所有网站管理员只需要向各种搜索引擎提交一个页面地址或 URL，这些引擎会发送一个网络爬虫来抓取该页面，从中提取到其他页面的链接，并返回在该页面上找到的信息。这个过程中，会涉及搜索引擎蜘蛛下载页面，并将其存储在搜索引擎自身服务器上。第二个程序称为索引器，它提取有关页面的信息，例如它包含的单词、它们所在的位置、特定单词的权重以及页面包含的所有链接等。然后将所有的这些信息放入调度程序中，以便日后进行抓取。

早期版本的搜索算法依赖于网站管理员提供的信息，例如 ALIWEB 等引擎中的关键字元标记或索引文件。其中，元标记能为搜寻每个页面的内容提供指南。然而，使用元数据为页面编制索引并不可靠，因为网站管理员在元标记中选择的关键字可能与网站的实际内容不相符。元标记中有缺陷的数据，如那些不准确、不完整或错误属性的数据，可能会导致页面在不相关的搜索中被错误描述。

Web 内容提供商还操纵了页面 HTML 源中的某些属性，试图使网站在搜索引擎中的排名更靠前。后来，搜索引擎设计者意识到网站管理员通过各种手段努力提高他们在搜索引擎中的排名,有些网站管理员甚至通过在页面中塞满过多或不相关的关键字来操纵他们在搜索结果中的排名。早期的一些搜索引擎,如 AltaVista 和 Infoseek,及时调整了算法以防止网站管理员操纵排名。

由于严重依赖于关键字密度等完全由网站管理员控制的因素,早期的搜索引擎经常遭受滥用和排名操纵。为了向用户提供更好的结果,搜索引擎必须进行调整,以确保其结果页面显示最相关的搜索结果,而不是那些塞满大量关键字的不相关页面。

这意味着,要摆脱对术语密度的严重依赖,转向更全面的语义信号评分流程。由于搜索引擎的成功和流行取决于其为任何给定搜索生成最相关的结果的能力,因此质量差或不相关的搜索结果可能导致用户转向其他搜索引擎。搜索引擎设计者需要同时考虑到网站管理员更难以操纵的其他因素,开发出更复杂的排名算法来做出回应。

例如,有的搜索引擎在其排名算法中加入了大量未公开的因素,以减少链接操纵的影响。为防止算法欺骗,领先的搜索引擎(如 Google、Bing、Yahoo 等)没有公开他们用来对页面进行排名的算法。此外,Google 还使用了上百种不同的元素对网站进行排名。

2. 搜索引擎优化技术

网站所有者认识到搜索引擎结果中网站的高排名和可见性的价值,为白帽 SEO 和黑帽 SEO 从业者创造了机会。

SEO 技术可分为两大类:受到搜索引擎公司推荐的技术,通常称为"白帽"方法,以及搜索引擎不认可的技术,通常称为"黑帽"方法。搜索引擎试图将后者的影响降到最低,其中包括垃圾索引。行业评论家将这些方法以及使用它们的从业者归类为白帽 SEO 或黑帽 SEO。白帽子倾向产生能持续很长时间的结果,而黑帽子会预计一旦搜索引擎发现他们在做什么,他们的网站最终可能会被暂时或永久禁止。

如果 SEO 技术符合搜索引擎的指导方针并且不涉及欺骗,则被视为白帽技术。由于搜索引擎指南并不是以一系列规则的形式编写的,因此这个区别需要引起特别关注。白帽 SEO 不仅仅要遵循指导方针,也要确保搜索引擎索引到的内容以及随后排名与用户将看到的内容相同。白帽方法可以概括为:为用户创建内容,而不是为搜索引擎创建内容,然后让在线爬虫算法能够轻松访问该内容,而不是基于其预期目的试图欺骗算法。白帽 SEO 在许多方面类似于以提升可访问性为目的的 Web 开发,尽管两者并不相同。

黑帽 SEO 试图以搜索引擎不赞成或涉及欺骗的方式来提高网站排名。例如,一种黑帽技术使用隐藏文本的方法,把文本颜色设置成与背景颜色相同,或设置在不可见的 div 中,或定位在屏幕外;另一种方法根据页面是由人类访问还是由搜索引擎请求而提供不同的页面,这种技术称为伪装。还有一种称为灰帽 SEO 的方法,它介于黑帽和白帽方法之间,所采用的技术可以避免网站受到惩罚,但也不会为用户提供最佳内容。灰帽 SEO 完全专注于提高搜索引擎排名。

搜索引擎可能会通过降低排名或完全从数据库中删除那些使用黑帽或灰帽技术的网站列表来惩罚它们。此类处罚措施可以由搜索引擎方设计的算法应用自动实现,也可以通过手动审查来实现。典型的例子是 Google 曾删除了 BMW Germany 和 Ricoh Germany,因为它们使用了欺骗性做法。然而,两家公司都迅速道歉,修复了违规页面,并恢复到 Google 的搜索引擎结果页面。

11.3.3 对抗机器学习攻击模式

对抗机器学习是一种机器学习技术,它试图通过可获得的模型信息来利用模型,并利用它来制造恶意攻击,如最常见的是导致机器学习模型出现故障。

大多数机器学习技术旨在处理特定问题集,其中训练数据和测试数据是从相同的统计分布中生成的。当这些模型应用于现实世界时,一些恶意的攻击者可能会通过提供违反该统计假设的数据进行攻击。这些数据可以利用特定的漏洞并对结果造成破坏。

早在 2004 年,有研究者指出,垃圾邮件过滤器中使用的线性分类器可能会被简单的"逃避攻击"打败,因为垃圾邮件发送者会在他们的垃圾邮件中插入"好词"。一些垃圾邮件发送者在"图像垃圾邮件"里的模糊词中添加了随机噪声,以击败基于 OCR(光学字符识别)的过滤器。2006 年,一篇题目为"机器学习是否安全?"的论文问世。该论文概述了广泛的对抗攻击分类法。至此,许多研究人员仍然希望非线性分类器(例如支持向量机和神经网络)可能对对抗攻击具有鲁棒性。直到有人首次展示了对此类机器学习模型的基于梯度的攻击。2012 年,深度神经网络开始主导计算机视觉问题;从 2014 年开始,研究人员证明了深度神经网络可以被对手愚弄,其方法也是使用基于梯度的攻击来制造对抗性扰动。

1. 对抗机器学习分类

针对机器学习算法(监督)的攻击,主要分成三大类:对分类器的影响、安全性违背及其指向性。

(1)对分类器的影响:一次攻击可以在分类阶段通过扰乱来影响分类器。在这之前,也可能是一次探索阶段,通过试探以确定漏洞。当然,攻击者的能力可能会受到数据操作约束的限制。

(2)安全性违背:攻击者提供恶意数据,而这些恶意数据被归类为合法的。训练期间提供的恶意数据会导致合法数据在训练后被拒绝。

(3)指向性:有针对性的攻击试图允许特定的入侵或中断。或者,无差别的攻击会造成普遍的破坏。

目前,这种分类法已发展为更全面的威胁模型,允许对对手的目标、被攻击系统的知识、操纵输入数据或系统组件的能力以及攻击策略做出明确假设,并且已进一步扩展到包含针对逆向攻击防御策略各个维度的内容。

2. 对抗机器学习策略

对抗机器学习中,最常见的策略包括躲避攻击、投毒攻击、模型窃取(提取)和推理攻击。

1)躲避攻击

逃避攻击对抗机器学习中最普遍的攻击类型。例如,垃圾邮件发送者和黑客经常试图通过混淆垃圾邮件和恶意软件的内容来逃避检测。还有,修改样本以逃避检测,也就是说,修改恶意样本使其被归类为合法的。但是,上述修改不涉及对训练数据的影响。逃避攻击的一个典型例子是基于图像的垃圾邮件,发送者将垃圾邮件内容嵌入在附加的图像中,以逃避反垃圾邮件过滤器的文本分析过滤。另一个典型的例子是对生物特征认证系统的欺骗攻击。逃避攻击通常可以分为两种不同的类别:黑盒攻击和白盒攻击。

2）投毒攻击

投毒攻击是对训练数据的对抗性污染,其基本思想是在训练模型的过程中,故意加一些"毒药"数据,从而使得训练出来的模型受到影响。机器学习系统可以使用在操作期间收集的数据进行重新训练。例如,入侵检测系统（IDS）通常会使用此类数据进行重新训练。攻击者可能通过在操作期间注入恶意样本来"毒害"这些数据,从而破坏再训练。

3）模型窃取

模型窃取(也称为模型提取)涉及攻击者探测黑盒机器学习系统,以便重建模型或提取其训练的数据。当训练数据或模型本身比较敏感或属于机密时,这可能会导致问题。例如,攻击者以自身经济利益为目的,通过模型窃取手段提取专有的股票交易模型。

4）推理攻击

推理攻击是指充分利用对训练数据的过度泛化(监督机器学习模型的一个常见弱点)来识别模型训练期间使用的数据。对于攻击者来说,即使不知道或无法访问目标模型的参数,也可以做到这一点,这引发了对敏感数据(包括但不限于医疗记录和/或个人身份信息)训练的模型的安全担忧。随着迁移学习和许多先进的、公共可访问的机器学习模型的出现,越来越多的科技公司会使用基于公共模型来创建模型,这也为攻击者自由地访问和获取有关所使用模型的结构和类型等信息提供了机会。然而,成员推理(Membership Inference)攻击很大程度上依赖于由糟糕的机器学习实践导致的过度拟合,这意味着那些能够较好地泛化真实数据分布的模型在理论上应该能更安全地抵御成员推理攻击。

3. 对抗机器学习攻击方法

目前,有多种不同的对抗攻击可用于对抗机器学习系统。其中许多攻击方法既适用于深度学习系统,也适用于传统的机器学习模型,例如 SVM 和线性回归。这些攻击类型的高级样本包括对抗样本、木马攻击/后门攻击、模型反演、成员推理攻击等。

对抗样本主要指那些经过特殊精心设计的、对人类来说看起来是"正常"的但会导致机器学习模型出现错误分类的输入。通常使用一种专门设计的"噪声"来引起错误分类,如基于梯度的躲避攻击、FGSM、投影梯度下降法、Carlini 与 Wagner 攻击(C&W)、对抗补丁攻击等。

1）黑盒攻击

在对抗机器学习中,黑盒攻击假设攻击者只能获得给定输入的输出,并且不知道模型的结构、算法和参数,但攻击者仍能与机器学习的系统有所交互,比如可以通过传入任意输入观察输出和判断输出。在这种情况下,对抗样本是使用从头创建的模型来生成的,或者根本没有任何模型(不包括查询原始模型的能力)。在任何一种情况下,这些攻击的目标都是创建能够转移到相关黑盒模型中的对抗样本。

（1）方阵攻击。

方阵攻击(Square Attack)是一种基于查询分类分数而无须梯度信息的黑盒躲避对

抗攻击。作为基于分数的黑盒攻击,这种对抗性方法能够跨模型输出类别来查询概率分布,但无法访问模型本身。据研究,方阵攻击刚推出(2020年)时,与当时最先进的基于分数的黑盒攻击相比,方阵攻击需要的查询次数更少。

方阵攻击利用迭代随机搜索技术对图像进行随机扰动,以期提高目标函数。在每一步中,该算法仅扰动一小块正方形的像素(因此命名为方阵攻击),一旦发现对抗样本,就终止,以提高查询效率。由于攻击算法使用分数而不是梯度信息,因此这种方法不受梯度掩模的影响。梯度掩模是防止躲避攻击的常用技术。

为描述函数的目标,方阵攻击将分类器定义为

$$f:[0,1]^d \rightarrow R^K$$

这里,d 表输入的维度,K 代表输出类的总数。$f_k(x)$ 返回分数值(或者介于 0 和 1 的概率),输入的 x 属于类 k,允许对于任意的输入 x,分类器的类输出被定义为 $\mathrm{argmax}_{k=1,2,\cdots,K} f_k(x)$。攻击的目的为

$$\mathrm{argmax}_{k=1,2,\cdots,K} f_k(\hat{x}) \neq y, \parallel \hat{x} - x \parallel_p \leqslant \varepsilon \text{ 以及 } \hat{x} \in [0,1]^d$$

换句话说,找到一些扰动对抗样本 $\hat{x}$($\hat{x}$ 与 x 很相似),使得分类器错误地将其分类为某个其他类。损失函数 L 定义为 $L(f(\hat{x}),y) = f_y(\hat{x}) - \max_{k \neq y} f_k(\hat{x})$,并用寻找对抗样本 $\hat{x}$ 的方案来解决如下的约束优化问题:

$$\min_{\hat{x} \in [0,1]^d} L(f(\hat{x}),y) \quad \text{s.t.} \parallel \hat{x} - x \parallel_p \leqslant \varepsilon$$

(2) HSJA。

HSJA(Hop Skip Jump Attack)也是一种具有查询效率的黑盒攻击,但这种攻击完全依赖于对输入的预测输出类的访问。换句话说,HSJA 不需要像方阵攻击那样计算梯度或者访问分值的能力,只需要模型的预测输出(对于任何给定的输入)。该攻击分为定向的和非定向的两种不同的情况。两者的基本理念相同,即添加最小的扰动,导致模型的输出不相同。在定向场景中,其目标是使模型将扰动图像错误分类为目标标签(非原始标签)。而在非定向场景中,其目标是使模型将扰动图像错误分类为任何不是原始标签的标签。两者的目标可以定义如下。

定向的:$\min_{x'} d(x',x)$ 服从 $C(x') = c^*$。

非定向的:$\min_{x'} d(x',x)$ 服从 $C(x') \neq C(x)$。

这里,x 代表原始图像,x' 代表对抗图像,d 是图像间的距离函数,c^* 代表模板标签,C 是模型的分类标签函数。

以下的边界函数 S 用于解决上述非定向和定向两种情形的问题。

$$S(x') := \begin{cases} \max_{c \neq C(x)} F(x')_c - F(x')_{C(x)} & \text{(非定向)} \\ F(x')_{c^*} - \max_{c \neq c^*} F(x')_c & \text{(定向)} \end{cases}$$

还可以进一步简化,以更好地可视化不同潜在对抗样本之间的边界。

$$S(x') > \Leftrightarrow \begin{cases} \mathrm{argmax}_c F(x') \neq C(x) & \text{(非定向)} \\ \mathrm{argmax}_c F(x') = c^* & \text{(定向)} \end{cases}$$

使用此边界函数,然后遵循一个迭代算法为满足攻击目标的给定图像 x 找到对抗样本 x'。

2）白盒攻击

白盒攻击假设具备了目标模型的完整知识，包括其参数值、体系结构、训练方法，在某些情况下还包括训练数据，这种场景是指当攻击者完全攻入目标系统的时候。

（1）FGSM。FGSM（Fast Gradient Sign Method）是由 Google 研究人员最早提出的生成对抗样本的攻击方法之一。这种攻击向图像添加线性量的不可感知噪声，造成模型进行错误分类。

在白盒环境下，通过求出模型对输入的导数，然后用符号函数得到其具体的梯度方向，接着乘以一个小的常数 ε，得到的"扰动"加在原来的输入上就得到了在 FGSM 攻击下的样本。随着 ε 的增加，模型更有可能被愚弄，但扰动也变得更容易识别。以下公式显示的是生成对抗样本的公式，其中 x 是原始图像，ε 是一个非常小的数字，$\Delta_x()$ 是梯度函数，$J()$ 是损失函数，θ 是模型权重，y 是真实标签。

$$\mathrm{adv}_x = x + \varepsilon \cdot \mathrm{sign}(\Delta_x J(\theta, x, y))$$

上述方程的一个重要特性是梯度是相对于输入图像进行计算的，因为目标是生成一个图像，使得真实标签 y 的原始图像的损失最大化。在传统的梯度下降（用于模型训练）中，梯度用于更新模型的权重，其目标是最小化模型在真实数据集上的损失。作为生成对抗样本以规避模型的一种快速方法，提出 FGSM 的假设是神经网络在输入层面甚至无法抵抗线性量的扰动。

（2）Carlini 与 Wagner 攻击（C&W）。为了分析现有的对抗攻击和防御，美国加州大学伯克利分校的研究人员 Nicholas Carlini 和 David Wagner 于 2016 年提出了一种更快、更稳健的方法来生成对抗样本。Carlini 和 Wagner 提出的攻击始于试图求解一个困难的非线性优化方程：

$$\min(\|\delta\|_p)\text{服从}\ C(x+\delta)=t, \quad x+\delta \in [0,1]^n$$

上式的目标是最小化添加到原始输入 x 中的噪声 n，以便机器学习算法 C 将原始输入的 δ（或 $x+n$）预测为其他类 t。这里，Carlini 和 Wagner 建议使用一个新函数 $f()$，而不是直接使用上述等式，使得：

$$C(x+\delta)=t \Leftrightarrow f(x+\delta) \leqslant 0$$

这将第一个方程浓缩为以下问题：

$$\min(\|\delta\|_p)\text{服从}\ f(x+\delta) \leqslant 0, \quad x+\delta \in [0,1]^n$$

以及推导至以下公式：

$$\min(\|\delta\|_p + c \cdot f(x+\delta)), \quad x+\delta \in [0,1]^n$$

Carlini 和 Wagner 然后建议使用以下函数代替 $f()$。这里的 $Z()$ 函数确定给定输入 x 的类概率。

$$f(x) = ([\max_{i \neq t} Z(x)_i] - Z(x)_t)$$

当使用梯度下降法求解时，与 FGSM 相比，该方程能产生更强的对抗样本。该方法也能绕过防御性蒸馏，是一种有效的防御对抗样本的方法。蒸馏的意思是通过训练一个模型来预测另一个训练好的模型输出的概率的训练过程。

3）对抗样本防御

在实际中，找到对抗样本比设计一个能防御对抗样本的模型要容易得多。根据防御目标,可以将其分为主动防御或被动防御。主动防御的目的是使分类模型对对抗样本更加健壮。当一个模型能够像干净样本一样正确地分类对抗样本时,它就被认为是健壮的。另一方面,被动防御的重点是通过充当过滤器来检测对抗图像,在恶意图像到达分类器之前识别它们。

研究人员还提出了一种保护机器学习的方法,基本步骤如下。

(1)威胁建模——针对目标系统将攻击者的目标和能力形式化。

(2)攻击模拟——根据可能的攻击策略将攻击者试图解决的优化问题形式化。

(3)攻击影响评估。

(4)对策设计。

(5)噪声检测(用于基于躲避的攻击)。

(6)信息清洗——改变对手收到的信息(用于模型窃取攻击)。

还有许多针对躲避攻击、投毒攻击和隐私攻击的防御机制,包括安全学习算法、多分类系统、人工智能编写算法、博弈论模型、清理训练数据、对抗训练、后门检测算法、隐私保护学习、能探索训练环境的人工智能(例如,在图像识别中,能主动导航 3D 环境,而不是被动扫描一组固定的 2D 图像)等。

11.4　本　章　小　结

算法是大数据管理与计算的核心主题,算法安全是大数据安全体系架构与数据安全治理体系中的重要一环。

大数据算法通过利用大数据平台可以对海量的数据进行分析建模与预测。与传统应用相比,基于大数据的算法可以借助更多的数据进行更精准的分析与预测。同时,算法的不合理利用和自身的不安全性也为数据安全带来了极大的隐患。

本章对大数据算法数学模型、搜索引擎算法、推荐算法、机器学习算法进行了介绍,并对推荐系统托攻击、搜索引擎优化、对抗机器学习攻击等大数据算法攻击方式进行了介绍。

习　　题

一、单选题

1. 同时采用多种推荐技术给出多种推荐结果,为用户提供参考,属于(　　)推荐算法的组合方式。

    A. 加权　　　　　　B. 切换　　　　　　C. 混合　　　　　　D. 特征组合

2. 逻辑回归属于机器学习中的(　　)。

    A. 监督学习　　　　B. 无监督学习　　　C. 强化学习　　　　D. 优化

3. AlphaGo 学习下棋属于(　　)的典型例子。

    A. 监督学习　　　　B. 无监督学习　　　C. 强化学习　　　　D. 仿真

4. 通过混淆垃圾邮件和恶意软件的内容来逃避检测,属于(　　)。

　　A. 躲避攻击　　　　B. 投毒攻击　　　　C. 模型窃取　　　　D. 推理攻击

二、填空题

1. 一个算法应该具备 5 个特征:_____、_____、输入项、输出项和_____。

2. 评价搜索引擎的两个重要指标为搜索结果的相关性和网页的质量。前者通常采用_____,后者通常采用_____算法来描述。

3. 按照机器学习传统分类,K-近邻(KNN)、支持向量机、决策树、随机森林、神经网络属于_____,k-平均算法属于_____。

4. 针对机器学习算法(监督)的攻击,主要可以分成三大类:_____、_____、_____。

三、简答题

1. 简述建立数学模型的基本原则。

2. 简述协同过滤算法与基于内容的过滤算法的原理与区别。

3. 简述托攻击的原理。

4. 搜索引擎优化的目的是什么? 搜索引擎优化有哪些技术?

5. 投毒攻击的原理是什么?

6. 简述对抗样本攻击的防御步骤。

数据安全与隐私保护相关规范

本章学习目标
- 了解国内外数据安全与隐私保护相关法律法规
- 了解欧盟《通用数据保护条例》的主要内容
- 了解美国《国家安全与个人数据保护法》提案的主要内容
- 熟悉我国《中华人民共和国网络安全法》《中华人民共和国数据安全法》《中华人民共和国个人信息保护法》《网络数据安全管理条例》等数据安全和个人信息保护方面的相关规定

数据不仅在企业参与市场竞争中占据着越来越重要的地位,而且在国家参与全球事务过程中的重要性也日益凸显。再加上人员和信息在不同国家间的流动空前频繁,给数据安全和隐私保护带来了更多、更新的挑战和困难。

本章主要介绍国内外数据安全与隐私保护相关的法律法规。首先介绍欧盟的《通用数据保护条例》,接着介绍美国的《国家安全与个人数据保护法》提案,最后介绍我国的《中华人民共和国网络安全法》《中华人民共和国数据安全法》和《中华人民共和国个人信息保护法》等方面的法律法规。

12.1 国外数据安全与隐私保护

欧盟在个人信息保护方面的立法比较早,目前已形成体系化的法律制度。早在 1995 年,欧盟就颁布实施了《个人数据保护指令》,为欧盟成员国立法保护个人数据建立了最低标准。其后,又相继发布《隐私与电子通讯指令》《通用数据保护条例》等法律法规,不但保护了数据主体的权利,也对数据控制者的个人数据处理行为提出了要求。

美国将数据视为重要的基础战略资源,并从国家安全角度出发,加强数据安全、数据出境安全领域的立法布局。2019 年 11 月,美国参议员提议制定《2019 年国家安全和个人数据保护法(草案)》,以阻止美国个人敏感数据流向境外。2020 年 2 月,美国外国投资委员会(CFIUS)外国投资审查法案最终规则正式生效,严控对 AI 等关键技术和敏感个人数据领域的外商投资,防止尖端技术数据和敏感个人信息外泄。

12.1.1 欧盟《通用数据保护条例》

《通用数据保护条例》(General Data Protection Regulations,GDPR,又译为"一般数

据保护条例")作为欧盟的条例,于 2018 年 5 月 25 日在欧盟成员国内正式生效实施,共
11 章 99 条。

1. 目的

制定《通用数据保护条例》的目的:一是对个人数据处理相关自然人的保护以及个人
数据的自由流动做出规定;二是保护自然人的基本权利与自由,尤其保护个人数据的权
利。(第一条)

2. 主要内容

1) 规定了个人信息处理必须遵守的原则

一是合法、公正、透明原则。即要合法地、公平地并且以公开透明的方式对数据主体
的个人数据进行处理。

二是目的限制原则。即信息收集应符合特定、明确、合法正当的目的,且不能超出目
的范围。

三是数据最小化原则。即处理个人信息应当适当、相关、仅限于必要目的。

四是准确性原则。即数据要准确、必要并及时更新,同时采取一切合理措施确保不准
确的个人数据能立即被删除或更正。

五是存储限制原则。即个人数据的保存形式应允许识别数据主体的时间不超过处理
个人数据所需的时间。

六是完整及保密原则。即处理个人信息的方式应具备适当安全性,包括技术及组织
管理措施,以有效防止未经授权或非法处理个人信息,避免信息被遗失、破坏。

七是追责原则。即信息管控者应遵守上述原则,并就其符合相关原则负举证责任。

2) 赋予数据主体数据访问权、纠正权、删除权(被遗忘权)、限制处理权、数据可携权、
拒绝处理权等权利

数据访问权,是指数据主体有权从管理者处确认关于该主体的个人数据是否正在被
处理,可以访问个人数据和处理的目的等信息。

纠正权,是指当数据主体认为其个人数据有错误、发生变动或内容不完整时,有权要
求数据控制者立即进行修改。

删除权,是指在满足一定的条件时,数据主体有权要求控制者及时删除与其有关的个
人数据,且赋予数据主体对删除用户数据独有的决定权,只要其认为个体的用户数据对于
收集者不再必要,数据主体主观上以任何理由撤销授权或者企业违反法律对数据进行收
集和处理等情况出现,数据主体即可行使该权利。

限制处理权,是指赋予数据主体对数据控制者和处理者处理其数据的行为享有的实
施干预和限制的权利,且与行使注销权需要满足的条件相类似。

数据可携权,是指用户可以无障碍地将其个人数据从一个信息服务提供者处转移至
另一个信息服务提供者。

拒绝处理权,是指仅针对企业对数据的处理活动,数据主体有权直接拒绝数据控制者
对其收集到的用户数据进行处理,包括利用算法和系统实现的自动处理,同时,若技术层

面无法避免系统对数据的自动处理,数据主体可拒绝企业依据自动处理系统所做出的决策。

3)完善了跨境数据流动机制

欧盟 1995 年颁布实施的《个人数据保护指令》要求,欧盟公民的个人数据不得转移至不能达到与欧盟同等保护水平的国家,除非满足特定条件。在实践中,部分成员国针对跨境数据流动进一步增加了事前的备案或者许可要求。按照"外严内松"原则,《通用数据保护条例》保障了数据在欧盟范围内的自由流动,消除了各成员国的数据本地化要求,并通过充分性认定确定了数据跨境自由流动白名单国家。

《通用数据保护条例》规定了跨境数据流动的合法路径:一是充分性决定(Adequate Decision);二是有约束力公司规则(Binding Corporate Rules);三是标准合同条款(Standard Contractual Clauses);四是经批准的行为准则(Codes of Conduct);五是经批准的认证机制、封印或者标识(Approved Certification Mechanism,Seal or Mark)。行为准则与认证机制是条例中引入的新型的合规机制,以最大化发挥第三方监督与市场自律作用。

12.1.2 美国《国家安全与个人数据保护法》提案

2019 年 11 月 18 日,美国国会共和党参议员,参议院司法委员会犯罪、恐怖主义与国土安全小组主席 Josh Hawley 向参议院提交第 2889 号提案——《2019 国家安全与个人数据保护法》提案(*National Security and Personal Data Protection Act of 2019*,以下简称《提案》)。《提案》共分为 6 部分,包含其拟管制对象及数据类型等的界定、对特别公司收集储存数据的特殊规定、处罚规则、特定交易的审批要求等。

1. 目的

通过实施数据安全要求和加强对外国投资审查,保护美国人的数据不受外国政府的威胁。

2. 主要内容

《提案》对"受管辖科技公司"的数据采集、数据使用、数据传输、数据存储、报告义务和用户权利等设置了一系列的特别规定,具体包括:

(1)数据收集最小化。"受管辖科技公司"收集的用户数据不得超过其运营网站、服务或应用程序所需的数据。

(2)禁止二次利用。"受管辖科技公司"不得将所收集的任何用户数据转用于任何并非运营网站、服务或应用程序所严格必需的目的,包括提供定向广告,与第三方不必要地共享数据,或不必要地用于人脸识别技术的部署或应用。

(3)查看和删除数据的权利。"受管辖科技公司"应允许个人查看公司掌握的与个人有关的任何用户数据,永久性删除公司所掌握的任何直接或间接从个人所收集的用户数据。

(4)禁止向关注国传输数据。所有提供基于数据的在线服务公司(包括"受管辖科技公司")不得将任何用户数据或解密该数据所需的信息(如加密密钥)直接或间接地传输到任何关注国。

（5）数据存储要求。公司不得将收集的美国公民或居民的数据或解密该数据所需的信息（如加密密钥）存储在位于美国或与美国据法定程序签有执法共享数据协议的国家之外的服务器或数据存储设备上。

（6）报告义务。"受管辖科技公司"的高管每年至少向司法部及其他相关部门提交一份报告，证明是否符合本条规定。

12.2　我国数据安全与隐私保护

目前，我国关于个人数据隐私的立法和监管体系仍在不断完善中，数据隐私保护由法律条文、行政法规、地方性法规、规范性文件等共同组成。《中华人民共和国宪法》中关于保障人权和隐私的有关规定，是我国个人数据隐私保护的根本来源。2012年12月，《关于加强网络信息保护的决定》正式实施，首次在法律层面对网络信息保护做出规定。2017年6月，《中华人民共和国网络安全法》正式实施，首次成体系地从法律层面对个人数据保护的相关规则进行了梳理和确认。

12.2.1　《中华人民共和国网络安全法》

《中华人民共和国网络安全法》于2016年11月7日由中华人民共和国主席签署主席令予以公布，自2017年6月1日起施行，共7章79条。

1. 目的

制定《中华人民共和国网络安全法》的目的是保障网络安全，维护网络空间主权和国家安全、社会公共利益，保护公民、法人和其他组织的合法权益，促进经济社会信息化健康发展。（第一条）

2. 主要内容

《中华人民共和国网络安全法》内容主要涵盖关键信息基础设施保护、网络数据和用户信息保护、网络安全应急与监测等领域，与网络空间国内形势、行业发展和社会民生关系紧密的主要有以下重点内容。

（1）确立了网络空间主权原则，将网络安全顶层设计法制化。网络空间主权是一国开展网络空间治理、维护网络安全的核心基石；离开了网络空间主权，维护公民、组织等在网络空间的合法利益将沦为一纸空谈。《中华人民共和国网络安全法》第一条明确提出要"维护网络空间主权"，为网络空间主权提供了基本法依据。此外，在"总则"部分，《中华人民共和国网络安全法》还规定了国家网络安全工作的基本原则、主要任务和重大指导思想、理念，厘清了部门职责划分，在顶层设计层面体现了依法行政、依法治国要求。

（2）对关键信息基础设施实行重点保护，将关键信息基础设施安全保护制度确立为国家网络空间基本制度。当前，关键信息基础设施已成为网络攻击、网络威慑乃至网络战的首要打击目标，我国对关键信息基础设施安全保护已上升至前所未有的高度。《中华人民共和国网络安全法》第三章第二节"关键信息基础设施的运行安全"中用大量篇幅规定了关键信息基础设施保护的具体要求,解决了关键信息基础设施范畴、保护职责划分等重大问题,为不同行业、领域关键信息基础设施应对网络安全风险提供了支撑和指导。此外,《中华人民共和国网络安全法》提出建立关键信息基础设施运营者采购网络产品、服务的安全审查制度,与国家安全审查制度相互呼应,为提高我国关键信息基础设施安全可控水平提出了法律要求。

（3）加强个人信息保护要求,加大对网络诈骗等不法行为的打击力度。近年来,公民个人信息数据泄露日趋严重,"徐玉玉案"等一系列的电信网络诈骗案引发社会焦点关注。《中华人民共和国网络安全法》在如何更好地对个人信息进行保护这一问题上有了相当大的突破。它确立了网络运营者在收集、使用个人信息过程中的合法、正当、必要原则。形式上,进一步要求通过公开收集、使用规则,明示收集、使用信息的目的、方式和范围,经被收集者同意后方可收集和使用数据。另一方面,《中华人民共和国网络安全法》加大了对网络诈骗等不法行为的打击力度,特别对网络诈骗严厉打击的相关内容,切中了个人信息泄露乱象的要害,充分体现了保护公民合法权利的立法原则。

（4）重要数据强制本地存储制度和境外数据传输审查评估制度。该制度主要调整的是关键信息基础设施运营者在搜集个人信息重要数据的合法性问题,规定了需要强制在本地进行数据存储。本地存储的数据若确属需要数据转移出境的,须同时满足以下条件:①经过安全评估认为不会危害国家安全和社会公共利益的;②经个人信息主体同意的。另外,该制度还规定了一些法律拟制的情况,比如拨打国际电话、发送国际电子邮件、通过互联网跨境购物以及其他个人主动行为,均可视为已经取得了个人信息主体同意。

12.2.2 《中华人民共和国数据安全法》

《中华人民共和国数据安全法》于 2021 年 6 月 10 日由中华人民共和国主席签署主席令予以公布,自 2021 年 9 月 1 日起施行,共 7 章 55 条。

1. 目的

制定《中华人民共和国数据安全法》的目的是:规范数据处理活动,保障数据安全,促进数据开发利用,保护个人、组织的合法权益,维护国家主权、安全和发展利益。（第一条）

2. 主要内容

（1）确立了数据安全有关的几个重要制度。

一是再次明确了数据分级分类制度。在此之前,《中华人民共和国网络安全法》首次规定了数据分类制度,各行业也已经逐步推进行业数据分级分类工作,例如《工业数据分类分级指南（试行）》等。

第二十一条 国家建立数据分类分级保护制度,根据数据在经济社会发展中的重要程度,以及一旦遭到篡改、破坏、泄露或者非法获取、非法利用,对国家安全、公共利益或者个人、组织合法权益造成的危害程度,对数据实行分类分级保护。国家数据安全工作协调机制统筹协调有关部门制定重要数据目录,加强对重要数据的保护。关系国家安全、国民经济命脉、重要民生、重大公共利益等数据属于国家核心数据,实行更加严格的管理制度。各地区、各部门应当按照数据分类分级保护制度,确定本地区、本部门以及相关行业、领域的重要数据具体目录,对列入目录的数据进行重点保护。

二是明确建立国家数据安全风险管理制度和数据安全应急处置制度。

第二十二条　国家建立集中统一、高效权威的数据安全风险评估、报告、信息共享、监测预警机制。国家数据安全工作协调机制统筹协调有关部门加强数据安全风险信息的获取、分析、研判、预警工作。

第二十三条　国家建立数据安全应急处置机制。发生数据安全事件,有关主管部门应当依法启动应急预案,采取相应的应急处置措施,防止危害扩大,消除安全隐患,并及时向社会发布与公众有关的警示信息。

三是明确建立数据安全审查制度。

第二十四条　国家建立数据安全审查制度,对影响或者可能影响国家安全的数据处理活动进行国家安全审查。

四是明确管制物项数据出口管制制度及国际间数据监管对等原则。

第二十五条　国家对与维护国家安全和利益、履行国际义务相关的属于管制物项的数据依法实施出口管制。

第二十六条　任何国家或者地区在与数据和数据开发利用技术等有关的投资、贸易等方面对中华人民共和国采取歧视性的禁止、限制或者其他类似措施的,中华人民共和国可以根据实际情况对该国家或者地区对等采取措施。

(2)规定了有关部门、单位和个人在数据安全保护方面的责任。

主要体现在第二十七条至第三十六条。如:

第二十七条　开展数据处理活动,应当依照法律法规的规定,建立健全全流程数据安全管理制度,组织开展数据安全教育培训,采取相应的技术措施和其他必要措施,保障数据安全。利用互联网等信息网络开展数据处理活动,应当在网络安全等级保护制度的基础上,履行上述数据安全保护义务。重要数据的处理者应当明确数据安全负责人和管理机构,落实数据安全保护责任。

(3)规定了在数据安全保护方面违法的法律责任。

主要体现在第四十四条至第五十二条。如:

第四十五条　开展数据处理活动的组织、个人不履行本法第二十七条、第二十九条、第三十条规定的数据安全保护义务的,由有关主管部门责令改正,给予警告,可以并处五万元以上五十万元以下罚款,对直接负责的主管人员和其他直接责任人员可以处一万元以上十万元以下罚款;拒不改正或者造成大量数据泄露等严重后果的,处五十万元以上二百万元以下罚款,并可以责令暂停相关业务、停业整顿、吊销相关业务许可证或者吊销营业执照,对直接负责的主管人员和其他直接责任人员处五万元以上二十万元以下罚款。违反国家核心数据管理制度,危害国家主权、安全和发展利益的,由有关主管部门处二百万元以上一千万元以下罚款,并根据情况责令暂停相关业务、停业整顿、吊销相关业务许可证或者吊销营业执照;构成犯罪的,依法追究刑事责任。

12.2.3 《中华人民共和国个人信息保护法》

《中华人民共和国个人信息保护法》于2021年8月20日由中华人民共和国主席签署主席令予以公布,自2021年11月1日起施行,共8章74条。

1. 目的

制定《中华人民共和国个人信息保护法》的目的是:保护个人信息权益,规范个人信息处理活动,促进个人信息合理利用。(第一条)

2. 主要内容

1) 明确了"个人信息"界定

在《中华人民共和国网络安全法》基础上,《中华人民共和国个人信息保护法》对"个人信息"做出了更为严谨的定义及列举。匿名化处理后的信息被明确不属于个人信息,主要体现在第四条:

第四条　个人信息是以电子或者其他方式记录的与已识别或者可识别的自然人有关的各种信息,不包括匿名化处理后的信息。个人信息的处理包括个人信息的收集、存储、使用、加工、传输、提供、公开、删除等。

2) 规定了处理个人信息的基本原则

规定了处理个人信息应当遵循的基本原则,为个人信息处理范围的最小化控制提供了上位法指引,主要包括:一是合法、正当、必要和诚信原则;二是最小范围收集原则;三是公开、透明原则;四是保证个人信息的质量;五是个人信息安全;六是禁止非法收集、使用、加工、传输,非法买卖、提供或者公开。

3) 明确了"告知-同意-撤回同意/拒绝"的处理规则

进一步明确了个人信息处理的前提条件及要求,主要体现在第十三条到第二十三条。个人信息处理者仅可在取得个人同意或法定例外情形下处理个人信息。个人信息处理者在处理个人信息前应履行充分告知义务,包括以显著方式、清晰易懂的语言真实、准确、完整地向个人告知处理者的名称或姓名和联系方式、处理目的、处理方式、处理的个人信息种类、保存期限、个人行使法定权利的方式和程序及其他依法应告知事项;另一方面,该法对个人同意的方式、撤回同意/拒绝权利进行了明确规定,形成以"告知-同意-撤回同意/拒绝"为逻辑主线的处理规则。

4) 确立了自动化决策对数据处理的基本规则

确立了算法等自动化决策治理的基本框架,为自动化决策应用于电商平台经济、数字政府运行划定了合法边界。对决策的透明度及结果公平公正性、以自动决策方式进行信息推送、商业营销的规范、个人知情权及拒绝权、事先个人信息保护影响评估等进行了明确规定。

5) 加强了对敏感个人信息的保护

对敏感个人信息进行了定义,是指一旦泄露或非法使用,容易导致自然人的人格尊严受到侵害或者人身、财产安全受到危害的个人信息,包括生物识别、宗教信仰、特定身份、医疗健康、金融账户、行踪轨迹等信息,以及不满十四周岁未成年人的个人信息。该法对敏感个人信息的处理规定更加严格,包括明确"特定目的和充分必要性"的处理前提条件、告知处理敏感个人信息的必要性及对个人权益的影响、要求取得个人的单独同意等。

6）规范了国家机关处理个人信息行为

对国家机关为履行法定职责处理个人信息进行了明确规定,包括权限范围限制、告知义务及向境外提供的安全评估义务等。另外,法律、法规授权的具有管理公共事务职能的组织为履行法定职责处理个人信息,适用本法关于国家机关处理个人信息的规定。《中华人民共和国个人信息保护法》第三节与《中华人民共和国数据安全法》结合,完善了政务数据的处理规则。

7）明确了个人的多项权利且确立了个人信息可携带权

确立了个人对其个人信息的处理享有的多方面权利,包括对个人信息处理的知情权、决定权、要求解释说明权、拒绝权等;在个人信息处理过程中享有补充权、删除权等;对处理者所掌握的个人信息享有查阅权、复制权、承继行使权、可携带权等。特别是,可携带权为个人信息在不同互联网平台间进行指定转移、数据互联互通提供了合规路径。

8）规定了个人信息处理者的义务

个人信息处理者应当定期对其处理个人信息遵守法律、行政法规的情况进行合规审计。处理敏感个人信息、利用个人信息进行自动化决策和向境外提供个人信息等情形下,个人信息处理者还应事前进行个人信息保护影响评估,并对处理情况进行记录。对于提供重要互联网平台服务、用户数量巨大、业务类型复杂的个人信息处理者,还有建立健全个人信息保护合规制度体系、制定平台规则、对违法违规者停止服务、定期发布个人信息保护社会责任报告等义务。

9）规定了在个人信息保护方面违法的法律责任

主要体现在第六十六条至第七十一条。在《中华人民共和国网络安全法》《中华人民共和国数据安全法》基础上,《中华人民共和国个人信息保护法》加大了侵犯个人信息的惩罚力度,对个人信息处理者规定了较严格的行政处罚、计入信用档案并公示、民事赔偿责任、刑事责任等;并且对国家机关不履行个人信息保护义务,也明确了惩罚措施。进一步加强了对侵犯个人信息的立法保护,并注意与其他法律衔接。

12.2.4　《网络数据安全管理条例（征求意见稿）》

2021 年 11 月 14 日,国家互联网信息办公室发布《国家互联网信息办公室关于〈网络数据安全管理条例（征求意见稿）〉公开征求意见的通知》,面向社会公开征求意见。《网络数据安全管理条例（征求意见稿）》（以下简称《管理条例》）共 9 章 75 条,是对《中华人民共和国网络安全法》《中华人民共和国数据安全法》《中华人民共和国个人信息保护法》等上位法的执行、细化和补充,进一步增强了数据安全法律体系的完备性和可操作性。

1. 目的

制定《网络数据安全管理条例（征求意见稿）》的目的是:规范网络数据处理活动,保障数据安全,保护个人、组织在网络空间的合法权益,维护国家安全、公共利益。（第一条）

2. 主要内容

1）进一步明确了数据安全有关的几个重要制度

一是进一步明确了数据分类分级保护制度。《管理条例》在《中华人民共和国数据安全法》第二十一条提出的"数据分类分级保护制度"基础上,明确了"按照数据对国家安全、公共利益或者个人、组织合法权益的影响和重要程度,将数据分为一般数据、重要数据、核心数据,不同级别数据采取不同的保护措施。国家对个人信息和重要数据进行重点保护,对核心数据实行严格保护。"(第五条)

二是明确建立健全数据交易管理制度。明确数据交易机构设立、运行标准,规范数据流通交易行为,确保数据依法有序流通。(第七条)

三是再次明确建立健全数据安全管理制度。落实数据安全保护责任,保障政务数据安全。(第十六条)

四是再次明确建立健全数据安全应急处置机制。将数据安全事件纳入国家网络安全事件应急响应机制。(第五十六条)

五是明确建立数据安全审计制度。数据处理者应委托数据安全审计专业机构定期对其处理个人信息的情况进行合规审计。(第五十八条)

2）进一步明确了个人信息处理的基本原则和要求

《管理条例》第十九条明确提出,数据处理者处理个人信息,应当具有明确、合理的目的,遵循合法、正当、必要的原则。第二十条规定,数据处理者处理个人信息,应当制定个人信息处理规则并严格遵守。个人信息处理规则应当集中公开展示、易于访问并置于醒目位置,内容明确具体、简明通俗,系统全面地向个人说明个人信息处理情况。第二十一条规定,数据处理者处理个人信息应当取得个人同意。第二十二条规定了数据处理者应当在十五个工作日内删除个人信息或者进行匿名化处理的四种情形,即已实现个人信息处理目的、达到存储期限的、终止服务或者个人注销账号、未经个人同意的个人信息。

3）明确了数据处理者在处理个人信息时应当履行的义务

《管理条例》第二十三条明确,个人提出查阅、复制、更正、补充、限制处理、删除其个人信息的合理请求的,数据处理者有义务满足个人的相关要求,不得对合理请求进行限制、设置不合理条件并且在十五个工作日内处理反馈。第二十四条规定,符合条件的个人信息转移请求,数据处理者应当为个人指定的其他数据处理者访问、获取其个人信息提供转移服务。第二十五条对数据处理者利用生物特征进行个人身份认证做出明确要求,不得将人脸、步态、指纹、虹膜、声纹等生物特征作为唯一的个人身份认证方式,以强制个人同意收集其个人生物特征信息。第二十六条强调,数据处理者处理一百万人以上个人信息的,还应当遵守对重要数据的处理者做出的规定。

4）明确了委托处理的工作原则

《管理条例》第十二条,明确将委托处理与共享、交易作为数据处理者向第三方提供个人信息和重要数据的情形,提出相同的处理要求。在数据处理者委托处理个人信息时,明确规定数据处理者对于个人承担告知义务,须向个人告知提供个人信息的目的、类型、方式、范围、存储期限、存储地点。对于个人信息或重要数据的委托处理,明确规定数据处理者和数据接收方的法定订约义务,双方须通过签订合同等形式明确约定处理数据的目的、范围、处理方式、数据安全保护措施等。委托处理个人信息或重要数据的数据处理者,对数据接收方的数据处理活动负有法定的监督义务。数据处理者须留存提供个人信息的日志记录和委托处理重要数据的审批记录、日志记录至少五年。第三十二条明确,无论是个人信息或重要数据的委托处理,数据处理者都应当事前自行开展安全评估,安全评估的重点是数据接收方的身份、诚信履约的能力、对个人信息和重要数据提供安全保障的能力和承担法律责任的能力、合同中约定的数据安全措施的有效性和可执行性,以及个人信息和重要数据的交付转移可能对"国家安全、经济发展、公共利益"带来的风险。

5) 明确了确保重要数据安全的相关规定

《管理条例》第二十七条明确提出,按照国家有关要求和标准,识别重要数据和核心数据,制定重要数据和核心数据目录,并报国家网信部门。第二十九条强调,重要数据的处理者,应当在识别其重要数据后的十五个工作日内向设区的市级网信部门备案。重要数据的处理者,应当明确数据安全负责人,成立数据安全管理机构(第二十八条);应当制定数据安全培训计划,每年组织开展全员数据安全教育培训,数据安全相关的技术和管理人员每年教育培训时间不得少于 20 小时(第三十条);应当优先采购安全可信的网络产品和服务(第三十一条)。第三十二条则对重要数据安全评估及年度报告内容提出明确要求,处理重要数据或者赴境外上市的数据处理者,应当自行或者委托数据安全服务机构每年开展一次数据安全评估,并在每年 1 月 31 日前将上一年度数据安全评估报告报设区的市级网信部门。数据处理者应当保留风险评估报告至少三年。评估认为可能危害国家安全、经济发展和公共利益,数据处理者不得共享、交易、委托处理、向境外提供数据。第三十三条强调,数据处理者共享、交易、委托处理重要数据的,应当征得设区的市级及以上主管部门同意,主管部门不明确的,应当征得设区的市级及以上网信部门同意。

6) 明确了数据跨境安全管理的相关规定

《管理条例》第三十五条,明确了数据出境应当具备的条件,即通过国家网信部门组织的数据出境安全评估,通过国家网信部门认定的专业机构进行的个人信息保护认证,或者法律、法规、国家网信部门规定的其他条件。第三十六条规定,数据处理者向境外提供个人信息的,应当向个人告知境外数据接收方的名称、联系方式、处理目的、处理方式、个人信息的种类以及个人向境外数据接收方行使个人信息权利的方式等事项,并取得个人的单独同意。第三十七条明确,当出境数据中包含重要数据、关键信息基础设施运营者和处理一百万人以上个人信息的数据处理者向境外提供个人信息或者国家网信部门规定的其他情形时,出境数据应当通过国家网信部门组织的安全评估。法律、行政法规和国家网信部门规定可以不进行安全评估的,从其规定。第四十条和第四十二条要求,数据处理者从事跨境数据活动,应当按照国家数据跨境安全监管要求,建立健全相关技术和管理措施,同时应当在每年 1 月 31 日前编制数据出境安全报告。此外,第四十一条还明确,国家建立数据跨境安全网关,对来源于中华人民共和国境外、法律和行政法规禁止发布或者传输的信息予以阻断传播。

7) 明确了互联网平台运营者应承担的义务

《管理条例》第四十三条和第四十四条明确,互联网平台运营者应当建立与数据相关的平台规则、隐私政策和算法策略披露制度,并对接入其平台的第三方产品和服务承担数据安全管理责任,第三方产品和服务对用户造成损害的,用户可以要求互联网平台运营者先行赔偿。第四十六条明确了互联网平台运营者不得利用数据以及平台规则等从事的活动,比如:对用户实施产品和服务差异化定价等损害用户合法利益的行为,在产品推广中实行最低价销售等损害公平竞争的行为,违背用户意愿处理用户数据,限制平台上的中小企业公平获取平台产生的行业、市场数据等,阻碍市场创新。

12.2.5 《网络安全审查办法》

《网络安全审查办法》已于 2021 年 11 月 16 日国家互联网信息办公室 2021 年第 20 次室务会议审议通过,自 2022 年 2 月 15 日起施行。

1. 目的

制定《网络安全审查办法》的目的是确保关键信息基础设施供应链安全,保障网络安全和数据安全,维护国家安全,根据《中华人民共和国国家安全法》《中华人民共和国网络安全法》《中华人民共和国数据安全法》《关键信息基础设施安全保护条例》,制定本办法。(第一条)

2. 主要内容

1) 明确了进行网络安全审查的条件与对象

为了进一步保障网络安全和数据安全,维护国家安全,《网络安全审查办法》进一步明确了网络平台运营者须向网络安全审查办公室申报网络安全审查的情形,主要包括:

第五条 关键信息基础设施运营者采购网络产品和服务的,应当预判该产品和服务投入使用后可能带来的国家安全风险。影响或者可能影响国家安全的,应当向网络安全审查办公室申报网络安全审查。

第七条 掌握超过 100 万用户个人信息的网络平台运营者赴国外上市,必须向网络安全审查办公室申报网络安全审查。

2) 明确了网络安全审查重点评估的因素

第十条 网络安全审查重点评估相关对象或者情形的以下国家安全风险因素:

(一)产品和服务使用后带来的关键信息基础设施被非法控制、遭受干扰或者破坏的风险;

(二)产品和服务供应中断对关键信息基础设施业务连续性的危害;

(三)产品和服务的安全性、开放性、透明性、来源的多样性,供应渠道的可靠性以及因为政治、外交、贸易等因素导致供应中断的风险;

(四)产品和服务提供者遵守中国法律、行政法规、部门规章情况;

(五)核心数据、重要数据或者大量个人信息被窃取、泄露、毁损以及非法利用、非法出境的风险;

(六)上市存在关键信息基础设施、核心数据、重要数据或者大量个人信息被外国政府影响、控制、恶意利用的风险,以及网络信息安全风险;

（七）其他可能危害关键信息基础设施安全、网络安全和数据安全的因素。

12.3　本章小结

随着科技的快速发展,社会已经步入大数据时代。大数据技术为人们的社会生活带来了极大的便利,同时也带来了数据安全和用户隐私保护等方面的挑战。本章从目的、主要内容等方面,较详细地阐述了目前国内外数据安全与隐私保护的主要法律法规。

习　　题

一、单选题

1.《中华人民共和国网络安全法》明确"国家坚持网络安全与（　　）并重"。

　　A. 普及网络应用　　　　　　　　　　B. 技术创新发展

　　C. 维护网络空间安全　　　　　　　　D. 信息化发展

2.《中华人民共和国数据安全法》规定,重要数据的处理者应当按照规定对其数据处理活动定期开展（　　）,并向有关主管部门报送相关报告。

　　A. 风险评估　　　　B. 应急演练　　　　C. 培训宣讲　　　　D. 等保测评

3. 为保护个人信息安全,不应当（　　）。

　　A. 及时撕毁快递包裹上的个人信息

　　B. 随意海投个人简历

　　C. 输入密码时确保无人偷窥

　　D. 使用后及时销毁身份证复印件

4. 当收到认识的人发来的电子邮件并发现其中有附件,应该（　　）。

　　A. 打开附件,然后将它保存到硬盘

　　B. 打开附件,但是如果它有病毒,立即关闭它

　　C. 用防病毒软件扫描以后再打开附件

　　D. 直接删除该邮件

5. 根据网络在国家安全、经济建设、社会生活中的重要程度,以及其一旦遭到破坏、丧失功能或者数据被篡改、泄露、丢失、损毁后,对国家安全、社会秩序、公共利益以及相关公民、法人和其他组织的合法权益的危害程度等因素,网络分为（　　）个安全保护等级。

　　A. 3　　　　　　　　B. 4　　　　　　　　C. 5　　　　　　　　D. 6

二、填空题

1.《中华人民共和国网络安全法》规定的网络安全"三同步"原则是指 ＿＿＿＿＿＿ 、＿＿＿＿＿＿ 和同步运行。

2.《网络安全等级保护条例》规定,涉密网络按照存储、处理、传输国家秘密的最高密级实行＿＿＿＿＿＿保护。

3. 大型互联网平台运营者,是指用户超过_____万、处理大量个人信息和重要数据、具有强大社会动员能力和市场支配地位的互联网平台运营者。

三、简答题

1.《通用数据保护条例》规定的个人信息处理必须遵守的原则有哪些?

2.《通用数据保护条例》赋予数据主体哪些权利?

3.《国家安全与个人数据保护法》提案对"受管辖科技公司"哪些方面做出了特别规定?

4.《中华人民共和国数据安全法》明确了数据安全有关的重要制度有哪些?

5.《中华人民共和国个人信息保护法》规定了处理个人信息应遵循的基本原则,主要包括哪些原则?

6.《网络数据安全管理条例》中确立的数据安全管理制度有哪些?

7.《网络数据安全管理条例》对数据处理者利用生物特征进行个人身份认证有哪些规定?

参 考 文 献

[1] 全国信息技术标准化技术委员会. 信息安全技术　数据安全能力成熟度模型: GB/T 37988-2019 [S]. 北京: 中国标准出版社, 2019.

[2] 中国互联网络信息中心. 第 49 次《中国互联网络发展状况统计报告》[EB/OL]. [2022-02-25]. http://www.cnnic.net.cn/hlwfzyj/hlwxzbg/hlwtjbg/202202/t20220225_71727.htm.

[3] 张锋军, 杨永刚, 李庆华, 等. 大数据安全研究综述[J]. 通信技术, 2020, 53(05): 1063-1076.

[4] 中国信息通信研究院. 大数据安全白皮书[R/OL]. [2018-07-13]. http://www.cbdio.com/BigData/2018-07/13/content_5763797.htm.

[5] 奇安信.《数据安全法》倒计时奇安信发布业内首个"数据安全能力框架". [EB/OL]. [2021-08-30]. https://www.qianxin.com/news/detail?news_id=2261.

[6] 中国电子技术标准化研究院. 大数据安全标准化白皮书[EB/OL]. [2017-04-18]. http://www.cac.gov.cn/201704/13/c_1120805470.htm.

[7] 国家工业信息安全发展研究中心. 数据安全白皮书[EB/OL]. [2021-05-27]. https://www.secrss.com/articles/31502.

[8] Salido J, Voon P. A Guide to Data Governance for Privacy, Confidentiality, and Compliance[J]. Microsoft Trusted Computing, 2010: 35.

[9] 沈剑, 周天祺, 曹珍富. 云数据安全保护方法综述[J]. 计算机研究与发展, 2021, 58(10): 2079-2098.

[10] 吴振豪, 高健博, 李青山, 等. 数据安全治理中的安全技术研究[J]. 信息安全研究, 2021, 7(10): 907-914.

[11] JAHOON K, GILUK K, YOUNGGAB K. Security and Privacy in Big Data Life Cycle: A Survey and Open Challenges[J]. Sustainability, 2020, 12(24): 10571-10603.

[12] ISO—International Organization for Standardization[EB/OL]. [2020-09-27]. https://www.iso.org/about-us.html.

[13] SAC—Standardization Administration of China—ISO[EB/OL]. [2020-09-27]. https://www.iso.org/member/1635.html.

[14] IEEE SA—The IEEE Standards Association—Home[EB/OL]. [2020-09-27]. https://standards.ieee.org/.

[15] Apache Hadoop[EB/OL]. https://hadoop.apache.org/ (accessed on 27 October 2020).

[16] 蔡满春, 芦天亮. 现代密码学与应用[M]. 北京: 中国人民公安大学出版社, 2021.

[17] 陈敏. 对称密码的加密算法探究[D]. 上海: 华东师范大学, 2009.

[18] 郎荣玲, 夏煜, 戴冠中. 高级加密标准(AES)算法的研究[J]. 小型微型计算机系统, 2003(05): 905-908.

[19] 王晨光, 乔树山, 黑勇. 分组密码算法 SM4 的低复杂度实现[J]. 计算机工程, 2013, 39(7): 177-180.

[20] 冯秀涛. 祖冲之序列密码算法[J]. 信息安全研究, 2016, 2(11): 1028-1041.

[21] 王文海, 等. 密码学理论与应用基础[M]. 北京: 国防工业出版社, 2009.

[22] 陈传波, 祝中涛. RSA 算法应用及实现细节[J]. 计算机工程与科学, 2006(09): 13-14, 87.

[23] ATREYA M, 等. 数字签名[M]. 贺军, 等译. 北京: 清华大学出版社, 2003.

[24] 季庆光，冯登国. 对几类重要网络安全协议形式模型的分析[J]. 计算机学报，2005，28(7)：1071-1083.

[25] 谢冬青，李超，周洲仪. 网络安全协议的一般框架及其安全性分析[J]. 湖南大学学报(自然科学版)，2000，27(2)：90-94.

[26] 张宝玉. 浅析 HTTPS 协议的原理及应用[J]. 网络安全技术与应用，2016(07)：36-37,39.

[27] 徐继业，朱洁华，王海彬. 气象大数据[M]. 上海：上海科学技术出版社，2018.

[28] 李国冬. Hadoop 的集群管理与安全机制[EB/OL]. [2015-06-16]. https://blog. csdn. net/scgaliguodong123_/article/details/46523569.

[29] hdpdriver. hadoop 大数据平台安全基础知识入门[EB/OL]. [2019-08-05]. https://www. cnblogs. com/hdpdriver/p/11306177. html.

[30] 次世代群 901739356. 大数据平台基础架构 hadoop 安全分析[EB/OL]. [2019-05-05]. https://blog. csdn. net/qq_39658251/article/details/89843125.

[31] superhuawei. Hadoop 安全基础编程[EB/OL]. [2018-12-06]. https://www. freebuf. com/articles/database/190734. html.

[32] 饶文碧. Hadoop 核心技术与实验[M]. 武汉：武汉大学出版社，2017.

[33] 张仕斌，陈麟，方睿. 网络安全基础教程[M]. 北京：人民邮电出版社，2009.

[34] 郭亚军，宋建华，李莉，等. 信息安全原理与技术[M]. 北京：清华大学出版社，2017.

[35] 范红，冯登国. 安全协议理论与方法[M]. 北京：科学出版社，2003.

[36] 陈志德，黄欣沂，许力. 身份认证安全协议理论应用[M]. 北京：电子工业出版社，2015.

[37] 寇晓蕤，王清贤. 网络安全协议——原理、结构与应用[M]. 北京：高等教育出版社，2009.

[38] 刘驰，胡柏青，谢一. 大数据治理与安全——从理论到开源实践[M]. 北京：机械工业出版社，2017.

[39] 安全牛. 多因子身份认证(MFA)技术盘点[EB/OL]. [2018-10-26]. https://www. cebnet. cn/20181026/102529299. html.

[40] 力奥. 多因子认证及常用的实现方案[EB/OL]. [2019-04-20]. http://blog. gopersist. com/2019/04/20/mfa-otp/index. html.

[41] 冯登国，张敏，李昊. 大数据安全与隐私保护[J]. 计算机学报，2014(01)：246-258.

[42] 冯登国. 大数据安全与隐私保护[M]. 北京：清华大学出版社，2018.

[43] 徐云峰，范平，史记. 访问控制[M]. 武汉：武汉大学出版社，2014.

[44] 宁葵. 访问控制安全技术及应用[M]. 北京：电子工业出版社，2005.

[45] 王静宇，顾瑞春. 面向云计算环境的访问控制技术[M]. 北京：科学出版社，2015.

[46] 李双. 访问控制与加密[M]. 北京：机械工业出版社，2012.

[47] 王凤英. 访问控制原理与实践[M]. 北京：北京邮电大学出版社，2010.

[48] 王静宇. 面向大数据的访问控制技术[M]. 北京：中国水利水电出版社，2020.

[49] 黄沾，杨景贺. 非交互式全盘加密系统设计与实现[J]. 通信技术，2020，53(02)：517-520.

[50] 石方夏，高屹. Hadoop 大数据技术应用分析[J]. 现代电子技术，2021，44(19)：153-157.

[51] 张红岩，靳明，任贺贺，等. 基于动态加密算法的云端安全存储系统[J]. 科技创新与应用，2018(24)：7-10,13.

[52] 郭超，刘波，林伟伟. 基于 Impala 的大数据查询分析计算性能研究[J]. 计算机应用研究，2015，32(05)：1330-1334.

[53] 姜建华，赵长林. Hadoop 数据加密解析[J]. 网络安全和信息化，2016(07)：97-98.

[54] 夏靖波，韦泽鲲，付凯，等. 云计算中 Hadoop 技术研究与应用综述[J]. 计算机科学，2016，43(11)：

6-11,48.

[55] 王铮. 基于 Hadoop 的分布式系统研究与应用[D]. 长春：吉林大学，2014.

[56] 潘富斌. 基于 Hadoop 的安全云存储系统研究与实现[D]. 成都：电子科技大学，2013.

[57] SPIVEY B, ECHEVERRIA J. Hadoop 安全大数据平台隐私保护[M]. 赵双,白波,译. 北京：人民邮电出版社，2017.

[58] 全国信息安全标准化技术委员会秘书处. 网络安全标准实践指南——数据分类分级指引（征求意见稿）[EB/OL]. [2021-09-30]. https://www. tc260. org. cn/front/postDetail. html? id = 20210930200900.

[59] 51CTO 博客作者兔云程序.大数据分析技术与应用一站式学习[EB/OL].[2021-07-31].https://blog.51cto.com/u_8697137/3240576.

[60] 中国信息通信研究院. 大数据白皮书（2018 年）[EB/OL]. [2018-04-25]. http://www. cac. gov. cn/2018-04/25/c_1122741894. htm.

[61] 浙江省大数据发展管理局. 数字化改革公共数据分类分级指南：DB33/T2351—2021 [S]. 北京：中国标准出版社，2021.

[62] 全国信息技术标准化技术委员会.GB/T 38667—2020 信息技术 大数据 数据分类指南[S]. 北京：中国标准出版社，2020.

[63] 全国信息技术标准化技术委员会. GB/T 37973—2019 信息安全技术 大数据安全管理指南[S]. 北京：中国标准出版社，2019.

[64] 全国信息技术标准化技术委员会.GB/T 35274—2017 信息安全技术 大数据服务安全能力要求[S]. 北京：中国标准出版社，2017.

[65] 山西省电子政府信息标准化技术委员会.政府信息资源数据共享交换平台(外网)安全技术规范[S]. 北京：中国标准出版社，2019.

[66] 数据库安全.《数据安全能力成熟度模型》实践指南 02：数据采集管理[EB/OL]. [2020-09-02]. https://blog.csdn.net/meichuangkeji/article/details/108368119.

[67] 网络安全.《数据安全能力成熟度模型》实践指南 03：数据源鉴别及记录.[EB/OL]. [2020-09-02]. http://blog.itpub.net/69973247/viewspace-2716696/.

[68] 数据库安全.《数据安全能力成熟度模型》实践指南 04：数据质量管理[EB/OL]. [2020-09-27]. https://blog.csdn.net/meichuangkeji/article/details/108833201.

[69] 内蒙古自治区市场监督管理局. 公共大数据安全管理指南：DB15/T 1874—2020 [S]. 呼和浩特：内蒙古自治区大数据发展管理局，2020.

[70] LJ_Monica. DSMM 数据安全能力成熟度模型总结与交流[EB/OL]. [2019-06-10]. https://www. freebuf. com/es/204844. html.

[71] GHEMAWAT S, GOBIOFF H, LEUNG ST. The Google File System[C] // ACM. ACM, 2003：29.

[72] 戚建国. 基于云计算的大数据安全隐私保护的研究[D]. 北京：北京邮电大学，2015.

[73] 谭霜，贾焰，韩伟红. 云存储中的数据完整性证明研究及进展[J]. 计算机学报，2015，38(1)：164-177.

[74] 张尼，张云勇，胡坤，等. 大数据安全技术与应用[M]. 北京：人民邮电出版社，2014.

[75] 杨正洪. 大数据技术入门[M]. 北京：清华大学出版社，2016.

[76] 中国电子技术标准化研究所. 硬磁盘信息消除器通用规范：SJ20901—2004[S]. 北京：中国电子技术标准化研究所. 2004.

[77] 全国信息安全标准化技术委员.GB/T 31500—2015 信息安全技术 存储介质数据恢复服务要

求［S］.北京：中国标准出版社.2015.

[78] 全国信息安全标准化技术委员.GB/T 22239—2019　信息安全技术　网络安全等级保护基本要求［S］.北京：中国标准出版社.2019.

[79] 阿里研究院.数据安全能力建设实施指南［EB/OL］.［2021-08-30］.https://www.doc88.com/p-7486429739490.html?r=1.

[80] 美创科技.数据库安全《数据安全能力成熟度模型》实践指南：07-09［EB/OL］.［2021-02-25］.https://blog.csdn.net/meichuangkeji/category_10818920.html.

[81] 阿里云.什么是对象存储 OSS［EB/OL］.［2022-06-20］.https://help.aliyun.com/document_detail/31817.html.

[82] CHANG F. Bigtable：A Distributed Storage System for Structured Data［C］// 7th USENIX Symposium on Operating Systems Design and Implementation（OSDI），2006.

[83] CHOR B, GOLDREICH O, KUSHILEVITZ E, et al. Private information retrieval［C］// Proceedings of IEEE 36th Annual Foundations of Computer Science. IEEE，1995：41-50.

[84] BARROSO L A, HLZLE U. The Datacenter as a Computer：An Introduction to the Design of Warehouse-Scale Machines［J］. Synthesis Lectures on Computer Architecture，2009，4(1)：1-108.

[85] Apache. Apache Hadoop［EB/OL］.［2018-09-14］. http://hadoop.apache.org/.

[86] 张兰.保护隐私的计算及应用［D］.北京：清华大学，2014.

[87] 罗守山.密码学与信息安全技术［M］.北京：北京邮电大学出版社，2009.

[88] 杨强，等.联邦学习［M］.北京：电子工业出版社，2020.

[89] 王健宗，李泽远，何安珣.深入浅出联邦学习：原理与实践［M］.北京：机械工业出版社，2021.

[90] 刘克佳.美国保护个人数据隐私的法律法规及监管体系［J］.全球科技经济瞭望，2019，34(4)：4-11.

[91] 全国信息安全标准化技术委员.GB/Z 28828—2012　信息安全技术　公共及商用服务信息系统个人信息保护指南［S］.北京：中国标准出版社，2012.

[92] 李宗育，桂小林，顾迎捷，等.同态加密技术及其在云计算隐私保护中的应用［J］.软件学报，2018，29(07)：1830-1851.

[93] Mayer-Schonberger, Viktor, Cukier, et al. Big Data：A Revolution That Will Transform How We Live, Work, and Think［J］. Smart Business Cincinnati/Northern Kentucky，2013.

[94] 刘向宇，刘竹丰，夏秀峰，等.一种保持轨迹数据高可用性的隐式位置访问隐私保护技术［J］.沈阳航空航天大学学报，2019(2)：66-75.

[95] 杨亚涛，蔡居良，张筱薇，等.基于SM9算法可证明安全的区块链隐私保护方案［J］.软件学报，2019，030(006)：1692-1704.

[96] 熊金波，王敏燊，田有亮，等.面向云数据的隐私度量研究进展［J］.软件学报，2018，29(7)：1963-1980.

[97] 吴英杰.隐私保护数据发布：模型与算法［M］.北京：清华大学出版社，2015.

[98] DWORK C, ROTH A. The Algorithmic Foundations of Differential Privacy［J］. Foundations and Trends in Theoretical Computer Science，2014，9(3-4)：211-407.

[99] MACHANAVAJJHALA A, KIFER D, GEHRKE J, et al. l-diversity：Privacy beyond k-anonymity［J］. ACM Transactions on Knowledge Discovery from Data（TKDD），2007，1(1)：1-12.

[100] LI N, LI T, Venkatasubramanian S. T-Closeness：Privacy Beyond k-anonymity and l-diversity［C］//2007. ICDE 2007. IEEE 23rd International Conference on Data Engineering. IEEE，2007.

[101] 李维皓，曹进，李晖.基于位置服务隐私自关联的隐私保护方案[J].通信学报，2019，40(05)：57-66.

[102] 宋成，张亚东，彭维平，等.基于双线性对的 k-匿名隐私保护方案研究[J].计算机应用研究，2019，36(05)：255-258.

[103] 石瑞生，吴旭.大数据安全与隐私保护[M].北京：北京邮电大学出版社，2019.

[104] SAMARATI P，SWEENEY L. Generalizing data to provide anonymity when disclosing information（abstract）[C]//17th ACM Sigact-sigmod-sigart Symposium on Principles of Database Systems. ACM，1998：188.

[105] SWEENEY L. k-Anonymity：A Model for Protecting Privacy[J]. International Journal of Uncertainty，Fuzziness and Knowledge-Based Systems，2002，10(05)：557-570.

[106] DWORK C. Differential privacy：A survey of results[C]//International conference on theory and applications of models of computation. Springer，Berlin，Heidelberg，2008：1-19.

[107] XIAO X，WANG G，GEHRKE J. Differential privacy via wavelet transforms[J]. IEEE Transactions on knowledge and data engineering，2010，23(8)：1200-1214.

[108] 张俊，萧小奎.数据分享中的差分隐私保护[J].中国计算机学会通讯，2014，37(1)：101-122.

[109] 黄如花，邱春艳.国外科学数据共享研究综述[J].情报资料工作，2013，000(004)：25-31.

[110] 丁学明.《数据安全法》加码数据出境安全，跨国公司该如何应对？[EB/OL].[2021-07-23]. https://www. freebuf. com/articles/database/282002. html.

[111] JULIAN W. The transfer of personal data to third countries under the GDPR：when does a recipient country provide an adequate level of protection？[J]. International Data Privacy Law，2018(4)：4.

[112] 王艺，陈文昊.速评《网络数据安全管理条例(征求意见稿)》：十一大亮点.[EB/OL].[2021-11-15]. http://www. cqlsw. net/legal/legislation/2021111538061. html.

[113] 百度百科.机器学习[EB/OL]. https://baike.baidu.com/item/%E6%9C%BA%E5%99%A8%E5%AD%A6%E4%B9%A0/217599.

[114] 百度百科.数学模型[EB/OL]. https://baike.baidu.com/item/%E6%95%B0%E5%AD%A6%E6%A8%A1%E5%9E%8B/1376909? fr＝aladdin.

[115] 叶姝槭.“流动”的数据，“铁打”的合规：解析《网络数据安全管理条例》[EB/OL].[2021-11-29]. https://www. sohu. com/a/504307423_610982.

[116] 策略律所.《网络数据安全管理条例(征求意见稿)》要点评析(二)[EB/OL].[2021-12-02]. https://www. 163. com/dy/article/GQ7UNCVA05389ZHO. html，2021-12-2.

[117] CSDN.托攻击的多种攻击方式[EB/OL].[2019-05-28]. https://blog.csdn.net/qq_28358305/article/details/90645811.

[118] CSDN.推荐系统托攻击实例分析[EB/OL].[2021-03-28]. https://blog.csdn.net/qq_25064691/article/details/115279242.

[119] Wikipedia. Adversarial machine learning[EB/OL].[2022-06-28]. https://en.jinzhao.wiki/wiki/Adversarial_machine_learning＃Evasion.

[120] CARLINI N，WAGNER D. Towards Evaluating the Robustness of Neural Networks[C]//2017 IEEE Symposium on Security and Privacy (SP). IEEE，2017：39-57.

[121] CARLINI N，WAGNER D. Adversarial examples are not easily detected：Bypassing ten detection methods[C]//Proceedings of the 10th ACM Workshop on Artificial Intelligence and Security，2017：3-14.

［122］ FENG Y，WU B，Fan Y，et al. Efficient black-box adversarial attack guided by the distribution of adversarial perturbations[J]. arXiv e-prints，2020：arXiv：2006.08538.

［123］ HUANG Z，HUANG Y，ZHANG T. CorrAttack：Black-box Adversarial Attack with Structured Search[J]. arXiv preprint arXiv：2010.01250，2020.

［124］ 周魏. 推荐系统中基于目标项目分析的托攻击检测研究[D]. 重庆大学,2015.

［125］ 田俊峰，蔡红云. 托攻击与推荐系统安全[J]. 河北大学学报：自然科学版，2018，38(6)：640-647.

［126］ 甘鹤. 基于攻击识别的鲁棒推荐算法研究[D]. 秦皇岛：燕山大学，2016.

［127］ 任虎. 欧盟一般数据保护条例[M]. 上海：华东理工大学出版社，2018.

［128］ 洞见科技. 深度解读《个人信息保护法》十大主要亮点 [EB/OL]. [2021-08-25]. http://k. sina. com. cn/article_3962947301_ec35c6e501901391d. html.

［129］ 谢永江.《网络安全法》解读[EB/OL]. [2019-09-10]. http://www.qstheory.cn/2019-09/10/c_1124981125. htm.

［130］ 郭启全.《网络安全等级保护条例(征求意见稿)》解读[J]. 中国信息安全，2018，(8)：29-32.

［131］ JoshHawley.National Security and Personal Data Protection Act of 2019[EB/OL]. [2019-11-18]. https://www. congress. gov/bill/116th-congress/senate-bill/2889/text.

［132］ 陈梦华，罗珼，陈才麟，等. 欧盟《一般数据保护条例》对我国个人信息保护的启示[J]. 金融法苑，2018(11)：36-40.

［133］ 王融. 欧盟《通用数据保护条例》详解[J]. 大数据，2016，2(4)：93-101.